普通高等教育“十三五”规划教材
卓越工程师培养计划系列教材

数字系统与微处理器

Digital Systems and Microprocessors

潘 曦 闫建华 郑建君 ◎ 编著

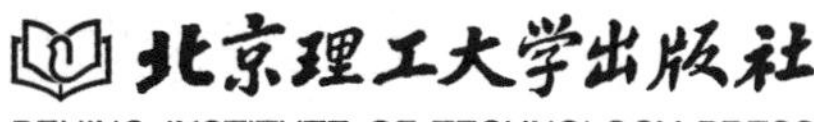

BEIJING INSTITUTE OF TECHNOLOGY PRESS

内 容 简 介

本书以基于硬件编程语言的数字系统设计和微处理器软核设计为主线，全书内容分为两大部分：数字系统和微处理器。前四章主要是基于 Verilog HDL 硬件描述语言的数字电路设计相关内容；后四章主要涉及微处理器的体系结构和两种基于 FPGA 的微处理器软核的设计和应用。本书突出介绍基于 FPGA 的数字系统与微处理器软核的 SoPC 设计方法与技术，并建立起数字系统与微处理器的桥梁。

本书涉及众多实际工程中设计和实践中的实例，结合了 FPGA 技术的新发展及设计中的具体问题，适用于学习高级数字系统设计课程的高年级本科生和研究生，以及想通过实例学习 Verilog HDL 并对微处理器软核设计感兴趣的专业工程师。

图书在版编目（CIP）数据

数字系统与微处理器/潘曦，闫建华，郑建君编著. —北京：北京理工大学出版社，2018.7

ISBN 978-7-5682-5896-8

Ⅰ.①数…　Ⅱ.①潘…②闫…③郑…　Ⅲ.①数字系统-系统设计②微处理器-系统设计　Ⅳ.①TP271②TP332

中国版本图书馆 CIP 数据核字（2018）第 158705 号

出版发行 / 北京理工大学出版社有限责任公司
社　　址 / 北京市海淀区中关村南大街 5 号
邮　　编 / 100081
电　　话 / (010) 68914775（总编室）
　　　　　 (010) 82562903（教材售后服务热线）
　　　　　 (010) 68948351（其他图书服务热线）
网　　址 / http://www.bitpress.com.cn
经　　销 / 全国各地新华书店
印　　刷 / 三河市华骏印务包装有限公司
开　　本 / 787 毫米×1092 毫米　1/16
印　　张 / 22.25　　　　责任编辑 / 陈莉华
字　　数 / 518 千字　　　文案编辑 / 陈莉华
版　　次 / 2018 年 7 月第 1 版　2018 年 7 月第 1 次印刷　　责任校对 / 周瑞红
定　　价 / 59.00 元　　　责任印制 / 王美丽

PREFACE

前　言

近年随着 SoPC（System on Programmable Chip）设计理念的提出，FPGA 不仅能够实现数字逻辑运算，而且能够通过配置软核或增加硬核支持实现微处理器的功能。该类系统在现实工程中大量应用，成为一种全新的设计方法。本书结合 FPGA 技术的新发展，讲述基于 FPGA 的数字系统与微处理器软核的 SoPC 设计方法与技术，对本科生和研究生后续从事技术研究和工程设计工作具有指导性。

本书分为两个部分：数字系统和微处理器。数字系统部分包含前四章，主要讲解基于 Verilog HDL 硬件描述语言的 FPGA 数字电路设计；微处理器部分为后四章，重点介绍主流微处理器的体系结构和两种基于 FPGA 的微处理器软核的结构和应用。

本书的编写目的在于：(1) 复习数字电路设计基本原理；(2) 介绍硬件描述语言的工程应用背景；(3) 以 Verilog HDL 为设计语言，重点讨论适用于现场可编程门阵列（FPGA）的数字逻辑实现；(4) 从基本数字电路设计引申至 FPGA 体系及 IP 核的工程应用背景；(5) 在读者已初步掌握 FPGA 设计方法的基础上，基于常用的 Intel x86 指令集和常见的微处理器类型，引出 FPGA 中具有微处理器功能的“软核”设计；(6) 重点讲解主流的 NiosⅡ和 MicroBlaze 两种微处理器软核的结构和应用，拓展读者的知识面，具备足够的设计能力，实现片上可编程系统（SoPC）。

本书适用于学习高级数字系统设计课程的高年级本科生和低年级研究生，以及想通过实例学习 Verilog HDL 并对微处理器软核感兴趣的专业工程师。

本书由潘曦、闫建华、郑建君编著，参加本书编辑及文字校对工作的有李英飞、赵天婵、牛飞、卢士鹏、苏永超、娄志毅、马胜利等。

由于作者的实际经验及水平的限制，本书难免存在一些错误和不足，殷切希望广大读者不吝指正。

作　者

目　录
CONTENTS

第 1 章

数字设计基础

在过去的 40 多年里，随着集成电路的速度和集成度的快速提高，数字设计经历了非常大的转变。过去，数字设计者用成千甚至上万的门电路和触发器来构建系统，其重点就是最小化和有效地利用芯片和板级资源。

如今，数字系统的设计不再依靠简单的门电路搭建，一个芯片可以包含几千万个晶体管并且可以利用编程的方式创建片上系统。而且，还有一种器件的出现及广泛应用极大地改变了数字系统设计的方式和方法，这就是可编程逻辑器件（PLD），使数字电路由中小规模的集成电路向 PLD 及专用集成电路（ASIC）转变。数字设计手段也发生了变化，由传统的手工方式逐渐转变为以 EDA 作为设计平台的方式，使用硬件语言设计 PLD 成为一种趋势。同时，PLD 技术的发展，使片上系统设计成了可能。片上系统是将处理器、存储器、I/O 口等功能模块都集成到一个可编程器件上，构成一个完整的可编程处理器系统。本书结合数字系统和微处理器，讲述了基于 PLD 的数字系统设计以及片上系统设计。在本章中，介绍了一些基本知识，包括数字电路、微处理器、可编程逻辑器件以及数字系统设计的基本概念。

在后续的章节中，我们将逐步介绍硬件描述语言 HDL（参见第 2 章）以及利用 HDL 设计复杂数字电路（参见第 3 章到第 4 章）的内容。

1.1　数字设计简介

1.1.1　模拟系统和数字系统

模拟信号是连续变化的物理量。自然界产生的物理量基本都是以模拟形式存在的。清晨小鸟鸣叫的声音，形成的声波幅值是连续的模拟信号。水银温度计中水银柱的高度随着房间温度升高或降低，以模拟方式连续地变化。实际电路中，电压、电流呈现出连续变化的值。工程设计上，系统中处理、控制的输入/输出大多是模拟量，如速度、位移、温度、压力等，以模拟形式处理物理量的装置称为模拟系统。

现实世界多以模拟量存在，然而人们在处理这些信息中常常把它们转化为数字形式，一个数值用约定好格式的一串 0 和 1 的组合表示，体现在具体实现即是 ON 和 OFF 的电平组合。也就是说，数字信号是离散的，是模拟信号经过采样、量化和编码后有限精度的数字形式。温度计中的水银柱停在两个相邻刻度之间时，我们选取距离近的那条刻度线作为测量值，比如 37 ℃，这是量化的过程，之后将 37 按着一定编码规则表示为 0 和 1 的组合（如 00100101），这样我们就把模拟的温度显示转变为数字形式了。雷达探测中，人们把回波信号数字化后再完成一系列算法的处理。

【例 1-1】 判断如下情况哪些是模拟信号，哪些是数字信号？

①雷达天线发射信号；②液压传感器输出的电压信号；③十位置开关信号；④激光测距仪屏幕显示值；⑤高清电视信号。

解：

①模拟量；②模拟量；③数字量；④数字量；⑤数字量。

很多情况下，我们会把模拟信号变为数字信号来处理。用来处理逻辑信息或以数字形式表示的物理量的装置称为数字系统。数字系统具有以下优势：

（1）可以实现复杂的数字运算和逻辑运算。实际的模拟电路很难实现复杂的算法，如 FFT、自适应滤波等。

（2）信息易于存储。数字信息可以大量存储于特定的器件和电路中，而模拟器件存储能力很有限。

（3）系统的一致性和可重复性好。数字信息处理和存储中不会改变精度，而模拟元器件参数受到温度、湿度和其他噪声影响较大。

（4）参数配置和算法修改灵活。数字系统的核心多是可编程的信号处理器或可编程逻辑门阵列，通过设计相应程序完成功能，具有相当的灵活性和软件可编程、配置的特点，而模拟系统一旦设计完成，参数和功能都将固定，需要新的参数设置情况下，只能重新设计硬件。

（5）集成度高。多数的数字电路都集成在集成电路（Integrated Circuit，IC）芯片中，具有很高的集成度，具有体积小、功耗低、一致性好的特点。

1.1.2 微处理器与微控制器

1. 中央处理器

中央处理器（Central Processing Unit，CPU）是一块超大规模的集成电路，是计算机的运算和控制核心，它的主要功能是解释执行计算机指令以及处理数据。CPU 主要包括运算器和高速缓冲存储器及实现它们之间联系的数据、控制及状态的总线。它与内部存储器和输入/输出设备合称为电子计算机三大核心部件。由集成电路制造的 CPU 通常也称为微型处理器。从 20 世纪 70 年代中期开始，单芯片微型处理器几乎取代了所有其他类型的 CPU。

2. 微处理器

微处理器（Microprocessor Unit，MPU）是用于进行算术逻辑运算、控制系统和存储数据等操作的小型计算机或 CPU。一般单片集成的 CPU 与微处理器并不做太多区分。微处理器处理输入/输出（I/O）外设的数据，并将结果返回给它们运行。微处理器结构框图如图 1-1 所示。

微处理器最初使用冯·诺依曼体系结构。在该结构中，数据存储器和程序存储器安排在一个存储器中。处理器在处理存储器的指令或 I/O 接口的请求时，先通过总线读取指令，然后在相应寄存器中处理，运算数据及结果同样通过总线读取或写入内存中。这种架构的缺点是速度慢，数据操作和指令操作不能同时进行。后来开发的哈佛结构，数据存储器和程序存储器独立存在，单独的总线连接可以互相通信。两种结构框架如图 1-2 所示。

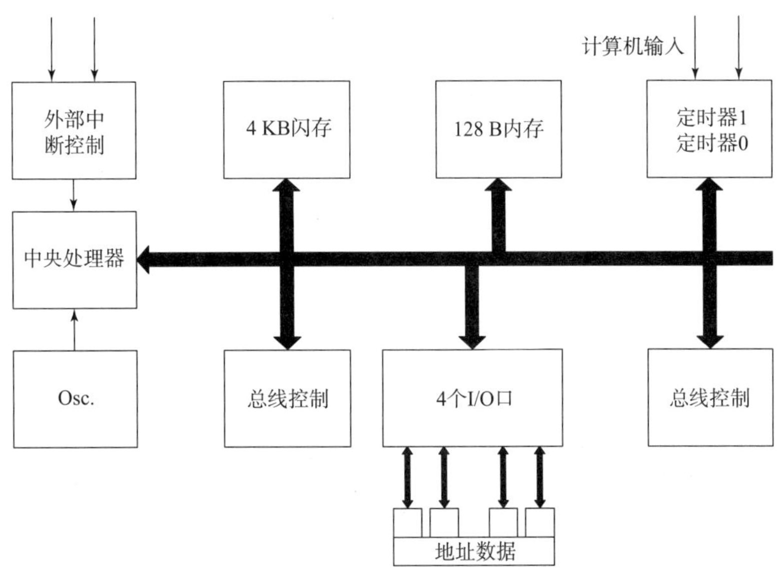

图 1－1　微处理器结构框图

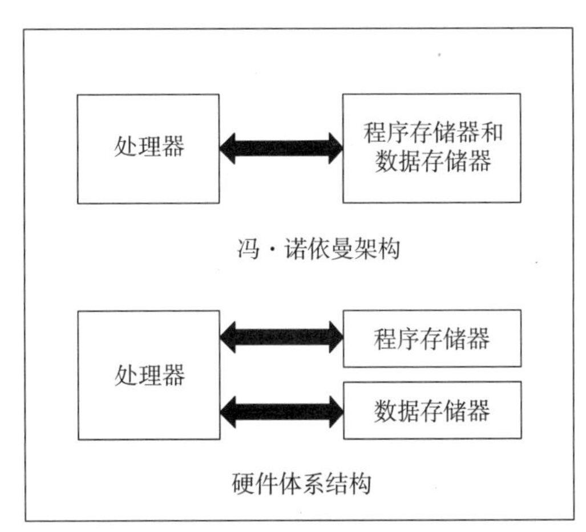

图 1－2　微处理器构架

指令集结构（ISA）在微处理器中也起着重要的作用，指令集可分为复杂指令集计算机（CISC）和精简指令集计算机（RISC）。CISC 指令复杂，执行速度慢，例如 x86 架构；RISC 中指令集小，执行速度快，实现简单并且不需要复杂的架构，被广泛用于嵌入式应用。由于本书的一个重点就是采用 SoPC（可编程片上系统）方式实现微处理器，在本书第 6 章，对于微处理器体系结构和指令系统等还有详细介绍。

3. 微控制器

微控制器是将 CPU、存储器单元（RAM、ROM）、I/O 外设、定时器、计数器等嵌入在一个集成电路中，可以容易地连接到外部设备，如串口、ADC、DAC、蓝牙、Wi－Fi 等，与微处理器接口相比，微控制器外部接口更灵活。大多数微控制器使用 RISC 架构，也有一些微控制器使用 CISC 架构，如 8051、Motorola 等。微控制器结构图如图 1－3 所示。

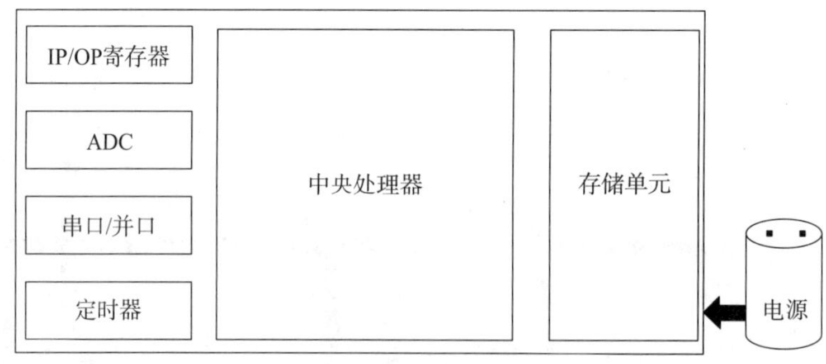

图1-3　微控制器结构

微处理器和微控制器的区别主要体现在硬件结构、指令集和应用领域。

（1）硬件结构。微处理器是一个单芯片 CPU，而微控制器则在一块集成电路芯片中集成了 CPU 和 ROM、RAM、I/O 外设接口、定时器、计数器和中断控制器等其他电路，构成了一个比较完整的微型计算机系统。虽然片上 RAM 的容量比普通微型计算机系统小，但由于微控制器的灵活性，其应用范围非常广泛。

（2）指令集。由于应用场合不同，微控制器和微处理器的指令集也有所不同。微处理器的指令集增强了处理功能，使其拥有强大的寻址模式和适于操作大规模数据的指令。微处理器的指令可以对半字节、字节、字，甚至双字进行操作。通过使用地址指针和地址偏移，微处理器提供了可访问大批数据的寻址模式。自增和自减模式使得以字节、字或双字为单位访问数据变得非常容易。微控制器的指令集适用于 I/O 控制。许多输入/输出的接口是单位的。例如，电磁铁控制着马达的开关，而电磁铁由一个 1 位的输出端口控制。微控制器具有设置和清除单位的指令，也能执行其他面向位的操作，如对“位”进行逻辑与、或和异或的运算，根据标志位跳转等。很少有微处理器具备这些强大的位操作能力，因为设计者在设计微处理器时，仅考虑以字节或更大的单位来操作数据。

（3）应用领域。微处理器通常代表一个功能强大的 CPU，不是为任何专用目的而设计，这种芯片往往是个人计算机和高端工作站的核心 CPU。微控制器是将一个计算机集成到一个芯片中，系统设计追求小型化和应用灵活性，其功能也许不如 CPU 强大，但一个微控制器、少量的外部元器件和存储在 ROM 中的控制程序就能够实现众多实际工程中控制和算法的需求。

早期的微控制器是在一片芯片中“嵌入”了微型计算机实现嵌入式应用，故又称单片机（Single Chip Microcomputer）。随后，为了更好地满足嵌入式应用，单片机中不断扩展一些满足控制要求的电路单元。值得说明的是，由于集成芯片设计及工艺水平的飞速发展，微处理器和微控制器技术越来越相互融合，界限也不再那么清晰。比如出现了众多从微处理器发展而来的微控制器，Advanced RISC Machines 公司的 ARM、Silicon Graphics 公司的 MIPS、IBM 和 Motorola 的 Power PC、Intel 的 x86 和 i960 芯片、AMD 的 Am386EM 等，它们与单片机一样，也可以称为嵌入式处理器。另外一种处理器为数字信号处理器（Digital Signal Processor，DSP），DSP 里专门设计的 CPU 是特别适合于数字信号处理运算的微处理器，主要应用是实时快速地实现各种数字信号处理算法，比如音频和视频通信、图像处理等场合。

DSP 芯片专门设计了乘加器、快速 RAM、专用中断处理和 I/O 支持硬件以及改进的哈佛总线结构和流水线操作等，运算速度更快，比较常用的有 TI 的 TMS320Cxx 系列和 ADI 的 SHARC 系列。

1.1.3　可编程逻辑器件

1. 数字逻辑器件的分类

大多数数字系统不再由简单门电路或者特定逻辑功能的逻辑器件芯片实现，而是采用可编程逻辑器件（PLD）完成。可编程逻辑器件内部包含生成逻辑功能所需要的电路，这些器件不像 MCU 或 DSP 一样通过指令编程完成设计，而是采用电的方法对电路内部硬件电路各点之间的连接或者不连接进行配置。下面从数字逻辑器件分类的角度引出 PLD，如图 1－4 所示。

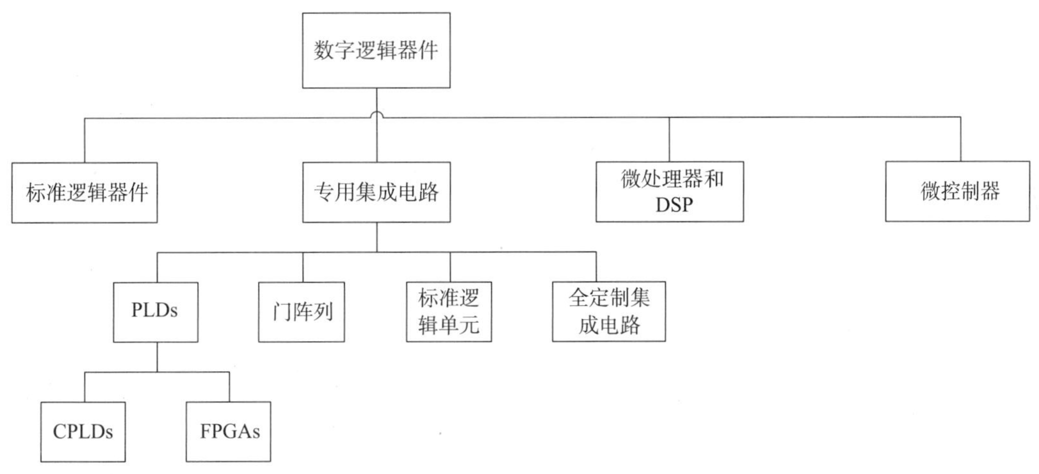

图 1－4　数字逻辑器件的分类

标准逻辑器件是指具备基本功能的数字逻辑器件，例如门电路、触发器、译码器、寄存器、计数器等，以中小规模的集成电路形式出现，实现功能比较单一。基本功能数字逻辑在本章 1.3、1.4 节有详细分析。

微处理器和 DSP 以及微控制器在 1.1.2 节有相应介绍，这两种器件都是通过编写并执行应用程序指令来完成相应数字设计功能，相比较硬件设计方案，软件设计方案设计灵活，但是速度相对慢。

PLD 有时也叫作现场可编程逻辑器件（FPLD），从简单的门电路及数字逻辑到复杂的数字系统，都可以由用户配置 PLD 实现，PLD 配置方式可以通过图形文件，更多地采用硬件编程语言（HDL）编程实现。本书主要内容是讨论通过 PLD 实现数字系统以及片上可编程系统（SoPC）的功能，在第 3 ~4 章对基本数字逻辑的 HDL 实现有详细讲解。而从第 5 章起开始讨论微处理器及 SoPC 的相关内容。

图 1－4 中，专用集成电路还包括门阵列、标准逻辑单元以及全定制集成电路。门阵列是拥有几十万个门电路的超大规模集成电路。与 PLD 类似，若要达到其逻辑功能，用户需要设计门电路的相互连接，就单个器件而言，这类器件比具有同等数量门电路的 PLD 价格要低。标准逻辑单元专用集成电路采用预先确定的逻辑功能模块生成要求的数字系统，与 PLD 不同，

集成电路中每个逻辑单元的布局事先已设计好，可用的逻辑单元存在计算机的数据库中。与门阵列相比，实现同样逻辑功能电路，所设计的基本逻辑单元的电路要小，工作速度较高。全定制集成电路中所有元件（晶体管、电阻、电容）和它们之间的连线均由集成电路设计者为用户定制，设计时间较长，成本较高，但设计的专用芯片由于其专用性，面积最小。

2. PLD 的结构和特点

PLD 最常用的是复杂可编程逻辑器件（CPLD）和现场可编程门阵列（FPGA）。

典型的 CPLD 器件是在一个芯片上把多个可编程逻辑阵列（Programmable Array Logic, PAL）集成为一个阵列，PAL 是一种可编程逻辑器件，由固定的“或”阵列和可编程的“与”阵列构成，通过对与逻辑阵列编程可以获得不同形式的组合逻辑函数。PAL 结构如图 1－5 所示。

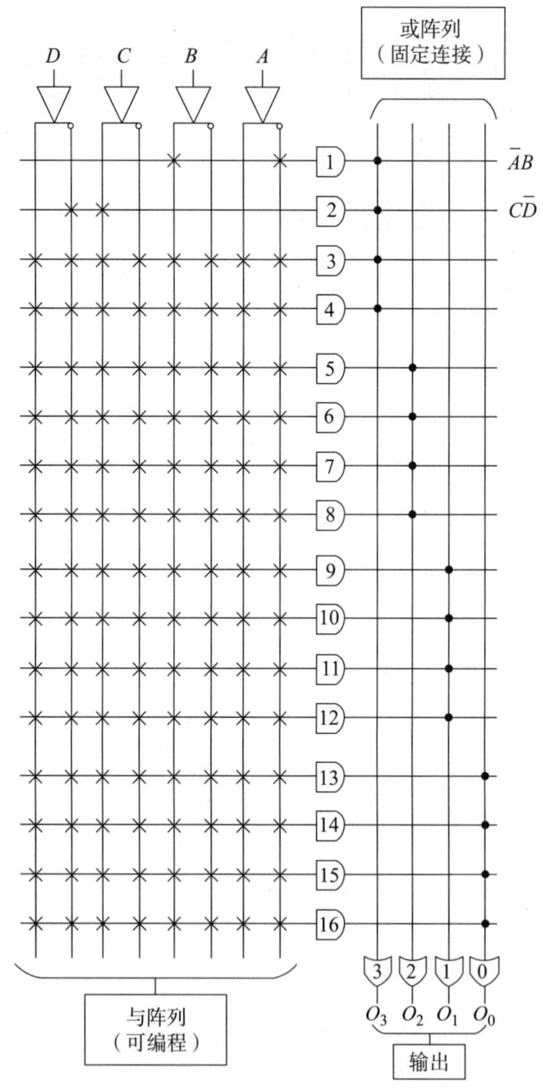

图 1－5　PAL 结构示意图

图 1－5 中，与门的输入是可编程的，交叉点有“×”表示相应与门线的熔丝连通，而

交叉点没有“×”表示熔丝烧断。对于与门，烧断熔丝时输入处于高电平。PAL 的或门的输入与与门的输出是固定连接的，该图中所示的或门输入限定了仅由 4 个与门连接。以图中 O_3 为例，与门编程后输出：

$$O_3 = \bar{A}B + C\bar{D} + 0 + 0$$

之所以后面为 0，是因为 $A\bar{A}B\bar{B}C\bar{C}D\bar{D} = 0$。

CPLD 器件是由多个 PAL 型器件组成的与/或阵列以及宏单元库构成。CPLD 最基本的单元是宏单元，一个宏单元包含一个寄存器（使用多达 16 个乘积项作为其输入），每个宏单元可实现组合或时序逻辑功能或者寄存器功能。当需要处理更多数据时，多个宏单元可以一起实现逻辑功能。

以 Xilinx XC9500 系列 CPLD 为例（见图 1－6），CPLD 由多个功能块（Function Block，FB）和 I/O 块（I/O Block，IOB）通过开关矩阵连接起来。FB 由 18 个独立的宏单元构成，产生 18 个输出用于驱动快速连接开关矩阵，同时和它们相对应的输出使能信号也驱动 IOB。每个宏单元中，有 5 个来自“与”阵列乘积项可以作为基本数据输入（到或门或者异或门）来实现组合逻辑功能，或者作为时钟、复位和输出使能的控制输入。快速连接开关阵列连接 FB 和 IOB，可以通过编程实现信号输入/输出的相同延迟。IOB 是内部逻辑和用户 I/O 引脚之间的接口，每个 IOB 包括输入缓冲区、输出驱动器、输出使能选择复用器以及编程控制。

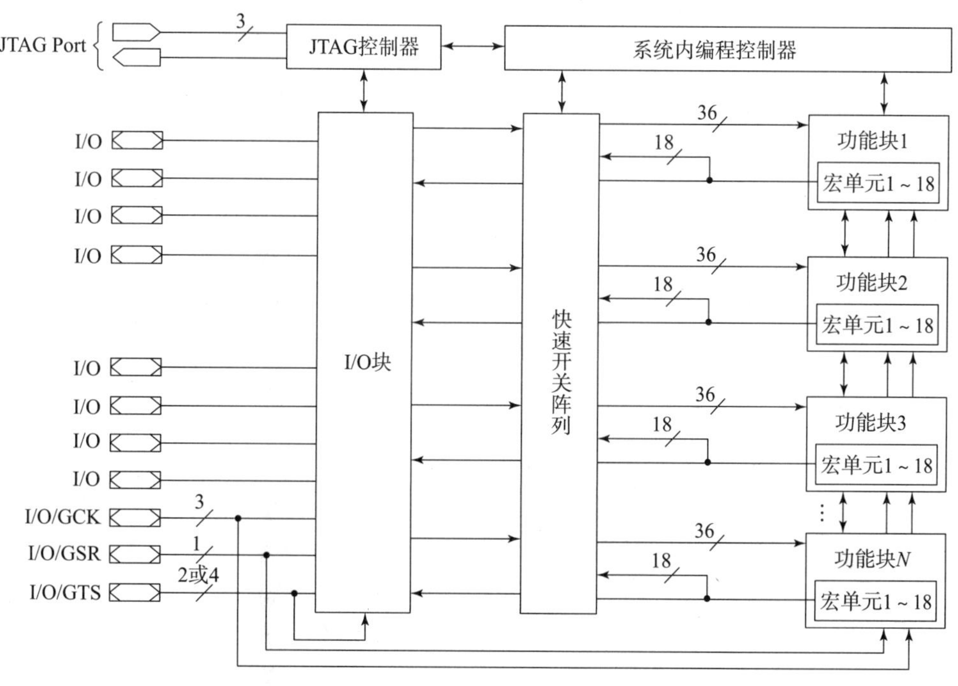

图 1－6　XC9500 CPLD 内部结构

在编程方式上，CPLD 主要是基于 EPROM 或 Flash 存储器编程，在系统断电时编程信息也不丢失。

FPGA 是在 PAL、CPLD 等可编程器件的基础上进一步发展起来的可编程逻辑器件，由于 FPGA 需要被反复烧写，因此主流的 FPGA 都采用了基于 SRAM 工艺的查找表结构，也存在采用 Flash 或反熔丝结构的查找表结构。查找表功能相当于真值表，FPGA 通过烧写文件去配置查找表的内容，从而在相同的电路情况下实现不同的逻辑功能。可以把查找表（Look - Up - Table，LUT）看作是一个有地址线的 RAM，用户通过原理图或者 HDL 语言设计逻辑电路后，利用开发软件可以将逻辑电路所有可能的结果存入到 RAM 中。当有信号输入时，LUT 的功能是把该输入信号作为一个地址进行查表，找到该地址对应的内容并输出。图 1 - 7 是查找表与实际逻辑电路功能，可见该四输入查找表即实现逻辑电路功能，根据不同输入可以输出所有真值表中对应的值。

实际逻辑电路		LUT的实现方式	
a *b* *c* *d* → out		地址线 *a* *b* *c* *d* → 16×1 RAM (LUT) → 输出	
*abcd*输入	逻辑输出	地址	RAM中存储的内容
0000	0	0000	0
0001	0	0001	0
……	0	……	0
1111	1	1111	1

图 1 - 7　LUT 的实现原理图

FPGA 芯片主要由 6 部分组成，分别为：可编程输入/输出单元（IOB）、基本可编程逻辑单元［（Configurable Logic Block，CLB）或（Logic Array Blocks，LAB）］、时钟管理、嵌入式 RAM、丰富的布线资源、内嵌的底层功能单元和内嵌专用硬件模块。FPGA 的基本结构如图 1 - 8 所示。

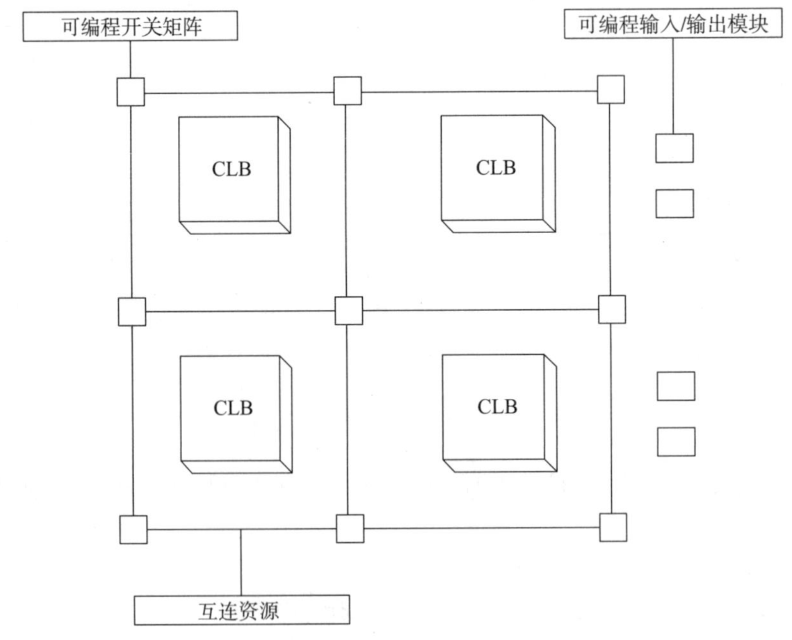

图 1 - 8　FPGA 基本结构

可编程输入/输出单元是芯片与外界电路的接口部分，具有输入、输出或者双向传输的功能。可配置逻辑块是 FPGA 内的基本逻辑单元，每个可配置逻辑块都包含一个可配置开关矩阵，此矩阵由 4 或 6 个输入、一些选型电路（多路复用器等）和触发器组成。逻辑模块没有与任一 I/O 引脚相连，通过所选择的信号布线和输入/输出模块与 I/O 引脚相连。在编程方式上，基于 SRAM 的器件是易失性的，每次加电后要求重新对 FPGA 进行编程，也可以把编程信息存储在外部存储器中，当电源接通时，由外部存储器下载到 FPGA 中。本书第 5 章还会对 FPGA 架构及内部资源做详细说明。

尽管 FPGA 和 CPLD 都是可编程 ASIC 器件，有很多共同特点，但由于 CPLD 和 FPGA 结构上的差异，具有各自的特点。

（1）CPLD 的连续式布线结构决定它的时序延迟是均匀的和可预测的，而 FPGA 的分段式布线结构决定了其延迟的不可预测性。

（2）在编程上 FPGA 比 CPLD 具有更大的灵活性。CPLD 通过修改具有固定内连电路的逻辑功能来编程，FPGA 主要通过改变内部连线的布线来编程；FPGA 可在逻辑门下编程，而 CPLD 是在逻辑块下编程。

（3）CPLD 比 FPGA 使用起来更方便。CPLD 的编程采用 E^2PROM 或 Flash 技术，无须外部存储器芯片，而 FPGA 的编程信息需存放在外部存储器上。

（4）FPGA 的集成度比 CPLD 高，具有更复杂的布线结构和可实现的逻辑功能。

目前，市场上主流的 FPGA 厂商有 Xilinx（赛灵思）和 Altera。Xilinx 公司成立于 1984 年，Xilinx 首创了现场可编程逻辑阵列（FPGA）这一创新性的技术，并于 1985 年首次推出商业化产品。目前 Xilinx 满足了全世界对 FPGA 产品一半以上的需求。Xilinx 产品线还包括复杂可编程逻辑器件（CPLD）。在某些控制应用方面 CPLD 通常比 FPGA 速度快，但其提供的逻辑资源较少。Altera 自从 1983 年发明世界上第一款可编程逻辑器件以来，一直是创新定制逻辑解决方案的领先者，是世界上“可编程芯片系统”（SoPC）解决方案的倡导者。Altera 结合带有软件工具的可编程逻辑技术、知识产权（IP）和技术服务，为客户提供可编程解决方案。

1.1.4　集成电路与片上系统

1. 集成电路技术的发展

集成电路（IC）是指通过一系列特定的加工工艺，将晶体管、二极管等有源器件和电阻、电容、电感等无源器件，按照一定的电路互连，“集成”在一块半导体晶片上，封装在一个外壳内，执行特定电路或系统功能的一种器件。上节中的 MPU、MCU、DSP、FPGA 的出现和发展繁荣，都是以日益提升的集成电路技术发展为前提的。

半导体集成电路的出现和发展经历了以下过程：

1947 年至 1948 年，世界上第一只（点接触式）晶体三极管面世，标志着电子管时代向晶体管时代过渡的开始；

1950 年，成功研制出结型晶体管；

1952 年，英国皇家雷达研究所第一次提出“集成电路”的设想；

1958 年，在美国德州仪器公司工作的 Jacky Killby 制造出世界上第一块集成电路——双极型晶体管集成电路，1959 年正式公布；

1960 年成功制造出世界上第一块 MOS 集成电路；

1965 年，Intel 公司创始人之一 Gordon E. Moore 博士在研究存储器芯片上晶体管增长数与时间的关系时预测，芯片上晶体管数目每隔 18 个月翻一番或每三年翻两番，这一关系称为摩尔定律。集成电路从 19 世纪 60 年代开始发展至今，其规模几乎仍然按照摩尔定律发展。

标志 IC 技术水平的两个重要指标是 IC 的集成规模和特征尺寸。

（1）集成规模。集成规模又称集成度，是单个集成电路芯片容纳的元件个数。随着芯片面积的不断增大，使得一个芯片可以容纳更多的晶体管，芯片面积大约每代产品增加 1.414 倍。

（2）特征尺寸。特征尺寸表征了集成电路工艺所能实现的最小线宽。特征尺寸不断减小，使单个器件占用的面积不断减小，从而使芯片内的晶体管数目得以增加，特征尺寸大约每三年缩小为原来的$\frac{1}{1.414}$。

以 CMOS 为例，其发展进程如表 1－1 所示。

表 1－1　集成电路工艺技术发展趋势

年度	1999	2002	2005	2008	2011	2014
特征尺寸/μm	0.18	0.13	0.09	0.065	0.05	0.035
集成规模	120M	330M	880M	2.5G	7.1G	19.9G

2. 片上系统

作为微电子技术核心的集成电路是现代工业史上唯一有如此高速增长的工业技术，集成电路工业创造了现代工业史上的一个奇迹。随着应用领域的不断扩展，对集成电路芯片的需求量和需求种类越来越多，集成电路设计技术与制造技术水平也在迅速发展，越来越多的性价比高的电路不断推出。在这种需求牵引和技术推动的双重作用下，集成电路正在向集成系统（Integrated System，IS）发展，即在一个微电子芯片上将信息的采集、传输、存储和处理等功能集成在一起而构成一种片上系统（SoC）。SoC 是随着 IC 设计和工艺水平发展而出现的，许多 IC 组成的电子系统集成到一个芯片上，也成为片上系统。集成电路发展初期，电路设计主要是器件的物理版图设计，后来出现了集成电路单元库，使得集成电路设计从器件级进入逻辑级，极大地推动了 IC 产业的发展。而后出现的 SoC 从系统角度出发，把处理机制、模型算法、芯片结构直至器件的设计结合起来，在单个（或少数几个）芯片上实现整个系统功能。集成电路设计的发展过程如图 1－9 所示。

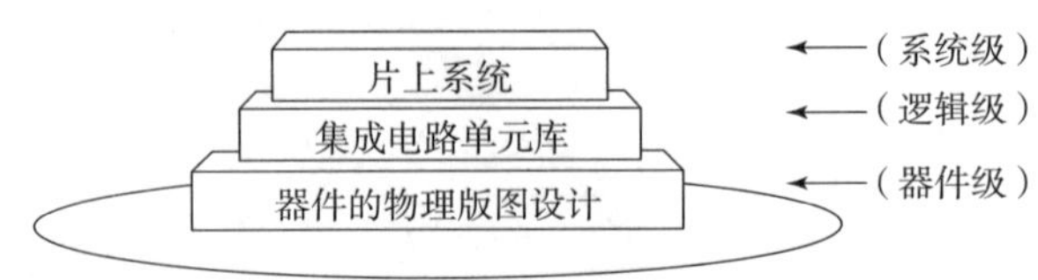

图 1－9　集成电路设计的发展过程

SoC 的设计以 IP 核为基础，以分层次的硬件描述语言为系统功能和结构的主要描述手段，并需要借助电子设计自动化（EDA）工具。研究表明，与 IC 组成的系统相比，由于

SoC 设计能够综合考虑整个系统的各种情况，因而可以在同样的工艺条件下，实现更高性能的系统指标。

1.1.5　SoPC 系统

SoPC（System on Programmable Chip）称为可编程片上系统，是一种高效、灵活的基于 FPGA 的 SoC 解决方案，它将处理器、存储器、I/O 接口等功能模块集成到一个可编程器件上。2000 年，Altera 发布了 Nios 处理器，是 Altera Excalibur 嵌入处理器计划中第一个产品，成为了第一个可编程逻辑优化的可配置处理器。

SoPC 可以集成硬核或软核 CPU、DSP、存储器、外围 I/O 及可编程逻辑，应用灵活，具有极大优势：

（1）至少含有一个嵌入式处理器内核，也可以设计为多处理器核。Altera 的 Nios 软核可配置为 32 位或 16 位的 CPU、Xilinx MB。

（2）具有一定容量的片内高速 RAM 资源，随着 FPGA 器件水平的提高，片内存储的容量和速度都在不断提升。

（3）具有丰富的 IP Core（IP 核）资源以及外设和接口库，如 UART、时钟、DMA、并行 I/O 等，这些资源使得设计更简单，同时提高了可靠性。

（4）具有足够的可编程逻辑资源，除了处理器系统使用的资源外，还可以实现其他的附加逻辑。

按照 FPGA 设计形式的不同，SoPC 构成方案可以分成以下 3 类。

1. 嵌入 IP 硬核的 SoPC 系统

硬核是指经过验证的固定的设计版图。嵌入 IP 硬核的方案是指在 FPGA 中预先植入处理器，例如含有 32 位 ARM 的 IP 处理器核。将处理器核以硬核方式植入 FPGA 中，将 FPGA 灵活的硬件设计与处理器的强大软件功能有机结合。利用 FPGA 中可编程逻辑资源，按照系统实际功能需求添加接口等功能，相比搭建通用的处理器系统，可以降低成本和功耗，同时提高设计灵活性。

然而，IP 硬核方案存在一些不足：由于 IP 硬核预先植入，使用者无法改变处理器结构，不能嵌入硬件模块，也无法根据实际设计需要裁减处理器硬件资源；只能在特定的 FPGA 中使用硬核嵌入式处理器；无法在同一个 FPGA 中使用多个处理器硬核；IP 硬核多来自第三方公司，如前面提到的 ARM、FPGA 厂商，无法控制其知识产权费用。

2. 嵌入 IP 软核的 SoPC 系统

软核是指是用户可配置和构建的嵌入式处理器 IP 核。片内设备内核为开发者提供了强大的调试功能。目前最有代表性的软核处理器是 Altera 公司的 NiosⅡ核，以及 Xilinx 公司的 MicroBlaze 核。嵌入软核的 SoPC 设计，具有开发周期短、可现场配置以及可重构的优点，本书后续章节将详细介绍这两种 IP 软核以及 SoPC 设计。

3. 基于 HardCopy 技术的 SoPC 系统

HardCopy 技术是一种全新的 SoC 级 ASIC 设计解决方案，即将专用的硅片设计和 FPGA 至 HardCopy 自动迁移过程结合在一起的技术。首先将系统模型实现于 HardCopy FPGA 上，然后把可编程解决方案无缝移植到低成本的 ASIC 上。HardCopy 器件就是把大容量 FPGA 的灵活性和 ASIC 的市场优势结合起来，运用在有较大批量要求并对成本敏感的电子产品上，从而避开了直接设计 ASIC 开发周期长、一次成功率低、开发复杂昂贵等缺点。HardCopy 设计不具有现场配置及可重构的特点。

1.2 数制和编码

数字电路中，信号的电压取值只有逻辑高电平和逻辑低电平两种状态，通常用高电平表示“1”，低电平表示“0”，数字系统即是由处理二进制数码 0 和 1 的电路所构建。通常我们习惯使用十进制，而在 0 和 1 组成的数字系统中，二进制或者十六进制的数字使用更方便。而且，实际中需处理的信息很少完全基于二进制数，数字系统的设计必须在数字电路处理的二进制数码和实际的数字、事件等信息间建立对应关系。这一节介绍数制的表示、常用编码以及数字量的传输，主要阐述数字系统中的数字量是如何被表示和处理的。

1.2.1 十进制和非十进制

十进制数由 10 个不同的数码 0、1、2、…、9 和一个小数点组成，其进位规则是“逢十进一”。

一般，任意一个十进制数 N 可以表示为：

$$\begin{aligned}(N)_{10} &= a_{n-1}a_{n-2}\ldots a_1 a_0 . a_{-1}a_{-2}\ldots a_{-m} \\ &= a_{n-1}\times 10^{n-1} + a_{n-2}\times 10^{n-2} + \ldots + a_1 \times 10^1 + \\ &\quad a_0 \times 10^0 + a_{-1}\times 10^{-1} + a_{-2}\times 10^{-2} + \ldots + a_{-m}\times 10^{-m} \\ &= \sum_{i=-m}^{n-1} a_i \times 10^i \end{aligned} \tag{1-1}$$

式中，n 代表整数位数，m 代表小数位数，a_i 表示第 i 位数码，10^i 为第 i 位数码的权值。

【例 1-2】 将十进制数 158.94 用权值形式表示：

$$158.94 = 1\times 10^2 + 5\times 10^1 + 8\times 10^0 + 9\times 10^{-1} + 4\times 10^{-2} \tag{1-2}$$

式（1-1）的表示方法也可以推广到任意进制数，对于一个基数为 R（$R\geqslant 2$）的 R 进制计数制，数 N 可以表示为：

$$(N)_R = \sum_{i=-m}^{n-1} a_i \times R^i \tag{1-3}$$

式中，n 代表整数位数，m 代表小数位数，a_i 表示第 i 位数码，它可以是 0、1、2、…、$(R-1)$ 个不同数码中的任意一个，R^i 为第 i 位数码的权值。

二进制数的进位规则是“逢二进一”，其进位基数 $R=2$，每位数码的取值只能是 0 或 1，每位的权值为 2 的幂。

任意一个二进制数，可以表示为

$$(N)_2 = \sum_{i=-m}^{n-1} a_i \times 2^i \tag{1-4}$$

【例 1-3】

$$(1101.01)_2 = 1\times 2^3 + 1\times 2^2 + 0\times 2^1 + 1\times 2^0 + 0\times 2^{-1} + 1\times 2^{-2} = (13.25)_{10} \tag{1-5}$$

数字电路处理的信号通常是在诸如低或高、充电或放电、关或开等仅有的两个状态中选取，这些信号代表着只有 0 和 1 两个取值的二进制数字，因而数字系统中通常用二进制基数来表示数。

由于日常生活中使用的是十进制，又因为数字电路中直接处理的是二进制数。其他基数的计数制虽然常常不直接处理，但对文档编制或其他用途还是很重要的，尤其是基数 8 和基数 16 方便了数字系统中多位数的简写。

八进制数使用基数 8，其进位规则是“逢八进一”，采用的数码是 0、1、2、3、4、5、6、7，每位的权值为 8 的幂。任意一个八进制数可以表示为：

$$(N)_8 = \sum_{i=-m}^{n-1} a_i \times 8^i \tag{1-6}$$

【例 1-4】 将八进制数 $(25.4)_8$ 用权值形式表示：

$$(25.4)_8 = 2 \times 8^1 + 5 \times 8^0 + 4 \times 8^{-1} = (21.5)_{10} \tag{1-7}$$

十六进制数使用基数 16，其进位规则是“逢十六进一”，采用的数码是 0、1、2、…、9、A、B、C、D、E、F。符号 A ~ F 分别代表十进制数的 10 ~ 15，每位的权值为 16 的幂。任意一个十六进制数可以表示为：

$$(N)_{16} = \sum_{i=-m}^{n-1} a_i \times 16^i \tag{1-8}$$

【例 1-5】 将十六进制数 $(3A.11)_{16}$ 用权值形式表示：

$$(3A.11)_{16} = 3 \times 16^1 + 10 \times 16^0 + 1 \times 16^{-1} + 1 \times 16^{-2} = (58.0664)_{10} \tag{1-9}$$

1.2.2　二进制数字系统

二进制数是最适合数字系统的数制。二进制有多种表示方法，可分为原码、补码以及反码表示法等，基于不同的表示法还有加法、减法、乘法和除法等操作，这些共同构成了二进制数字系统。

在原码中，一个数是由表示该数的正或负的符号和数值两部分组成的。应用于二进制数时，需用 1 位附加位来表示符号，称作符号位。一般情况下，采用最高有效位表示符号位（0 表示正，1 表示负），其余较低位表示数值。

【例 1-6】

$(01010101)_2 = (+85)_{10}$　　　　$(11010101)_2 = (-85)_{10}$

$(01111111)_2 = (+127)_{10}$　　　　$(11111111)_2 = (-127)_{10}$

$(00000000)_2 = (+0)_{10}$　　　　$(10000000)_2 = (-0)_{10}$

原码具有相同数目的正整数和负整数，一个 n 位的原码整数表示的范围是 $-(2^{n-1}-1)$ ~ $+(2^{n-1}-1)$，而零有两种可能的表示方法，即“+0”和“-0”，但是这两种所表示的值是相同的。

假设要做一个数字逻辑电路来完成“符号-数值”的加法。电路必须检查被加数和加数的符号以决定对数制做何种操作，如果符号相同，就将数值相加并给结果赋以同样的符号；如果符号不同，就必须比较数值的大小，用较大的数值减去较小的数值，并给结果赋以数值较大的数的符号。由于假设条件较多，使得实现的逻辑电路非常复杂，故需要引入补码的概念。

补码数制将一个数变负的方法是按照数制的定义求其补码。求补码比改变符号困难得多，但是在补码数制中两个数可以直接相加或相减，而不必像原码那样检查符号和数值。

对于二进制补码，数的最高有效位（MSB）用作符号位，当且仅当 MSB 为 1 时表示该数为负数。具体的计算方法是逐位取反后再加 1。若在计算过程中符号位产生了进位，则要忽略符号位产生的进位，只利用余下的结果。

【例 1－7】

$$(17)_{10}=(00010001)_2 \Downarrow \quad 11101110 + 1 = (11101111)_2=(-17)_{10}$$

$$(-99)_{10}=(10011101)_2 \Downarrow \quad 01100010 + 1 = (01100011)_2=(99)_{10}$$

二进制反码可通过逐位取反来实现，不必像补码那样再加 1。与二进制补码相同，二进制反码的最高有效位是符号位，0 表示正，1 表示负。所以二进制反码中零有两种表示方法：正零（000⋯..00）和负零（111⋯11）。正数在二进制反码和补码中的表示是一样的，而负数则相差 1。

【例 1－8】

$$(17)_{10}=(00010001)_2 \Downarrow (11101110)_2=(-17)_{10}$$

$$(-99)_{10}=(10011100)_2 \Downarrow (01100011)_2=(-99)_{10}$$

二进制反码数制的主要优点是其对称性和易于求反。但是，二进制反码加法器的设计还是比二进制补码加法器的设计棘手，并且在二进制反码数制中，要么必须检测零的两种可能，要么就必须将负零转换成正零。

表 1－2 总结了二进制数制中变负、加法和减法的规则。

表 1－2　二进制数加减法规则总结

数制	加法规则	变负规则	减法规则
无符号数	操作数相加；如果 MSB 产生进位，则结果超出范围	不适用	被减数减去减数；如果 MSB 产生错位，则结果超出范围
符号－数值	（同号）绝对值相加；如果 MSB 产生进位，则溢出；结果符号与操作数符号相同。 （异号）较大绝对值减去较小绝对值；不可能溢出；结果符号与较大绝对值的符号相同	改变操作数的符号位	改变减数的符号位后同加法一样进行计算
二进制补码	做加法，忽略 MSB 的进位；如果向符号位的进位输入和从符号位的进位输出不同，则产生溢出	逐位取反，末位加 1	减数逐位取反，再与被减数相加，令初始进位为 1
二进制反码	做加法，如果 MSB 有进位，结果加 1；如果向符号位的进位输入和从符号位的进位输出不同，则产生溢出	逐位取反	减数逐位取反，同加法一样计算

1.2.3　BCD 码

用来表示数字、字母或文字的一组特定的符号，叫作代码，生成代码的方法即为编码。BCD 码是一种十进制数编码。

一个十进制数，可以直接用等值的二进制数表示，称为直接二进制编码。但对较大的数值运算，十进制与二进制之间的转换比较复杂，由此使用了综合十进制和二进制特点的二－十进制码，简称 BCD 码（Binary Coded Decimal）。BCD 码用 0 和 1 的组合编码表示，同时保留了十进制的权。

1. 8421 码

8421BCD 码用 4 位二进制编码表示 1 位十进制数，BCD 码的技术规律与十进制数相同，即“逢十进一”。

BCD 码与二进制码的对应关系见表 1－3。

表 1－3　BCD 码与二进制码的对应关系

十进制数	8421 码	十进制数	8421 码
0	0000	5	0101
1	0001	6	0110
2	0010	7	0111
3	0011	8	1000
4	0100	9	1001

4 位二进制数可表示 16 种状态（0000 ~ 1111），而 BCD 码只使用了十种状态（0000 ~ 1001），剩余的 6 种状态（1010 ~ 1111）在 BCD 码中是非法编码。

2. BCD 码与十进制、二进制数的转换

十进制数表示成 BCD 码，只需对十进制数每一位按表 1－3 对应表示即可。

【例 1－9】　将十进制数 1234 表示为 BCD 码：

$$(1234)_{10} = (0001001000110100)_{BCD}$$

【例 1－10】　将二进制数 01001011 转换为 BCD 码：

$$(01001011)_2 = (75)_{10} = (01110101)_{BCD}$$

另外，一个字节（8 bit）如何存放 BCD 码有两种方式，一个字节表示两位十进制数，即一个 BCD 码用 4 bit 表示时，该种方式表示的码称为压缩 BCD 码，如例 1－9 所示。当每个字节只存放一个 BCD 码时，即低 4 位为 BCD 码，高 4 位全为 0。

1.2.4　ASCII 码

ASCII 码（American Standard Code for Information Interchange）是计算机中普遍使用的对字符的编码系统，用一个字节表示一个 ASCII 字符编码，如数字 0 ~ 9 的 ASCII 码为 30H ~ 39H，26 个大写字母的 ASCII 码为 41H ~ 5AH，26 个小写字母的 ASCII 码为 61H ~ 7AH，ASCII 编码表如表 1－4 所示。

表 1-4 ASCII 码表

ASCII 值	字符	ASCII 值	字符	ASCII 值	字符	ASCII 值	字符
0	NUL	32	Space	64	@	96	`
1	SOH	33	!	65	A	97	a
2	STX	34	"	66	B	98	b
3	ETX	35	#	67	C	99	c
4	EOT	36	$	68	D	100	d
5	ENQ	37	%	69	E	101	e
6	ACK	38	&	70	F	102	f
7	BEL	39	'	71	G	103	g
8	BS	40	(	72	H	104	h
9	TAB	41	)	73	I	105	i
10	LF	42	*	74	J	106	j
11	VT	43	+	75	K	107	k
12	FF	44	,	76	L	108	l
13	CR	45	-	77	M	109	m
14	SO	46	.	78	N	110	n
15	SI	47	/	79	O	111	o
16	DLE	48	0	80	P	112	p
17	DC1	49	1	81	Q	113	q
18	DC2	50	2	82	R	114	r
19	DC3	51	3	83	S	115	s
20	DC4	52	4	84	T	116	t
21	NAK	53	5	85	U	117	u
22	SYN	54	6	86	V	118	v
23	ETB	55	7	87	W	119	w
24	CAN	56	8	88	X	120	x
25	EM	57	9	89	Y	121	y
26	SUB	58	:	90	Z	122	z
27	ESC	59	;	91	[	123	{
28	FS	60	<	92	\	124	|
29	GS	61	=	93	]	125	}
30	RS	62	>	94	^	126	~
31	US	63	?	95	_	127	DEL

1.2.5 格雷码

格雷（Gray）码也称为循环码，其最基本的特性是任何相邻的两组代码中，仅有一位数码不同，因此又叫单位距离码。

Gray 码的编码方案有多种，典型的 Gray 码如表 1-5 所示。从表中可以看出，这种代码除了具有单位距离码的特点外，还有一个特点就是具有反射特性，即按表中所示的对称轴（即画横线处）为界，除最高位互补反射外，其余低位数沿对称轴镜像对称。利用这一反射特性可以方便地构成位数不同的 Gray 码。表 1－5 中的四条横线分别为一位反射对称轴、二位反射对称轴、三位反射对称轴和四位反射对称轴。

格雷码的构造方法描述如下：

（1）1 位 Gray 码有两个码字：0 和 1；

（2）$n+1$ 位 Gray 码的前 2^n 个码字等于 n 位 Gray 码的码字，按顺序书写，前缀加 0；

（3）$n+1$ 位 Gray 码的后 2^n 个码字等于 n 位 Gray 码的码字，但按逆序书写，前缀加 1。

用这种方法构造 n 位 Gray 码，也必须构造位数小于 n 的所有 Gray 码，表 1－5 中所示是 $n=3$ 的例子。

表 1－5　典型的 Gray 码

十进制数	二进制码				Gray 码			
	B_3	B_2	B_1	B_0	G_3	G_2	G_1	G_0
0	0	0	0	0	0	0	0	0
1	0	0	0	1	0	0	0	1
2	0	0	1	0	0	0	1	1
3	0	0	1	1	0	0	1	0
4	0	1	0	0	0	1	1	0
5	0	1	0	1	0	1	1	1
6	0	1	1	0	0	1	0	1
7	0	1	1	1	0	1	0	0
8	1	0	0	0	1	1	0	0
9	1	0	0	1	1	1	0	1
10	1	0	1	0	1	1	1	1
11	1	0	1	1	1	1	1	0
12	1	1	0	0	1	0	1	0
13	1	1	0	1	1	0	1	1
14	1	1	1	0	1	0	0	1
15	1	1	1	1	1	0	0	0

Gray 码的单位距离特性有很重要的意义。假如两个相邻的十进制数 13、14，相应的二进制码为 1101 和 1110。在用二进制数作加 1 计数时，如果从 13 变到 14，二进制码的最低两位都要改变，但实际上两位改变不可能完全同时发生，若最低位先置 0，然后次低位再置 1，则中间会出现 1101－1100－1110，即出现短暂的误码 1100，而 Gray 码因只有一位变化，因而杜绝了出现这种错误的可能。

1.2.6　数据编码

（一）检错码和纠错码

1. 检错码

使用检错码的系统仅仅产生、传输和存储编码字，所以可用简单的规则检测数据中的差错。当码字被损坏或改变时，很可能产生不属于编码字的位串，即非编码字。如果位串是一个编码字，就假定它是正确的；如果位串是一个非编码字，则包含差错。

奇偶校验码是典型的检错码，可以检测全部单个差错。码字在传输和处理过程中，有时会出现某一位由 0 错变成 1，或 1 变成 0。奇偶校验码是一种可以检验出这种错误的代码，奇偶校验码由信息位和一位奇偶校验位两部分组成。

信息位是位数不限的任一种二进制代码。

检验位仅有一位，它可以放在信息位的前面，也可以放在信息位的后面。其编码方式有两种（见表1-6）：

使得一组代码中信息位和检验位中“1”的个数之和为奇数，称为奇检验；

使得一组代码中信息位和检验位中“1”的个数之和为偶数，称为偶检验。

表1-6　奇偶校验码

十进制数	信息位	奇校验	信息位	偶校验
0	0000	1	0000	0
1	0001	0	0001	1
2	0010	0	0010	1
3	0011	1	0011	0
4	0100	0	0100	1
5	0101	1	0101	0
6	0110	1	0110	0
7	0111	0	0111	1
8	1000	0	1000	1
9	1001	1	1001	0

对接收到的奇偶校验码要进行检查。看码中“1”的奇偶个数是否正确，如果不正确就是错误代码。

奇偶校验码只能检验出代码出错，但不能确定是哪一位出错。如果代码中同时有两位以上的代码出错，这时奇偶校验码就不能检测出错误。一般情况下同时几位出错的概率比一位出错的概率小得多，再加上奇偶校验码容易实现，因而被广泛地应用。

2. 纠错码

用来纠正差错的编码称为纠错码。纠错码是信道编码的一类。为了获知纠错码的纠错能力，首先介绍几个基本概念。

1）汉明距离

在一个码组（码字集合）中，任意两个等长码字之间，如果有 d 个相对应的码元不同，则称 d 为这两个码字的汉明距离。

2）最小汉明距离

在一个码字集合中，任何两个码字之间的汉明距离组成一个元素集合，这个集合中的最小值称为该码字集合的最小汉明距离，简称最小码距，记为 $d_{\min}$。

纠错码的纠错能力与最小汉明距离 $d_{\min}$ 有关。

一个分组码的最小码距为 $d_{\min}$，则其纠检错能力为：

若发现 e 个错误，则要求 $d_{\min} \geqslant e+1$；

若纠正 t 个错误，则要求 $d_{\min} \geqslant 2t+1$；

若纠正 t 个错误，同时发现 e（$e \geqslant t$）个错误，则要求 $d_{\min} \geqslant t+e+1$；

若纠正 t 个错误，同时删除 m 个错误，则要求 $d_{\min} \geqslant 2t+m+1$。

具体的证明过程此处不做详细介绍，可参见相关资料。

纠错编码主要分为分组码和卷积码两大类。汉明码是一种基本的纠错码，属于线性分组码。分组码是一种代数编码，一个码字包括独立的信息元和监督元，并且监督元与信息元之间是一种代数关系，如果这种代数关系为线性的则称为线性分组码。

对于任意正整数 $r \geqslant 3$ ，若线性分组码满足：

码长 $n \geqslant 2^r - 1$ ；信息位 $k = 2^r - 1 - r = n - r$ ；监督位 $r = n - k$ ；最小码距 $d_{\min} = 3$ ；则这种码称为狭义汉明码，也称为完备汉明码。

因为汉明码的最小码距为3，故可检测出 2 个错误；纠正 1 个错误；同时纠正 1 个错误，发现 1 个错误。

设发送码字为：$[C] = (c_{n-1}, c_{n-2}, \cdots, c_0)$ ，由于信道干扰产生差错，反映到接收码字上可以用一个二元矢量 $[E] = (e_{n-1}, e_{n-2}, \cdots\cdots, e_0)$ 表示，称为错误图样。其中，$e_i = 1$ 表明相应位有错误，$e_i = 0$ 表明相应位无错。这时，接收码字可以表示为：

$$[R] = [C] + [E] = (c_{n-1} + e_{n-1}, c_{n-2} + e_{n-2}, \cdots\cdots, c_0 + e_0) \tag{1-10}$$

译码器的作用就是从接收码字 $[R]$ 中得到发送码字的估计值，如果估计正确则译码正确，否则译码错误。

定义 $[S]$ 为校验子：

$$[S]^{\mathrm{T}} = [H][R]^{\mathrm{T}} = [H][C]^{\mathrm{T}} + [H][E]^{\mathrm{T}} = [H][E]^{\mathrm{T}} \tag{1-11}$$

式中，$[H][C]^{\mathrm{T}} = \mathbf{0}$。

如果校验子矢量 $[S] \neq \mathbf{0}$ ，接收码字一定有错误；如果校验子矢量 $[S] = \mathbf{0}$，则译码器认为接收码字无错误。

下面举例说明校验子的作用。

（7，4）汉明码的基本监督矩阵 $[H]$ 为已知，

$$[H] = \begin{bmatrix} 0 & 1 & 1 & 1 & 1 & 0 & 0 \\ 1 & 0 & 1 & 1 & 0 & 1 & 0 \\ 1 & 1 & 0 & 1 & 0 & 0 & 1 \end{bmatrix}$$

根据 $[H][C]^{\mathrm{T}} = \mathbf{0}$ 即可得到汉明码字如表 1－7 所示。

表 1－7　（7，4）汉明码字

0000	0000　000	0100	0100　101	1000	1000　011	1100	1100　110
0001	0001　111	0101	0101　010	1001	1001　100	1101	1101　001
0010	0010　110	0110	0110　011	1010	1010　101	1110	1110　000
0011	0011　001	0111	0111　100	1011	1011　010	1111	1111　111

假如接收码字 $[R] = [0\ \ 1\ \ 0\ \ 0\ \ 1\ \ 0\ \ 1]$ ，可以计算出 $[S]^{\mathrm{T}} = [H][R]^{\mathrm{T}} = \mathbf{0}$ ，表明无差错。

如果接收的码字有一位差错，$[R] = [0\ \ 1\ \ 1\ \ 0\ \ 1\ \ 0\ \ 1]$ ，接收码字的第 3 位错，此时错误图样 $[E] = [0\ \ 0\ \ 1\ \ 0\ \ 0\ \ 0\ \ 0]$ 。校验子矢量为：

$$[S]^{\mathrm{T}} = [H][R]^{\mathrm{T}} = \begin{bmatrix} 0 & 1 & 1 & 1 & 1 & 0 & 0 \\ 1 & 0 & 1 & 1 & 0 & 1 & 0 \\ 1 & 1 & 0 & 1 & 0 & 0 & 1 \end{bmatrix} \begin{bmatrix} 0 \\ 1 \\ 1 \\ 0 \\ 1 \\ 0 \\ 1 \end{bmatrix} = \begin{bmatrix} 1 \\ 1 \\ 0 \end{bmatrix} \tag{1-12}$$

相当于：

$$[S]^{\mathrm{T}} = [H][E]^{\mathrm{T}} = \begin{bmatrix} 0 & 1 & 1 & 1 & 1 & 0 & 0 \\ 1 & 0 & 1 & 1 & 0 & 1 & 0 \\ 1 & 1 & 0 & 1 & 0 & 0 & 1 \end{bmatrix} \begin{bmatrix} 0 \\ 0 \\ 1 \\ 0 \\ 0 \\ 0 \\ 0 \end{bmatrix} = \begin{bmatrix} 1 \\ 1 \\ 0 \end{bmatrix} \tag{1-13}$$

可见这时校验子 $[S]^{\mathrm{T}} \neq \mathbf{0}$，译码器认为有错，且正好等于 $[H]$ 的第三列，表明接收码字的第三位码元错了，故可判断发送码字为 $[R] = [0 \quad 1 \quad 0 \quad 0 \quad 1 \quad 0 \quad 1]$，成功纠正 1 位错误，译码正确。

如果接收码字有两位差错，$[R] = [0 \quad 1 \quad 1 \quad 1 \quad 1 \quad 0 \quad 1]$，接收码字的第 3、4 位错，此时错误图样 $[E] = [0 \quad 0 \quad 1 \quad 1 \quad 0 \quad 0 \quad 0]$。校验子矢量为：

$$[S]^{\mathrm{T}} = [H][E]^{\mathrm{T}} = \begin{bmatrix} 0 & 1 & 1 & 1 & 1 & 0 & 0 \\ 1 & 0 & 1 & 1 & 0 & 1 & 0 \\ 1 & 1 & 0 & 1 & 0 & 0 & 1 \end{bmatrix} \begin{bmatrix} 0 \\ 0 \\ 1 \\ 1 \\ 0 \\ 0 \\ 0 \end{bmatrix} = \begin{bmatrix} 0 \\ 0 \\ 1 \end{bmatrix} \tag{1-14}$$

此时，校验子矢量不为 $\mathbf{0}$，可以检测出接收码元有错误；但是如果这时接收机按照上述译码方法纠正错误码元，将认为第 7 位出错，造成译码错误。汉明码仅可纠正 1 位错误，其纠错能力是有限的，如果超过其纠错能力进行译码，不但不能正确译码，反而会错上加错，故纠错码的选用需要根据信道的具体条件来确定。如果信道条件较差，则需要使用纠错能力较强的纠错码，即选用最小码距较大的纠错码。

（二）并行与串行

大多数计算机和其他数字系统以并行格式传输和存储数据。在并行数据传输中，数据字的每一位单独占用一根信号线；在并行数据存储中，数据字的所有位同时进行读写。

对某些应用而言，并行格式并不经济。例如，在电话网络上并行传输数据字节就需要 8 根电话线；在磁盘上并行存储数据字节就需要带 8 个独立读/写磁头的磁盘驱动器。串行格式则允许在任一时刻只传输或存储数据的 1 位，这在许多场合可降低系统成本。

图 1－10 举例说明了串行数据传输的基本概念。重复的时钟信号（CLOCK）定义了位传输速率，即每个时钟周期传输 1 位。这样，位速率（bit rate，单位为 bps 或 b/s）即是每秒传输的比特数，它在数值上等于每秒内时钟频率的周期数（赫兹或 Hz）。

位速率的倒数叫作位时间，在数值上等于时钟周期（秒）。串行数据线（图 1－10 中叫作 SERDATA）上要传输的每一位都预定了这个时间量。每位占用的时间有时叫作位元。每个位元期间出现在传输线上的实际信号格式取决于线路码。线路码有很多种规则，有一种称为不归零码（NRZ），传输 1 时在整个位元时间内信号线上的信号值都为 1，传输 0 时依然为 0。

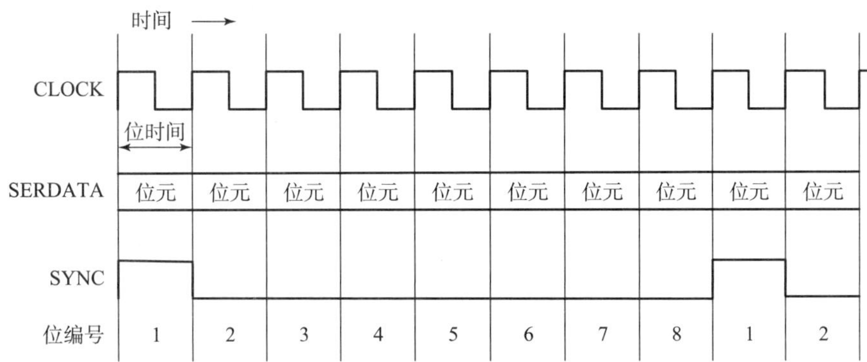

图 1-10　串行数据传输的基本概念

不管什么线路码，串行数据的传输或存储系统都需要某种方法来识别串行流中每一位的含义。例如，假设串行传输 8 位字节数据，怎样知道每个字节的第一位呢？同步信号（图 1-10 中叫作 SYNC）提供了必要的信息，它在每个字节的第 1 位，等于“1”。

显然，若恢复串行数据流，最少需要 3 个信号：定义位元的时钟信号、定义字边界的同步信号和串行数据本身。在有些应用场合，如计算机或电信系统中的模块互连，这 3 个信号各自单独占用一根信号线，这样就把每个连接的线数从 n 根降到 3 根，降低了成本。

在许多应用场合，使用 3 根单独信号线的成本还是太高，对于这样的系统，典型的做法是将 3 个信号混合成单一的串行数据流，再用复杂的模拟和数字电路从此数据流中恢复时钟和同步信息。

（三）数据传输编码

数字基带信号是数字信息的电脉冲表示，不同形式的数字基带信号（码型）具有不同的频谱结构，合理地设计数字基带信号以使数字信息变换为适合于给定信道传输特性的频谱结构，是基带数据传输首先要考虑的问题。

在设计数据传输编码时应考虑以下原则：

（1）对于传输频带低端受限的信道，一般来讲线路传输码型的频谱中应不含直流分量。

（2）码型变换过程应对任何信源具有透明性，即与信源的统计特性无关。所谓信源的统计特性是指信源产生各种数字信息的概率分布。

（3）便于从基带信号中提取定时信息。在基带传输系统中，位定位信息是接收端再生原始信息所必需的。

（4）便于实时监测传输系统信号传输质量，即应能检测出基带信号码流中错误的信号状态。

（5）对于某些基带传输码型，信道中产生的单个误码会扰乱一段译码过程，从而导致译码输出信息中出现多个错误，这种现象称为误码扩散。

（6）当采用分组形式的传递码型时，在接收端不但要从基带信号中提取位定时信息，而且要恢复出分组同步信息，以便将接收到的信息正确地分成固定长度的码组。

（7）尽量减少基带信号频谱中的高频分量。这样可以节省传输频带，提高信道的频谱利用率，还可以减少串扰。

（8）编译码设备应尽量简单。

最简单的二元码中基带信号的波形为矩形，幅度取值只有两种电平。常用的二元码有以下几种，它们的波形示于图 1 - 11 中。

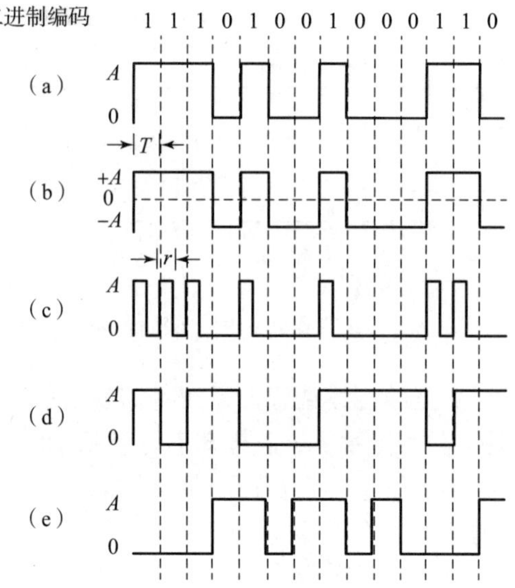

图 1 - 11　几种常用的数据传输编码

(a) NRZ (L) (单极性); (b) NRZ (L) (双极性); (c) RZ (L); (d) NRZ (M); (e) NRZ (S)

(1) 单极性非归零码 [见图 1 - 11 (a)]。

在这种二元码中用高电平和低电平分别表示二进制信息“1”和“0”，在整个码元期间电平保持不变。

(2) 双极性非归零码 [见图 1 - 11 (b)]。

在这种二元码中用正电平和负电平分别表示“1”和“0”。与单极性非归零码相同的是整个码元期间电平保持不变，因而在这种码型中不存在零电平。

(3) 单极性归零码 [见图 1 - 11 (c)]。

与单极性归零码不同，发送“1”时在整个码元期间高电平只持续一段时间，在码元的其余时间内则返回到零电平。

(4) 差分码 [见图 1 - 11 (d)]。

在差分码中，“1”“0”分别用电平跳变或不变来表示。若用电平跳变来表示“1”，则称为传号差分码。若用电平跳变来表示“0”，则称为空号差分码。图 1 - 11 (d) 和图 1 - 11 (e) 中分别画出传号差分码和空号差分码，通常分别记作 NRZ (M) 和 NRZ (S)。

由于差分码的电平与信码“1”“0”之间不存在绝对的对应关系，而是用电平的相对变化来传输信息，因此，它可以用来解决相位键控同步解调时因接收端本地载波相位倒置而引起的信息“1”“0”颠倒问题，所以得到广泛应用，由于差分码中电平只具有相对意义，因而又称为相对码。

(5) 数字双相码 [见图 1 - 12 (a)]。

数字双相码又称为分相码，它用一个周期的方波表示“1”，而用它的反相波形表示“0”。数字双相可以用单极性非归零码 NRZ (L) 与定时信号的模二和来产生。为了解决因极性反转而引起的译码错误，可以采用差分码的概念，将数字双相码中用绝对电平表示的波形改为用电平的相对变化来表示。为此，将差分码 NRZ（M）与定时信号模二和，所产生的基带信号中，相邻周期的方波如果同相则代表“0”，反相则表示“1”。这种码型称为条件双相码［见图 1－12（b）］，常记作 CDP 码。

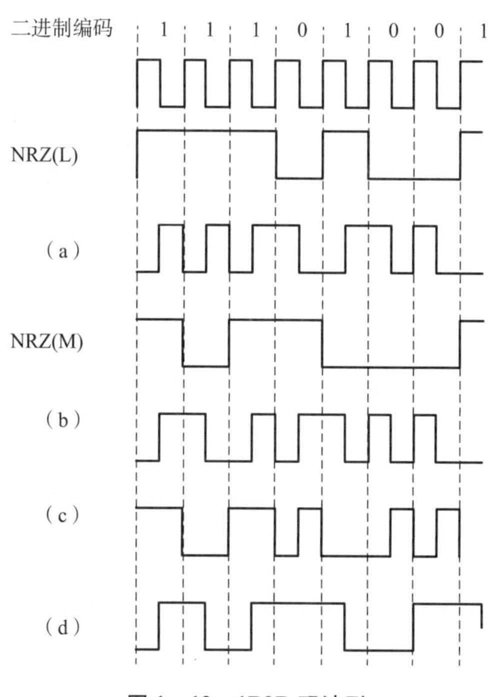

图 1－12　1B2B 码波形

（a）数字双向码；（b）条件双向码（CDP 码）；（c）传号反转码（CMI 码）；（d）密勒码

由于双相码在每个码元间隔的中心部分都存在电平跳变，因此在频谱中存在很强的定时分量，它不受信源统计特性的影响。此外，由于方波周期内正、负电平各占一半，因此不存在直流分量。显然，上述优点是用频带加倍来换取的。双相码适用于数据终端设备在短距离上的传输。

（6）传号反转码［见图 1－12（c）］。

传号反转码（CMI 码）与数字双相码类似，也是一种二电平非归零码。在 CMI 码中，“1”交替地用确定相位的一个周期方波来表示。CMI 码也没有直流分量，却有频繁出现的波形跳变，便于恢复定时信号。由波形可知，用负跳变可直接提取定时信号，不会产生相位不确定问题。

传号反转码的另一个特点是它有检测错误的能力。这是因为“1”相当于用交替的“00”和“11”两位码表示，而“0”则固定地用“01”表示，在正常情况下“10”是不可能在波形中出现的，连续的“00”和“11”也是不可能出现的，这种相关性可以用来检测因信道而产生的部分错误。

在数字双相码和 CMI 码中，原始的二元信息在编码后都用一组两位的二元码来表示，因此这类码又称为 1B2B 码型。

（7）密勒码［见图 1－12（d）］。

密勒码又称延迟调制，它是数字双相码的一种变型。在密勒码中，“1”用码元周期中点处出现跳变来表示，而对于“0”则有两种情况；当出现单个“0”时，在码元周期内不出现跳变；但若遇到连“0”时，则在前一个“0”结束时开始电平跳变。由上述编码规则可知，当两个“1”之间有一个“0”时，则在第一个“1”的码元周期中点与第二个“1”的码元周期中点之间无电平跳变，此时密勒码中出现最大宽度，即两个码元周期。

密勒码实际上是数字双相码经过一级触发器后得到的波形，如图 1－12（d）所示。因此，密勒码是数字双相码的差分形式，它也能克服数字双相码中存在的相位不确定的问题。

（8）5B6B 码。

在 5B6B 码型中，每 5 位二元输入信息被编为一个 6 位的二元输出码组。所以 5 位二元码共有 32 中不同的组合，6 位二元码共有 64 种不同的组合，可利用这种冗余度实现误码检测性能。具体编码方式是考虑到直流分量尽量小，误码增殖尽量少，位定时和分组同步容易而选定的。在 64 种可能的输出码组中含有 3 个“1”和 3 个“0”的平衡码组共有 20 种，在其余不平衡码组由于“1”“0”数相差过于悬殊而不予考虑。

1.3 数字电路

1.3.1 基本逻辑门电路

逻辑门（Logic Gate）是最简单的数字电路，它们可以接收一个或者多个二进制输入并产生一个二进制输出。基本逻辑门包括与门、或门、非门、与非门、或非门、异或门等。

1. 逻辑与门

逻辑与门的特性是当所有输入的电平为高的时候，输出才是高电平；否则，在其他逻辑输入的情况下，输出均为低电平。图 1－13 是逻辑与门的符号。

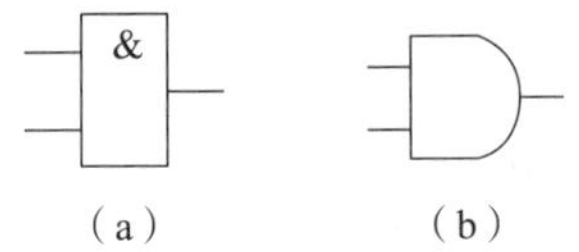

图 1－13　与门的不同符号表示

（a）与门的 ANSI/IEEE 符号表示；（b）与门的 IEC 符号

表 1－8 表示的是与门输入输出关系的真值表描述，图 1－14 是逻辑与门的输入和输出仿真图（在本节中，1 表示逻辑高电平，0 表示逻辑低电平）。

表 1－8　逻辑与门输入和输出的真值表

逻辑输入		逻辑输出
a	b	c
0	0	0
0	1	0
1	0	0
1	1	1

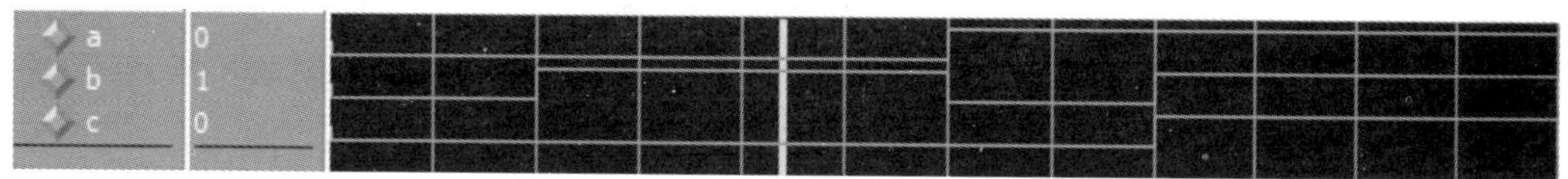

图 1 –14　逻辑与门的输入和输出关系

2. 逻辑或门

逻辑或门的特性是当逻辑输入存在高电平的时候，输出就是高电平；只有在所有的输入都为低电平的时候，输出才为低电平。图 1 – 15 是逻辑或门的符号。

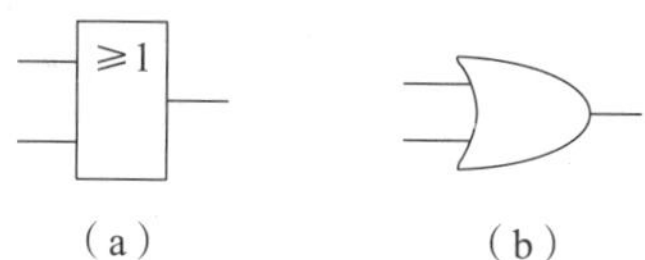

图 1 – 15　或门的不同符号表示

（a）或门的 ANSI/IEEE 符号表示；（b）或门的 IEC 符号

表 1 –9 表示的是或门输入输出关系的真值表描述，图 1 – 16 是逻辑或门的输入和输出仿真图。

表 1 –9　逻辑或门的输入和输出的真值表

逻辑输入		逻辑输出
a	b	c
0	0	0
0	1	1
1	0	1
1	1	1

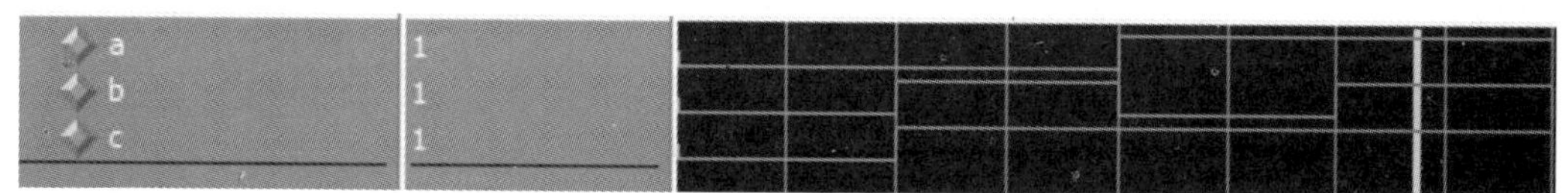

图 1 – 16　逻辑或门的输入和输出关系

3. 逻辑非门

逻辑非门的特性是逻辑输出电平和逻辑输入电平相反。图 1 – 17 是逻辑非门的符号。

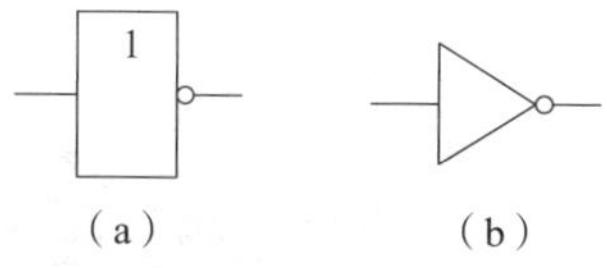

图 1 – 17　非门的不同符号表示

（a）非门的 ANSI/IEEE 符号表示；（b）非门的 IEC 符号

表1－10表示的是非门输入输出关系的真值表描述，图1－18是逻辑非门的输入和输出仿真图。

表1－10　逻辑非门的输入和输出的真值表

逻辑输入	逻辑输出
0	1
1	0

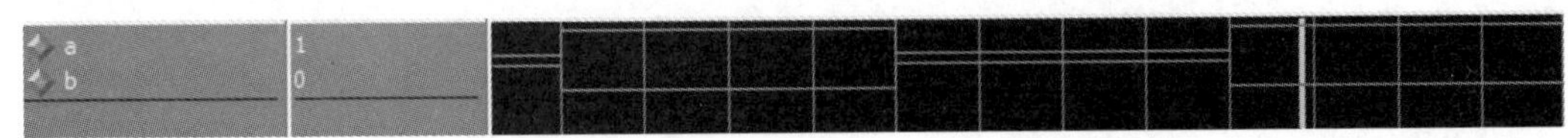

图1－18　逻辑非门的输入和输出关系

4. 逻辑与非门

逻辑与非门的特性是当所有逻辑输入的电平为高时，输出为低电平；否则，在其他逻辑输入的情况下，输出均为高电平。逻辑与非门与逻辑与门的特性相反。图1－19是逻辑与非门的符号。

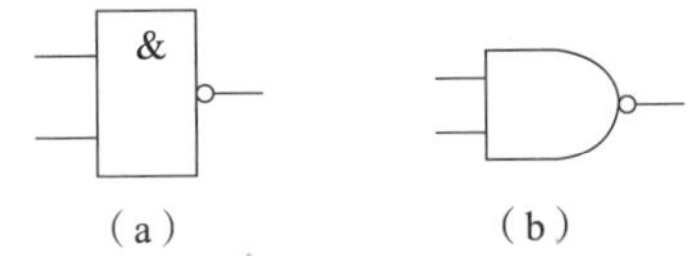

图1－19　与非门的不同符号表示

(a) 与非门的 ANSI/IEEE 符号表示；(b) 与非门的 IEC 符号

表1－11表示的是与非门输入输出关系的真值表描述，图1－20是逻辑与非门的输入和输出仿真图。

表1－11　逻辑与非门的输入和输出的真值表

逻辑输入		逻辑输出
a	b	c
0	0	1
0	1	1
1	0	1
1	1	0

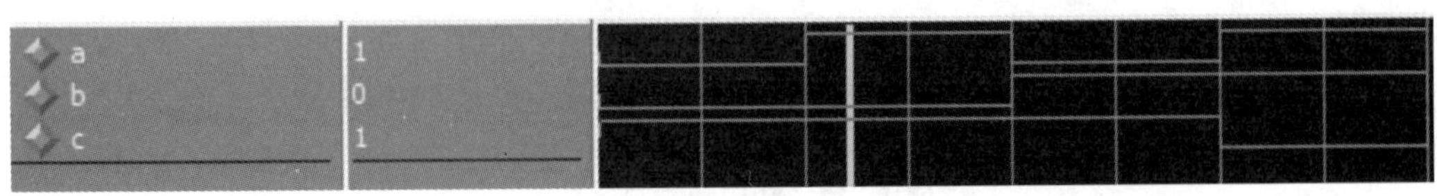

图1－20　逻辑与非门的输入和输出关系

5. 逻辑或非门

逻辑或非门的特性是当逻辑输入存在高电平时，输出为低电平；只有在所有逻辑输入都为低电平的情况下，输出才为高电平。逻辑或非门与逻辑或门的特性相反。图 1－21 是逻辑或非门的符号。

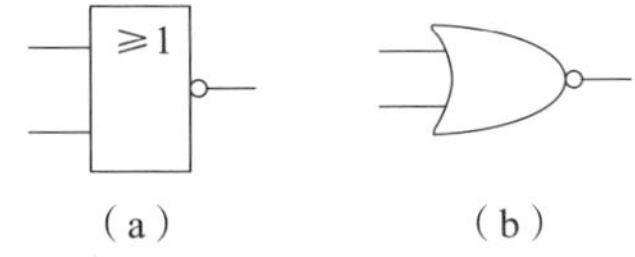

图 1－21　或非门的不同符号表示

(a) 或非门的 ANSI/IEEE 符号表示；(b) 或非门的 IEC 符号

表 1－12 表示的是或非门输入输出关系的真值表描述，图 1－22 是逻辑或非门的输入和输出仿真图。

表 1－12　逻辑或非门的输入和输出的真值表

逻辑输入		逻辑输出
a	*b*	*c*
0	0	1
0	1	0
1	0	0
1	1	0

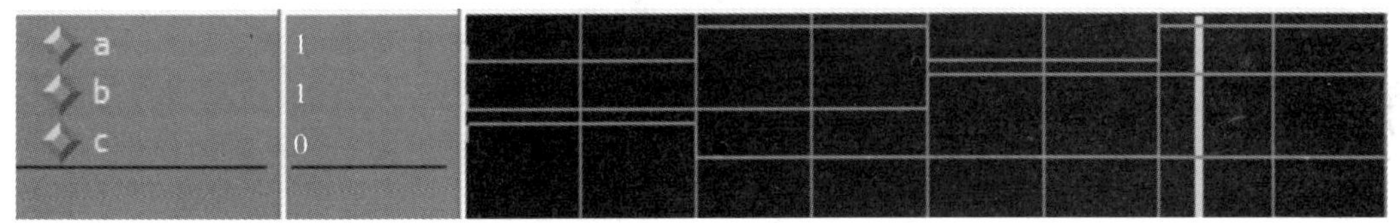

图 1－22　逻辑或非门的输入和输出的关系

6. 逻辑异或门

逻辑异或门的特性是当逻辑输入电平不相同的时候，输出为高电平；否则，当逻辑输入电平相同的时候，输出为低电平。图 1－23 是逻辑异或门的符号。

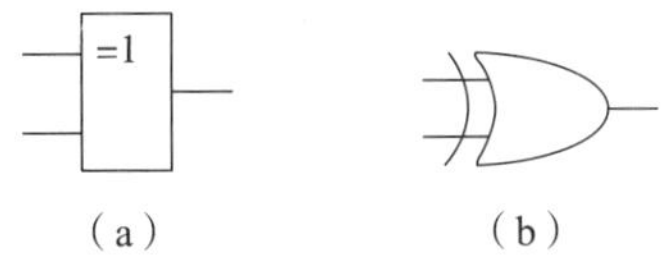

图 1－23　异或门的不同符号表示

(a) 异或门的 ANSI/IEEE 符号表示；(b) 异或门的 IEC 符号

表 1－13 表示的是异或门输入输出关系的真值表描述，图 1－24 是逻辑异或门的输入和输出仿真图。

表 1-13　逻辑异或门的输入和输出的真值表

逻辑输入		逻辑输出
a	b	c
0	0	0
0	1	1
1	0	1
1	1	0

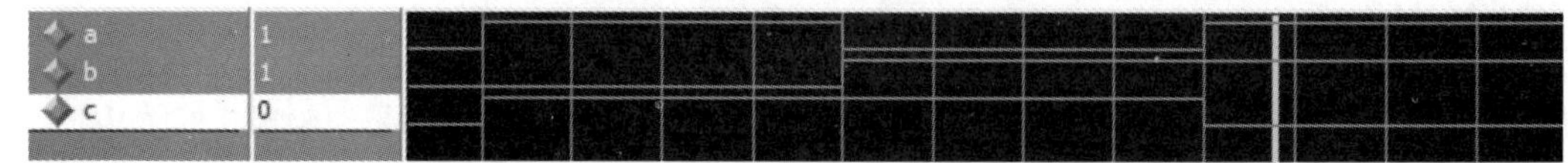

图 1-24　逻辑异或门的输入和输出的关系

1.3.2　组合逻辑电路

组合逻辑电路是一种逻辑电路，它任一时刻的输出，只与当前时刻逻辑输入变量的取值有关，与前一时刻的输出无关。下面逐一介绍典型的组合逻辑电路：编码器、译码器、数据选择器、比较器、加法器、乘法器，分别给出了它们的真值表和功能仿真图。

1. 编码器

为了区分一系列不同的事物，将其中的每个事物用一个二值代码表示，这就是编码的含义。在二值逻辑电路中，信号都是以高、低电平的形式给出的。因此，编码器的逻辑功能就是把输入的每一个高、低电平信号编成一个对应的二进制代码。本节以 8-3 线编码器为例，说明编码器的实现原理。其中，EN 为使能输入端，$I_0 \sim I_7$ 为原始逻辑信息，A_2、A_1、A_0 为编码器的输出端。当 EN 为低电平有效时，编码器才能正常工作。表 1-14 给出了 8-3 线编码器的真值表描述，表中 × 表示无关项。图 1-25 为 8-3 线编码器的仿真波形图。

表 1-14　8-3 线编码器真值表

输入									输出		
EN	I_0	I_1	I_2	I_3	I_4	I_5	I_6	I_7	A_2	A_1	A_0
1	×	×	×	×	×	×	×	×	1	1	1
0	0	0	0	0	0	0	0	0	0	0	0
0	0	0	0	0	0	0	0	1	0	0	1
0	0	0	0	0	0	0	1	1	0	1	0
0	0	0	0	0	0	1	1	1	0	1	1
0	0	0	0	0	1	1	1	1	1	0	0
0	0	0	0	1	1	1	1	1	1	0	1
0	0	0	1	1	1	1	1	1	1	1	0
0	0	1	1	1	1	1	1	1	1	1	1
0	1	1	1	1	1	1	1	1	1	1	1

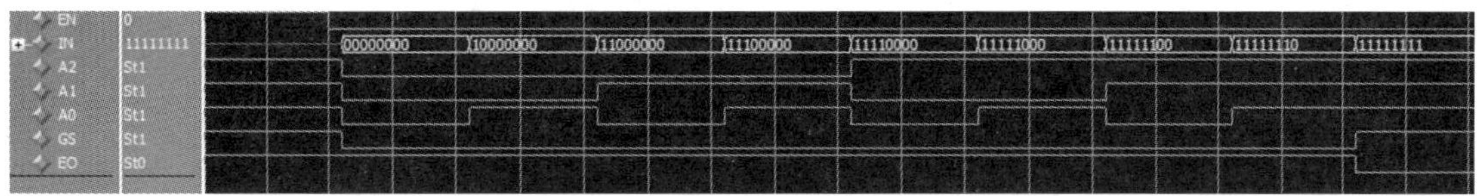

图 1－25　8－3 线编码器仿真图

2. 译码器

译码器的功能与编码器相反，将特定的编码翻译为二进制代码。表 1－15 给出了 3－8 线译码器的真值表描述。图 1－26 为 3－8 线译码器的仿真波形图。

表 1－15　3－8 线译码器真值表

输入			输出							
a	b	c	I_0	I_1	I_2	I_3	I_4	I_5	I_6	I_7
1	1	1	0	0	0	0	0	0	0	1
0	0	0	1	0	0	0	0	0	0	0
0	0	1	0	1	0	0	0	0	0	0
0	1	0	0	0	1	0	0	0	0	0
0	1	1	0	0	0	1	0	0	0	0
1	0	0	0	0	0	0	1	0	0	0
1	0	1	0	0	0	0	0	1	0	0
1	1	0	0	0	0	0	0	0	1	0

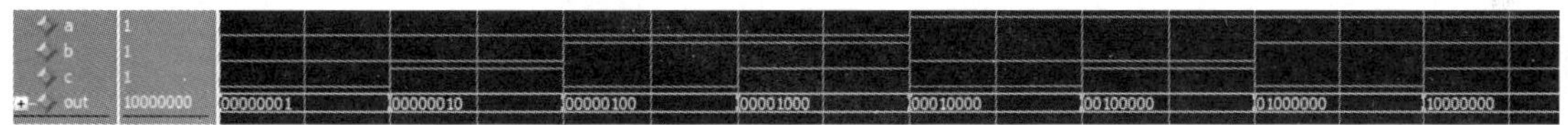

图 1－26　3－8 线译码器仿真图

3. 数据选择器

数据选择器也叫作多路复用器，其功能是：在控制信号作用下，从多路输入信号中选择一路信号进行输出。以 4 选 1 数据选择器为例，其电路符号和真值表如图 1－27 所示。

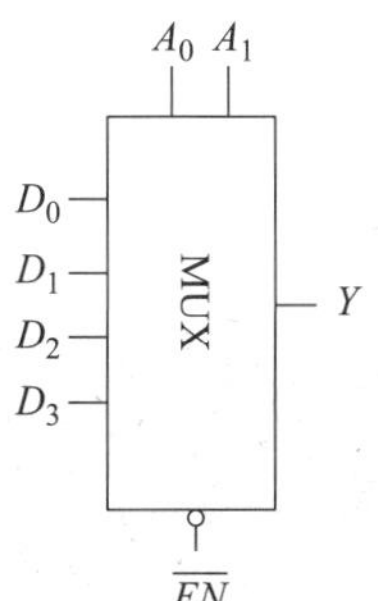

输入			输出
$\overline{EN}$	A_0	A_1	Y
1	×	×	0
0	0	0	D_0
0	0	1	D_1
0	1	0	D_2
0	1	1	D_3

图 1－27　数据选择器电路符号及真值表

功能分析：当使能端 $\overline{EN}=1$ 时，数据选择器不工作，输出 $Y=0$，与输入无关；当使能端 $\overline{EN}=0$ 时，数据选择器正常工作，并根据 A_0A_1 的不同组合值，从输入端 $D_0\sim D_3$ 选择一位从 Y 输出。

数字逻辑表达式为：

$$Y=EN(\overline{A_0}\,\overline{A_1}D_0+\overline{A_0}A_1D_1+A_0\,\overline{A_1}D_2+A_0A_1D_3)$$

图 1－28 所示为数据选择器时序逻辑仿真结果。

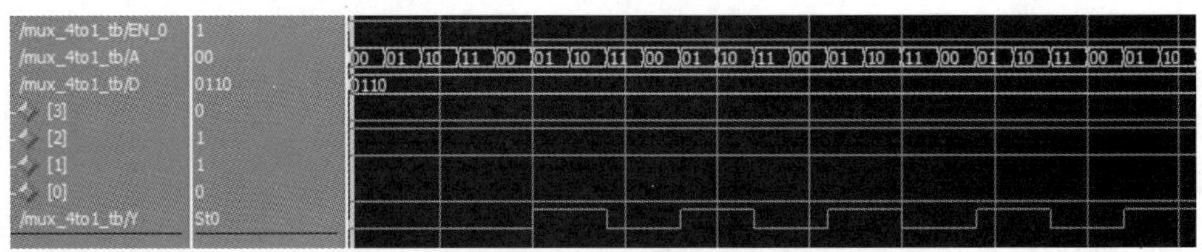

图 1－28　数据选择器时序逻辑仿真结果

4. 比较器

数值比较器的功能是用来比较两个相同位数的二进制数的大小，通过三个输出端分别表示其比较结果（$F_{A>B}$，$F_{A=B}$，$F_{A>B}$）。一位比较器电路符号和真值表如图 1－29 所示。

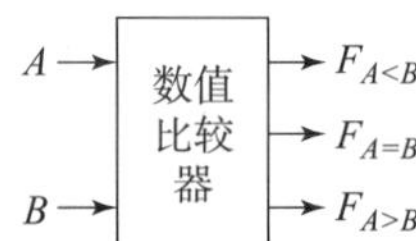

图 1－29　一位数值比较器电路符号

根据一位数值比较器功能描述及电路符号所示，可列出如表 1－16 所示真值表。

表 1－16　一位数值比较器真值表

A	B	$F_{A>B}$	$F_{A=B}$	$F_{A<B}$
0	0	0	1	0
0	1	0	0	1
1	0	1	0	0
1	1	0	1	0

功能分析：当 $A=B$ 时，$F_{A=B}=1$，其他输出端为0；当 $A<B$ 时，$F_{A<B}=1$，其他输出端为0；当 $A>B$ 时，$F_{A>B}=1$，其他输出端为0。

数字逻辑表达式为：

$$F_{A<B}=\overline{A}B;\ F_{A=B}=\overline{A}\,\overline{B}+AB;\ F_{A>B}=A\overline{B}$$

一位数值比较器时序逻辑仿真结果如图 1－30 所示。

图 1－30　一位数值比较器时序逻辑仿真结果

5. 加法器

加法器是构成电子计算机核心微处理器中算术逻辑单元的基础，是一种主要用于执行加法运算的数字电路部件。

1）一位半加器

表 1－17 为半加器的真值表，根据真值表，可以得到半加器的最简逻辑表达式：

$$s_0 = \overline{a_0} \cdot b_0 + a_0 \cdot \overline{b_0} = a_0 \oplus b_0$$
$$c_1 = a_0 \cdot b_0$$

表 1－17　半加器真值表

a_0	b_0	s_0	c_1
0	0	0	0
0	1	1	0
1	0	1	0
1	1	0	1

2）一位全加器

表 1－18 为全加器的真值表，全加器的最简逻辑表达式可表示为：

$$\begin{aligned} s_i &= \overline{a_i} \cdot b_i \cdot \overline{c_i} + a_i \cdot \overline{b_i} \cdot \overline{c_i} + \overline{a_i} \cdot \overline{b_i} \cdot c_i + a_i \cdot b_i \cdot c_i \\ &= \overline{c_i} \cdot (a_i \oplus b_i) + c_i \cdot (\overline{a_i \oplus b_i}) \\ &= a_i \oplus b_i \oplus c_i \\ c_{i+1} &= a_i \cdot b_i + b_i \cdot c_i + a_i \cdot c_i \\ &= a_i \cdot b_i + c_i \cdot (a_i \oplus b_i) \end{aligned}$$

表 1－18　全加器真值表

c_i	a_i	b_i	s_i	c_{i+1}	c_i	a_i	b_i	s_i	c_{i+1}
0	0	0	0	0	1	0	0	1	0
0	0	1	1	0	1	0	1	0	1
0	1	0	1	0	1	1	0	0	1
0	1	1	0	1	1	1	1	1	1

实际上，全加器是由两个半加器和一个或逻辑门构成的，如图 1－31 所示。

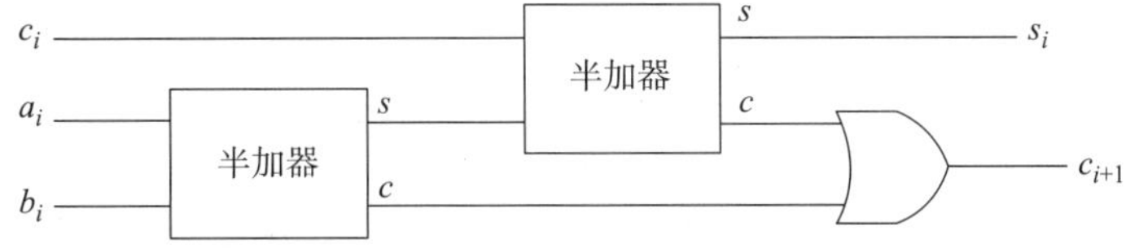

图 1－31　用半加器表示全加器的结构

6. 乘法器

乘法器可以将两个二进制数相乘，乘法器是由更基本的加法器组成的。图 1－32 用具体实例的方式解释乘法器的实现原理，本质上实际是部分乘积移位求和的过程。

【例 1－11】 两个四位二进制数 X 和 Y 相乘。

					X_3	X_2	X_1	X_0
被乘数：					X_3	X_2	X_1	X_0
×）乘数：					Y_3	Y_2	Y_1	Y_0
					Y_0X_3	Y_0X_2	Y_0X_1	Y_0X_0
				Y_1X_3	Y_1X_2	Y_1X_1	Y_1X_0	
			Y_2X_3	Y_2X_2	Y_2X_1	Y_2X_0		
		Y_3X_3	Y_3X_2	Y_3X_1	Y_3X_0			
乘积：	Z_7	Z_6	Z_5	Z_4	Z_3	Z_2	Z_1	Z_0

图 1－32 四位乘法器运算公式

1.3.3 组合逻辑电路中的竞争冒险现象

1. 竞争冒险成因及检查方法

前面分析和设计组合逻辑电路时，是在输入、输出处于稳定的逻辑电平下进行的。实际上，如果输入到门电路的两个信号同时向相反方向跳变时，则在输出端将可能出现不符合逻辑规律的尖峰脉冲，如图 1－33 所示。

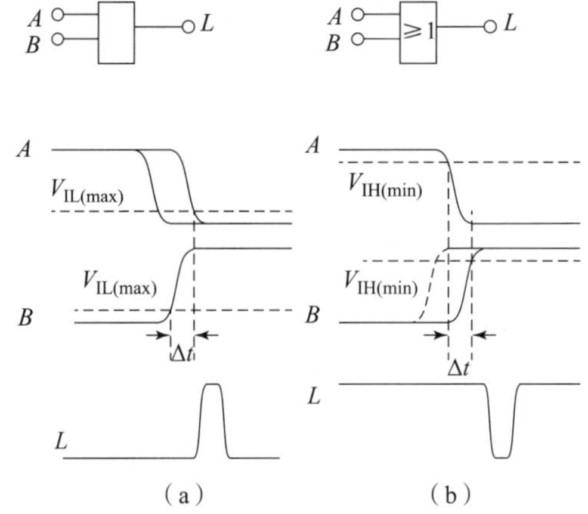

图 1－33 竞争冒险现象

（a）通过与门电路；（b）通过或门电路

图 1－33（a）中，A 与 B 同时由 1 变到 0、0 变到 1 时，如果通过与门不考虑延迟时间，则与门输出 $Y=0$；如果通过与门考虑延迟时间，且 B 在 A 未下降到低于 $V_{IL(max)}$ 时就上升到高于 $V_{IL(max)}$，这时在输出端将出现不符合逻辑规律的正尖峰脉冲，如图图 1－33（a）输出波形 L 所示，Δt 表示从一个稳态过渡到另一个稳态的过渡时间，图中考虑了与门的延迟时间；如果 B 在 A 下降到低于 $V_{IL(max)}$ 后上升到高于 $V_{IL(max)}$，这时在输出端将不出现正尖峰脉冲。

图 1－33（b）中，A 与 B 同时由 1 变到 0、0 变到 1 时，如果通过或门不考虑延迟时间，则或门输出 $Y=1$；如果通过或门考虑延迟时间，且 B 在 A 下降到低于 $V_{IH(min)}$ 后上升到高于 $V_{IH(min)}$，这时在输出端将出现不符合逻辑规律的负尖峰脉冲，如图图 1－33（b）输出

波形 L 所示，图中考虑了或门的延迟时间；如果 B 在 A 下降到低于 $V_{IH(min)}$ 之前上升到高于 $V_{IH(min)}$，这时在输出端将不出现负尖峰脉冲。

因此，所谓竞争是指当门电路两输入同时向相反的逻辑电平跳变的现象。冒险是指由于竞争而在电路输出端可能产生不符合逻辑规律的尖峰脉冲的现象。

组合电路竞争冒险将使门电路产生错误逻辑电平，在电路中应尽量消除。

在输入变量每次只有一个状态发生改变的简单情况下，可以通过输出逻辑表达式或卡诺图来判断逻辑电路是否存在竞争冒险现象。

如果输出逻辑表达式在一定条件下能化简成 $L=A\overline{A}$ 或 $L=A+\overline{A}$，由于 A、$\overline{A}$ 是通过不同途径到达或门、与门的输入端，A 从 0 跳变到 1 或从 1 跳变到 0 时，$\overline{A}$ 必然要从相反方向同时跳变，因此可能产生竞争冒险。如图 1－34 所示。

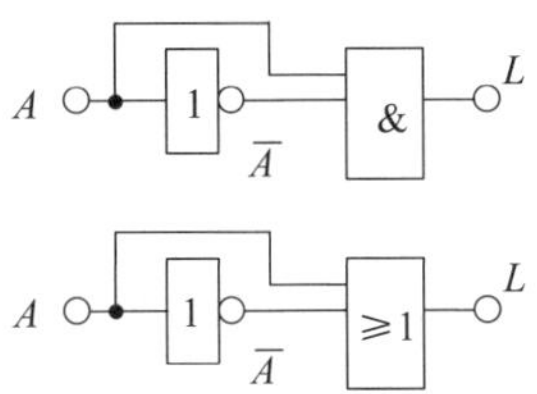

图 1－34　门电路输入 A、$\overline{A}$ 将可能出现竞争冒险

如逻辑表达式 $L=A\overline{B}+\overline{A}C$，当 $B=0$ 且 $C=1$ 时 $L=A+\overline{A}$，可能存在竞争冒险；又如逻辑表达式 $L=(A+B)(\overline{A}+\overline{C})$，当 $B=0$ 且 $C=1$ 时 $L=A\overline{A}$，可能存在竞争冒险；如果逻辑表达式较复杂，可采用卡诺图的方法来进行判别。如逻辑表达式 $L=A\overline{B}+\overline{A}C+A\overline{C}$，作卡诺图如图 1－35 所示。

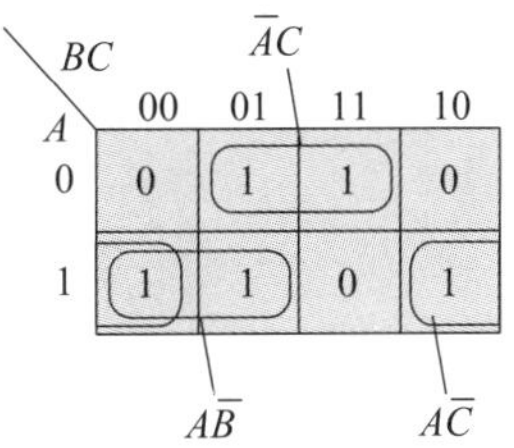

图 1－35　$L=A\overline{B}+\overline{A}C+A\overline{C}$ 卡诺图

图 1－35 卡诺图存在两个相邻但不相交的合并项 $A\overline{B}$、$\overline{A}C$，这两合并项相加将变为 $A\overline{B}+\overline{A}C$，当 $B=0$，$C=1$ 时，将可能产生竞争冒险。

因此，输入变量每次只有一个状态发生改变的简单情况下，判断逻辑表达式可能存在竞争冒险的方法如下：

（1）如果表达式在一定条件下能化简为 $L=A\overline{A}$ 或 $L=A+\overline{A}$，则可能存在竞争冒险。

（2）如果表达式用卡诺图表示，合并项存在相邻但不相交的情况，则可能存在竞争冒险。

2. 消除方法

1）封锁脉冲法

为了消除由于竞争冒险引起的尖峰脉冲，可以在可能引起竞争冒险的门电路输入端引入封锁脉冲，如图 1－36 所示。在输入信号发生跳变的时刻，当输出可能为不希望得到的高电平脉冲毛刺时，将其与低电平的选通脉冲做与运算，可保证输出为低电平；当输出可能为不希望得到的低电平脉冲毛刺时，将其与高电平的选通脉冲做或运算，可保证输出为高电平。

2）选通脉冲法

为了消除由于竞争冒险引起的尖峰脉冲，可以在可能引起竞争冒险的门电路输入端引入选通脉冲，选通脉冲作用在输出状态已经从一个状态过渡到一个新的状态后，如图 1－37 所

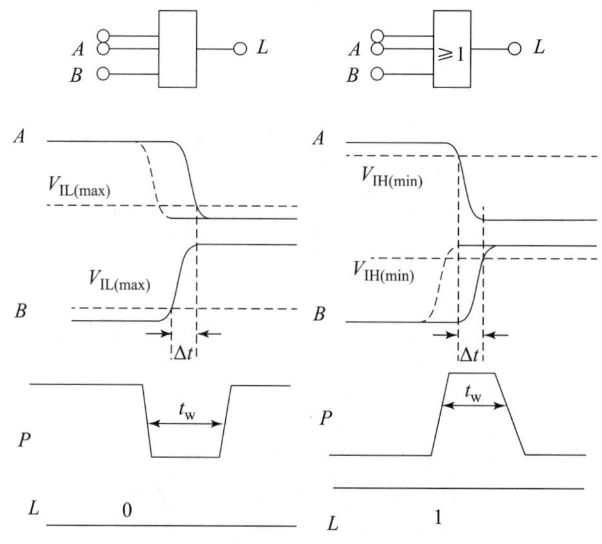

图 1-36　封锁脉冲法消除竞争冒险

示。此时 L 输出信号变为脉冲形式，在选通脉冲作用下器件输出才有效。

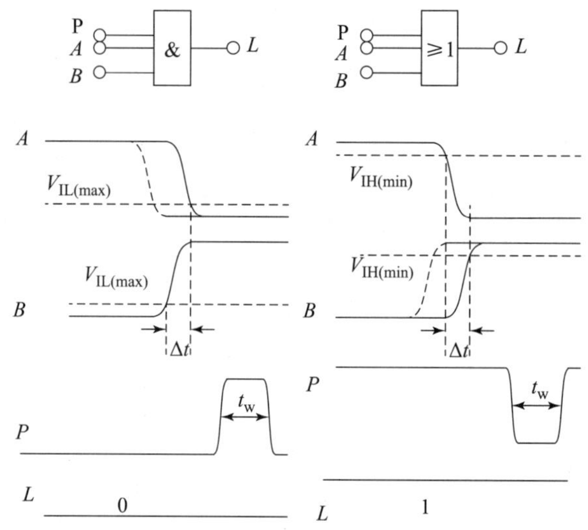

图 1-37　脉冲选通法消除竞争冒险

3）增加冗余项方法

输入变量每次只有一个状态发生改变的简单情况下，可以通过增加冗余项的方法消除竞争冒险。如逻辑表达式 $L = A\overline{B} + \overline{A}C$，当 $B = 0$ 且 $C = 1$ 时 $L = A + \overline{A}$，可能存在竞争冒险；如果加上冗余项，使当 $B = 0$ 且 $C = 1$ 时 $L = A + \overline{A} + 1 = 1$，则可以消除竞争冒险。由逻辑代数相关定理：$L = A\overline{B} + \overline{A}C = A\overline{B} + \overline{A}C + \overline{B}C$，加上冗余项 $\overline{B}C$ 后，当 $B = 0$ 且 $C = 1$ 时 $L = A + \overline{A} + 1 = 1$，消除竞争冒险。同理，表达式 $L = (A + B)(\overline{A} + \overline{C}) = (A + B)(\overline{A} + \overline{C})(B + \overline{C})$，如果 $L = (A + B)(\overline{A} + \overline{C})$ 增加冗余项 $(B + \overline{C})$，当 $B = 0$ 且 $C = 1$ 时 $L = A\overline{A} = 0$，消除了冒险。

如果表达式复杂，可以利用卡诺图方法判断及消除竞争冒险。如逻辑表达式 $L = A\overline{B} + \overline{A}C + A\overline{C}$，卡诺图如图 1-38 所示。由于存在两个相邻且不相交的合并项，因此存在竞争冒险，同样，可以在卡诺图上增加一个冗余的合并项 $\overline{B}C$，如图 1－38 所示，使卡诺图上每个相邻的合并项均相交，表达式 $L = A\overline{B} + \overline{A}C + \overline{B}C + A\overline{C}$，消除了竞争冒险。

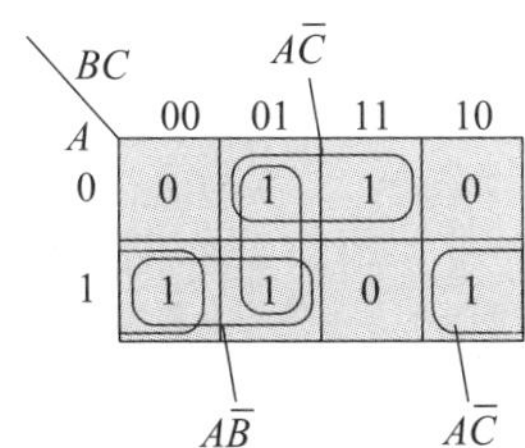

图 1－38　用卡诺图法消除竞争冒险

1.3.4　时序逻辑电路

组合逻辑电路的输出只会与当前的输入成一种逻辑函数关系。时序逻辑电路与组合逻辑电路的最大区别就是时序逻辑电路中存在用于存储信息的存储元件，这些存储元件都是由组合逻辑电路实现的，但由于多个组合逻辑电路之间可以形成闭环，使得电路可以具有记忆信息的功能。因而，时序逻辑电路的特点就是电路当前时刻的稳态输出不仅取决于当前时刻的输入，还与前一时刻输出的状态有关。典型的时序逻辑电路有锁存器、触发器、移位寄存器、计数器等，下面分别给出了它们的真值表和功能仿真图。

1. 基本 SR 锁存器

由图 1－39 可以看出，基本 SR 锁存器由基本的逻辑门组成，只是增加了输出到基本逻辑门的“反馈”。当前时刻逻辑电路的状态，是由当前时刻逻辑电路的输入和前一时刻逻辑电路的输出状态共同决定的。

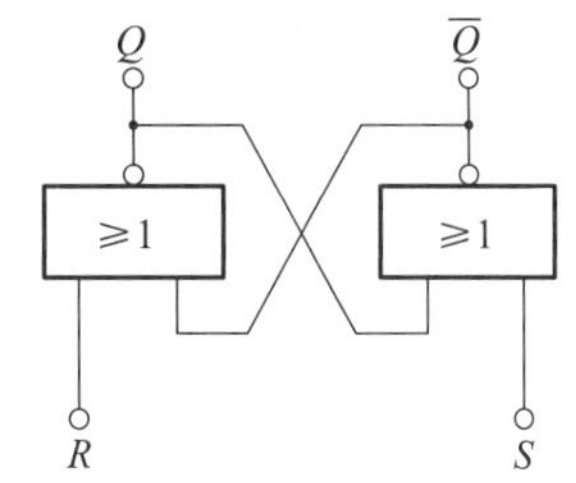

图 1－39　基本 SR 锁存器结构

在真值表 1－19 中，Q_0 指的是前一个时刻的状态。时序仿真图 1－40 中，Q_2 是当前时刻的状态，Q_1 为当前状态取反后的结果。

表 1－19　基本 SR 锁存器的真值表

S	R	Q	$\overline{Q}$	状态
0	0	1	1	不期望
0	1	1	0	置位
1	0	0	1	复位
1	1	Q_0	$\overline{Q_0}$	保持

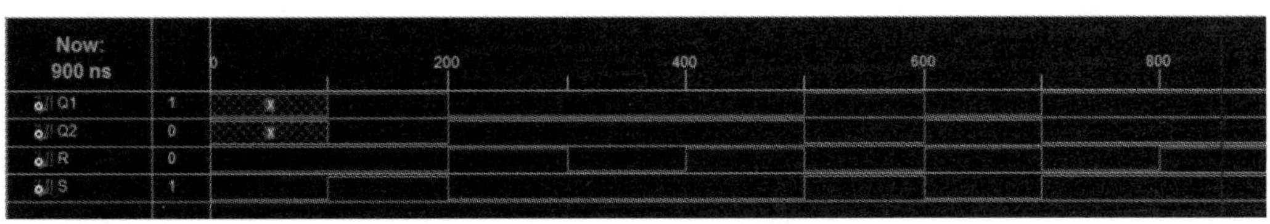

图 1－40　基本 SR 锁存器时序仿真图

2. D 触发器

前文提到的锁存器是靠控制信号电平的高低来实现数据的保存，触发器则是通过时钟控制信号的边沿的变化实现数据的保存功能。

1）基本 D 触发器

从时序仿真图 1－41 可以总结出 D 触发器的工作原理：总是在时钟上升沿将当前 D 输入的状态保存到输出端 Q，如果不满足上升沿的条件，则输出端 Q 保持其原来的输出状态。

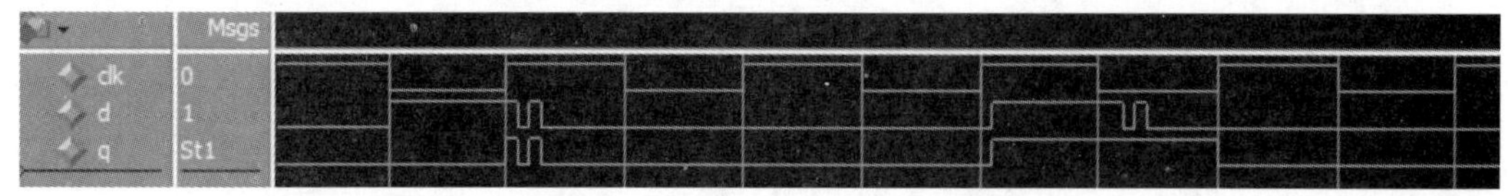

图 1－41　基本 D 触发器时序仿真图

2）带置位/复位的 D 触发器

在基本 D 触发器的结构中添加了异步置位（S）/复位（R）信号。表 1－20 为带置位/复位 D 触发器真值表。图 1－42 所示为带置位/复位的 D 触发器符号。

表 1－20　带置位/复位的 D 触发器真值表

S	R	D	CLK	Q	$\overline{Q}$
0	0	0	↑	0	1
0	0	1	↑	1	0
1	0	×	×	1	0
0	1	×	×	0	1
0	0	×	0	Q_0	$\overline{Q_0}$

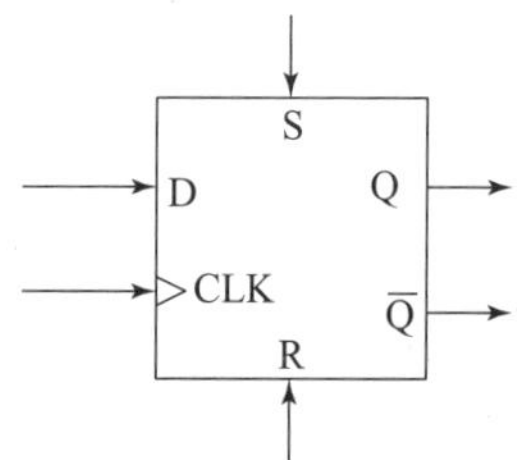

图 1－42　带置位/复位的 D 触发器符号

当 $S=1$，$R=0$ 时，输出 Q 立即为逻辑高电平，并不需要等待下一个时钟上升沿。

当 $S=0$，$R=1$ 时，输出 Q 立即为逻辑低电平，并不需要等待下一个时钟上升沿。

图 1－43 为带置位/复位的 D 触发器时序仿真图。

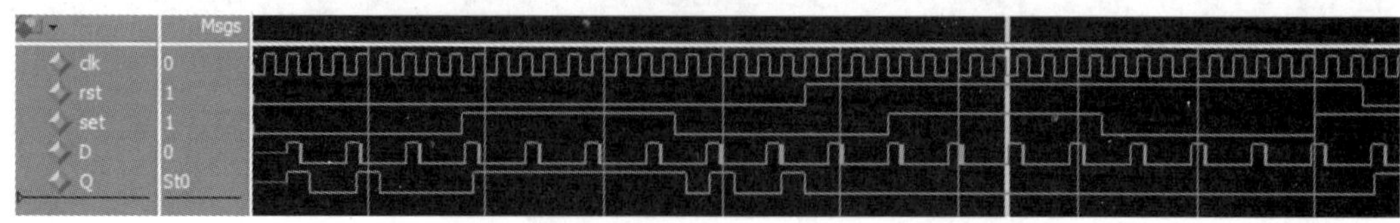

图 1－43　带置位/复位的 D 触发器时序仿真图

3）JK 触发器

JK 触发器使用两个输入控制状态的变化，即 J 输入端设置输出，K 输入端控制复位输出。当 J 和 K 处于有效输入时，输出将在“0”和“1”之间进行切换。表 1－21 为带置位/复位的 JK 触发器真值表。图 1－44 为带置位/复位的 JK 触发器时序仿真图。

表 1－21　带置位/复位的 JK 触发器真值表

输入					输出	
SET	RS	J	K	CLK	Q	$\overline{Q}$
0	1	×	×	×	1	0
1	0	×	×	×	0	1
1	1	0	0	↑	Q_0	$\overline{Q_0}$
1	1	0	1	↑	0	1
1	1	1	0	↑	1	0
1	1	1	1	↑	翻转	
0	0	×	×	×	不期望	

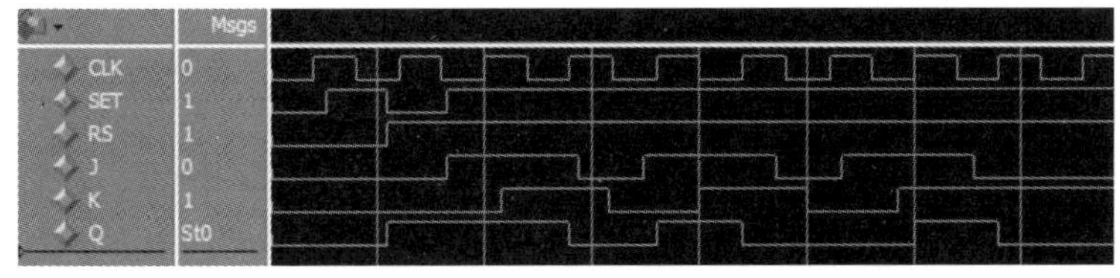

图 1－44　带置位/复位的 JK 触发器时序仿真图

当 SET＝1，RS＝0 时，JK 触发器处于复位状态，$Q=0$。

当 SET＝0，RS＝1 时，JK 触发器处于置位状态，$Q=1$。

当 $J=0$，$K=0$ 时，在 CLK 上升沿处 Q 输出为保持状态，即 $Q=Q_0$。

当 $J=1$，$K=0$ 时，在 CLK 上升沿处 $Q=1$。

当 $J=0$，$K=1$ 时，在 CLK 上升沿处 $Q=0$。

当 $J=1$，$K=1$ 时，在 CLK 上升沿处 Q 状态发生翻转。

3. 计数器

计数器是实现计数的逻辑电路，计数器在数字系统中主要是通过对脉冲的个数进行计数以实现测量、计数和控制的功能。计数器是由基本的计数单元和一些控制门所组成，计数单元由一系列具有存储信息功能的各类触发器构成。

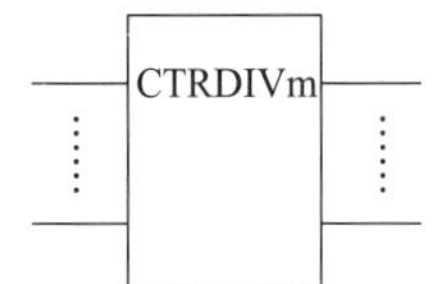

图 1－45　计数器通用符号

图 1－45 为计数器通用符号，图 1－46 为计数器时序仿真图。图中计数器的作用是每十个时钟脉冲完成一次输出信号的翻转，分频器就是利用这样的原理实现分频的，这是计数器常用的应用之一。

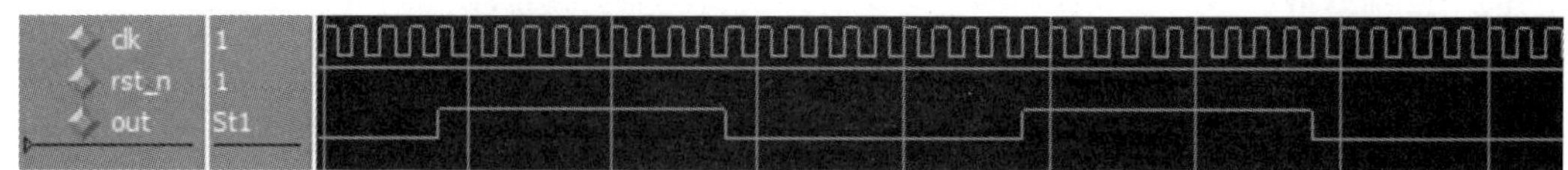

图 1 -46　计数器时序仿真图

4. 移位寄存器

移位寄存器主要由 D 触发器组成，在时钟作用下，实现数据移位输出，可并行输出，也可串行输出。带异步清零功能的 4 位移位寄存器电路原理图如图 1 -47 所示。

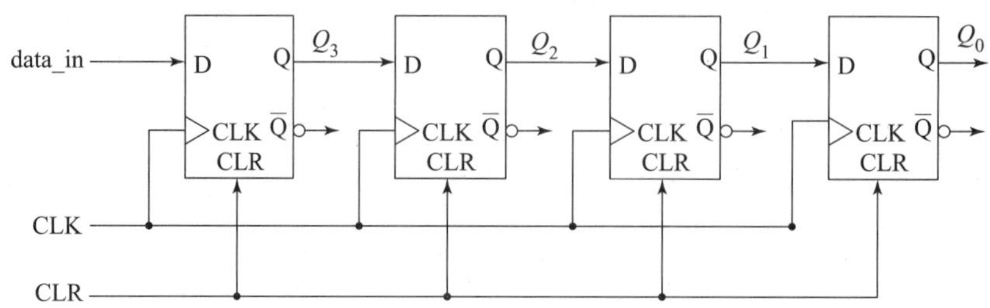

图 1 -47　带异步清零功能的 4 位移位寄存器电路原理图

根据功能要求及电路原理列写真值表，见表 1 -22。

表 1 -22　带异步清零功能的 4 位移位寄存器真值表

时钟	D	Q_0	Q_1	Q_2	Q_3
1	1	1	0	0	0
2	0	0	1	0	0
3	1	1	0	1	0
4	1	1	1	0	1

功能分析：当异步清零端 CLR =1 时，寄存器所有输出为 0，与输入数据和时钟无关。当 CLR =0 时，在时钟作用下实现移位输出。4 个时钟周期后，串行输入数据 D 正好从 $Q_3Q_2Q_1Q_0$ 并行输出，也正好从 Q_0 串行输出。

图 1 -48 所示为 4 位移位寄存器时序逻辑仿真结果。

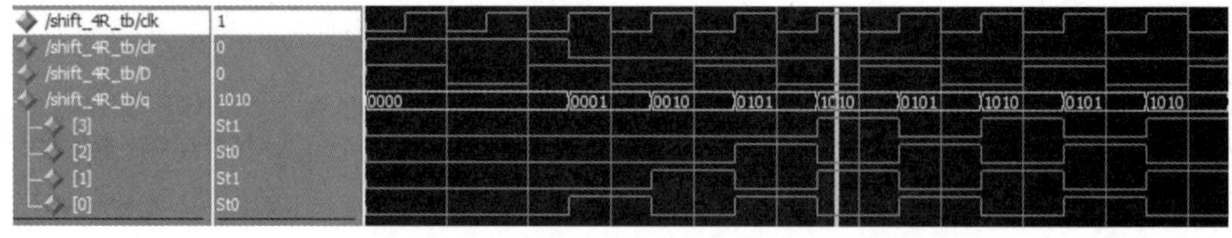

图 1 -48　4 位移位寄存器时序逻辑仿真结果

1. 3. 5　CMOS 逻辑

20 世纪 80 年代中期开始，MOS 电路，尤其是互补 MOS 的进步，大大提高了其性能和通用性。到现在为止，新的大规模集成电路，如微处理器和存储器，大多采用 CMOS 电路。同样地，一度采用 TTL 逻辑系列设计的小、中规模应用场合，现在也有可能采用 CMOS 器件，CMOS 电路能实现同样的功能，而且速度更高、功耗更低，现在，CMOS 电路已占领了绝大部分世界 IC 市场。本节主要介绍 CMOS 电路的逻辑以及电气特性等内容。

1. CMOS 逻辑电路

CMOS 逻辑电路基本的组成单元是 MOS 晶体管。MOS 晶体管可被模型化为一种 3 端子压控电阻器件，如图 1－49 所示，将输入电压加到一个端子上，去控制其他两端子间的电阻。在数字逻辑应用中，MOS 晶体管总是工作在两种状态——要么其电阻特别高（即晶体管“断开”状态），要么就特别低（即晶体管“导通”状态）。

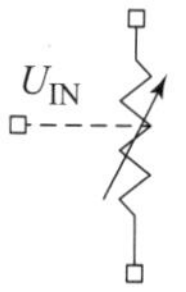

图 1－49　等效为压控电阻的 MOS 晶体管

MOS 晶体管分 2 种类型：N 沟道型和 P 沟道型。N 和 P 表示两个可控电阻端的半导体材料类型。N 沟道 MOS 晶体管（NMOS）的电路符号如图 1－50 所示。器件的 3 个端子分别为栅极（Gate）、源极（Source）和漏极（Drain）。

NMOS 晶体管的栅－源电压（U_{gs}）一般为零或正值。若 $U_{gs}=0$，则从漏极到源极的电阻（R_{ds}）会很高，至少有 1 MΩ 或更高。随着 U_{gs} 的增加，R_{ds} 会降到很低的值，有些器件可达到 10 Ω 或更低。

P 沟道 MOS（PMOS）晶体管的电路符号如图 1－51 所示，其工作原理与 NMOS 晶体管类似，只是它的源极电压通常比漏极的高，且 U_{gs} 通常为零或负值。若 U_{gs} 为 0，则源－漏电阻（R_{ds}）非常高。随着 U_{gs} 的下降，R_{ds} 则降为很低的值。

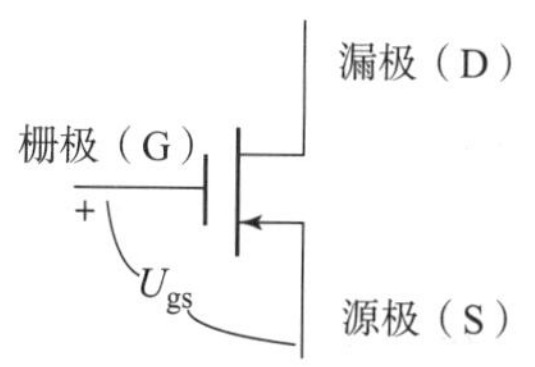

图 1－50　NMOS 晶体管的电路符号

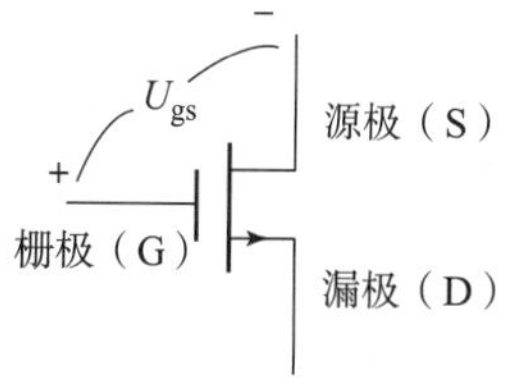

图 1－51　PMOS 晶体管的电路符号

MOS 晶体管的栅极具有非常高的阻抗，即栅极是通过具有非常高电阻的绝缘材料与源极和漏极分隔开的。然而，栅电压能够产生电场来增强或降低源－漏间的电流。

无论栅电压如何，栅－源之间几乎没有电流，栅－漏之间亦是如此，所以栅极与其他两极间的电阻极高，大于兆欧。流过这个电阻的电流非常小，典型值为低于 1 μA，此种电流被称为漏电流。

MOS 晶体管的符号本身提醒我们，器件的栅极和另外两个极之间没有什么联系。然而，如符号所示，MOS 晶体管的栅与源和漏之间有电容性耦合。在高速电路中，输入信号转换时该电容的充放电所需的功耗，在电路功耗中占有相当大的比重。

NMOS 和 PMOS 晶体管以互补的方式共用就形成 CMOS 逻辑。使用 CMOS 技术可以构造反相器、与非门、或非门、非反相门等功能。最简单的 CMOS 电路就是反相器，下面以反相器为例说明 CMOS 逻辑。

反相器，需要一个 NMOS 晶体管和一个 PMOS 晶体管，其连接方式如图 1－52（a）所示。电源电压 V_{DD} 典型值为 2 ~ 6 V，通常取 5.0 V。

CMOS 反相器电路的功能，可以仅用图 1 - 52（b）列出的两种情况典型地说明。

（1）U_{IN} 为 0.0 V。这种情况下，下面的 N 沟道晶体管 Q_1 断开（因为其 U_{gs} 为 0），而上面的 P 沟道晶体管 Q_2 导通（因为其 U_{gs} 为负值 -5.0 V）。所以，Q_2 在电源（V_{DD}，+5.0 V）和输出端（U_{OUT}）间表现为一个小电阻，故其输出电压为 5.0V。

（2）U_{IN} 为 5.0 V。此时，Q_1 导通（因为其 U_{gs} 为大的正值，+5.0 V），而 Q_2 断开（因为其 U_{gs} 为 0）。所以，Q_1 在输出端和地之间表现为一个小电阻，故输出电压为 0 V。

由上述功能特性可见，该电路为逻辑反相器，因为 0 V 输入产生 +5 V 输出，反之若输入 +5 V 时则产生 0 V 输出。

2. CMOS 电路的电气特性概述

在设计使用 CMOS 或其他逻辑系列的电路时，需要理解 CMOS 电路操作在电气方面的问题。电路或系统的设计者必须提供在很多场合下适用的工程设计容限——这是电路在最坏的条件下仍能正常工作的保证。下面介绍几个衡量电气特性的指标。

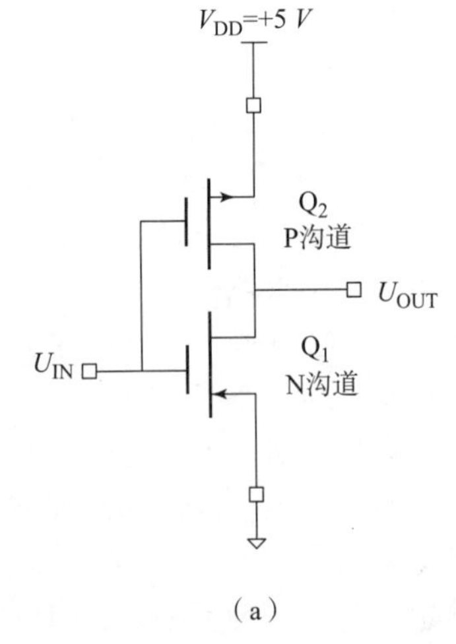

（a）

U_{IN}/V	Q_1	Q_2	U_{OUT}/V
0.0(L)	OFF	ON	5.0(H)
5.0(H)	ON	OFF	0.0(L)

（b）

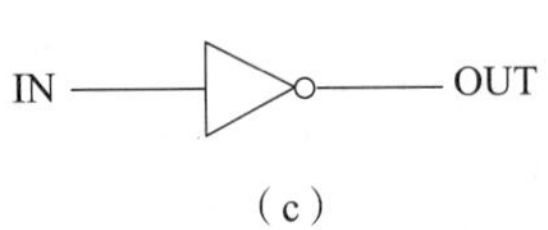

（c）

图 1 - 52　CMOS 反相器

（a）电路原理图；（b）电路功能；（c）逻辑符号

（1）逻辑电压电平。正常条件下运作的 CMOS 器件，能确保产生的输出电压电平处在定义好的“低”和“高”电压范围内，而且能够在更宽的范围内识别“低”和“高”的输入电压电平。CMOS 电路制作者要非常小心地指定这个范围和操作条件，从而保证同一系列中不同期间的匹配性，并为不同系列的器件提供一定程度的互操作性。

（2）直流噪声容限。非负的直流噪声容限能确保：由输出所产生的低电压最高值，总是要比可靠地解释为“低”的输入最高值还要低；而输出所产生的高电压最低值，总是要比可靠地解释为“高”的输入最低值还要高。对不同系列的器件组成的电路，很好地理解噪声容限是特别重要的。

（3）扇出。扇出是指被连接到某一给定输出的输入端个数和类型。如果与输出相连的输入数目过多，则电路的直流噪声容限将变得不合适。扇出还会影响输出在不同状态间的转换速度。

（4）速度。CMOS 电路的输出在低/高电压之间转换的速度，依赖于器件的内部结构及它要驱动的其他器件的特性，甚至受到与输出相连的连线或印制电路板上的线迹的影响。影响速度的两个因素是：转换时间和传播延迟。

（5）功耗。CMOS 器件的功耗由多个因素决定，不仅包括内部结构，还有它接收的输入信号、它所驱动的其他器件以及输出在低/高态之间转换的频繁程度。

（6）噪声。提供工程设计容限的主要目的是确保电路在有噪声时能正常工作。

（7）静电放电。

（8）漏极开路输出。一些 CMOS 器件省略了通常的 P 沟道上拉晶体管。在高态时，这种输出的行为实质上像“无连接”一样，这在某些应用中是有用的。

（9）三态输出。一些 CMOS 器件有另外的“输出允许”控制信号，用来使 P 沟道上拉晶体管和 N 沟道下拉晶体管都无效。许多这样的输出可连在一起形成多源总线，只要安排控制逻辑，就可以在某一时刻最多只允许一个输出有效。

1.4　数字系统的设计方法及流程

现代集成电路制造工艺技术的改进，使得在一个芯片上集成数十万乃至数千万个器件成为可能，进而使得数字系统的规模越来越大。但很难设想仅由一个设计师独立设计如此大规模的电路而不出现错误。

利用层次化、结构化的设计方法，一个完整的硬件设计任务首先由总设计师划分为若干个可操作的模块，编制出相应的模型（行为的或结构的），通过仿真加以验证后，再把这些模块分配给下一层设计师。这就允许多个设计者同时设计一个硬件系统中的不同模块，其中每个设计者负责自己所承担的部分；而由上一层设计师对其下层设计者完成的设计用行为级上层模块对其所做的设计进行验证。这种设计方法被称为层次化设计。

1.4.1　层次化设计流程

1. 模块划分

一个复杂数字系统的设计往往是由若干个模块构成的，每一个模块又可以由若干个子模块构成。这些模块可以是电路图描述的模块，也可以是硬件描述语言描述的模块，各模块可以是不同级别的描述。利用硬件编程语言结构提供的模块化功能，把一个大型设计分解成若干个可以操作的模块，分别用不同的方法加以实现。

2. 性能估计

在开展一个复杂的数字系统设计之前，应该对系统实现所需要的资源有一定的估算，比如所用触发器、RAM、乘法器等资源，进行详细的设计需求分析，并做充分的测试验证，还要对系统的外围做合适的考虑，根据所估算的资源的情况、系统运行时钟、芯片封装及 I/O 使用情况，选择可以满足设计要求的 FPGA 芯片，要避免因选错芯片而导致系统设计无法实现。

3. 具体操作流程

层次化设计流程如图 1 – 53 所示，主要分为以下 3 个步骤。

1）顶层设计

设计 FPGA 软件，首先要对系统的功能有大体的概括，并对设计规模有初步的预算，然后选择合适的 FPGA 芯片作为程序的运行平台，需要选择型号、封装、速度级别，另外还要选择综合工具、仿真工具以及设计的语言类别等。一个合格的设计，不单是功能满足要求，还要有合理的设计安排，一个大型的 FPGA 设计往往有很多的功能模块，因此需要完成模块

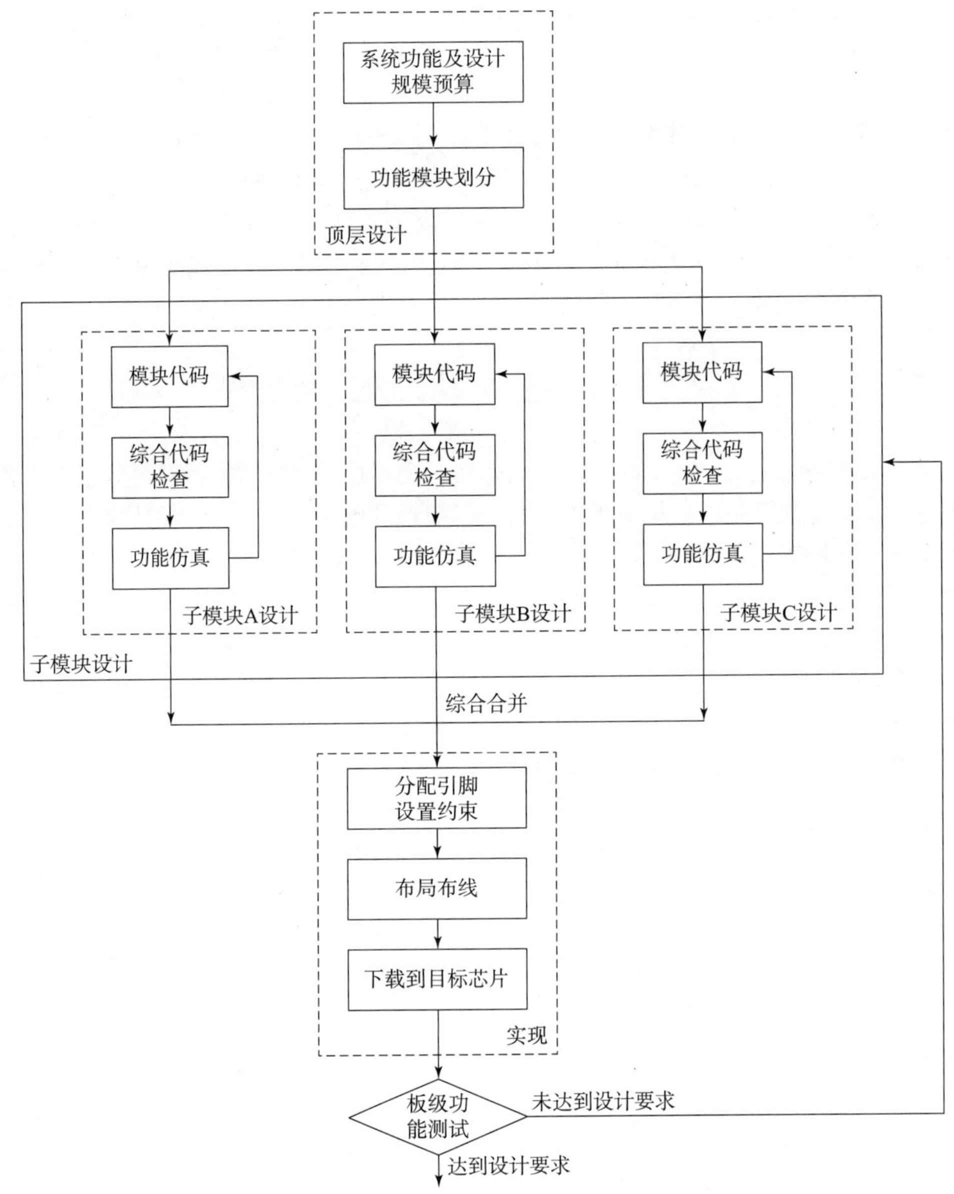

图 1－53　层次化设计流程

的划分与模块间接口的定义，对每一个模块的设计有大体的规划，此外与 FPGA 外围的芯片（如 DSP 等）进行通信的接口也在顶层设计中实现。

2）子模块设计

在顶层模块建立完成后，开始对每一个子模块进行代码编写、语法检查及功能仿真，完成一个子模块的设计后，可以将子模块加入到顶层设计之中，进行综合验证其功能的正确性。在所有子模块设计、验证完成之后，将其全部加入到顶层设计中。综合时，需设置合适的综合选项，比如设置扇出数目、速度优先、寄存器复制等选项，用工具（ISE、Quartus、Synplify 等）进行综合，生成综合报告，查看设计所需的资源和时钟运行速度等信息。

模块的设计要尽量多考虑软件需求的变更带来的影响，增强开发模块的标准化、参数化，使设计出来的模块易于移植和修改。

3）实现

FPGA 设计综合完成后，需要对设计的约束进行定义，包括引脚约束、电平约束、时钟约束等，具体的约束语法因设计软件不同而异。

实现阶段布局布线工具的选项根据实际的设计要求（速度、面积等要求）而选择合适的配置，选项的配置因实现工具的不同而异。

1.4.2 层次化设计的优缺点

硬件描述语言设计可以描述为一个大的模块，或更多个小的模块。每种方法都有其优点和不利之处。随着更高密度的 FPGA 器件的产生，使得层次化设计的优点远超过其不利之处。

1. 层次化设计的优点

（1）提供更简单快速的验证与仿真；

（2）允许多个工程师同时设计；

（3）加快设计编辑；

（4）产品设计更易于理解；

（5）高效的管理设计流程。

2. 层次化设计的缺点

（1）通过分层约束，FPGA 中的映射设计可能不是最佳。这可能会降低设备利用率和设计性能。对此加强注意，可使得影响减小到最小。

（2）设计变得更为烦琐。

在进行设计分层时需要静心考虑，以便克服上述大部分缺点。

1.5 思考题

1. 简述模拟量和数字量的主要区别。

2. 完成数制转换。

（1）将二进制数转换成等效的十进制数、八进制数、十六进制数。

① $(101110)_2$；② $(10100.11)_2$；③ $(11101101)_2$。

（2）将十进制数转换成等效的二进制数（小数点后取四位）、八进制数及十六进制数。

① $(39)_{10}$；② $(1000)_{10}$；③ $(524.1)_{10}$。

3. 二进制反码中的 0 有几种表示方法？如何表示？

4. 写出五位自然二进制码及其格雷码。

5. 画出二进制编码“0 1 0 0 1 0 1”的双极性非归零码（NRZ（L））、归零码（RZ（L））和差分码（NRZ（M））的波形。

6. 简述层次化设计的优缺点。

第 2 章
硬件描述语言

硬件描述语言 HDL（Hardware Description Language）是一种用来描述数字逻辑电路的结构和行为的语言，利用这种语言，数字电路系统的设计可以从顶层到底层（从抽象到具体）逐层描述，用一系列分层次的模块来表示复杂的数字系统。然后，基于语言描述的电路及其优化可以自动进行综合，而不用人工设计方法中那些费力的步骤（如卡诺图化简逻辑函数）。利用电子设计自动化（EDA）工具，逐层进行仿真验证，再把其中需要变为实际电路的模块进行组合，经由自动综合工具转换到门级电路网表，并利用专用集成电路 ASIC 或现场可编程门阵列 FPGA 自动布局布线工具把网表转换为具体电路结构实现。目前，这种自顶向下的设计方法已被广泛使用。

2.1 硬件描述语言简介

硬件描述语言发展至今已有 30 多年的历史，其已成功地应用于数字系统设计的各个阶段，即建模、仿真、验证和综合等。到 20 世纪 80 年代，已出现了包括 VHDL、Verilog HDL、ABEL 和 CUR 等在内的上百种硬件描述语言，它们对设计自动化起到了极大的促进和推动作用。但是，这些语言一般各自面向特定的设计领域和层次，而且众多的语言使用户无所适从。因此，在 20 世纪 80 年代后期，硬件描述语言向着标准化的方向发展。最终，VHDL 和 Verilog HDL 语言适应了这种趋势的要求，先后成为 IEEE 标准，并逐渐成为最主流的硬件描述语言。

Verilog HDL 和 VHDL 都是用于逻辑设计的硬件描述语言。第一个现代硬件描述语言 Verilog HDL，是由 GDA（Gateway Design Automation）公司在 1985 年设计，并且 Verilog - XL 随之诞生并成了接下来十年的 Verilog 仿真器的标准。在 1987 年美国国防部主导开发了 VHDL（VHSIC Hardware Description Language），VHDL 基于 Ada programming language，同时从较早开发的 ISPS 中获取经验。VHDL 在 1987 年成为 IEEE 标准，Verilog HDL 则在 1995 年成为 IEEE 标准。

Verilog HDL 和 VHDL 的相同点在于：都能形式化地抽象表示电路的行为和结构；支持逻辑设计中层次与范围的描述；可以简化电路行为的描述；具有电路仿真和验证机制；支持电路描述由高层到低层的综合转换；与实现工艺无关；便于文档管理；易于理解和设计重用。

但 Verilog HDL 和 VHDL 又有各自的特点。由于 Verilog HDL 推出较早，因而拥有更广泛的设计群体，成熟的资源比 VHDL 丰富。与 VHDL 相比 Verilog HDL 的最大优点是：它是一种非常容易掌握的硬件描述语言，如果具有C语言的编程基础，很快便能掌握基本的设计技术。而掌握VHDL设计技术就比较困难，需要Ada编程语言基础。

2001年公布的Verilog IEEE 1364—2001标准和2005年公布的System Verilog IEEE 1800—2005标准，不但使Verilog的可综合性能和系统仿真性能方面有大幅度的提高，而且在IP的重用方面（包括设计和验证模块的重用）也有重大的突破。在2009年，将System Verilog硬件验证语言IEEE 1800—2005合并为IEEE 1800—2009，成为一个新的、统一的System Verilog硬件描述验证语言（Hardware Description and Verification Language，HDVL）。本书所讲内容基于IEEE 1364—2005版本。

Verilog HDL不但作为学习HDL设计方法的入门和基础是比较合适的，而且对于ASIC设计专业人员而言，也是必须掌握的基本技术。学习掌握Verilog HDL建模、仿真、综合、重用和验证技术不仅可以使读者对数字电路设计技术有更进一步的了解，而且可以为以后学习高级的行为综合、物理综合、IP设计和复杂系统设计和验证打下坚实的基础。本章从数字系统设计的角度切入介绍Verilog HDL语言，后面第3、4章详细说明具体的数字电路设计。

2.2　Verilog HDL基本程序结构

Verilog HDL是一种设计数字系统的硬件编程语言，用Verilog HDL语言描述的电路就是电路设计的模型。对于复杂的数字系统，电路模型由若干个Verilog模块组成，每个模块根据功能划分又可以由若干子模块组成。其中有些模块被综合为具体功能的电路，有的模块作为激励信号源或者模块间的交互联系接口电路。利用Verilog HDL语言可以由顶至下构造出清晰的系统层次结构以及各层析间的联系，从而描述实现复杂的数字系统。

本节简单介绍Verilog HDL的基本程序结构，即基于模块的程序结构，使读者建立Verilog HDL程序设计基本概念。

2.2.1　模块

Verilog HDL的基本设计单元是模块（Block）。模块描述某个设计的功能或结构，以及它与其他外部模块进行通信的接口，一般完成电路的一个或者一部分功能，根据实际电路层次进行划分。模块一般由两部分组成，一部分描述接口，另一部分描述逻辑功能，即定义输入是如何影响输出的。

【例2-1】　一个简单的模块实例。

```
module M_not(a,b);
 input a;
 output b;
 assign b = ~a;
 endmodule
```

1）模块接口描述部分

模块接口描述部分声明了模块的输入输出口，是它与别的模块联系端口的标识，其格式如下：

```
module 模块名(接口 1,接口 2,…,接口 N);
```

模块由关键字“module”定义，模块名的命名规则与标识符的命名规则相同，可详见下节标识符。

I/O 接口有 3 种，即输入口、输出口和输入输出口，定义的关键字分别为“input”“output”“inout”。上例中定义了 *a* 为输入，*b* 为输出。

2）模块逻辑描述部分

模块的逻辑描述部分通常包括内部信号声明和功能定义两部分。

内部信号声明用于定义模块内部用到的变量类型，例如 wire 型和 reg 型：

```
reg [width -1:0] R1,R2,…,RN;
wire [width -1:0] W1,W2,…,WN;
```

其中，变量 R 定义为 reg 类型，代表寄存器数据类型。变量 W 定义为 wire 类型，代表用 assign 关键字指定的组合逻辑信号。关于不同类型变量的声明和定义可详见 2.3.3 小节。

逻辑功能定义部分是模块中最重要的部分，通常通过以下 3 种语句块来实现。

（1）用“assign”声明语句，例如：

```
assign b = ~a
```

这种方法的句法很简单，只需写一个“assign”，后面再加一个方程式即可。例中的方程式描述了一个非门。

（2）用“always”块，例如：

```
always @(posedge clk)
     b <= ~a;
```

（3）模块实例引用，见下一节。

“assign”语句是描述组合逻辑最常用的方法之一。而“always”块既可用于描述组合逻辑，也可描述时序逻辑。“always”块可用很多种描述手段来表达逻辑。如按一定的风格来编写“always”块，可以通过综合工具把源代码自动综合成用门级结构表示的组合或时序逻辑电路。

上例简单地介绍了有关实现功能定义的 3 种方法，具体可参看第 2.4 节。此外，本书第 3 章和第 4 章详细说明了包括基本门电路、组合电路和时序电路的数字电路设计，其中各个逻辑功能都可以作为模块封装。

2.2.2 模块实例引用

一个模块通常实现一个特定的功能。当需要实现一个复杂的功能时，通常将其划分为多个简单的功能，然后分别用一个模块实现这些功能，最后将这些模块组合起来，从而实现最初预定的功能。下面介绍已定义的模块的引用，即实现模块的组合。

【例 2 -2】 模块实例引用。

```
module Add2(input a,input b,output c)
assign c =a & b;          //二输入与门
endmodule


module Add4(input a,input b,input c,input d,output e)
```

```
wire Add_ab,Add_cd;
Add2 ins0(.a(a),.b(b),.c(Add_ab));
Add2 ins1(.a(c),.b(d),.c(Add_cd));
Add2 ins2(.a(Add_ab),.b(Add_cd),.c(e));
endmodule
```

在上例中，模块 Add2 实现了一个二输入与门。在模块 Add4 中，通过引用模块 Add2 的实例 ins0、ins1 和 ins2，实现了四输入与门。

在模块被引用时，在引用的模块中，有些信号要输入到被引用的模块中，有的信号需要从被引用的模块中取出来。在引用模块时，其接口可以用以下两种方法连接。

（1）在引用时，严格按照模块定义的端口顺序来连接，不用标明原模块定义时规定的端口名，例如：

模块名（连接端口 1 信号名，连接端口 2 信号名，连接端口 3 信号名，……）；

（2）在引用时用“.”符号，标明原模块是定义时规定的端口名，例如：

模块名（. 端口 1 名（连接信号 1 名），. 端口 2 名（连接信号 2 名），……）；

这样表示的好处在于可以用端口名与被引用模块的端口相对应，而不必严格按端口顺序对应，提高了程序的可读性和可移植性。在上例中，就使用了这种引用方法。

另外，在【例 2－2】中展示了如何注释。Verilog HDL 的注释与 C 语言的一样，包括两种方式：一种以“//”开始的注释一直延续到本行末尾，一种以“/*”开始，之后可以延续多行，最后以“*/”结束。

2.3　Verilog HDL 语言基础

Verilog HDL 语言的语法条目众多，但并非所有的语法都能够实现到最终的硬件电路，由此进行划分，可实现为硬件电路的语法常被称为可综合的语法；而不能够实现到硬件电路中，却常常可作为仿真验证的高层次语法则被称为行为级语法。本书重点介绍可综合的语法，行为级语法在本书的代码示例中会有涉及，不做专门讲解。

本节主要介绍 Verilog HDL 语言的基本要素，包括标识符、数据类型、常量集合、运算符和表达式以及结构控制语句等。

2.3.1　标识符

标识符是由任意字母、数字、$ 符号和下划线“_”组成的字符序列，注意标识符的第一个字符必须是字母或者下划线。此外，标识符是区分大小写的。

【例 2－3】 标识符举例。

```
Count
COUNT          //与小写的 Count 不同
Rst_n
_ce
7days          //非法标识符
```

需要注意的是，Verilog HDL 定义了一系列保留标识符，叫作关键字，仅用于表示特定的含义。本书附录 A 给出了关键字列表，只有小写的关键字才是保留字。例如，标识符 begin（关键字）与标识符 BEGIN（非关键字）是不同的。所以在实际开发中，不确定是否是保留字的标识符可以用首字母大写方式来表示。

2.3.2 常量

Verilog HDL 有下列 4 种基本的数值：

① 0：逻辑 0 或“假”；

② 1：逻辑 1 或“真”；

③ x：未知；

④ z：高阻。

其中，x、z 是不区分大小写的。Verilog HDL 中所有的数据类型的值一定是这 4 类基本数值中的一个。

Verilog HDL 中的常量分为 3 类：整数型、实数型及字符串型。另外，可以使用下划线符号“_ ”提高程序的可读性，例如：0x10000 等效于 0x1_0000。

1. 整数

整数型可以按如下两种方式书写：简单的十进制数格式及基数表示格式。

1） 简单的十进制数格式

简单的十进制数格式的整数定义为带有一个“ + ”或“ - ”操作符的数字序列。

【例 2-4】 简易十进制形式整数举例。

```
48          十进制数 48
 -15        十进制数 -15
```

简单的十进制数格式的整数值代表一个有符号的数，其中负数使用补码形式表示。例如，48 在 6 位二进制形式中表示为 110000，在 7 位二进制形式中表示为 0110000，这里最高位 0 表示符号位；-15 在 5 位二进制形式中表示为 10001，最高位 1 表示符号位，在 6 位二进制形式中表示为 110001，最高位 1 为符号扩展位。

2） 基数表示格式

基数表示的整数格式为：

```
[size]'[signed]base value
```

size 指定该常量用二进制表示的位宽，signed 表示有符号数（小写 s 或大写 S），base 为基值，用以表示二进制（用 b 或 B 表示）、八进制（用 o 或 O 表示）、十进制（用 d 或 D 表示）、十六进制（用 h 或 H 表示），value 是基于基数的数字序列，且数值不能为负数。

【例 2-5】 基数表示格式举例。

```
6'd32          //6 位十进制数 32
8'sh35         //8 位十六进制有符号数 00110101
 -8'd15        //8 位十进制数 -15,对应的二进制数为 8'b1111_0001(补码形式)
4'b1x_10       //4 位二进制数,从低位数起第三位值不确定
16'hx          //16 位数,其值不确定
16'hz          //16 位数,其值为高阻
8'd -15        //非法表示
```

2. 实数

实数可以用十进制计数法和科学计数法两种形式定义。

【例2-6】 十进制计数法表示形式举例。

```
3.14
0.1
3.0
```

【例2-7】 科学计数法的实数举例，其中e和E相同。

```
3.14e2        //其值为314.0
3e-3          //其值为0.003
```

3. 字符串

字符串是双引号内的字符序列，不能分成多行书写。字符串是由一串8位ASCII值组成的，因此字符串是8位ASCII值的序列。

【例2-8】 字符串及其操作。

```
"INITIAL ERROR!"               //14个字符的字符串(注意其中的空格也是一个
                                 字符)
reg [1:8*14] message;          //为存储字符串"INITIAL ERROR!",需要一个
                                 8*14位的reg型变量message
message ="INITIAL ERROR!"      //将字符串"INITIAL ERROR!"赋值给message
```

2.3.3 变量及数据类型

Verilog HDL中的变量分为线网型变量和寄存器型变量。

线网表示元件之间的物理连线，它不能存储数据。线网是被驱动的，可以用连续赋值或把元件的输出连接到线网等方式给线网提供驱动，给线网提供驱动的赋值元件就是"驱动源"，线网的值由驱动源决定。如果没有驱动源连接到线网，线网的缺省值为z。Verilog HDL中共有11种线网类型：wire、tri、tri0、tri1、triand、trior、trireg、wand、wor、supply0、supply1，其中只有wire、tri、supply0和supply1类型可以被综合。

寄存器表示一个抽象的数据存储单元，可以通过赋值语句改变寄存器内存储的值。寄存器只能在always语句和initial语句中赋值，always语句和initial语句是Verilog HDL提供的功能强大的结构语句。在未被赋值时，寄存器的缺省值为x。Verilog HDL中共有5种寄存器类型：reg、integer、time、real、realtime，其中只有reg和integer类型可以被综合。

本书只介绍4种常用的数据类型：wire型、reg型、由reg型定义的memory型和parameter型。

1. wire型

wire型数据在电路中通常代表两个元件间的连线，在Verilog HDL中常用来表示以assign关键字指定的组合逻辑信号。在Verilog程序模块中，输入、输出信号类型默认为wire型。wire型信号可以用作方程式的输入，也可以用作assign语句或实例元件的输出。

wire型信号的定义格式如下：

```
wire [signed][msb:lsb] wire1,wire2,…,wireN;
```

其中，关键字signed用于声明有符号值（以2的补码形式保存），缺省情况下wire型信

号是无符号值；msb 和 lsb 用于指定信号范围，范围的指定是可选的，缺省情况下 wire 型信号的位宽为 1 位。

【例 2-9】 声明 wire 型变量举例。

```
wire [7:0] a,b,c;      //变量 a、b、c 都是位宽为 8 位的无符号 wire 型
wire d;                //变量 d 是位宽为 1 位的 wire 型
wire [signed][0:7] e;          //变量 e 是位宽为 8 位的有符号 wire 型
```

2. reg 型

reg 是寄存器数据类型的关键字，寄存器是数据存储单元的抽象，Verilog HDL 通过赋值语句可以改变寄存器存储值，其作用相当于改变触发器存储器的值。reg 常用来表示 always 模块内的指定信号，在电路中常代表触发器。通常在设计中要由 always 模块通过使用行为描述语句来表达逻辑关系。在 always 块内被赋值的每一个信号都必须定义为 reg 型，即赋值操作符的左端变量必须是 reg 型。

```
reg [signed][msb:lsb] reg1,reg2,…,regN;
```

其中，signed、msb、lsb 的含义与 wire 型变量声明中的含义相同。未初始化的 reg 变量的缺省值为 x。下面给出几个例子。

【例 2-10】 声明 reg 型变量举例。

```
reg [7:0] a,b,c;        //a、b、c 都是位宽为 8 位的无符号 reg 型信号
reg d;                  //always 块内被赋值的信号必须是寄存器型,不能是线网型
always @(posedge clk)
begin
 a <=8'h0;
 b <=8'h1;
 c <=8'h2;
 d <=(a <b)&&(b <c);
end
```

reg 型和 wire 型信号有以下几点区别：reg 型只能在 always 和 initial 语句中赋值，wire 型只能用连续赋值语句赋值，或者通过模块实例的输出（和输入/输出）端口赋值；初始化后，reg 型的初值为 x（未知），wire 型的初值为 z（高阻）；reg 型保持最后一次的赋值，而 wire 型则需要持续地驱动。

3. memory 型

memory 型在电路中可以描述 RAM、ROM 存储器和 reg 文件，Verilog HDL 通过对 reg 型变量建立数组来对存储器建模，数组中的每一个单元通过一个整数索引进行寻址。memory 型通过扩展 reg 型数据的地址范围来达到二维数组的效果，其定义的格式如下：

```
reg [msb:lsb] memory1[upper1:lower1],
              memory2[upper2:lower2],…;
```

其中，reg [msb: lsb] 定义了存储器中每一个存储单元的大小，即该存储器单元是一个 msb - lsb + 1 位位宽的寄存器；存储器后面的 [upper1: lower1] 则定义了存储器的大小，即该存储器中有多少个这样的寄存器。

需要注意的是，对存储器进行地址索引的表达式必须是常数表达式。尽管 memory 型和

reg 型数据的定义比较接近，但二者还是有很大区别的：

（1）一个由 n 个 1 位寄存器构成的存储器是不同于一个 n 位寄存器的；

（2）一个 n 位寄存器可以在一条赋值语句中直接进行赋值，而一个完整的存储器则不行；

（3）如果要对 memory 型存储单元进行读/写，必须要指定地址。

【例 2－11】 声明 memory 型变量举例。

```
reg [15:0] roma[127:0]   //一个存储位宽为 16 位,存储深度为 128 的存储器。该
                           存储器的地址范围是 0 ~127
reg [n-1:0] rega;        //一个 n 位的寄存器
reg memb[n-1:0];         //一个由 n 个 1 位寄存器构成的存储器
rega =0;                 //合法赋值
memb =0;                 //非法赋值
memb[0] =1;              //将 memb 中的第 0 个单元赋值为 1
rega =memb[0];           //将 memb 中的第 0 个单元的值赋给变量 rega
```

4. parameter 型

在 Verilog HDL 中用 parameter 来定义常量，即用 parameter 来定义一个标识符表示一个常数。采用该类型可以提高程序的可读性和可维护性。

parameter 型信号的定义格式如下：

```
parameter[signed][msb:lsb]param1 =const1,const2,…,constN;
```

其中，参数值可以是常量或者常量表达式。

【例 2－12】 声明 parameter 常量举例。

```
parameter PI =3.14;
parameter R =5;
parameter L =2* PI* R;
```

2.3.4 运算符和表达式

在 Verilog HDL 语言中的运算符能对各种数据类型进行操作，产生 wire 线网型和 reg 寄存器型的值。Verilog HDL 提供的各类运算符如表 2－1 所示。

表 2－1 Verilog HDL 中的运算符

运算符	内容	结果
算术运算符	双操作数	二进制值
赋值运算符	单操作数	布尔值或二进制值
关系运算符	双操作数	布尔值
逻辑运算符	双操作数	布尔值
条件运算符	三操作数	表达式
位运算符	双操作数	二进制值
移位运算符	单操作数	二进制值
拼接运算符	多操作数	二进制值
缩减运算符	单操作数	位

1. 算术运算符

在 Verilog HDL 中，算术运算符又称为二进制运算符，有以下 5 种：

(1) +：加法运算符或正值运算符，如 $d_1 + d_2$， +52；

(2) -：减法运算符或负值运算符，如 $d_1 - d_2$， -52；

(3) *：乘法运算符，如 $d_1 * 52$；

(4) /：除法运算符，如 $d_1/52$；

(5)%：模运算符，如 $d_1\%2$。

在进行整数除法时，结果会略去小数部分。在取模运算时，结果的符号位和模运算第一个操作数的符号位保持一致。

在进行基本算术运算时，如果操作数是有符号数，则将其视为二进制补码；如果某一个操作数有不确定值 x，则整个结果也为不确定值 x。

【例 2-13】 除法和模运算举例。

```
12.5/3       //结果为4,小数部分省去
16%4         //整除,余数为0
 -10%3       //结果取第一个数的符号,所以余数为-1
10% -3       //结果取第一个数的符号,所以余数为1
 -16'd12/3   //结果为21841,因为-16'd12 的二进制补码为65524,65524/3 =
               21841
```

2. 赋值运算符

赋值运算可分为连续赋值和过程赋值两种。

1) 连续赋值

连续赋值语句只能用来对 wire 线网型变量进行赋值，而不能对 reg 寄存器型变量进行赋值。其基本的语法格式为：

```
线网型变量类型[线网型变量位宽]线网型变量名
assign #(延时量)线网型变量名=赋值表达式
```

一个线网型变量一旦被连续赋值语句赋值之后，赋值语句右端赋值表达式的值将持续对被赋值变量产生连续驱动。只要右端表达式任一个操作数的值发生变化，就会立即触发对被赋值变量的更新操作。

在实际使用中，连续赋值语句有下列几种应用。

【例 2-14】 连续赋值举例。

(1) 对 wire 型数据赋值。

```
wire [7:0] a,b;
assign a =b;                //对变量a整个赋值
assign a[3] =b[1];          //对变量a的某一位赋值
assign a[3:0] =b[7:4];      //对变量a的某几位赋值
```

(2) 对数据的拼接赋值。

```
wire a,b;
wire [1:0] c,d;
```

```
assign c = {a,b};           //c 为 a 与 b 的拼接;
assign d = {2{a}};          //d = {a,a}
```

2）过程赋值

过程赋值主要用于两种结构化模块（initial 模块和 always 模块）中的赋值语句。在过程块中只能使用过程赋值语句（不能在过程块中出现连续赋值语句），同时过程赋值语句也只能用在过程赋值模块中。

过程赋值语句的基本格式为：

<被赋值变量> <赋值操作符> <赋值表达式>

其中，<赋值操作符>是“=”或“<=”，分别代表阻塞赋值和非阻塞赋值类型。

过程赋值语句只能对寄存器类型的变量（reg、integer、real 和 time）进行操作，经过赋值后，被赋值变量的取值将保持不变，直到另一条赋值语句对该变量重新赋值为止。过程赋值操作的具体目标可以是：

（1）reg、integer、real 和 time 型变量（矢量和标量）；

（2）存储器类型，只能对指定地址单元的整个字进行赋值，不能对其中某些位单独赋值。

【例 2-15】 过程赋值举例。

```
reg x;
always @(y)
begin
  x <= ~x;
end
```

3. 关系运算符

关系运算符用来比较两个操作数，并得到一个布尔值（真或假）。关系运算符总共有以下 8 种：

（1） >：大于；

（2） >=：大于等于；

（3） <：小于；

（4） <=：小于等于；

（5） ==：逻辑相等；

（6） !=：逻辑不相等；

（7） ===：严格相等；

（8） !==：严格不相等。

在进行关系运算时，如果操作数之间的关系成立，则返回值为 1（真）；关系不成立，则返回值为 0（假）；若某一个操作数的值不定，则关系是模糊的，返回的是不定值 x。

操作符“==”和“!=”的操作数中，某些位可能为不定值 x 或高阻值 z，则此时的结果为不定值 x；操作符“===”和“!==”的操作数必须完全一致，其结果才是 1，否则为 0。表 2-2 给出“==”和“===”的真值表。

表 2-2　等式运算符的真值表

===	0	1	x	z	==	0	1	x	z
0	1	0	0	0	0	1	0	x	x
1	0	1	0	0	1	0	1	x	x
x	0	0	1	0	x	x	x	x	x
z	0	0	0	1	z	x	x	x	x

所有的关系运算符有着相同优先级，但低于算术运算符的优先级。

4. 逻辑运算符

逻辑运算符作为逻辑连接，对布尔操作数进行运算得到布尔结果。该操作数可以是线网型、寄存器型或是一个可以得到布尔结果的表达式。Verilog HDL 中有以下 3 类逻辑运算符：

（1）&&：逻辑与；

（2）‖：逻辑或；

（3）!：逻辑非。

“&&”和“‖”是二目运算符，要求有两个操作数；而“!”是单目运算符，只要求一个操作数。“&&”和“‖”的优先级高于算术运算符。逻辑运算符的真值表如表 2-3 所示。

表 2-3　逻辑运算符的真值表

a	*b*	!*a*	!*b*	*a*&&*b*	*a* ‖ *b*
1	1	0	0	1	1
1	0	0	1	0	1
0	1	1	0	0	1
0	0	1	1	0	0

5. 条件运算符

条件运算符根据一个条件表达式的值选择一个表达式用于求值。条件运算符的格式如下：

```
y = x? a:b;
```

条件运算符有 3 个操作数，若第一个操作数 x 为真，则 $y = a$，否则 $y = b$。

【例 2-16】 条件运算符举例。

```
wire y;
assign y = (x ==1)? a:b;
```

6. 位运算符

作为一种针对数字电路的硬件描述语言，Verilag HDL 用位运算符来描述电路信号中的与、或及非操作。其总共有以下 7 种位运算符：

（1）&：与；

（2）|：或；

（3）~：非；

（4）^：异或；

（5）^~：同或；

（6）~&：与非；

（7）~|：或非。

位运算符中除了“~”之外都是二目运算符。位运算对其自变量的每一位进行操作，例如，“s1&s2”的含义就是 s_1 和 s_2 的对应位相与。如果两个操作数的长度不相等，将会对较短的数高位补零，然后进行对应位运算，使输出结果的长度与位宽较长的操作数的长度保持一致。

【例2-17】 位运算举例。

```
d1 = ~d1;  //d1 按位取反
c=a & b;  //c 为 a 和 b 按位与
```

7. 移位运算符

移位运算符共有下列4种：

（1）<<：逻辑左移；

（2）>>：逻辑右移；

（3）<<<：算术左移；

（4）>>>：算术右移。

逻辑移位运算符根据一个指定的数字对单操作数进行左移或右移，然后在空缺的位置上补0。算术移位运算符根据一个指定的数字对单操作数进行左移或右移。如果是右移，则在空出来的位用该操作数的最高位MSB来填补；如果是左移，空出来的位用0填补。

【例2-18】 逻辑运算举例。

```
reg [7:0] a;
a <=8'b0001_0111;
a >>2             //移位结果是 8'b0000_0101
a <<2             //移位结果是 8'b0101_1100
a <<<4            //移位结果是 8'b0111_0000
a >>>2            //移位结果是 8'b0000_0101
a <<< -2          //因为右操作数总是一个无符号数,因此向左移位了(2^32 -2)次
```

在实际运算中，可利用移位运算符实现简单的乘法和除法计算。例如利用“a＊10 = a << 3 + a << 1”来实现。

8. 拼接运算符

拼接运算符可以将两个或更多的操作数形成一个单字，这一运算符在形成逻辑总线时特别有用，其使用格式为：

```
{s1,s2,…,sn}
```

将某些信号的某些位详细地列出来，中间用逗号隔开，最后用一个大括号表示一个整体信号。

【例2-19】 拼接运算举例。

```
reg [15:0] shiftreg;
reg data_in;
```

```
always @(posedge clk)
shiftreg[15:0] <={shiftreg[14:0],data_in};  //15 位 shiftreg 与 data_
                                               in 拼接为 16 位
```

9. 缩减运算符

缩减运算符是单目运算符，其运算规则类似于位运算符中的与、或、非，但运算过程不同。缩减运算符对单个操作数进行运算，最后返回一位数。其运算过程为：首先将操作数的第一位和第二位进行与/或/非运算；然后再将运算结果和第三位进行与/或/非运算；依此类推，直至最后一位。

常用的缩减运算符的关键字和位操作符关键字一样，只有单目运算和双目运算的区别。

【例 2-20】 缩减运算举例。

```
reg [3:0] a;
reg b;
b =&a;          //b =((a[0]& a[1])& a[2])& a[3];
```

不同运算符的优先级别不同，表 2-4 给出了各种运算符的优先级别关系。

表 2-4 各运算符的运算级别

运算符	优先级别
!、~	最高优先级别
*、/、%	↓
+、-	
<<、>>	
<<=、>>=	
==、!=、===、!==	
&	
^、^~	
|	
&&	
||	
?、:	最低优先级别

2.3.5 过程结构

时序逻辑功能的行为描述主要包括过程结构、语句块、控制结构等几个方面。本小节介绍过程模块。过程模块从属于以下 4 种结构的说明语句：

（1）initial 说明语句；

（2）always 说明语句；

（3）task 说明语句；

（4）function 说明语句。

过程结构主要由 initial 语句和 always 语句实现。一个模块中可以包含任意多条 initial 语句或 always 语句。这些语句相互之间是并行执行的，换言之，这些语句在模块中的顺序并不重要。每一个 initial 和 always 语句在仿真一开始同时立即执行，一条 initial 语句或 always 语句的执行会产生一个单独的控制流。不同的是 initial 只执行一次，而 always 语句则是不断重复直到仿真过程结束。但 always 语句后的过程块是否真正运行，则要看语句后触发条件是否满足，如满足则运行过程块一次，再次满足则再运行一次，直到仿真过程结束。

此外，task 语句和 function 语句可以在程序模块中一处或多处调用，也能实现过程结构。

1. initial 语句

initial 模块是面向仿真的，是不可综合的，通常被用来描述测试模块的初始化、监视、波形生成等功能。在进行仿真时，一个 initial 模块从模拟 0 时刻开始执行，且在仿真过程中仅执行一次，在执行后被挂起不再执行。如果仿真中有两个 initial 模块，则同时从 0 时刻开始执行。其语法格式为：

```
initial
    begin/fork
            块内变量说明
            时序控制 1 行为语句 1;
            ……
            书序控制 n 行为语句 n;
    end/join
```

其中，begin... end 块定义语句中的语句是串行执行的，而 fork…join 块语句中的语句定义是并行执行的，下一节将详细讲述这两种语句块。当块内只有一条语句且不需要定义局部变量时，begin…end/fork... join 是可以省略的。

【例 2－21】 initial 语句应用实例。

```
initial
      begin
         clk =0;
         aclr_n =0;
         #100
         aclr_n =1;
      end
```

2. always 语句

与 initial 语句不同，always 语句是反复执行的且可综合的，其语法格式如下：

```
always @(敏感事件列表)
    begin/fork
            块内变量说明
            时序控制 1 行为语句 1;
            ……
            时序控制 n 行为语句 n;
    end/join
```

其中，begin…end/fork…join 的使用方法和 initial 模块中的一样。敏感事件列表是可选项，却是实际工程中最常用且最容易出错的地方。敏感事件列表的目的就是触发 always 模块的运行，而 initial 后面是不允许有敏感事件列表的。

敏感事件列表由一个或多个事件表达式构成，事件表达式就是模块启动的条件。当存在多个事件表达式时，要使用关键字 or 将多个触发条件结合起来。Verilog HDL 的语法规定：只要这些表达式所代表的多个触发条件中的一个成立，就启动块内语句的执行。

【例 2－22】 always 敏感事件列表实例。

```
always @(a or b)
   begin
     if(a >=b)
       d =a;
     else
       d =b;
   end
```

在上例 always 过程块中，多个事件表达式所代表的触发条件是：只要 a 或 b 信号的电平有任意一个发生变化，begin…end 语句就会被触发。

always 模块主要是对硬件功能的行为进行描述，可以实现锁存器和触发器，也可以实现组合逻辑。利用 always 实现组合逻辑时，要将所有的信号放进敏感列表，而实现时序逻辑时却不一定要将所有的结果放进敏感信号列表。

【例 2－23】 用 always 实现时序逻辑实例。

```
module add_counter(input clk,rst_n,output reg[31:0]cnt);
   always @(posedge clk or negedge rst_n)
     begin
         if( ~rst_n)
           cnt <=32'd0;
         else
           cnt <=cnt +32'd1;
     end
endmodule
```

此模块描述了一个带异步低电平复位的 32 位时钟计数器。在 always 语句中，顺序块的执行由跳变沿敏感事件 clk 的上升沿（关键字 posedge）或 rst_ n 的下降沿（关键字 negedge）控制。

3. task 语句

任务类似于一段程序，它提供了一种能力，使设计者可以从设计描述的不同位置执行共同的代码段。用任务定义可以将这个共同的代码段编写成任务，于是就能够在设计描述的不同位置通过任务名调用该任务。任务可以启动别的任务和函数，且可启动的任务数是没有限制的。但不管有多少任务启动，只有所有任务完成后控制才能返回。

任务定义的语法为：

```
task <任务名>
```

```
  <端口与类型说明>
  <局部变量说明>
  begin
    <语句1;>
    <语句2;>
    ……
    <语句n;>
  end
endtask
```

其中，声明语句的语法和模块定义中对应的语法是一致的。任务定义与“过程块”“连续赋值语句”及“函数定义”这三种成分以并列方式存在于行为描述集中，它们在层次级别上都是相同的。任务定义结构不能出现在任何一个过程块的内部。

需要注意的是，在第一行 task 语句中不能列出端口名列表；可以没有输入、输出端口和双向端口，也可以有一个或多个输入、输出端口和双向端口。

【例 2 -24】 任务的定义实例。

```
task adder;
  input [7:0] a,b;
  output [7:0] c;
  reg c;
  integer i;

  begin
    c =0;
    for(i =0;i <=7;i =i +1)
    begin
      adder[i] =a[i]^ b[i]^ c;
      c =(a[i]^ b[i]) |(a[i]^ c) |(b[i]^ c);
    end
  end
endtask
```

任务调用的格式为：

```
<任务名>(端口1,端口2,…,端口n)
```

任务调用只能在过程块中进行，就像一条普通行为语句那样得到处理。当被调用的任务具有输入或输出端口时，任务调用语句必须包含端口列表。这个列表内端口出现的顺序和类型必须与任务定义的顺序和类型一致。

【例 2 -25】 任务的调用实例。

```
always @(a or b)
adder(a,b,c);          //调用【例2 -24】定义的任务
```

4. function 语句

函数的目的是通过返回一个值来响应输入信号的值。函数不能启动任务，但任务可以启动函数。在 Verilog HDL 中函数被当作操作符来使用，结果就是这个函数的返回值。

函数定义的语法为：

```
function <返回值的类型和位宽>()
  <端口与类型说明>
  <局部变量说明>
 begin
   <语句1;>
   <语句2;>
   ......
   <语句n;>
 end
endfunction
```

其中，<返回值的类型和位宽>是可选项，如果缺省将返回一位寄存器类型数据，也可以只写位宽。

Verilog HDL 认为函数的定义中隐式地声明了与函数同名的寄存器。函数的定义把函数返回值所赋值寄存器的名称初始化为与函数同名的内部变量。

【例 2-26】 函数定义举例。

```
function [15:0] sum;
   input [15:0] a,b;
   begin
        sum = a + b;
   end
endfunction
```

其中，sum 被赋予的值就是函数的返回值。

函数的调用是通过将函数作为表达式中的操作数来实现的，调用格式为：

```
<函数名>(<输入表达式1>,<输入表达式2>,…,<输入表达式n>)
```

其中，*n* 个<输入表达式>要与函数定义结构中说明的各个端口一一对应，它们代表各个输入端口的输入数据，这些输入表达式的排列顺序及类型必须与各个输入端口在函数定义结构中的排列顺序及类型保持严格一致。

需要注意的是，函数的调用不能单独作为一条语句出现，它只能作为一个操作出现在赋值语句内，不仅能够用于过程块内的赋值，还能够出现在 assign 语句中。

【例 2-27】 函数的调用举例。

```
always @(posedge clk)
  b = plusplus(a);
assign c = plusplus(b);
```

综上所述，函数和任务存在以下不同点：

(1) 函数至少必须有一个输入端口，而任务可以有多个、一个或没有输入端口。

（2）函数不能有输出端口，而任务可以有多个、一个或没有输出端口。

（3）函数调用通过函数名返回一个返回值，而任务调用通过端口传递返回值。

（4）函数中不能调用任务，而在任务中可以调用函数。

（5）函数调用不能作为一条语句出现，而任务调用则可以。

（6）函数调用可以出现在过程块或者连续赋值语句中，而任务调用只能出现在过程块中。

2.3.6　控制结构

1. 条件控制

1）if 语句

if 语句的语法如下：

```
if(条件1)
      语句块1
else if(条件2)
      语句块2
……
else
      语句块n
```

如果条件 1 的表达式为真（或非 0 值），那么语句块 1 被执行，否则语句块 1 不被执行，然后依次判断条件 2 至条件 n 是否满足，如满足则执行相应的语句块，跳出 if 语句，整个模块结束。如果所有的条件都不满足，则执行最后一个 else 分支。在应用中，else if 分支语句的数目由实际情况决定；else 分支也都可以缺省，但会产生一些不可预料的结果，生成本不期望的锁存器。所以，工程实际中应将 else 分支明确写出来，形成良好的代码风格。

【例 2 – 28】　if 语句举例。

```
reg q;
always @(a or d)
begin
   if(a)q<=d;
end
```

if 语句只能保证当 $a=1$ 时，q 才取 d 的值。这段程序没有写 $a=0$ 时的结果，因为缺少 else 语句，q 的值会保持 $a=1$ 时的原值，这就形成了一个锁存器。

如果希望 $a=0$ 时，q 的值为 0 或其他值，那么 else 分支是必不可少的。

【例 2 – 29】　无锁存器 if 语句设计举例。

```
reg q;
always @(a or d)
begin
      if(a)q<=d;
      else q<=0;
end
```

当一个语句块中有多条 if 语句时，else 语句与最近的没有 else 的 if 相关联。

【例 2－30】 多条 if－else 语句举例。

```
reg q;
always @(posedge clk)
begin
    if (Rst)
      q <=1'b0;
      if(a)
       q <=d;
    else
       q <=1'b1;//在 a =1 时,q =d;在 a =0 时,q =1。Rst 的值对信号 q 不产
                   生作用
end
```

2）case 语句

case 语句是一个多路条件分支形式，其语法和 C 语言的 case 语句是一样的。其语法格式如下：

```
case(条件表达式)
分支表达式 1:语句块 1
分支表达式 2:语句块 2
……
default:语句块 n
```

case 语句首先对条件表达式进行求值，然后依次对各分支项的表达式求值并与条件表达式的值进行比较。第 1 条与条件表达式的值相匹配的分支中的语句块被执行。可以在一个分支中定义多个分支项，但是必须保证这些分支项的值互斥。缺省分支包含了所有没有被任何分支项表达式覆盖的值。

【例 2－31】 case 语句举例。

```
always @(a[1:0]or b)
begin
  case(a)
     2'b00:q <=b;
     2'b01:q <=b +1;
  endcase
end
```

在上例中，给出了 a 等于 0 和 1 时 q 的值，但没有说明 a 等于 2 和 3 时 q 的值，这时 q 会保持原值，形成一个锁存器。一般为了使 case 语句可控，都需要加上 default 选项。

【例 2－32】 无锁存器 case 语句举例。

```
always @(a[1:0]or b)
begin
  case(a)
```

```
      2'b00:q <=b;
      2'b01:q <=b +1;
      default:q <=1'b0;
   endcase
end
```

所以在实际开发中，为避免生成设计外的锁存器，如果用 if 语句，最好写上 else 选项；如果用 case 语句，最好写上 default 选项。遵循上面两条原则，就可以避免发生这种错误，使设计者更加明确设计目标，同时也增加 Verilog HDL 程序的可读性。

此外，还需要解释在硬件语言中使用 if 语句和 case 语句的区别。在实际中如果有分支情况，则尽量选择 case 语句，因为 case 语句的分支是并行执行的，各个分支没有优先级的区别。而 if 语句的选择分支是串行执行的，是按照书写的顺序逐次判断的。如果设计没有这种优先级的考虑，选用 if 语句和 case 语句相比，需要占用额外的硬件资源。

2. 循环控制

Verilog HDL 中提供了 4 种循环语句：for 循环、while 循环、forever 循环和 repeat 循环。

1）for 循环语句

for 循环语句的语法格式如下：

```
for(循环变量初始赋值;循环结束条件;循环变量增值)
语句块 f
```

for 循环语句会重复执行语句块 f 若干次。循环结束条件值决定循环在什么情况下必须结束，只要不满足循环结束条件，就执行循环中的语句；循环变量增值指出每次执行循环中的语句后循环变量的变化，通常是加或减一个步进值。

【例 2 –33】　for 语句举例。

```
for(index =1;index <=size;index =index +1)
    result =result +(a <<(index -1))
```

2）while 循环语句

while 循环语句的语法格式如下：

```
while(条件表达式)
语句块 w
```

while 循环语句重复执行语句块 w 直到指定的条件表达式的值为假。若表达式在开始时不为真，则语句块 w 将永远不会被执行。

【例 2 –34】　while 语句举例。

```
while(a)
   begin
       b =b <<1;
       a =a -1;
   end
```

3）forever 循环语句

forever 循环语句的语法格式如下：

```
forever
```

```
    语句块 f2
```

forever 循环语句连续执行语句块 f2，为跳出这样的循环，可以在语句块 f2 内使用终止语句。同时，在语句块 f2 中必须使用某种形式的时序控制，否则 forever 循环将永远循环下去。forever 语句必须写在 initial 模块中，用于产生周期性波形。

【例 2-35】 forever 语句举例。

```
initial
    begin
        clk10m =0;
        #5 forever
        #5 clk10m = ~clk10m;
    end
```

4）repeat 循环语句

repeat 循环语句的语法格式如下：

```
repeat(循环次数)
    语句块 r
```

repeat 语句按照指定的循环次数来执行语句块 r。

【例 2-36】 repeat 语句举例。

```
repeat(cnt)
    sum = sum +1;
```

2.3.7 语句块

语句块是在 initial 或 always 模块中位于 begin... end/fork... join 块定义语句之间的一组行为语句。语句块可以有个名字，写在块定义语句的第一个关键字之后，即 begin 或 fork 之后，可以唯一地标识出某一语句块。如果有了块名字，则该语句块被称为一个有名块。在有名块内部可以定义内部寄存器变量，且可以使用“disable”中断语句中断语句块的执行。块名提供了唯一标识语句块的一种方法。

1. 顺序语句块

顺序语句块是位于 begin... end 语句之间的一组行为语句，也称为串行块。每条语句中的延迟值是与前一条语句执行的仿真时间相关的。一旦顺序语句块执行完毕，紧随该顺序语句块的下一条语句将继续执行。

【例 2-37】 顺序语句块举例。

```
parameter d =50;
reg [7:0] a;
begin                  //由一系列延迟产生的波形
   #d r =8'd0;         //语句 1
   #d r =8'd10;        //语句 2
   #d r =8'd50;        //语句 3
end
```

串行块的执行特点如下：

(1) 串行块内的各条语句按照其在块内的顺序逐次逐条执行，当前一条执行完之后才能执行下一条。如【例 2-37】中语句 1 至语句 3 是顺序执行的。

(2) 块内每一条语句中的延时控制都是相对于前一条语句结束时刻的延时控制。如【例 2-37】中语句 2 的时延为 2d。

(3) 在进行仿真时，整个语句块总的执行时间等于所有语句执行时间之和。如【例 2-37】中语句块中总的执行时间为 3d。

2. 并行语句块

并行语句块是位于 fork... join 语句之间的一组行为语句，也称为并行块。并行语句块中的语句是并行执行的。在并行语句块内的每条语句中指定的延迟值都是相对于语句开始执行的时刻的。当并行语句块中的最后一个行为（并不一定是最后一条语句）执行完成时，再继续执行这个并行块后面的其他语句。换言之，在执行跳出语句块前必须执行完并行语句块内的所有语句。

【例 2-38】 并行语句块举例。

```
reg [7:0] r;
fork                    //由一系列延迟产生的波形
  #50 r = 0;            //语句 1
  #100 r = 10;          //语句 2
  #150 r = 50;          //语句 3
join
```

并行块的执行特点如下：

(1) 并行语句块内各条语句是各自独立地同时开始执行的，各条语句的起始执行时间都等于程序流程进入该语句块的时间。如【例 2-38】中语句 2 并不需要等语句 1 执行完才开始执行，它与语句 1 是同时开始的。

(2) 块内每一条语句中的延时控制都是相对于程序流程进入该语句块的时间而言的。如【例 2-38】中语句 2 的时延为 100。

(3) 在进行仿真时，整个语句块总的执行时间等于执行时间最长的那条语句所需要的执行时间。如【例 2-38】中整个语句块的执行时间为 150。

2.4 系统的描述方法

模块内逻辑行为的描述方式又称为建模方式，Verilog 支持结构级和行为级建模。结构级建模可以分为门级和开关级建模，即将基本与/或门的功能单元进行连接，产生某一特定的功能器件（如加法器），再将这些功能器件相连从而实现某一特定的功能，就像部件在芯片或电路板上互连一样。行为级建模描述的是逻辑电路的输入-输出模型，即描述所设计的电路功能行为，而不考虑电路的层次内部结构和物理实现的细节，设计者按照一定的规则写出行为模型，然后交由综合工具便可将其自动地综合成门级电路结构。

对于模块外部来说，模块内部的具体逻辑行为描述是不可见的。改变一个模块内部逻辑行为的描述方式，并不会影响该模块与其他模块的连接关系。

通常，一个复杂的电路系统可划分为若干个模块，每一个模块又可以由若干个子模块构成。这些模块可以分别用不同的描述方法描述，在一个模块中也可以同时使用结构级和行为级描述方法。利用 Verilog HDL 语言提供的这种结构，就能以这种清晰的层次结构来描述极其复杂的大型设计。

2.4.1 结构级描述

Verilog HDL 语言结构级描述，即调用库中的元件或者是已经设计好的模块完成设计实现功能。简单的逻辑电路由逻辑门和开关组成，通过门元语可以直观地描述其结构。Verilog HDL 中定义了 26 个有关门级的关键字（门级元件），比较常用的有 8 个。基本的门类型关键字如下：

```
and,nand,nor,or,xor,xnor,buf,not
```

Verilog HDL 支持的基本逻辑部件是由该基本逻辑器件的元语提供的。其调用格式为：

```
门类型<实例名>(输出1,输出2,…,输出N,输入1,输入2,…,输入N)
```

【例 2 – 39】 一个简单的全加器的例子。

```
module ADD(A,B,Cin,Sum,Cout);
input A,B,Cin;
output Sum,Cout;

wire S1,T1,T2,T3;

xor X1(S1,A,B),
    X2(Sum,S1,Cin);
and A1(T3,A,B),
    A2(T2,B,Cin),
    A3(T1,A,Cin);

or O1(Cout,T1,T2,T3);
endmodule
```

在这一个实例中，模块包含内置门 xor、and 和 or 的实例语句。门实例由线网型变量 S1、T1、T2 和 T3 互连。由于未指定顺序，门实例语句可以以任何顺序出现。

门级描述本质上也是一种结构网表，在实际中的使用方式为：先使用门逻辑构成常用的触发器、选择器、加法器等模块，再利用已经设计的模块构成更高一层的模块，依次重复几次，便可以构成一些结构复杂的电路。其缺点是：不易管理，难度较大且需要一定的资源积累。

2.4.2 行为级描述

行为级描述方法是 Verilog HDL 最高抽象级别的描述方式，它既可以描述组合逻辑电路，也可以描述时序逻辑电路。它可以按照要求的设计算法来实现一个模块，而不用关心该模块具体硬件实现的细节。行为级描述可以分为以下 3 种方式：

（1）连续赋值；

（2）数据流/寄存器传输级逻辑（RTL）；

（3）行为算法级方式。

下面对这三种描述方式分别进行说明。

1. 连续赋值

基于连续赋值的建模方式描述电平敏感行为，只能描述组合逻辑电路。连续赋值在语句之间、基本门之间以及描述中的所有行为模块之间都是并行执行的。连续赋值方式一般都采用 assign 语句来实现，主要用于实现组合逻辑功能。连续赋值语句右边所有的变量受持续监控，只要这些变量有一个发生变化，整个表达式就被重新赋值给左端。其格式如下：

```
assign L_wire = R_expression;
```

【例 2-40】 利用连续赋值描述移位器。

```
module mlshift2(input a,b,output c,d)
   assign c = a <<2;
   assign d = b >>2;
endmodule
```

在上述模块中，只要 *a* 的值发生变化，*c* 就会被立即重新赋值，所赋值为 *a* 左移两位后的值；只要 *b* 的值发生变化，*d* 就会被立即重新赋值，所赋值为 *b* 右移两位后的值。

如果在连续赋值语句中没有指定延迟，如【例 2-40】所示，则立即把右侧表达式的值赋给左侧表达式，其延迟为 0。在下面的例子中，在连续赋值语句中明确地指定了延迟。

```
assign #5 out_w = ina || inb;
```

上述赋值语句中指定的延迟（#5）是指，从右侧表达式中任一操作数的变化，到右侧表达式的重新计算，再把计算结果赋给左侧的赋值目标总共需要 5 个时间单位的延迟。

2. 数据流/寄存器传输级描述

数据流描述方式以电平变化或时钟的有效沿为触发条件，在每一个有效时刻，硬件寄存器就会读取和存储前一个时钟沿所形成的数据输入，计算语句块中的表达式，然后在下一个时钟沿传递寄存器中存储的新值，所以数据流描述方式又称为寄存器传输级（RTL）描述方式。

RTL 级描述方式既可以描述组合逻辑电路，也可以描述时序逻辑电路。描述组合逻辑电路时使用异步（如电平敏感）周期性行为描述。周期性行为一般用关键字 always 来定义，依次顺序执行，并且是无限地反复执行。比如【例 2-40】可改为等效的 RTL 描述方式。

【例 2-41】 利用 RTL 级描述描述移位器例一。

```
module mlshift2_RTL1(input a,b,output c,d)
  always @(a or b)
     c = a <<2;
     d = b >>2;
endmodule
```

【例 2-42】 利用 RTL 级描述描述移位器例二。

```
module mlshift2_RTL2(input clk,a,b,output c,d)
  always @(posedge clk)
     c = a <<2;
```

```
    d = b >> 2;
endmodule
```

【例 2 - 41】和【例 2 - 42】中的语句是按照排列顺序依次执行的，并在任一语句执行后、下一语句执行前即时进行值的存储，这种赋值方式称为阻塞赋值。使用普通赋值操作符“ = ”。Verilog HDL 中还有一种称为非阻塞赋值的赋值方式，使用操作符“ <= ”。

【例 2 - 42】中是以信号 a、b 的电平变化为触发条件的，也可以周期信号时钟的有效沿为触发条件。

【例 2 - 43】 利用 RTL 级描述描述移位器例三。

```
module mlshift3_RTL2(input clk,a,b,output c,d)
  always @(posedge clk)
    c <= a << 2;
    d <= b >> 2;
endmodule
```

有关阻塞赋值和非阻塞赋值的区别，详见第 4 点内容。

3. 行为算法级描述

用电路输入 - 输出算法关系来描述电路比 RTL 描述更抽象。这种描述方法规定了周期性行为中过程语句的执行次序，其所描述的算法与硬件之间没有明显的对应关系，语句的执行结果决定了存储变量的值以及最后的输出，这种描述方法可读性非常好，而且容易理解。

行为算法级描述方法例子：

```
module comp(input clk,a,b,output c,d,e)
always @(posedge clk)
  begin
    if(a == b)  begin  c <= 1'b1;  d <= 1'b0;  e <= 1'b0;  end
    else if(a > b)  begin  c <= 1'b0;  d <= 1'b1;  e <= 1'b0;  end
    else  begin  c <= 1'b0;  d <= 1'b0;  e <= 1'b1;  end
  end
```

4. 非阻塞赋值与阻塞赋值

非阻塞赋值和阻塞赋值是 Verilog HDL 中重要的概念，读者务必要对其有正确深刻的理解。非阻塞赋值和阻塞赋值是过程性赋值，只能用于对寄存器类型的变量进行赋值，因此只能用在 initial 块和 always 块等过程块中。

1）非阻塞赋值

非阻塞赋值使用赋值操作符“ <= ”。在赋值操作时刻开始，计算非阻塞赋值符的 RHS（右手方向）表达式，赋值操作时刻结束时更新 LHS（左手方向）。在计算非阻塞赋值的 RHS 表达式和更新 LHS 期间，其他的 Verilog HDL 语句，包括其他的 Verilog HDL 非阻塞赋值语句都能同时计算 RHS 表达式和更新 LHS。非阻塞赋值允许其他的 Verilog HDL 语句同时操作，非阻塞赋值的操作可以看作以下两个步骤的过程：

（1）在赋值时刻开始时，计算非阻塞赋值 RHS 表达式；

（2）在赋值时刻结束时，更新非阻塞赋值 LHS 表达式。

非阻塞赋值有如下几个特点：

(1) LHS 表达式的值不是立刻就改变的；

(2) 块结束后才完成赋值操作；

(3) 这是一种比较常用的赋值方法，特别在编写可综合模块时。

2) 阻塞赋值

阻塞赋值使用赋值操作符“=”。阻塞赋值的执行可以认为是一个只有一个步骤的操作，也就是计算 RHS 并更新 LHS，此时不能允许有来自任何其他 Verilog HDL 语句的干扰。阻塞的概念就是指在同一个 always 块中，其后面的赋值语句从概念上是在前一句赋值语句结束后再开始赋值的。

阻塞赋值有如下几个特点：

(1) LHS 表达式的值在赋值语句执行完后立刻就改变；

(2) 赋值语句执行完后，块才结束；

(3) 可能会产生意想不到的结果。

【例 2-44】 非阻塞赋值举例。

```
always @(posedge clk)
  begin
    b <=a;
    c <=b;
  end
```

在上例中，定义了两个数据信号 b、c。clk 信号的上升沿到来时（posedge clk），b 等于 a，c 等于 b，这里用到了两个触发器。赋值在整个 always 块结束后才执行，也就是 c 还是原来 b 的值，等到下一个时钟沿到来时，c 的值才会更新。图 2-1 所示为非阻塞赋值综合电路。

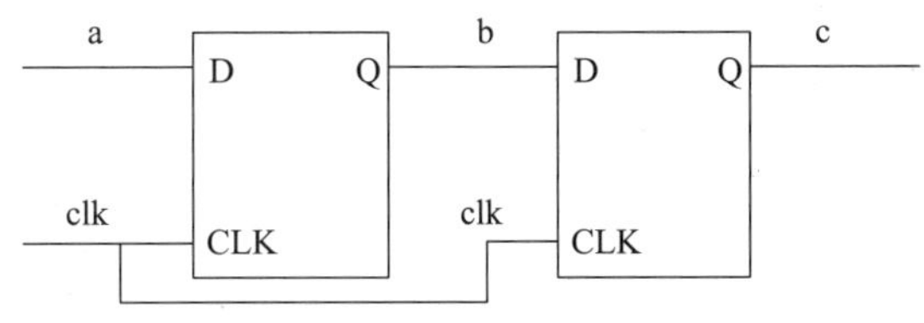

图 2-1　非阻塞赋值综合电路

【例 2-45】 阻塞赋值举例。

```
always @(posedge clk)
  begin
    b =a;
    c =b;
  end
```

在上例中，因为采用了阻塞赋值方法，当 clk 上升沿到来时，b 的值马上更新为 a 的值，c 的值也马上会变成 b 的值，这样实际上综合后只有一个触发器，也就是 a 的值经过触发器后同时输出给 b 和 c。图 2-2 所示为阻塞赋值综合电路。

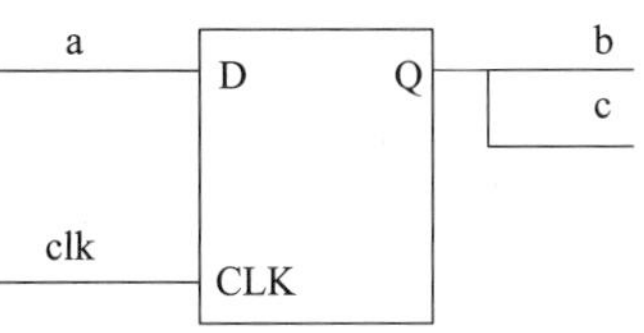

图 2-2　阻塞赋值综合电路

本节初步介绍了阻塞赋值和非阻塞赋值的区别，本书4.5节针对有一定设计经验积累的读者，将对阻塞赋值和非阻塞赋值进行更深入的讲解。

2.5 设计综合与验证

2.5.1 设计综合

数字电路设计是从电路所要完成的功能指标开始的，以真正实现能满足特性、成本要求以及功能的物理硬件而结束。对利用 Verilog HDL 设计的数字电路进行设计综合就是将 Verilog HDL 中的各种基本元素映射为物理电路中的硬件元件，并保证逻辑功能的正确及性能的最优。

具体来讲，综合是在工艺库和特定的设计约束的基础上，把用 Verilog HDL 语言描述的电路模型转换成门级网表的过程。然后，逻辑优化器以用户指定的面积和定时约束为目标，优化网表。综合过程如图 2-3 所示。

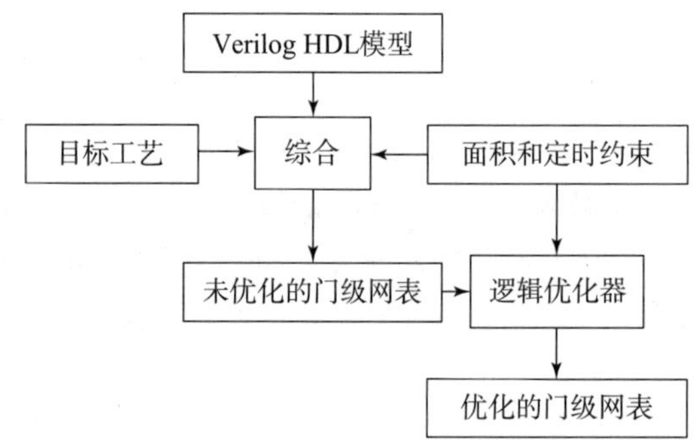

图 2-3　综合过程

Verilog HDL 这种硬件描述语言允许用户在不同的抽象层次上对电路进行建模描述，因此，同一个电路就可以有多种不同的描述方式，但不是每一种描述都是可综合的。事实上，Verilog HDL 原本被设计成一种仿真语言，而不是一种用于综合的语言，结果导致 Verilog HDL 中有很多结构没有相应的硬件可以对应。所以，不同的综合系统都定义了自己的 Verilog HDL 可综合子集以及自己的建模方式。这一局限给设计者造成了严重障碍，因为设计者不仅需要理解 Verilog HDL，而且还必须理解综合系统的建模方式，才能编写出可综合的模型。

为了较好地解决这个问题，Verilog HDL 综合采用如图 2-4 所示的更实用的设计流程。综合方法检查器用来确保编写出的模型是可综合的。其主要思想是：首先验证模型是可综合的，然后再对其进行综合。

本章介绍的 Verilog HDL 的操作符和结构绝大部分都是可综合的。关于 Verilog HDL 所有可综合语句与不可综合语句请参阅相关参考文献。

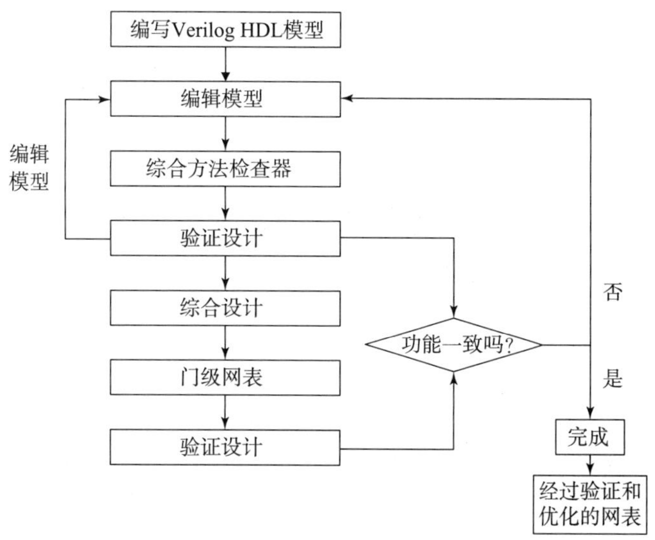

图 2－4　设计流程

2.5.2　设计仿真验证

严格来讲，FPGA 设计验证包括功能与时序仿真和电路验证。仿真是指使用设计软件包对已实现的设计进行完整测试，模拟实际物理环境下的工作情况。

功能仿真是指仅对逻辑功能进行测试模拟，以了解其实现的功能是否满足原设计的要求。仿真过程没有加入时序信息，不涉及具体器件的硬件特性，如延时特性等，因此也叫前仿真。它是对 HDL 硬件设计语言的功能实现能力进行仿真，以确保 HDL 语言描述能够满足设计者的最初意图。

时序仿真则是在 HDL 可以满足设计者功能要求的基础上，在布局布线后，提取有关的器件延迟、连线延时等时序参数，并在此基础上进行的仿真，也称为后仿真，它是接近真实器件运行的仿真。

如图 2－5 所示是 FPGA 设计仿真验证的基本方法。

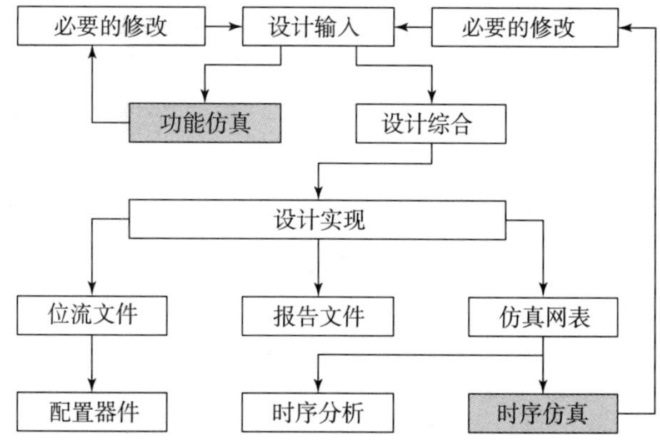

图 2－5　FPGA 设计仿真验证的基本方法

1. 验证方法学

设计验证的方法包括黑盒法、白盒法和灰盒法。

1）黑盒法

黑盒法是一种不考虑内部实现细节的验证方法，验证人员在 RTL 级设计输入端施加激励信号，然后将输出值与预期值相比较，以验证设计是否正确。

黑盒法主要有两个优点：第一，简单，验证者无须了解 RTL 级设计的细节，只需根据规格说明书搭建 TestBench；第二，易于实现验证和设计的独立性，由于验证者不了解 RTL 级设计细节，在搭建 TestBench 时不会受 RTL 级设计思路的影响，因此能避免按 RTL 级设计的实现思路验证 RTL 级设计的情况。

黑盒法的主要缺点是客观性差，由于验证人员对内部的实现细节不了解，无法插入内部测试点，很难对错误进行迅速定位，在大规模设计中难以跟踪错误的根源。所以，黑盒法一般适用于中小规模电路的验证。

2）白盒法

与黑盒法相反，白盒法指验证人员对内部的设计细节熟悉且在能对内部信号进行完全的控制和观察的情况下进行验证。

白盒法的优点在于容易观察和控制验证的进展情况，可以通过事先设置的观测点，在错误出现后，很快定位问题的根源。其缺点则是需要耗费更长时间去了解 RTL 级的实现细节，且难以实现设计与验证分离，验证团队可能会受设计团队思路的影响，出现沿着设计的思路去验证的现象，结果无法证明设计的功能是否正确。

3）灰盒法

灰盒法介于黑盒法和白盒法之间，验证人员熟悉 RTL 级设计原理，但不需要了解具体模块的实现细节。灰盒法的优点、缺点都介于黑盒法和白盒法之间，在实际工程中，验证人员可以在一些 RTL 级关键模块插入测试点，以快速定位问题。

2. 使用 TestBench 进行仿真验证

随着设计量和复杂度的不断增加，数字设计验证变得越来越难，所消耗的成本也越来越高。面对这种挑战，验证工程师必须依靠相应的验证工具和方法才行。对于大型的设计，比如上百万门的设计验证，工程师必须使用一整套规范的验证工具；而对于较小的设计，使用具有 HDL TestBench 的仿真器是一个不错的选择。

TestBench 已经成了 HLL（High - Level - Language，高级语言）设计标准验证方法。一般来说，它能够完成下面一些任务：

（1）实例化 DUT（Design Under Test，被测设计）；

（2）通过为模块添加测试向量对 DUT 进行仿真；

（3）通过终端或波形窗口提供仿真结果；

（4）比较实际输出与期望输出的差异。

一般来说，TestBench 使用工业标准 VHDL 或者 Verilog HDL 语言来描述。简单的 TestBench 通过调用用户设计的功能模块，然后进行仿真。较为复杂的 TestBench 还包括一些其他的功能，比如包含特定的激励向量或者进行实际输出与期望输出的比较等。

一个完整的 TestBench 通常需要产生测试时钟、提供激励源、被测模块例化以及仿真结果输出。

（1）产生测试时钟。

仿真必须产生时钟才能进行，只有在推进的仿真时钟中才可以判定输出的结果是否符合设计的要求。

【例 2－46】 产生测试时钟举例。

```
`timescale 1ns/1ps                    //度量参考为 1 ns,精度为 1 ps
module testbench;
    ......
    parameter ClkPeriod =10;          //声明时钟周期常量,10 ns
    initial
      begin
         clk1 =0;
         clk2 =0;
      end
    //时钟生成方法 1
    initial
      begin
         forever clk1 =#(ClkPeriod/2) ~clk1;
      end
    //时钟生成方法 2
    initial
      begin
         always #(ClkPeriod/2)clk2 = ~clk2;
      end
    ......
endmodule
```

timescale 语句用于定义测试文件的单位时间以及精度，在上例中，时间单位和精度分别是 1 ns 和 1 ps。在两种时钟生成方法中，都使用了 initial 块语句。在方法 1 中，使用了 forever 语句，它是最常用的产生时钟的方法。在方法 2 中，使用了 always 语句，同样也实现了时钟的生成。两种方法都产生了周期为 10 ns 的时钟波形。

（2）提供激励源。

为了得到 TestBench 的验证结果，必须为 DUT 提供激励向量。并行激励模块常常被用来为测试文件提供必要的激励。有两种不同的方法来实现并行的激励：一种是绝对时间激励，另一种是相对时间激励。

在绝对时间激励中，所有的仿真时间值都是相对于仿真时间零点定义的。而在相对时间激励中，一般会提供初始化值，然后等待事件来触发激励向量。两种方法都可以根据设计者的需要在同一个测试文件中使用。

【例 2－47】 绝对时间激励举例。

```
`timescale 1ns/1ps
initial
```

```
begin
Reset =1;                  //仿真时间零点激励
Load =0;             //仿真时间零点激励
Count_UpDn =0;             //仿真时间零点激励
timescale 1ns              //1ps 则例中单位为 ns
#100 Reset =0;             //绝对时间 100 激励
#20 Load =1;          //绝对时间 120 激励,相对于上一个时间点 20
#20 Count_UpDn =1;         //绝对时间 140 激励,相对于上一个时间点 20
```

【例 2 -48】 相对时间激励举例。

```
always @(posedge clk)
 TB_Count <= TB_Count +1;          //绝对时间的递增
initial
  begin
     if(TB_Count <=5)              //触发事件,产生下列激励
        begin
           Reset =1;
           Load =0;
           Count_UpDn =0;
        end
     else                          //触发事件,产生下列激励
        begin
           Reset =0;
           Load =1;
           Count_UpDn =1;
        end
  end
initial
     begin
        if(Count ==1100)        //触发事件,产生归零激励,并显示结果
        begin
           Count_UpDn <=0;
           $display("Terminal Count Reached,now counting down.");
        end
     end
```

值得注意的是，Verilog HDL 语言的 initial 模块之间是并行执行的，但是 initial 模块内部是顺序执行的。也就是说，测试文件的激励顺序在仿真时间零点同时启动并行模块，然后根据各个模块的内部激励顺序产生激励向量。

(3) 结果输出。

测试文件通过关键字 $display 和 $monitor 来实现结果的输出。下面是使用 Verilog HDL

语言实现终端上显示结果的例子。

【例2-49】 在终端上打印信号的ASCII值。

```
initial
  begin
    $timeformat( -9,1,"ns",12);                          //设置输出时钟格式
    $display("Time Calk Rst Ld SftRg Data Sel");         //显示输入的字符串
    $monitor("%t %b %b %b %b %b %b",                    //设置输出信号的格式
    $realtime,clock,reset,load,shiftreg,data,sel); //指定输出的信号
  end
```

$display是将函数内部双引号中的字符串输出在终端上。而$monitor则不同，因此它的输出是事件驱动的。在例子中，$monitor信号列表中的$realtime信号变化会触发终端显示事件的发生，该信号被设计者对应到仿真时间中，每次$monitor的触发将会把信号列表中的信号值显示在终端中。

$monitor语句中的“%”用于定义信号列表中信号的输出格式。例如,%t将信号按照时间格式输出,%b将信号按照二进制格式输出。

$display和$monitor属于系统任务。如想了解更多关于系统任务的内容，请阅读相关参考文献。

下面给出一个完整的TestBench实例。

【例2-50】 TestBench实例。

```
module shift_reg(clk,rst_p,load,sel,data,shiftreg);
  input clk;
  input rst_p;
  input load;
  input [1:0] sel;
  input [4:0] data;
  output [4:0] shiftreg;
  reg [4:0] shiftreg;

  always @(posedge clk)
    begin
    if(rst_p)          //复位
        shiftreg =5'd0;
    else if(load)      //将 data 载入移位寄存器
        shiftreg =data;
    else
        case(sel)
          2'b00:shiftreg =shiftreg;
          2'b01:shiftreg =shiftreg <<1;  //左移一位
          2'b10:shiftreg =shiftreg >>1;  //右移一位
```

```
            default:shiftreg = shiftreg;
          endcase
    end
endmodule

//TestBench
`timescale 1ns/1ps
module TB_shiftreg;       //申明 TestBench 名称
  reg clk;
  reg load;
  reg rst_p;     //申明信号
  wire [4:0] shiftreg;
  reg [4:0] data;
  reg [1:0] sel;
  //以下为 shift_reg 的实例化
  shift_reg dut
  (
     .clk(clk),
     .load(load),
     .rst_p(rst_p),
     .sel(sel),
     .data(data),
     .shiftreg(shiftreg)
  );
  //产生时钟
  initial
     begin
        clk =0;
        forever #50 clk = ~clk;
     end
  //指定激励源
  initial
     begin
       rst_p =1;
       data =5'd0;
       load =0;
       sel =2'd0;
       #200        //延时 200 个时间单位
       rst_p =0;
```

```
      load =1;
      #200
      data =5'h01;
      #100
      sel =2'b1;
      load =0;
      #200
      sel =2'b10;
      #1000 $stop;
    end
//将 ASCII 值显示或输入到文本编辑器中
initial
    begin
      $timeformat( -9,1,"ns",12);
      $display("Time Calk Rst Ld SftRg Data Sel");
      $monitor("%t %b %b %b %b %b %b", $realtime,clock,
     reset,load,shiftreg,data,sel);
    end
endmodule
```

在上例中，首先设计了一个 5 bit 移位寄存器模块 shift_reg，其中，rst_p 信号将移位寄存器清零，load 信号将数据 data 加载到移位寄存器中，sel 信号选择左移或右移。测试模块 TB_shiftreg 产生了一个 20 MHz 时钟，指定了一组激励源，并用于激励移位寄存器 shift_reg 的实例，最后将一组监视变量打印到终端中。

2.6　思　考　题

1. 下列标识符中哪些是合法的，哪些是非法的？

Count,2and1, \wait,begin,_ce,positive?

2. 在 always 模块中被赋值的变量能否是 wire 类型的？如果不能是 wire 类型的，那么必须是什么类型的？它们表示的一定是实际的寄存器吗？

3. 逻辑运算符与按位逻辑运算符有什么不同？它们各在什么场合使用？

4. 为什么有的时候使用 if 语句和 case 语句会产生意料之外的锁存器？它有什么危害？应该如何避免？

5. 阅读下面的代码，判段变量 A 的值为多少。

```
reg [7:0] A;
A =2'hFF;
```

① 8'b0000_ 0011；② 8'h3；③ 8'b1111_1111；④ 8'b11111111。

6. 请指出下面代码中变量 A、B、C、D 的数据类型。

```
assign A =B;
```

```
always #1
D = C + 1;
```

7. 在下面这段程序中，无限循环语句之后的赋值语句是否会执行？如果执行，请说明信号 flag 的变化规律。

```
always @(posedge clk)
    begin
        while (1)
            cnt <= cnt + 1;
        if(cnt == 128)
            flag <= 1'b1;
        else
            flag <= 1'b0;
    end
```

8. 使用 for 循环对一个长度为 1024、位宽为 4 的寄存器类型数组进行初始化，把所有单元都设置为 0。

9. 阻塞赋值和非阻塞赋值有什么不同？请举例说明。

10. 设计一个模块，实现从 32 个 16 位数中选出其中最大的两个数，并给出它们在原序列中的位置。（提示：可以将 32 个输入分成几组，如每 8 个数一组，这样可以使问题简化）。

11. 设计一个周期为 40 个时间单位的时钟信号，其占空比为 25%。使用 always 和 initial 块进行设计，将其在仿真 0 时刻的值初始化为 0。

12. 给习题 8 设计的模块编写一个 TestBench，验证其功能。

第 3 章

组合逻辑设计

本章及下一章介绍基于 Verilog HDL 的数字电路设计，根据逻辑功能的不同特点，可以把数字电路分成两大类，一类是组合逻辑电路（简称组合电路），另一类是时序逻辑电路（简称时序电路）。本章介绍组合逻辑设计，在组合逻辑电路中，任意时刻的输出仅仅取决于该时刻的输入，与电路原来的状态无关。这是组合逻辑电路在逻辑功能上的特点。

组合电路在数字电路中主要完成数据流分配（数据选择器）、转换（编码器、译码器）、数据比较（数据比较器）、数据计算（加法器、减法器、乘法器）等功能。这些功能在 HDL 语句中都有抽象模型，是编写 HDL 代码的基础。其在数字电路中的使用方法如图 3－1 所示。图 3－1 中的组合逻辑可以由以上各种功能模型及其组合来完成，以实现累加器、状态机、脉冲产生器的功能等。本章介绍利用硬件描述语言 Verilog HDL 来设计组合逻辑电路，并介绍几种在工程实践中比较实用的设计技巧。

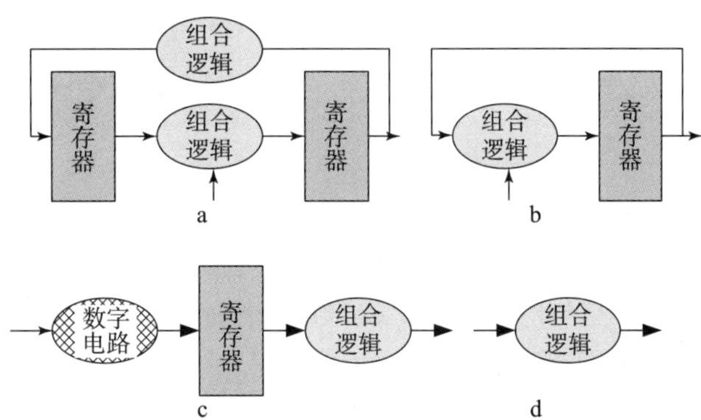

图 3－1　组合逻辑在数字电路中的使用

3.1　用 Verilog HDL 实现基本逻辑门电路

门电路是组合逻辑设计中，逻辑函数式最小项的具体实现，基本逻辑门包括与门、或门、非门、与非门、或非门、异或门等，它们在 Verilog HDL 语言中用 and、or、not、nand、nor、xor 来表示，对应的操作符分别为 &、| 、~、 ~&、 ~| 、^（注意：其中的“~&”和“~|”是缩减运算符，Verilog HDL 中没有特定的操作符进行与非和或非运算）。

用 Verilog HDL 实现基本逻辑门电路有多种方法。在【例 3－1】中，我们使用了 4 种方法来实现与门电路，与其对应的 RTL 图如图 3－2 所示。在 Verilog HDL 实现电路中，可选用任何一种方式。但为了和时序电路分开，一般选用产生 **x**[0] 的方式。

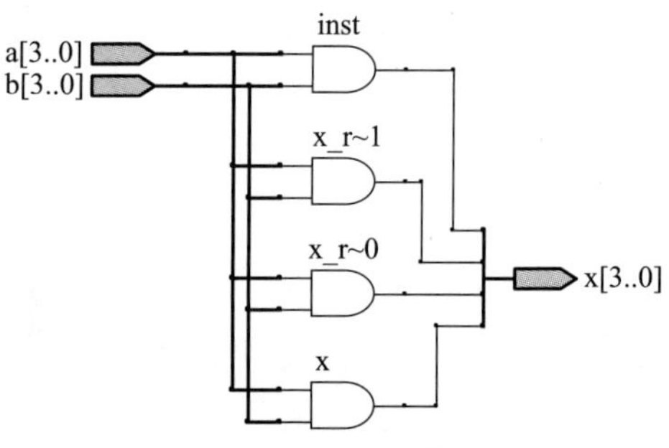

图 3－2　与门 RTL 图

【例 3－1】 与门电路的实现。

```
module and2p(
    input [3:0] a,
    input [3:0] b,
    output [3:0] x
);
    reg [3:0] x_r;
    //方法 1
    assign x[0] = a[0] & b[0];
    //方法 2
    always @*
        begin
            x_r[1] = a[1] & b[1];
        end
    assign x[1] = x_r[1];
    //方法 3
    always @(a[2],b[2])
        x_r[2] = a[2] & b[2];

    assign x[2] = x_r[2];
    //方法 4
    and inst(x[3],a[3],b[3]);
endmodule
```

其他门电路的实现方式与与门的实现方式类似，下面分别举例说明。

【例 3－2】 或门电路的实现。

```
module test_verilog(
 input a,
 input b,
 output x
);
 assign x = a|b;
 endmodule
```

其对应的 RTL 图如图 3－3 所示。

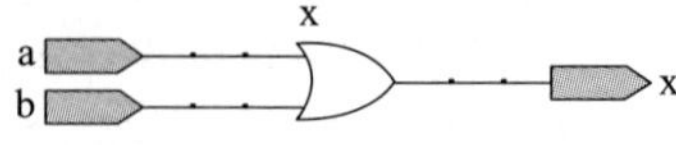

图 3－3　或门 RTL 图

【例3-3】 非门电路的实现。

```
module test_verilog(
 input a,
 output x
);
 assign x = ~a;
 endmodule
```

其对应的RTL图如图3-4所示。

图3-4 非门RTL图

【例3-4】 与非门电路的实现。

```
module test_verilog(
 input a,
 input b,
 output x
);
 assign x = ~(a & b);
 endmodule
```

其对应的RTL图如图3-5所示。

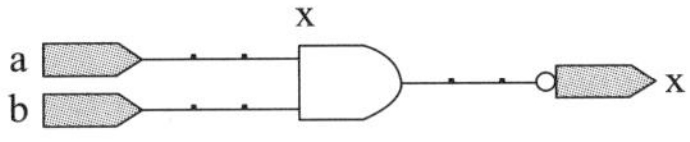

图3-5 与非门RTL图

【例3-5】 或非门电路的实现。

```
module test_verilog(
 input a,
 input b,
 output x
);
 assign x = ~(a |b);
 endmodule
```

其对应的RTL图如图3-6所示。

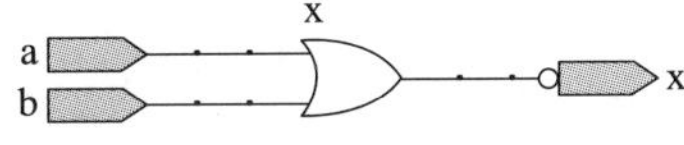

图3-6 或非门RTL图

【例3-6】 异或门电路的实现。

```
module test_verilog(
```

```
input a,
input b,
output x
);
assign x=a ^ b;
endmodule
```

其对应的 RTL 图如图 3－7 所示。

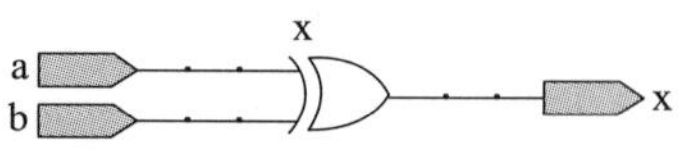

图 3－7 异或门 RTL 图

3.2 用 Verilog HDL 实现组合逻辑

基础组合电路是构成数字电路的最小功能系统，通过对基础组合电路的设计了解其实现的功能，有助于在组合大型功能系统和编写 HDL 代码时在更高层次上对系统进行建模，而不必关心基础组合电路的实现方法。

3.2.1 编码器

为了区分一系列不同的事物，将其中的每个事物用一个二值代码表示，这就是编码的含义。在二值逻辑电路中，信号都是以高、低电平的形式给出的。因此，编码器的逻辑功能就是把输入的每一个高、低电平信号编成一个对应的二进制代码。

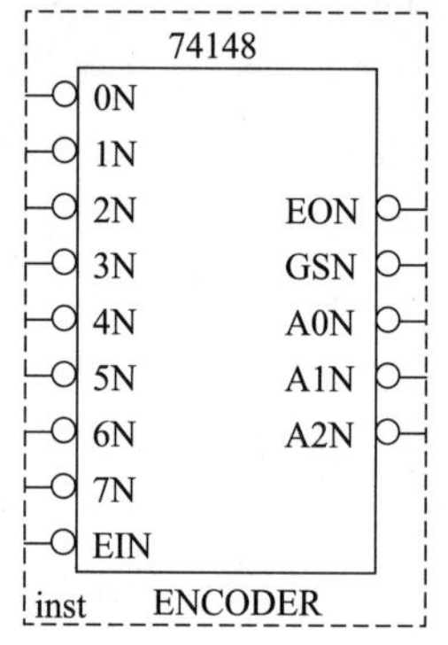

图 3－8 Quartus II 自带的 74148 编码器模块

图 3－8 为 Quartus II 9.1 给出的优先编码器，其对应的真值表如表 3－1 所示。

表 3－1 74148 真值表

输入									输出				
EIN	0N	1N	2N	3N	4N	5N	6N	7N	A2N	A1N	A0N	EON	GSN
1	×	×	×	×	×	×	×	×	1	1	1	1	1
0	1	1	1	1	1	1	1	1	1	1	1	0	1
0	×	×	×	×	×	×	×	0	0	0	0	1	0
0	×	×	×	×	×	×	0	1	0	0	1	1	0
0	×	×	×	×	×	0	1	1	0	1	0	1	0
0	×	×	×	×	0	1	1	1	0	1	1	1	0
0	×	×	×	0	1	1	1	1	1	0	0	1	0
0	×	×	0	1	1	1	1	1	1	0	1	1	0
0	×	0	1	1	1	1	1	1	1	1	0	1	0
0	0	1	1	1	1	1	1	1	1	1	1	1	0

利用真值表，列出逻辑函数式，可得出编码器的逻辑图，如图 3－9 所示，这是 Quartus II 9. 1 提供的逻辑图。使用资源丰富的 EP2S180F1020I4 综合后，其占用 8 个 Combinational ALUT。综合后的逻辑电路图（Map 图）如图 3－10 所示。

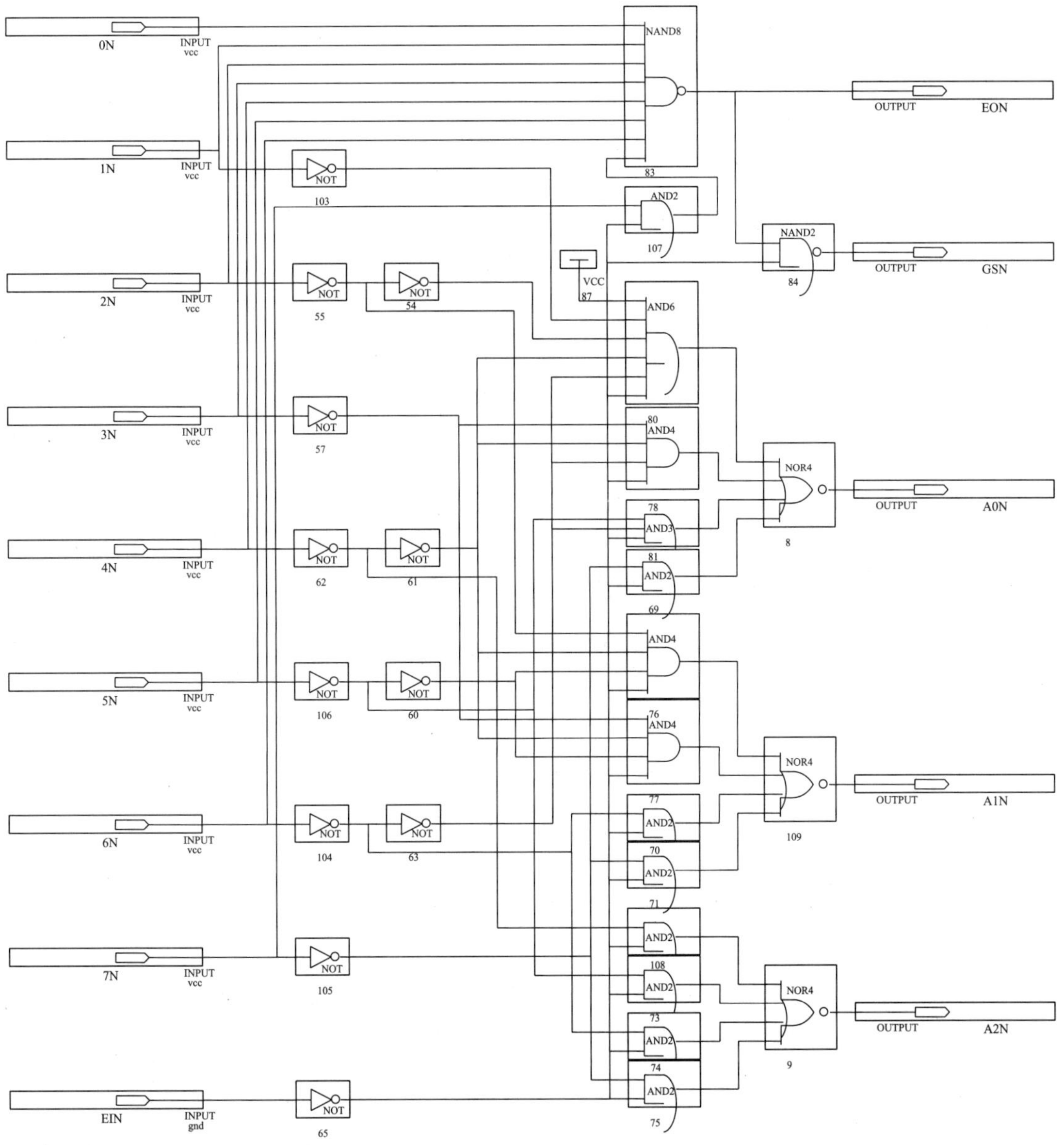

图 3－9　74148 逻辑图

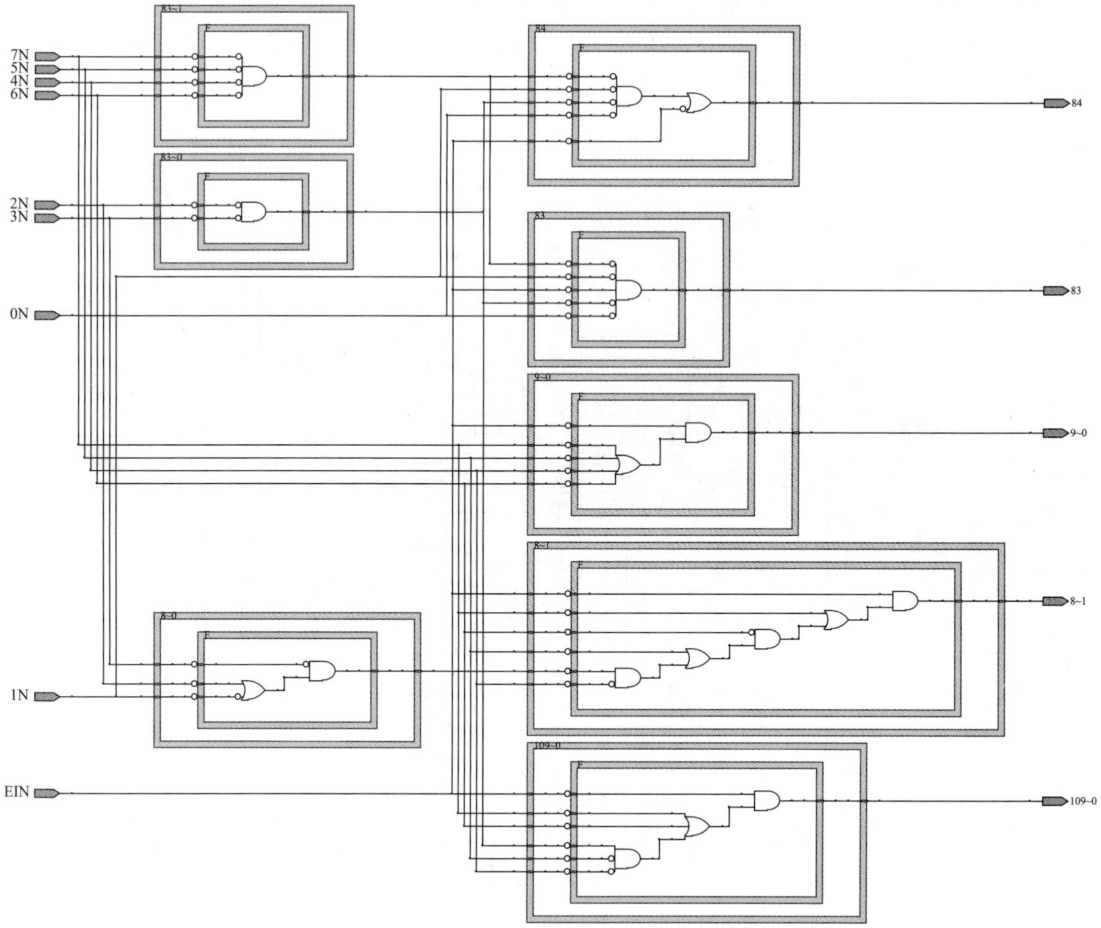

图 3－10　利用逻辑图综合后的结果

按照真值表，用 Verilog HDL 语言实现编码器 74148 的代码如下。使用 if... else 具有优先级的代码来实现 74148 功能，能够很好地符合 74148 真值表中高位具有优先判决的特性。由 if... else 代码实现的 74148 RTL 图如图 3－11 所示。从图中可以看出，if... else 语句的分析结果是一条很长的优先级链，这条优先级链通过选择器来实现。综合后的结果，其占用资源与使用逻辑图建立的模型的综合结果相同，均是占用 8 个 Combinational ALUT。观察综合

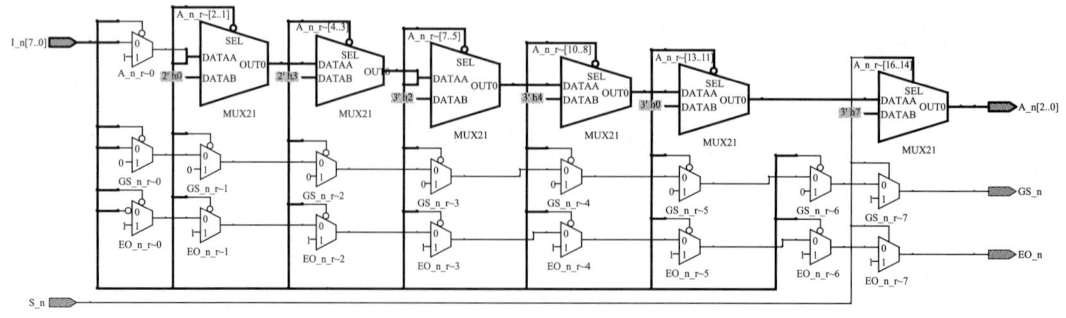

图 3－11　if... else 语句实现 74148 的 RTL 图

后的 Map 图（见图3－12），其基础门电路的使用情况完全相同，只是类型稍微有区别。这说明 Quartus II 9.1 对这种逻辑量电路的优化，能够和手工优化相当。

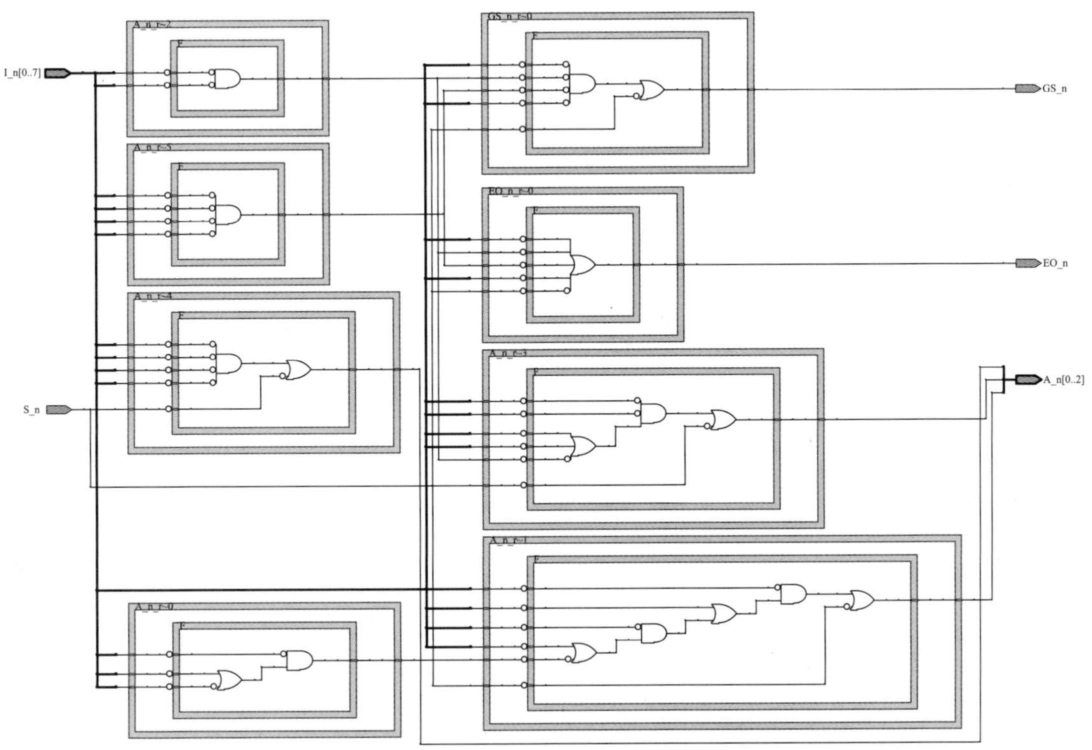

图3－12 if...else 语句实现74148的 Map 图

【例3－7】 用 if...else... 结构实现74148编码器。

```
module LS74148if_v(
   input [7:0] I_n,
   input S_n,
   output [2:0] A_n,
   output EO_n,
   output GS_n
);
   reg [2:0] A_n_r;
   reg EO_n_r;
   reg GS_n_r;
   assign A_n =A_n_r;
   assign EO_n =EO_n_r;
   assign GS_n =GS_n_r;
   always @(* )
      begin
```

```
if(S_n ==1'b1)
   begin
      A_n_r <=3'b111;
      EO_n_r <=1'b1;
      GS_n_r <=1'b1;
   end
else
   begin
      if(I_n[7] ==1'b0)
         begin
            A_n_r <=3'b000;
            EO_n_r <=1'b1;
            GS_n_r <=1'b0;
         end
      else if(I_n[6] ==1'b0)
         begin
            A_n_r <=3'b001;
            EO_n_r <=1'b1;
            GS_n_r <=1'b0;
         end
      else if(I_n[5] ==1'b0)
         begin
            A_n_r <=3'b010;
            EO_n_r <=1'b1;
            GS_n_r <=1'b0;
         end
      else if(I_n[4] ==1'b0)
         begin
            A_n_r <=3'b011;
            EO_n_r <=1'b1;
            GS_n_r <=1'b0;
         end
      else if(I_n[3] ==1'b0)
         begin
            A_n_r <=3'b100;
            EO_n_r <=1'b1;
            GS_n_r <=1'b0;
         end
      else if(I_n[2] ==1'b0)
```

```
                    begin
                        A_n_r <=3'b101;
                        EO_n_r <=1'b1;
                        GS_n_r <=1'b0;
                    end
                else if(I_n[1] ==1'b0)
                    begin
                        A_n_r <=3'b110;
                        EO_n_r <=1'b1;
                        GS_n_r <=1'b0;
                    end
                else if(I_n[0] ==1'b0)
                    begin
                        A_n_r <=3'b111;
                        EO_n_r <=1'b1;
                        GS_n_r <=1'b0;
                    end
                else
                    begin
                        A_n_r <=3'b111;
                        EO_n_r <=1'b0;
                        GS_n_r <=1'b1;
                    end
            end
    end
endmodule
```

使用 case 语句实现 74148 的代码如下。使用 case 语句实现真值表不需要进行任何转换即可实现。其分析后得到的 RTL 图具有并行性，而其综合后占用的资源依然是 8 个 Combinational ALUT。综合后的 Map 图和另外两种情况相似，只是门电路在 ALUT 中的分配不同。

【例 3－8】 用 case 结构实现 74148 编码器。

```
module LS74148if_v(
    input [7:0] I_n,
    input S_n,
    output [2:0] A_n,
    output EO_n,
    output GS_n
);
    reg [2:0] A_n_r;
```

```
reg EO_n_r;
reg GS_n_r;
assign A_n=A_n_r;
assign EO_n=EO_n_r;
assign GS_n=GS_n_r;
always @(* )
    begin
        casex({S_n,I_n})
            9'b1xxxxxxxx:
                begin
                    A_n_r<=3'b111;
                    EO_n_r<=1'b1;
                    GS_n_r<=1'b1;
                end
            9'b011111111:
                begin
                    A_n_r<=3'b111;
                    EO_n_r<=1'b0;
                    GS_n_r<=1'b1;
                end
            9'b0xxxxxxx0:
                begin
                    A_n_r<=3'b000;
                    EO_n_r<=1'b1;
                    GS_n_r<=1'b0;
                end
            9'b0xxxxxx01:
                begin
                    A_n_r<=3'b001;
                    EO_n_r<=1'b1;
                    GS_n_r<=1'b0;
                end
            9'b0xxxxx011:
                begin
                    A_n_r<=3'b010;
                    EO_n_r<=1'b1;
                    GS_n_r<=1'b0;
                end
            9'b0xxxx0111:
```

```
                begin
                    A_n_r<=3'b011;
                    EO_n_r<=1'b1;
                    GS_n_r<=1'b0;
                end
            9'b0xxx01111:
                begin
                    A_n_r<=3'b100;
                    EO_n_r<=1'b1;
                    GS_n_r<=1'b0;
                end
            9'b0xx011111:
                begin
                    A_n_r<=3'b101;
                    EO_n_r<=1'b1;
                    GS_n_r<=1'b0;
                end
            9'b0x0111111:
                begin
                    A_n_r<=3'b110;
                    EO_n_r<=1'b1;
                    GS_n_r<=1'b0;
                end
            9'b001111111:
                begin
                    A_n_r<=3'b111;
                    EO_n_r<=1'b1;
                    GS_n_r<=1'b0;
                end
            default:
                begin
                    A_n_r<=3'b111;
                    EO_n_r<=1'b1;
                    GS_n_r<=1'b1;
                end
        endcase
    end
endmodule
```

if...else 语句与 case 语句的综合结果与综合工具的关系很大，由上面分析可知，并不是所有的 case 语句综合都不带优先级，同样并不是所有的 if... else 语句综合出来的语句都带优先级。一般来说，只要 if... else 语句中的条件是互斥的（因为互斥所以不存在优先级），一般综合结果就是并行且不带优先级的电路。但是如果条件不互斥，对应的电路则带优先级。

3.2.2 译码器

二－十进制译码器的逻辑功能是将输入的 10 个 BCD 码的代码译成 10 个高、低电平输出信号。以译码器 74LS42 为例，其真值表见表 3－2。图 3－13 所示为 Quartus II 自带的 74LS42 译码器模块。

表 3－2 译码器 74LS42 的真值表

序号	输入				输出									
	A_3	A_2	A_1	A_0	Y_0	Y_1	Y_2	Y_3	Y_4	Y_5	Y_6	Y_7	Y_8	Y_9
0	0	0	0	0	0	1	1	1	1	1	1	1	1	1
1	0	0	0	1	1	0	1	1	1	1	1	1	1	1
2	0	0	1	0	1	1	0	1	1	1	1	1	1	1
3	0	0	1	1	1	1	1	0	1	1	1	1	1	1
4	0	1	0	0	1	1	1	1	0	1	1	1	1	1
5	0	1	0	1	1	1	1	1	1	0	1	1	1	1
6	0	1	1	0	1	1	1	1	1	1	0	1	1	1
7	0	1	1	1	1	1	1	1	1	1	1	0	1	1
8	1	0	0	0	1	1	1	1	1	1	1	1	0	1
9	1	0	0	1	1	1	1	1	1	1	1	1	1	0
违法输入	1	0	1	0	1	1	1	1	1	1	1	1	1	1
	1	0	1	1	1	1	1	1	1	1	1	1	1	1
	1	1	0	0	1	1	1	1	1	1	1	1	1	1
	1	1	0	1	1	1	1	1	1	1	1	1	1	1
	1	1	1	0	1	1	1	1	1	1	1	1	1	1
	1	1	1	1	1	1	1	1	1	1	1	1	1	1

根据真值表，编写 case 语句的 Verilog HDL 语言如下所示，其综合后得到的 RTL 图如图 3－14 所示，其使用的 Combinational ALUT 为 10 个。

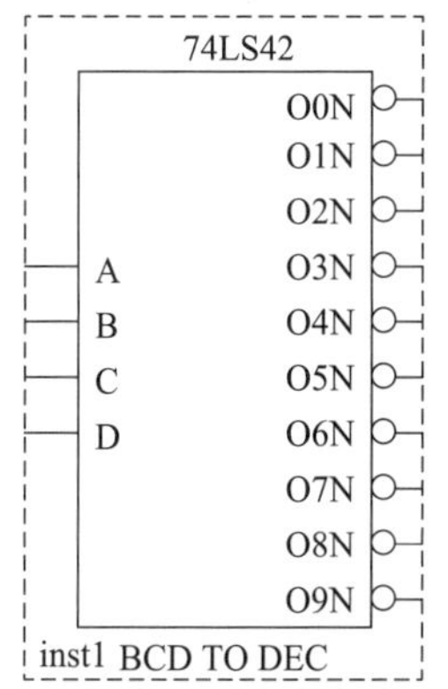

图 3－13　Quartus II 自带的 74LS42 译码器模块

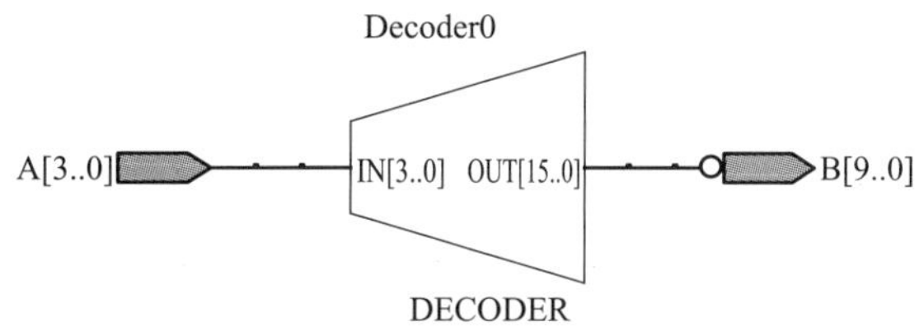

图 3－14　Quartus II 9.1 产生的 74LS42 译码器的 RTL 图

【例 3－9】 74LS42 译码器的实现。

```
module LS7442_v
(
    input [3:0] A,
    output reg [9:0] B
);
    always @(* )
        begin
            case(A)
                4'd0:B <=10'b1111111110;
                4'd1:B <=10'b1111111101;
                4'd2:B <=10'b1111111011;
                4'd3:B <=10'b1111110111;
                4'd4:B <=10'b1111101111;
                4'd5:B <=10'b1111011111;
                4'd6:B <=10'b1110111111;
                4'd7:B <=10'b1101111111;
                4'd8:B <=10'b1011111111;
                4'd9:B <=10'b0111111111;
                default:B <=10'b1111111111;
            endcase
        end
endmodule
```

译码器在 Verilog HDL 代码中多用于解析 case 语句。代码举例如下。这个例子中的 case 语句隐含了译码器的功能。当编译器对 case 的第一条分支代码进行分析时，可得到 if（A == 4'b0000），则 O[0] <= B[0]。在时序电路中，A == 4'b0000 成为寄存器 O[0] 的使能信

号。这个例子中 case 分支语句由多位宽信号产生了一个位宽的信号，它隐含了译码器的基本功能。代码对应的 RTL 图如图 3－15 所示。

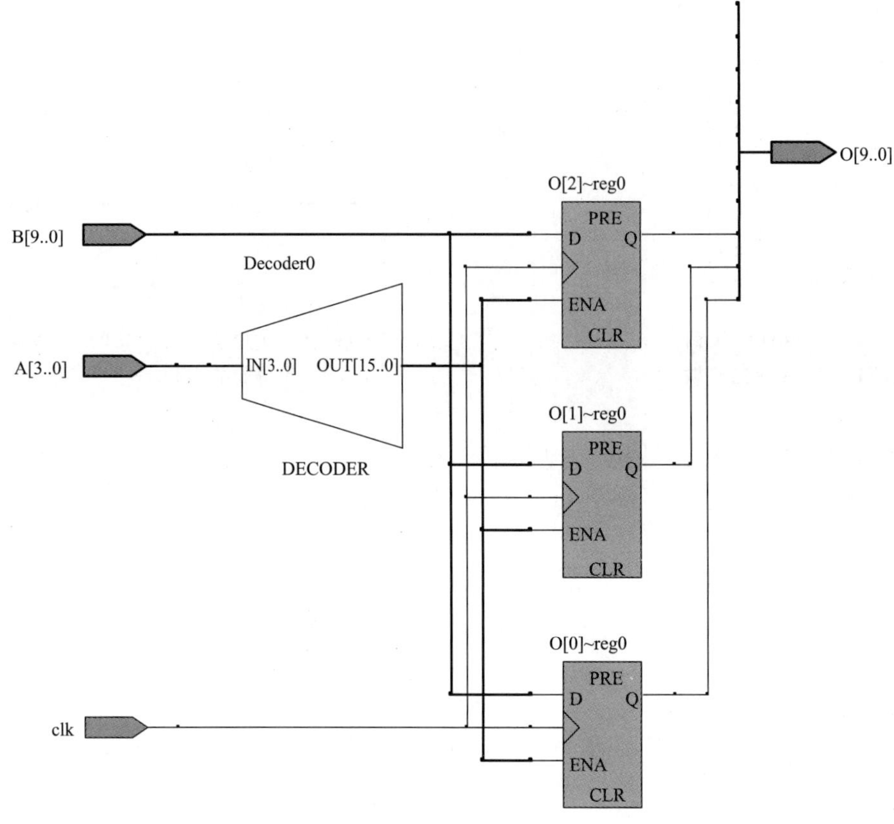

图 3－15　Verilog HDL 语言中隐含的译码器

【例 3－10】 74LS42 译码器用于解析 case 语句。

```
module use7442
(
    input clk,
    input [3:0] A,
    input [9:0] B,
    output reg [9:0] O
);
    always @(posedge clk)
        begin
            case(A)
                4'd0:O[0] <=B[0];
                4'd1:O[1] <=B[1];
                4'd2:O[2] <=B[2];
                4'd3:O[3] <=B[3];
```

```
                4'd4:O[4]<=B[4];
                4'd5:O[5]<=B[5];
                4'd6:O[6]<=B[6];
                4'd7:O[7]<=B[7];
                4'd8:O[8]<=B[8];
                4'd9:O[9]<=B[9];
                default:;
            endcase
        end
endmodule
```

3.2.3 多路选择器

多路选择器（Multiplexer）简称多路器，它是一个多输入、单输出的组合逻辑电路，在数字系统中有着广泛的应用。它可以根据地址码的不同，从多个输入数据中选取一个，让其输出到公共的输出端。在算法电路的实现中多路器常用来根据地址码以调度数据。我们可以很容易地写出一个有两位地址码，从四组输入信号中选出一组通过公共输出端输出的功能表。

表3-3 二输入数据选择器的真值表

输入						输出
A_1	A_0	D_3	D_2	D_1	D_0	Y_0
0	0	×	×	×	×	D_0
0	1	×	×	×	×	D_1
1	0	×	×	×	×	D_2
1	1	×	×	×	×	D_3

表3-3中，输出 Y_0 的值是根据地址变量 A[1：0] 来选择输入 D[3：0] 中的某一位得到的，实现了多路数据选择输出的功能。

用 Verilog HDL 来设计多路选择器电路很容易。下面是带使能控制信号且数据位宽可以由用户定义的八路数据选择器模块。

【例3-11】 八路数据选择器举例。

```
module Mux_8_v
#(
    parameter WIDTH=4
)
(
    input [2:0] Addr_in,
    input [WIDTH-1:0] D0_in,D1_in,D2_in,D3_in,D4_in,
                      D5_in,D6_in,D7_in,
```

```
    input nCS_in,
    output reg[WIDTH-1:0] Mout
);

always @(Addr_in or D0_in or D1_in or D2_in or D3_in or D4_in or
            D5_in or D6_in or D7_in or nCS_in)
    begin
        if(!nCS_in)
            case(Addr_in)
                3'b000:Mout = D0_in;
                3'b001:Mout = D1_in;
                3'b010:Mout = D2_in;
                3'b011:Mout = D3_in;
                3'b100:Mout = D4_in;
                3'b101:Mout = D5_in;
                3'b110:Mout = D6_in;
                3'b111:Mout = D7_in;
            endcase
        else
            Mout = {WIDTH{1'b0}};
    end
endmodule
```

综合工具能自动把以上源代码综合成一个数据位宽为 8 的八选一数据多路器。如果在实例引用时分别改变参数 WIDTH 值为 16 和 32，综合工具就能自动把以上源代码分别综合成数据宽度为 16 位和 32 位的八选一数据多路器。图 3－16 所示是位宽 WIDTH 值为 4 时的 RTL 图。

3.2.4 比较器

数值大小比较逻辑在计算逻辑中是常用的一种逻辑电路，一位二进制数的比较是它的基础。下面列出了一位二进制数比较电路的真值表，见表 3－4。

表 3－4 二输入比较器的真值表

输入		输出					
X	Y	$F_{(X>Y)}$	$F_{(X\geqslant Y)}$	$F_{(X=Y)}$	$F_{(X\leqslant Y)}$	$F_{(X<Y)}$	$F_{(X!=Y)}$
0	0	0	1	1	1	0	0
0	1	0	0	0	1	1	1
1	0	1	1	0	1	0	1
1	1	0	1	1	1	0	0

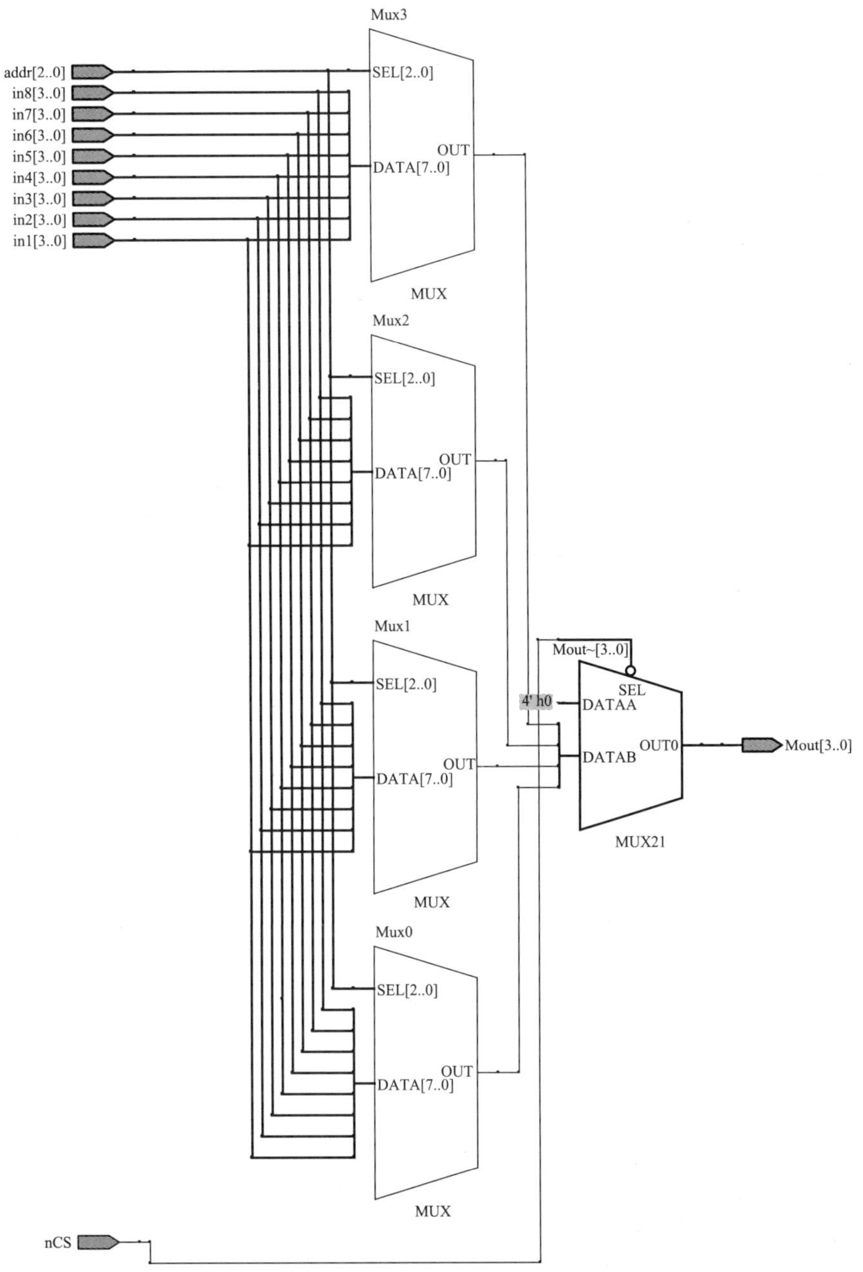

图 3－16　数据选择器 RTL 图

从真值表很容易写出一位二进制数比较电路的布尔表达式如下：

$$F_{(X>Y)} = X\overline{Y}$$

$$F_{(X<Y)} = \overline{X}Y$$

$$F_{(X=Y)} = \overline{X}\,\overline{Y} + XY$$

也很容易画出逻辑图。

位数较多的二进制数比较电路比较复杂，经常使用 7485 型 4 位数字比较器来构成位数较多的二进制数比较电路，如8位、16位、24位、32位的比较器。

用Verilog HDL来设计比较电路很方便。下面就是一个位数可以由用户定义的比较电路模块。

【例3-12】 比较器举例。

```
module compare_n
#(
    parameter WIDTH =8
)
(
    input [WIDTH -1:0] X_in,Y_in,
    output reg XGY_out,XSY_out,XEY_out
);
    always @(X_in or Y_in)        //每当 X 或 Y 变化时
        begin
            if(X_in ==Y_in)
                XEY_out =1;          //设置 X 等于 Y 的信号为 1
            else
                XEY_out =0;

            if(X_in >Y_in)
                XGY_out =1;          //设置 X 大于 Y 的信号为 1
            else
                XGY_out =0;

            if(X_in <Y_in)
                XSY_out =1;          //设置 X 小于 Y 的信号为 1
            else
                XSY_out =0;
        end
endmodule
```

综合工具能自动把以上源代码综合成一个8位比较器。如果在实例引用时分别改变参数WIDTH值为16和32，综合工具就能自动把以上源代码分别综合成16位和32位的比较器。上述代码对应的RTL图如图3-17所示。

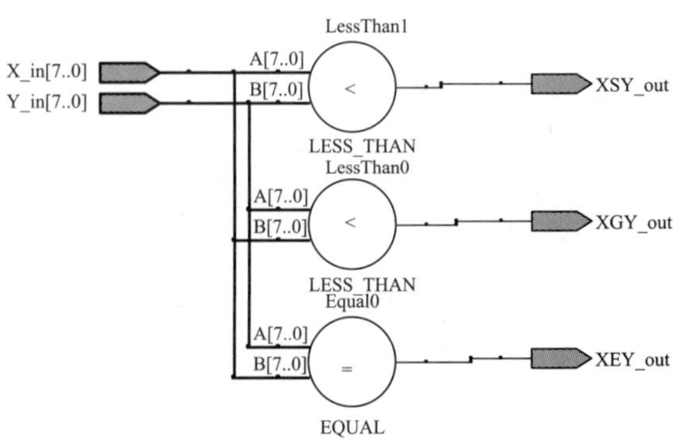

图3-17 比较器RTL图

以脉冲发生器为例，说明比较器与Verilog HDL代码的对应关系。下面的一段代码语句“Count <(PERIOD -1)”映射成了一个比较器，图3-18为代码对应的RTL图。

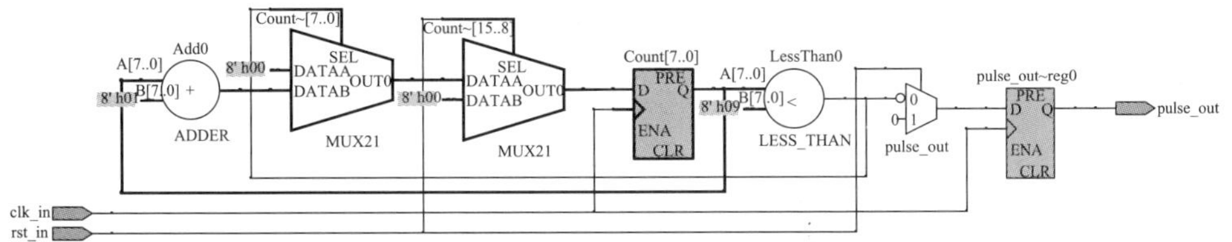

图 3－18　比较器与 Verilog HDL 代码的映射关系

【例 3－13】 比较器的应用。

```
module PulseGen    //Verilog_test
#(
   parameter PERIOD =10)
(
   input clk_in,
   input rst_in,
   output reg pulse_out
);
   localparam WIDTH =8;
   reg [WIDTH -1:0] Count;
   always @(posedge clk_in)
      begin
         if(rst_in)
            begin
               Count <=0;
               pulse_out <=1'b0;
            end
         else
            begin
               if(Count <(PERIOD -1))
                  begin
                     Count <=Count +1;
                     pulse_out <=1'b0;
                  end
               else
                  begin
                     Count <=0;
                     pulse_out <=1'b1;
                  end
            end
      end
endmodule
```

3.2.5 加法器

在数字电路课程里学习过一位的加法电路，即全加器。它的真值表很容易写出，电路结构也很简单，仅由几个与门和非门组成。表 3-5 为加法器的真值表。

表 3-5 加法器的真值表

输入			输出	
X_i	Y_i	C_{i-1}	S_i	C_i
0	0	0	0	0
0	0	1	1	0
0	1	0	1	0
0	1	1	0	1
1	0	0	1	0
1	0	1	0	1
1	1	0	0	1
1	1	1	1	1

表中 A、B 表示两个加数，S 表示和，C_{i-1} 表示来自低位的进位，C_i 表示向高位的进位。从真值表很容易化简出逻辑表达式如下：

$$C_i = X_i Y_i + Y_i C_{i-1} + X_i C_{i-1}$$

$$S_i = X_i\overline{C_i} + Y_i\overline{C_i} + C_{i-1}\overline{C_i} + X_i Y_i C_{i-1}$$

全加器和 S_i 的表达式也可以表示为

$$S_i = P_i \oplus C_i，其中\ P_i = X_i \oplus Y_i$$

$$C_i = P_i \cdot C_{i-1} + G_i，其中\ G_i = X_i \cdot Y_i$$

用 Verilog HDL 来描述加法器是相当容易的，只需要把运算表达式写出就可以了。

【例 3-14】 加法器设计举例。

```
module Adder
#(
    parameter WIDTH = 4)
(
    input [WIDTH -1:0] X_in,
    input [WIDTH -1:0] Y_in,
    output [WIDTH -1:0] Sum_out,
    output c_out
);
    assign{c_out,Sum_out} = X_in + Y_in;
endmodule
```

在图 3-19 中，可以发现生成的 RTL 图中，综合器为加法器的两个输入自动在高位补充了 1 位 0，这是由于加法器的输出 {c_out，Sum_out} 为 5 位，所以综合器综

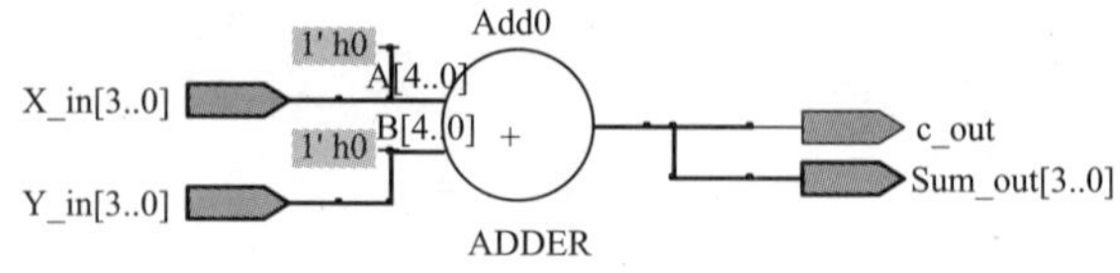

图 3-19 加法器的 RTL 图

合成的加法器的输入输出位宽都是 5 位，由于 X_in、Y_in 的位宽都是 4 位，所以自动为其补充 1 位 0。在现代数字电路设计工具，如 Quartus 和 ISE 中，都集成了加法器 IP 核，可生成性能、资源可配置的加法器，设计者可根据需要灵活使用。

【例 3-15】 在 Quartus II 9.1 中利用 IP 核实现加法运算。

（1）添加加法器 IP 核。

①在 Quartus 开发环境主界面中单击 “Tools”→“MegeWizard Plug_ In Manager…” 命令，弹出如图 3-20 所示对话框。

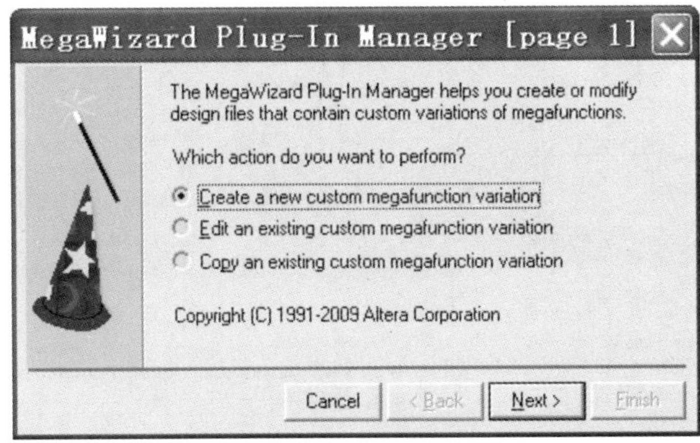

图 3-20　添加加法器 IP 核界面 1

②在图 3-20 中选择 “Create a new custom megafunction variation” 项，单击 “NEXT” 按钮，弹出如图 3-21 所示对话框。

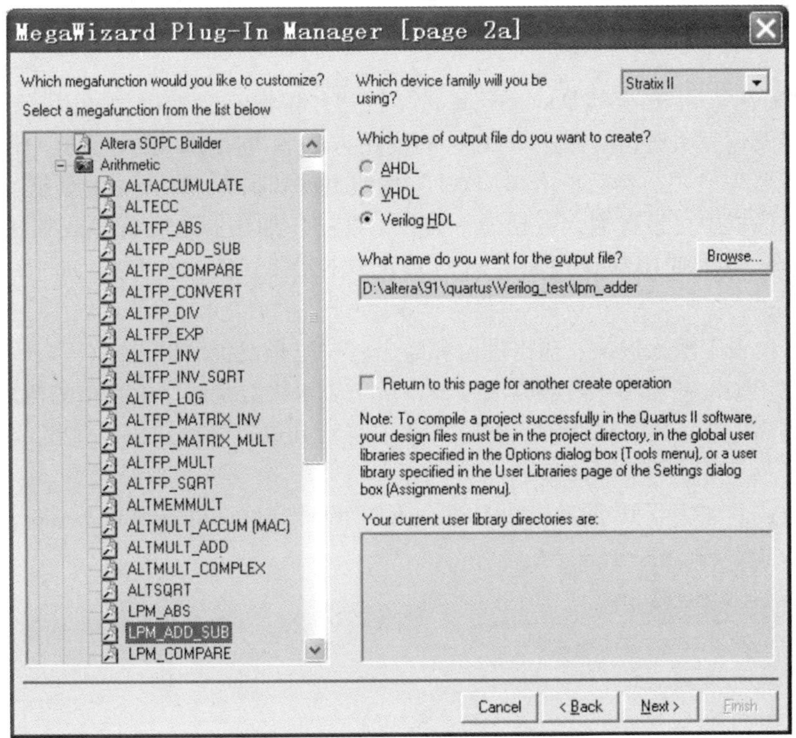

图 3-21　添加加法器 IP 核界面 2

③在图 3－21 左侧选择“Arithmetic”→“LPM_ ADD_ SUB”项，在右侧输入 IP 核保存路径及文件名，单击“NEXT”按钮，弹出如图 3－22 所示对话框。

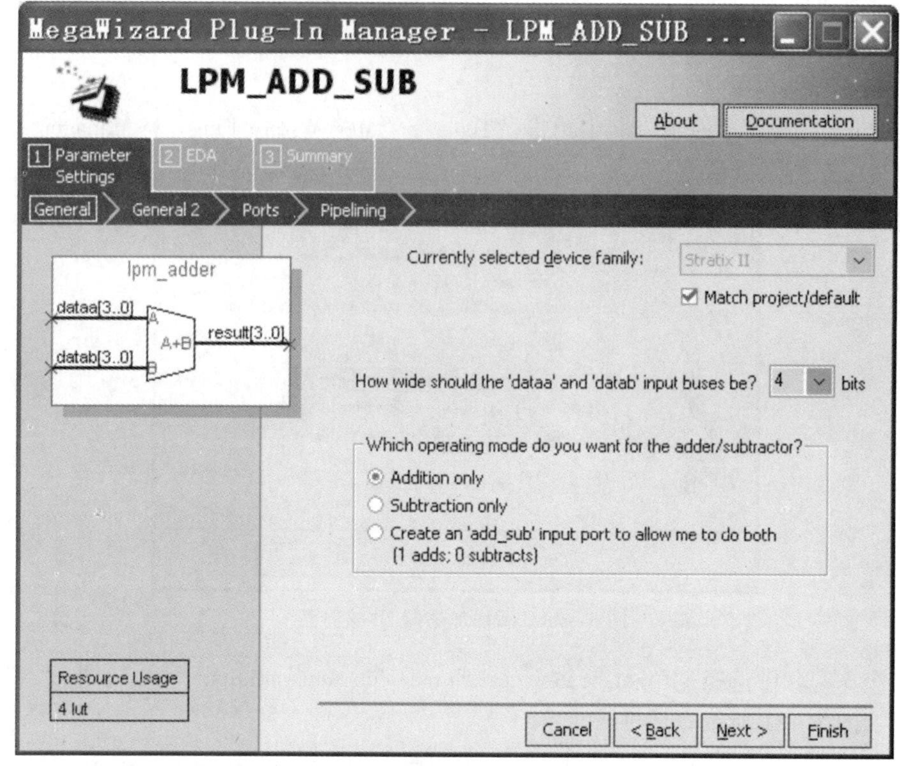

图 3－22　添加加法器 IP 核界面 3

④在此对话框右上角有“Documentation”按钮，单击它会弹出这一 IP 核的数据手册，设计者一定要阅读完手册，掌握这一 IP 核的使用方法后再使用；在对话框中部可设置数据位宽，这里设置为“4”，然后单击“NEXT”按钮出现如图 3－23 所示对话框。

⑤在此对话框中可设置输入数据为常数，以及这一加法器是有符号数加法器或者是无符号数加法器，这里使用默认设置，然后单击“NEXT”按钮，弹出如图 3－24 所示对话框。

⑥这一步可设置输入进位、输出进位和溢出，这里只设置输出进位。

⑦这一步用来设置加法器内部流水级数，所谓流水级数是时序电路中的概念，适当设计流水级数可提高电路可靠工作时钟，在第 4 章中将对其进行详细讲解。这里选择默认设置，如图 3－25 所示。

⑧打开生成的加法器 IP 核对应的 Verilog HDL 设计文件，可看到其 Verilog HDL 代码：

```
//synopsys translate_off
timescale 1 ps/1 ps
//synopsys translate_on
module lpm_adder(
 dataa,
 datab,
```

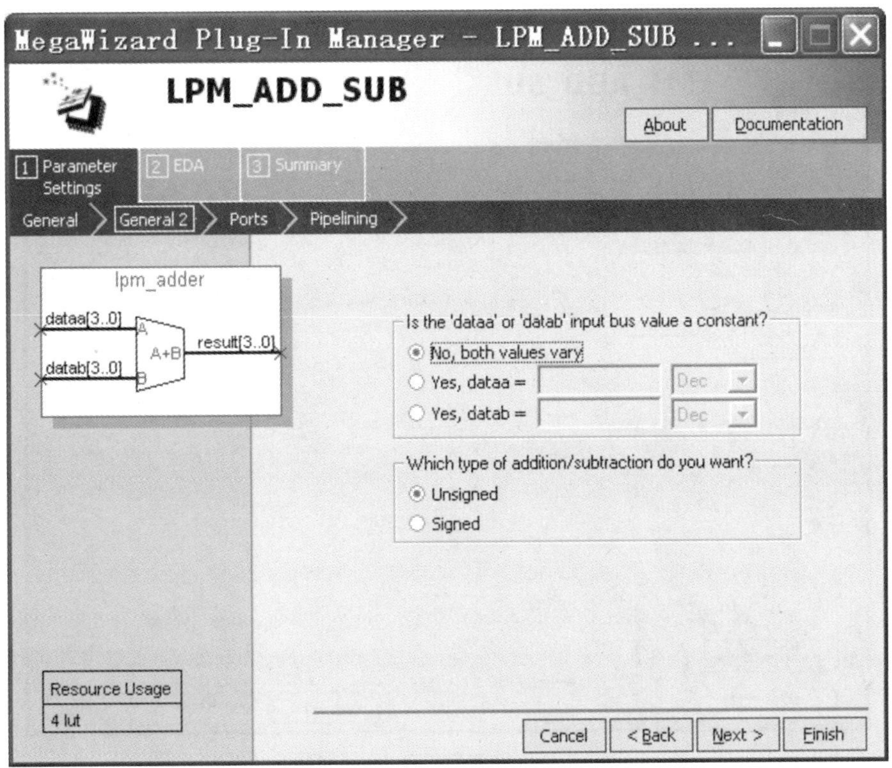

图 3-23　添加加法器 IP 核界面 4

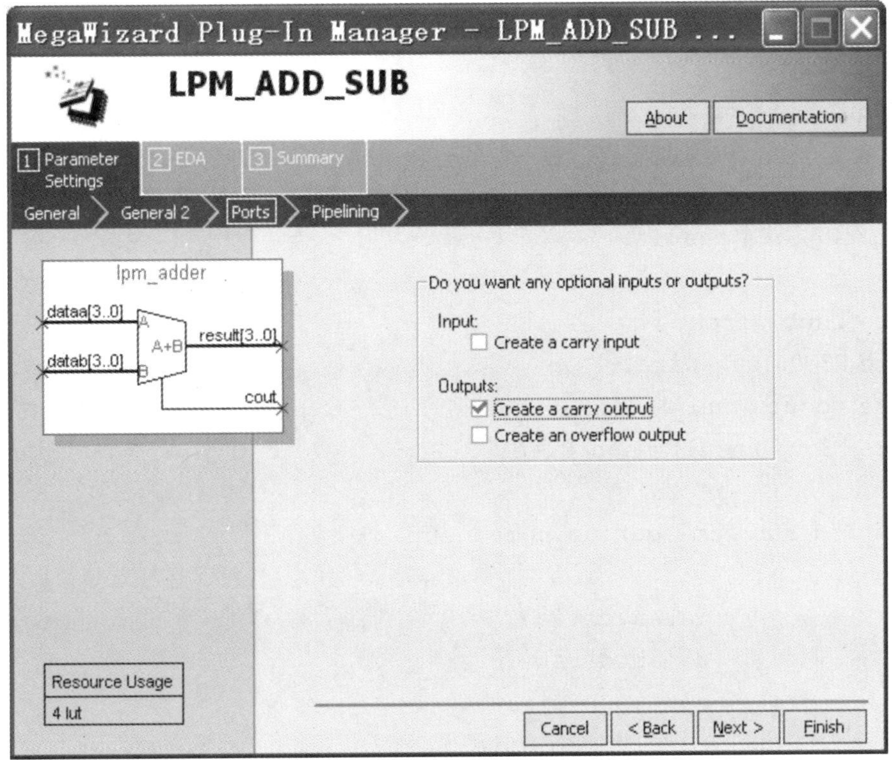

图 3-24　添加加法器 IP 核界面 5

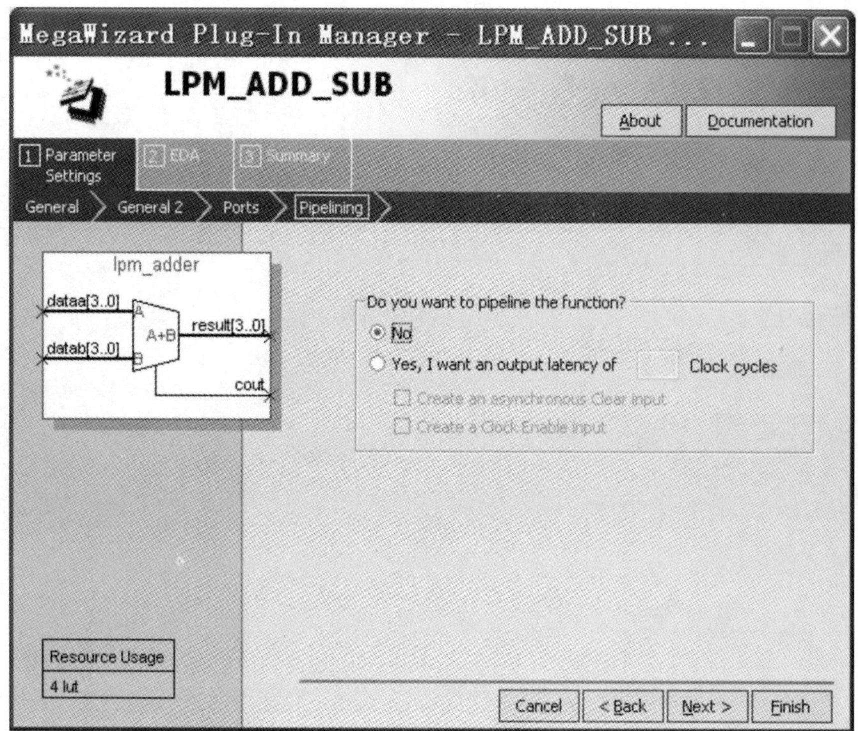

图 3-25 添加加法器 IP 核界面 6

```
cout,
result);

input [3:0] dataa;
input [3:0] datab;
output cout;
output [3:0] result;

wire  sub_wire0;
wire [3:0] sub_wire1;
wire  cout = sub_wire0;
wire [3:0] result = sub_wire1[3:0];

lpm_add_sub lpm_add_sub_component
          (
            .dataa(dataa),
            .datab(datab),
            .cout(sub_wire0),
            .result(sub_wire1),
            // synopsys translate_off
```

```
                .aclr(    ),
                .add_sub(    ),
                .cin(    ),
                .clken(    ),
                .clock(    ),
                .overflow(    )
                //synopsys translate_on
                );
 defparam
      lpm_add_sub_component.lpm_direction = "ADD",
      lpm_add_sub_component.lpm_hint = "ONE_INPUT_IS_CONSTANT = NO,
      CIN_USED = NO",
      lpm_add_sub_component.lpm_representation = "UNSIGNED",
      lpm_add_sub_component.lpm_type = "LPM_ADD_SUB",
      lpm_add_sub_component.lpm_width = 4;
 endmodule
```

（2）调用加法器 IP 核进行加法运算。

```
module Adder_IP
#(
   parameter WIDTH = 4)
(
   input [WIDTH -1:0] X_in,
   input [WIDTH -1:0] Y_in,
   output [WIDTH -1:0] Sum_out,
   output c_out
);

   lpm_adder adder4bits
(
    .dataa(X_in),
    .datab(Y_in),
    .cout(c_out),
    .result(Sum_out)
);
endmodule
```

查看上述代码对应的 RTL 图，可以发现与【例 3 - 14】对应的 RTL 图一样。

3.2.6 乘法器

同加法器类似，用 Verilog HDL 来描述乘法器只需要把运算表达式写出来就可以了。

【例 3-16】 乘法器设计举例。

```
module Multiplier
#(
    parameter WIDTH =4)
(
    input [WIDTH -1:0] X_in,
    input [WIDTH -1:0] Y_in,
    output [2* WIDTH -1:0] Multi_out
);
    assign Multi_out =X_in *  Y_in;
endmodule
```

其对应的 RTL 图如图 3-26 所示。

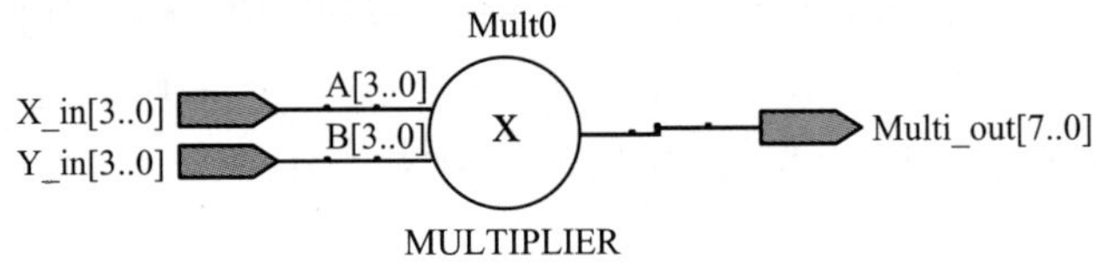

图 3-26 乘法器的 RTL 图

同样地，乘法器也有对应的 IP 核，设计中可以通过调用乘法器 IP 核来实现乘法运算，其方法与加法器的调用类似，这里不再举例说明。

需要注意的是，乘法器电路通常比较复杂，特别是当数据位数较大时，组合电路将很庞大，会导致电路运算速度较慢，性能下降。所以，在工程实践中，很少利用乘法运算符“*”来设计乘法运算，通常是调用 IP 核来实现，并设计适当的流水级数以保证电路性能。

3.3 组合电路 Verilog HDL 设计技巧

在设计过程中，经常遇到速度或面积问题：在功能基本正确之后，设计要么速度不满足要求，要么面积太大，或者两者都不满足设计要求，经常在速度和面积上花费大量的时间。本节着重从速度和面积角度出发，考虑如何编写代码或设计电路，以获得最佳的效果。一般来说，有些方法是以牺牲面积来换取速度，而有些方法是以牺牲速度来换取面积，也有些方法可同时获得速度和面积的好处。具体如何操作，应当依据实际情况而定。

在处理速度与面积问题上的一个原则是向关键路径（部分）要时间，向非关键路径（部分）要面积。为了获得更高的速度，应当尽量减少关键路径上的 LUT 级数，尽量压缩线延时；为了获得更小的面积，在非关键路径（部分）上尽量优化电路结构，压缩面积。

需要注意的是：由于数字电路设计工具的发展，本节提到的一些设计技巧可以由工具代劳，不过在一些复杂电路设计中工具可能还无能为力。因此提供这些设计技巧，希望能够在系统设计中获取一些问题的解决方法。

3.3.1　合理选择加法电路

1. 串行进位与超前进位

改变赋值语句的顺序和使用信号或变量可以控制设计的结构。每一个 Verilog HDL 信号赋值、阻塞与非阻塞赋值都对应着特定的逻辑。每个信号代表一条信号线。使用这些结构，能将不同的实体连接起来，实现不同的结构。下面的实例为加法器的进位链电路的两种可能的描述。

【例3-17】 串行进位链举例（见图3-27）。

```
assign C0 =(A0 & B0) |((A0 |B0)& Cin);
assign C1 =(A1 & B1) |((A1 |B1)& C0);
```

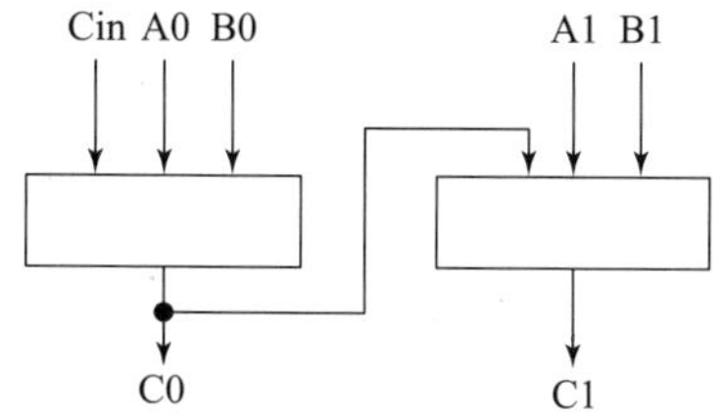

图3-27　串行进位

【例3-18】 超前进位链、并行结构举例（见图3-28）。

```
assign p0 =A0 | B0;
assign g0 =A0 & B0;
assign p1 =A1 | B1;
assign g1 =A1 & B1;
assign C0 =g0 | (p0 & Cin);
assign C1 =g1 | (p1 & g0) | (p1 & p0 & Cin);
```

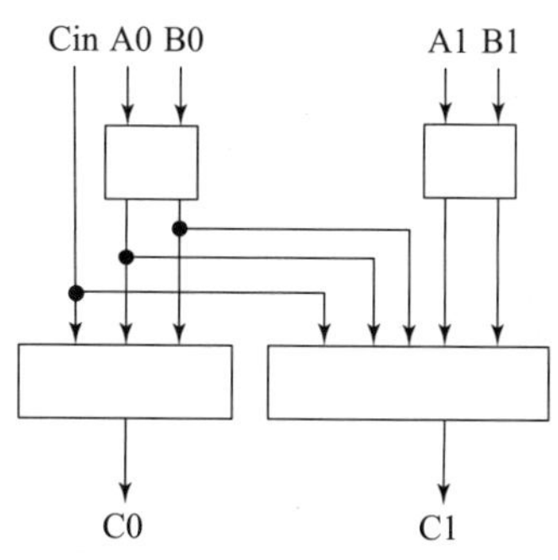

图3-28　超前进位

显然，第二种方法速度快，但面积大；第一种方法速度慢，但面积小。FPGA 结构中本身含有进位链结构，从其实现结构来看，应当是第一种方式。由于进位链是 FPGA 的专有资源，因此其实现速度比一般的串行进位快多了。

2. 使用圆括号处理多个加法器

控制设计结构的另一种方法是使用圆括号来定义逻辑分组。下面的例子描述了一个四输入的加法器分组及其实现结果。

【例 3－19】 串行加法举例（见图 3－29）。

```
assign Z =A +B +C +D;
```

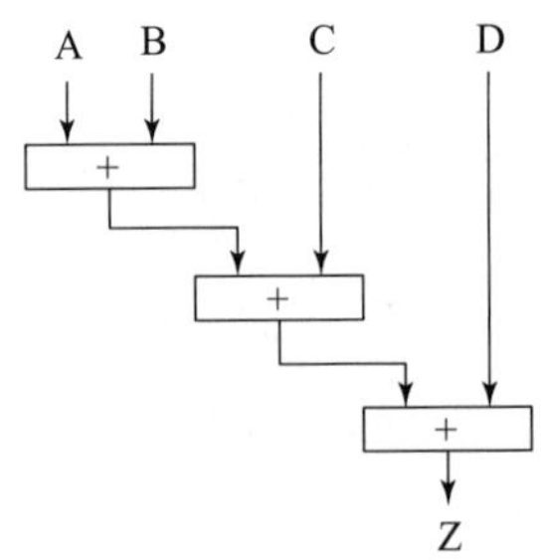

图 3－29 串行加法电路

用圆括号重新构造的加法器分组如下所示。

【例 3－20】 并行加法举例（见图 3－30）。

```
assign Z =(A +B) +(C +D);
```

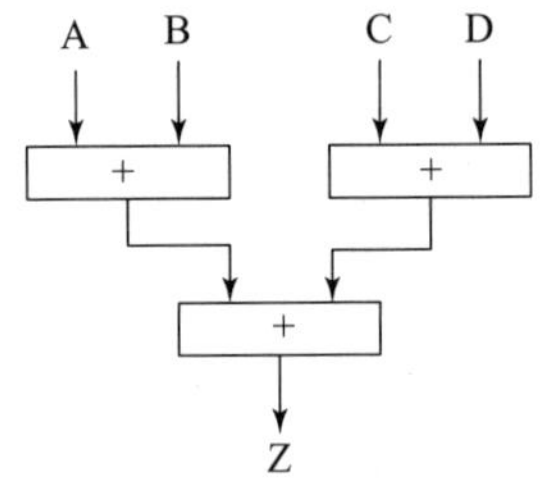

图 3－30 并行加法电路

上述两种方法在速度和面积上的区别是：

第一种方法（不带括号）面积小，但整体速度慢，但是，如果信号 D 是关键路径，其他信号是非关键路径，或者设计中关键路径与 A、B、C、D 无关，则应当采用这种方法。

第二种方法（带括号）面积大，但整体速度快。如果对 A、B、C、D 的时序要求都比较苛刻，应当采用这种方法。

3.3.2 减少关键路径的逻辑级数

在 FPGA 中关键路径（Critical Path）上的每一级逻辑都会增加延时。为了保证能满足时间约束，就必须在对设计的行为进行描述时考虑逻辑的级数。减少关键路径延时的常用方法是给最迟到达的信号最高的优先级，这样能减少关键路径的逻辑级数。下面的实例描述了如何减少关键路径上的逻辑级数（注：前面提到的串行加法器也是一个案例）的方法。

1. 通过等效电路，赋予关键路径最高优先级

【例 3－21】 关键路径优化前程序。

```
always @(posedge clk)
    if(non_critical ==1'b1 && critical ==1'b1)
       out1 <=in1;
```

```
    else
        out1 <= in2;
```

此例中 critical 信号经过了2级逻辑，如图3－31所示。

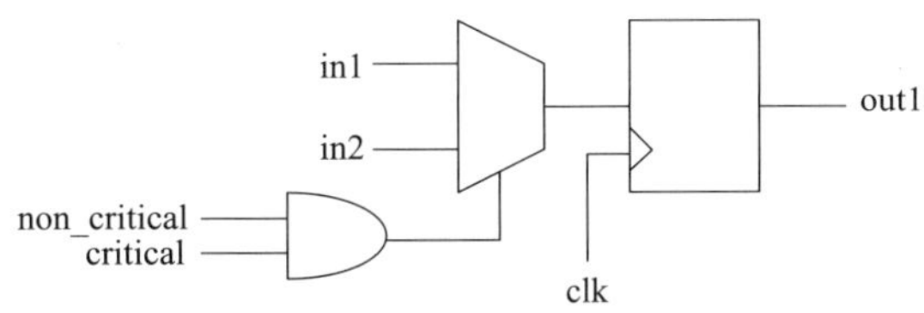

图3－31　critical 信号经过2级逻辑

为了减少 critical 路径的逻辑级数，将电路修改如下，使 critical 信号只经过了一级逻辑，如图3－32所示。

【**例3－22**】　关键路径优化后程序。

```
always @(non_critical or in1 or in2)
    if(non_critical ==1'b1)
        out_temp <= in1;
    else
        out_temp <= in2;
always @(posedge clk)
    if(critical ==1'b1)
        out1 <= out_temp;
    else
        out1 <= in2;
```

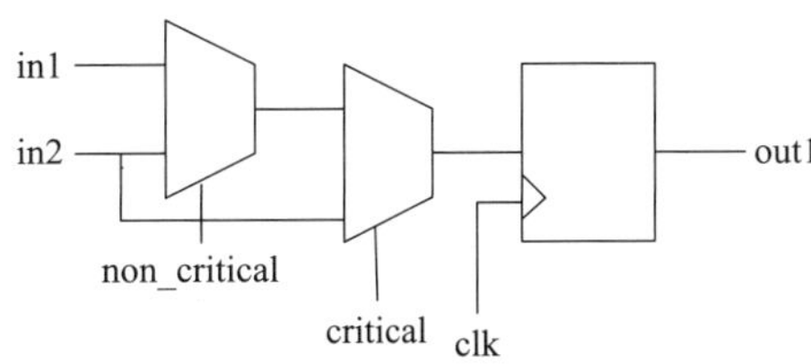

图3－32　critical 信号只经过1级逻辑

注意：上述电路对 FPGA 而言基本没什么影响（四输入 LUT 的特点），但对 ASIC 而言，却可行。

2. 调整 if 语句中条件的先后次序

设计者习惯用 if 语句来描述电路功能，即便是在没有优先级的电路中，也采用有优先级概念的 if 语句来描述。

【**例3－23**】　优化前 if 语句程序。

```
if 条件1
    do action1
else if 条件2
    do action2
```

```
else if 条件 3
    do action3
```

在实际情况中，如果条件 1、条件 2、条件 3 不可能同时成立，则上述 if 语句无所谓谁优先。如果假定条件 3 所涉及的信号穿过的路径比较多，是关键路径，则上述写法会使设计更遭，应当改成【例 3-24】所示程序。

【例 3-24】 优化后 if 语句程序。

```
if 条件 3
    do action3
else if 条件 1
    do action1
else if 条件 2
    do action2
```

3.3.3 合并 if 语句提高设计速度

前面提到，设计者习惯用 if 语句来描述电路功能，即便是在没有优先级的电路中，也采用有优先级概念的 if 语句来描述。

【例 3-25】 合并优化前 if 语句程序。

```
if 条件 1
  信号置 1
else if 条件 2
  信号置 0
else if 条件 3
  信号置 1
else if 条件 4
  信号置 0
```

如果上述条件没有优先级，则为了获得更高设计速度，建议合并 if 语句中各条件。

【例 3-26】 合并优化后 if 语句程序。

```
if(条件 1 || 条件 3)
  信号置 1
else if(条件 2 || 条件 4)
  信号置 0
```

3.3.4 资源共享

1. if 语句的资源共享

资源共享能够减少 Verilog HDL 设计所用逻辑模块的数量。否则，每个 Verilog HDL 描述都要建立一套独立的电路。下面的实例说明如何使用资源共享来减少逻辑模块的数量。

【例 3-27】 没有资源共享时用了 4 个加法器完成。

```
if(...(siz ==4'b0001)...)
    count <= count +4'b0001;
```

```
else if(...(siz ==4'b0010)...)
    count <=count +4'b0010;
else if(...(siz ==4'b0011)...)
    count <=count +4'b0011;
else if(...(siz ==4'b0000)...)
    count <=count +4'b0100;
```

【例 3－28】 利用资源共享，采用下面的代码，可以节省 2 个加法器。

```
if(...(siz ==4'b0000)...)
    count <=count +4'b0010;
else if(...)
    count <=count +siz;
```

【例 3－29】 没有利用资源共享时用了 2 个加法器实现（见图 3－33）。

```
if(sel ==1'b1)
    sum <=A +B;
else
    sum <=C +D;
```

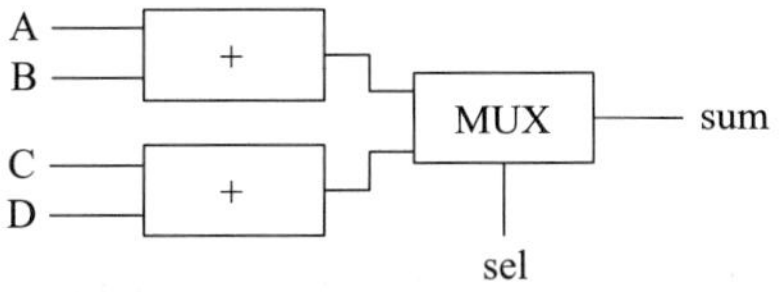

图 3－33　资源共享前用 2 个加法器实现

加法器要占用宝贵的资源。利用资源共享，修改代码如下，只用 2 个选择器和 1 个加法器实现，减少了资源占用。

【例 3－30】 利用资源共享，减少了资源占用（见图 3－34）。

```
if(sel ==1'b1)
    begin
        temp1 <=A;
        temp2 <=B;
    end
else
```

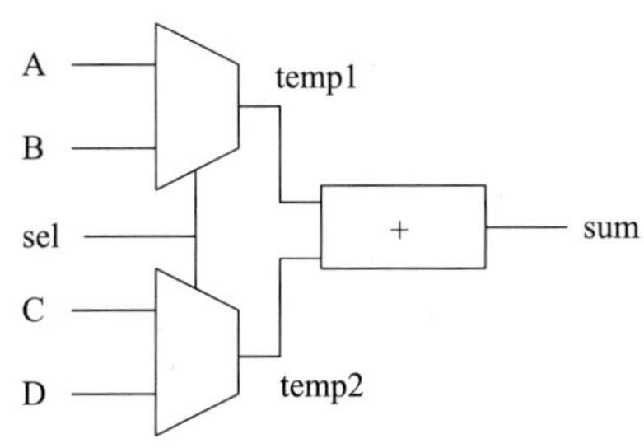

图 3－34　资源共享后用 1 个加法器实现

```
    begin
        temp1 <=C;
        temp2 <=D;
    end
sum <=temp1 +temp2;
```

2. for 语句的资源共享

与选择器相比，运算符占用更多的资源。如果在循环语句中有一个运算符，综合工具必须对所有的条件求值。下面的例子中，综合工具用 4 个加法器和一个选择器实现，如图 3 - 35 所示。只有当 req 信号为关键信号时，才建议采用这种方法。

【例 3 - 31】 优化前的 for 语句举例。

```
for(i =0;i <4;i =i +1)
    if(req[i] ==1'b1)
        sum <=vsum +offset[i];
```

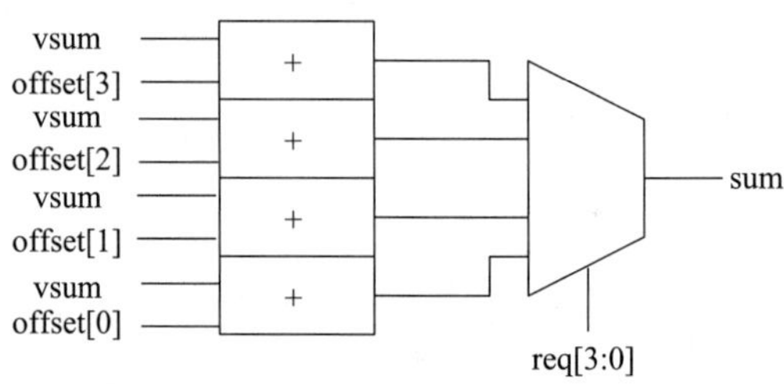

图 3 - 35　资源共享前用 4 个加法器实现

如果 req 信号不是关键信号，运算符应当移到循环语句的外部，这样在执行加法运算前，综合工具可以对数据信号进行选择。修改代码如下，用一个多路选择器和一个加法器即可实现，如图 3 - 36 所示。

【例 3 - 32】 优化后的 for 语句举例。

```
for(i =0;i <4;i =i +1)
    if(req[i] ==1'b1)
        offset_1 <=offset[i];
sum <=vsum +offset_1;
```

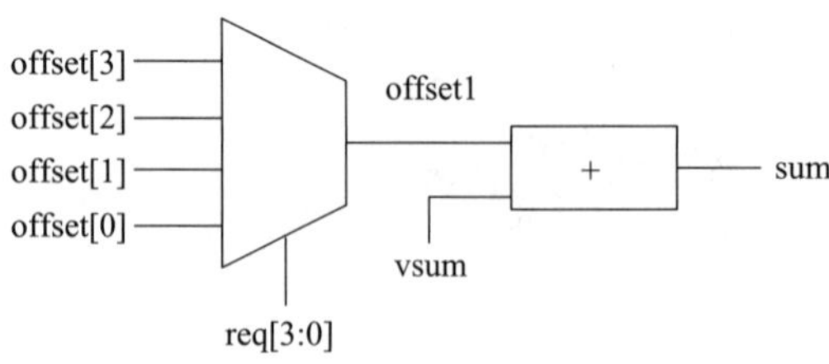

图 3 - 36　资源共享后用 1 个加法器实现

3. 子表达式共享

一个表达式中子表达式包含 2 个或更多的变量。如果相同的子表达式在多个等式中出现，应共享这些运算，减少电路的面积。通过声明一个临时变量存储子表达式，然后在任何需要重复使用这个子表达式的地方用临时变量代替。

【例 3－33】 用相同的子表达式完成简单的加法运算。

```
temp <=a +b;
x <=temp;
y <=temp +c;
```

4. 综合工具与资源共享

通过设置 FPGA CompilerⅡ/FPGA Express 的相应选项（缺省为共享），可以让综合工具自动决定是否要共享相同的子表达式，而不需要声明一个临时变量存储子表达式。

但是综合工具对共享的代码编写规则有限制，具体如下：

①可共享的操作符为 ＊、＋、－、＞、＜、＞=、＜=；

②子表达式具有相同位置。

【例 3－34】 综合工具自动资源共享举例 1。

```
sum1 <=A +B +C;
sum2 <=D +A +B;
sum3 <=E +(A +B);
```

例中，sum1 和 sum3 可共享（A + B），但与 sum2 不共享，原因是表达式的计算是从左到右的。

③必须在同一 always 中，并且是在同一条件下控制。

【例 3－35】 综合工具自动资源共享举例 2。

```
if(cond1 ==...)
    S1 <=A +B;
else if(cond2...)
    S2 <=E +F;
else
    S3 <=G +H;
```

例中，S2 和 S3 可共享一个加法器，但与 S1 不可共享。

为了使代码更加具备通用性和可移植性，最好尽量自行编写共享资源代码。尤其是在进行 ASIC 设计时，所采用的综合工具在 FPGA 阶段和转 ASIC 阶段可能不同。

3.3.5　利用电路的等价性巧妙地“分配”延时

在功能等价的情况下，可以根据时序需要，安排组合逻辑电路在寄存器前后的位置，合理分配延时。

例如组合逻辑在寄存器之后，假定 a、b 信号的延时非常大，则使用如图 3－37 所示电路。

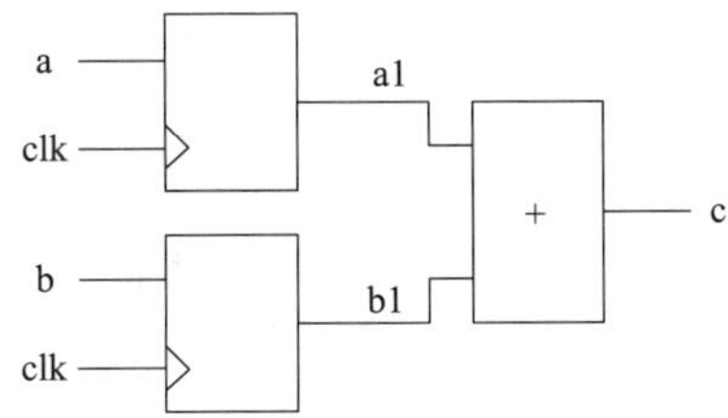

图 3－37　组合逻辑（加法器）在后

例如组合逻辑放在寄存器之前，如果 a、b 信号的延时并不大，而寄存器 c 信号经过的逻辑比较多，延时大，则使用如图 3－38 所示电路。

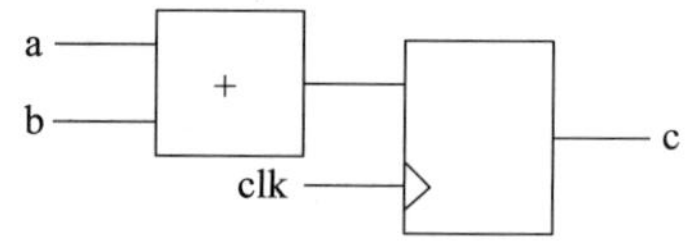

图 3－38　组合逻辑（加法器）在前

这种处理方法的实质是：将关键路径中的部分延时“挪到”其他非关键路径上。

3.3.6　复制电路、减少扇出（fanout）、提高设计速度

提高关键路径速度的一个常用方法是复制电路，减少关键路径的扇出。当一个信号网络所带负载增加时，其路径延时也相应增加。这对复位信号网络可能影响不大，但对三态使能信号是不能容忍的。扇出对关键路径延时的影响甚至超过了逻辑的级延时，确保一个网络的扇出少于一定值（例如 16，表示某个信号所驱动的基本器件不超过 16 个）是很重要的。下面的例子中，信号“Tri_ en”的扇出为 24，如图 3－39 所示。

为了将扇出降低一半，增加一个寄存器将负载分成两部分，每个寄存器扇出为 12，如图 3－40 所示。

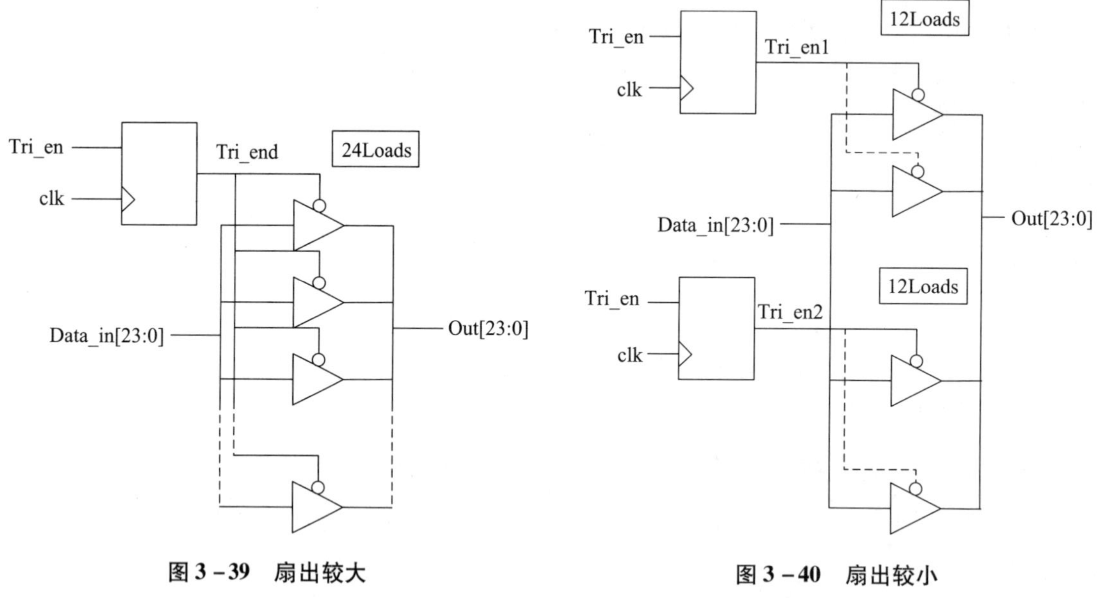

图 3－39　扇出较大　　**图 3－40　扇出较小**

类似地，我们还可以复制组合逻辑电路、网络上插入 buffer 等手段，以减少扇出，提高速度。

3.4　思　考　题

1. 用反演定理证明任何一个逻辑函数都可以化成最大项之积的标准形式。（反演定理：

对于任意一个逻辑式 Y，若将其中所有的“·”换成“+”，“+”换成“·”，0 换成 1，1 换成 0，原变量换成反变量，反变量换成原变量，则得到的结果就是 $\overline{Y}$)。

2. 在有原变量输入、又有反变量输入的条件下，用或非门设计实现下列逻辑函数的组合逻辑电路：

（1）$F(A, B, C) = \sum m(0, 1, 2, 4, 5)$；

（2）$F(A, B, C, D) = \sum m(0, 1, 2, 4, 6, 10, 14, 15)$。

3. 简述 if 与 case 语句综合结果的不同。

4. 简述速度与面积的关系，简述减少信号扇出的方法。

5. 在 FPGA 开发环境中（如 Quartus）对 3.2 节中所有例题建立工程，编译并查看 RTL 图。

6. 在 FPGA 开发环境中对 3.3.1 节中的例题建立工程，编译后查看并比对 RTL 图，观察优化前后 RTL 图的变化。

7. 对 3.2 节中所有例题设计测试平台，在测试平台中进行全面仿真，提供仿真图形。

8. 利用第 2 章学习的 Verilog 门级原语描述设计和验证图 3-41 所示电路的结构化模型，并设计测试模块，在测试平台中对电路进行全面仿真，提供能证明所设计模型正确的图形输出。

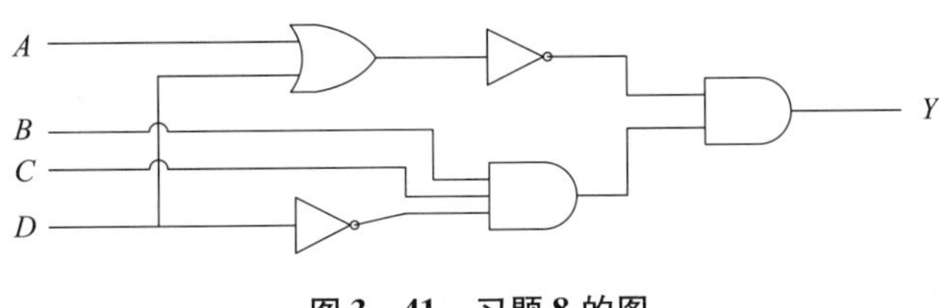

图 3-41　习题 8 的图

9. 重复习题 8，改用行为级语言描述，并验证设计的正确性。

10. 设计和验证图 3-42 所示电路的结构级描述和行为级描述。

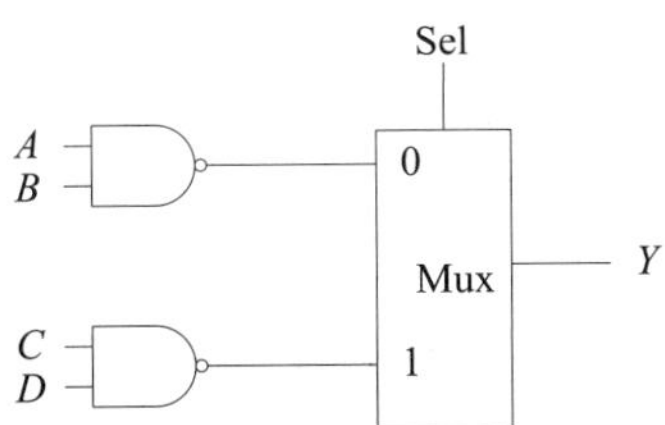

图 3-42　习题 10 的图

第 4 章

时序逻辑设计

本章讨论时序逻辑电路的设计。与组合逻辑电路不同，时序逻辑电路的输出状态不仅与当前逻辑输入变量的状态有关，而且还与系统原来的状态有关。时序逻辑电路最重要的特点是记忆信息。

时序逻辑电路可以分为同步时序电路和异步时序电路，在进行时序逻辑电路设计之前，有必要先理解同步时序电路和异步时序电路。

4.1 同步时序电路和异步时序电路

4.1.1 同步时序电路和异步时序电路

1. 异步时序电路

异步时序电路是指触发条件由多个控制因素组成，任何一个因素的变化都可以引起电路触发。异步时序电路的核心逻辑用组合电路实现，比如异步的 FIFO/RAM 读写信号、地址译码等电路。异步时序电路的另一个主要特点是电路的输出信号等并不依赖同一个时钟信号，相关寄存器的时钟输入端并不连接在同一个时钟信号上，例如由计数器分频产生的信号作为触发时钟的就是异步时序电路。

异步时序电路的最大缺点是容易产生毛刺。在布局布线后仿真和用逻辑分析仪观测实际信号时，这种毛刺尤其明显。

2. 同步时序电路

同步时序电路的核心逻辑是用各种触发器来实现。电路的输入信号、输出信号都是由同一时钟沿驱动触发器产生的。always @(posedge clock) 就是一个典型的同步时序逻辑触发，表示由 always 控制的语句块中寄存器变量只能在时钟 clock 的正跳变沿到来后重新赋值。

同步时序电路可以很好地避免毛刺。布局布线后仿真和用逻辑分析仪采样实际工作信号都没有毛刺。

现有的综合工具只能支持同步时序电路设计，本书只讨论同步时序电路的设计。

4.1.2 同步时序设计的重要性

采用同步时序设计是 FPGA/CPLD 设计的一个重要原则。

在组合逻辑电路中，多路信号的输入使各信号在变化时很容易产生竞争冒险，从而使结果难以预料。

为了增加 FPGA 芯片工作的稳定性，一定要加强 FPGA 软件设计的规范要求，要尽量采用同步电路设计，原因如下：

（1）同步时序电路比较容易使用寄存器的异步复位/置位端，以使整个电路有一个确定的初始状态。

（2）在可编程逻辑器件中，使用同步时序电路可以避免器件受温度、电压、工艺的影响，易于消除电路中的毛刺，使设计更可靠。

（3）同步时序电路可以很容易地实现流水技术，提高芯片的运行速度。

异步时序电路设计主要体现在时钟的使用上，如使用组合逻辑时钟、级联时钟和多时钟网络；另外还有异步复位、自清零等。这些异步时序电路的存在，给设计留下了隐患。

从电路延迟方面考虑，异步时序电路是通过逻辑门电路来实现的，延迟难以预测，而同步设计是使用计数器或触发器实现延时的，用于计数器和触发器的时钟稳定性决定了同步时序电路的性能，现在 FPGA 内部有专用的时钟资源，如专用的时钟管理模块、全局时钟布线资源等，其时钟的质量与性能是可以得到保障的。从资源使用方面考虑，FPGA 是以逻辑单元衡量电路面积的，所以同步设计并不比异步设计浪费资源。目前，商用的 FPGA 都是面向同步的电路设计而优化的，同步时序电路可以很好地避免毛刺，提倡在设计中采用同步逻辑电路。特别注意，不同的时钟域的接口需要进行同步。

同步时序电路的设计规则主要有：

（1）尽可能在整个设计中只使用一个主时钟，同时只使用同一个时钟沿，主时钟走全局时钟网络。

（2）在 FPGA 设计中，推荐所有输入、输出信号均应通过寄存器寄存，寄存器接口当作异步接口考虑。

（3）当全部电路不能用同步电路思想设计时，即需要多个时钟来实现，则可以将全部电路分成若干局部同步电路（尽量以同一个时钟为一个模块），局部同步电路之间的接口当作异步接口考虑。

（4）当必须采用多个时钟设计时，每个时钟信号的时钟偏差（ΔT）要严格控制。

（5）电路的实际最高工作频率不应大于理论最高工作频率，应留有设计余量，保证芯片可靠工作。

（6）电路中所有寄存器、状态机在单板上电复位时应处在一个已知的状态。

4.2　常用时序逻辑电路设计

第 1 章中已经介绍，时序逻辑电路的输出状态不仅与当前逻辑输入变量的状态有关，还与系统原来的状态有关。因此，时序逻辑电路最重要的特点是能够记忆信息。常用的时序逻辑电路包括触发器和锁存器、计数器、移位寄存器等。

4.2.1　触发器和锁存器的设计

时序逻辑电路的最基本单元是触发器。如第 1 章所述，根据边沿触发、复位和置位方式的不同，触发器可以有多种不同实现方式。

1. D 触发器

D 触发器是数字电路中应用最多的一种时序电路，其真值表如表 4－1 所示。

表 4－1　D 触发器真值表

输入					输出
CLR	PRE	CE	D	CALK	Q
1	×	×	×	×	0
0	1	×	×	×	1
0	0	0	×	×	无变化
0	0	1	0	↑	0
0	0	1	1	↑	1

Quartus II 9.1 的文件库中也有预置的 D 触发器，如图 4－1 所示。

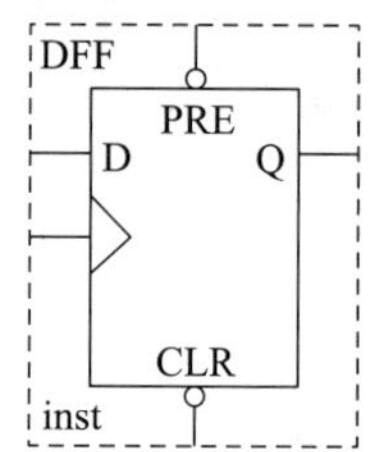

图 4－1　Quartus II 9.1 文件库中的 D 触发器

下面给出一个用 Verilog HDL 描述的带有时钟使能和异步复位/置位的 D 触发器，其对应的 RTL 图如图 4－2 所示。

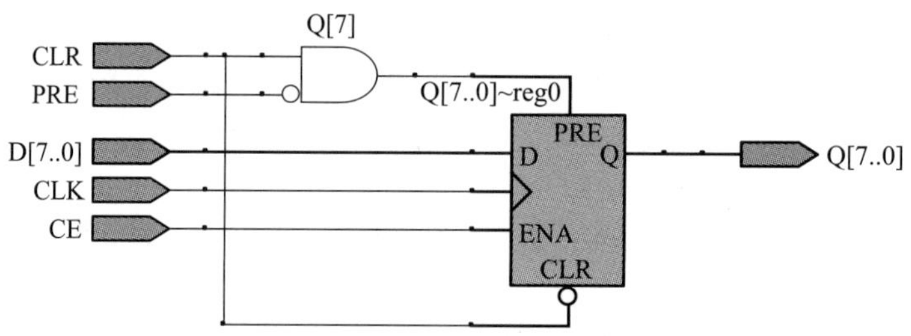

图 4－2　D 触发器的 RTL 图

【例 4－1】　带有时钟使能和异步复位/置位的 D 触发器。

```
module dff
#(
   parameter WIDTH =8)
(
input CLR,PRE,CE,CLK,
input [WIDTH -1:0] D,
output reg [WIDTH -1:0] Q
```

```
);
always @(posedge CLK or negedge CLR or negedge PRE)
begin
   if(!CLR)
        begin
        Q <= {WIDTH{1'b0}};
        end
   else
   if(!PRE)
        begin
        Q <= {WIDTH{1'b1}};
        end
   else
   if(CE)
        begin
        Q <= D;
        end
end
endmodule
```

2. 锁存器

锁存器和触发器相比，不同之处在于触发方式的不同：触发器是靠敏感信号的边沿触发，而锁存器是靠敏感信号的电平触发。

下面给出一个用 Verilog HDL 描述的带有异步复位的锁存器，其对应的 RTL 图如图 4－3 所示。下面的例子在 Quartus II 9.1 中编译时，编译报告中有一条警告，提示生成了 Q 的锁存器。

【例 4－2】 带异步复位的锁存器。

```
module latch
#(
   parameter WIDTH = 4)
(
input CLR,CE,
input [WIDTH-1:0] D,
output reg [WIDTH-1:0] Q
);

always @(CLR,CE,D)
begin
     if(!CLR)Q <= {WIDTH{1'b0}};
     else if(CE)Q <= D;
```

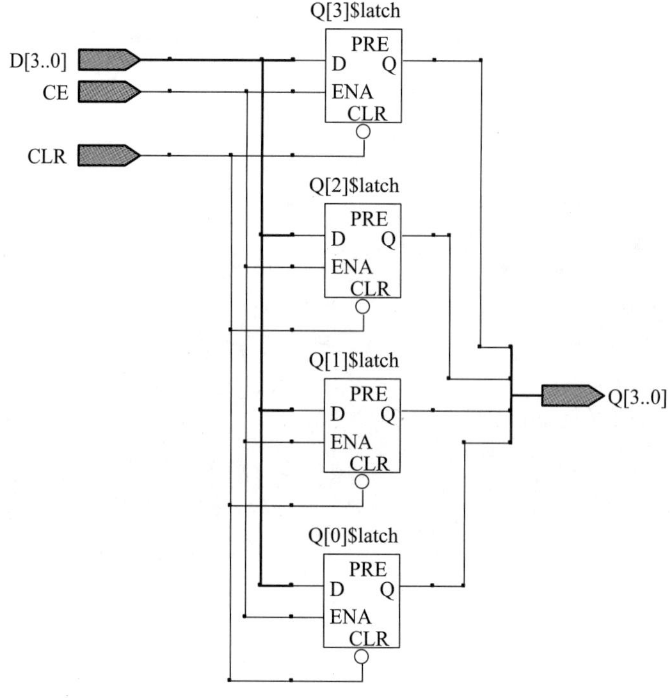

图 4－3　锁存器的 RTL 图

```
end
endmodule
```

4.2.2　计数器的设计

计数器是很多复杂电路的基础，如时钟分频电路、状态跳转电路等都会用到计数器，熟练掌握计数器的设计是很有必要的。

下面给出一个任意进制计数器，通过设置模块中的参数 COUNT，实现从 0 到 COUNT－1 的计数，在计数值为 COUNT－1 时输出 1 个脉冲信号。其对应的 RTL 图如图 4－4 所示。

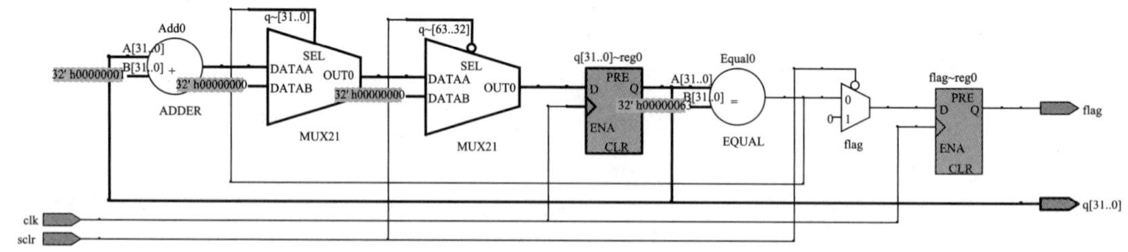

图 4－4　计数器的 RTL 图

【例 4－3】　任意进制计数器。

```
module counter
#(
    parameter WIDTH =32;
```

```
    parameter COUNT =100
)
(
 inputclk,sclr,
 output reg [WIDTH -1:0] q,
 output reg flag
);
 always @(posedge clk)
 if(!sclr)
        begin
              q <= {WIDTH{1'b0}};
              flag <=1'b0;
        end
 else
        begin
              if(q ==COUNT -1)
                     begin q <= {WIDTH{1'b0}};flag <=1'b1;end
              else
                     begin q <=q +1;flag <=1'b0;end
        end
endmodule
```

4.2.3　移位寄存器的设计

一个 N 位移位寄存器包含 N 个触发器，在每一个时钟脉冲到来时，比特数据从一个触发器移动到另一个触发器。移位寄存器也是工程实践中使用较多的电路模块，如跨时钟域的多级信号缓存也可以看作是移位寄存器。移位寄存器有多种形式，如通用移位寄存器、循环移位寄存器等，下例给出一个循环移位寄存器，其 RTL 图如图 4－5 所示。

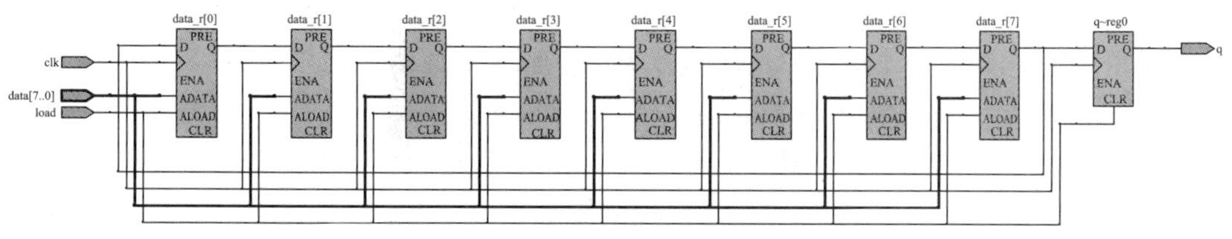

图 4－5　循环移位寄存器的 RTL 图

【例 4－4】　循环移位寄存器。

```
module ring_shiftreg
#(
    parameter WIDTH =8
)
```

```
(
input clk,load,
input [WIDTH-1:0] data,
output reg q
);

reg [WIDTH-1:0] data_r;

always @(posedge clk or posedge load)
if(load)
        begin
              data_r <= data;
              q <= 1'b0;
        end
else
        begin
              data_r <= {data_r[WIDTH-2:0],data_r[WIDTH-1]};
              q <= data_r[WIDTH-1];
        end
endmodule
```

4.2.4 CRC 校验码产生器的设计

冗余编码是在一种通信系统中常用的差错检测方法，它是通过在原始数据后加冗余校验码来检测差错，冗余位越多，检测出传输错误的概率越大。循环冗余编码（Cyclic Redundancy Codes，CRC）是一种常用的冗余编码，CRC 校验的基本原理是：CRC 可由一个称为生成多项式的常数去除该数据流的二进制数值而得，商数被放弃，余数作为冗余编码追加到数据流尾，产生新的数据流进行发送。在接收端，新的数据流被同一常数去除，检查余数是否为零。如果余数为零，就认为传输正确，否则就认为传输中已产生差错。

不同的生成多项式有不同的检错能力，为了得到最优的结果，需要根据需要选择合适的生成多项式，CRC-16 的生成多项式为：

$$G(x) = x^{16} + x^{12} + x^5 + 1$$

CRC 校验码产生器分两种：串行 CRC 校验码产生器和并行 CRC 校验码产生器。这里用到的是并行 CRC 校验码产生器。由于计算并行 CRC 时用到了串行 CRC 的一些思想，所以在此先讲一下串行 CRC 的产生。

通常，CRC 校验码的值可以通过线性移位寄存器和异或门求得，线性移位寄存器一次移一位，完成除法功能，异或门完成不带进位的减法功能。如果商数为“1”，则从被除数的高阶位减去除数，同时移位寄存器右移一位，准备为被除数的较低位进行运算。如果商数为“0”，则移位寄存器直接右移一位。串行 CRC-16 校验码产生器的原理图如图 4-6 所示。

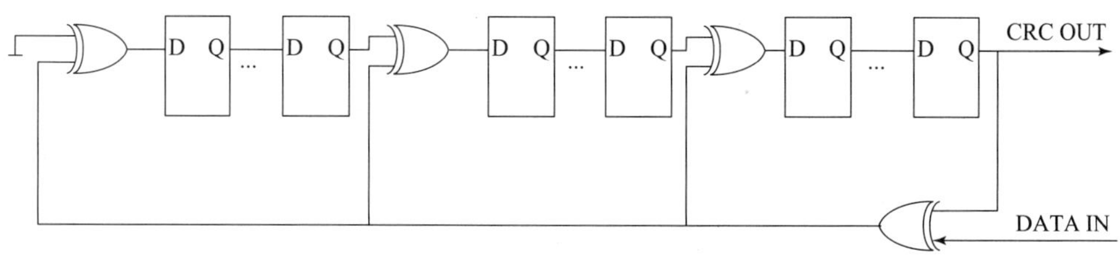

图 4-6　串行 CRC-16 校验码产生器原理图

在设计并行 CRC 校验码产生器的时候，可以采用串行 CRC 校验码的思想，用线性移位寄存器的方法产生并行 CRC 校验码。与串行 CRC 校验码产生器不同的是，并行 CRC 校验码产生器的 16 位 CRC 同时输出，所以要求在一个时钟周期内，移位寄存器一次需要移 16 位。实际上，移位寄存器不可能在一个时钟周期内移 16 位，因此这部分电路是用组合逻辑来完成的。

【例 4-5】 串行 CRC-16 校验码产生器。

```
//------------------------
//TOP MODULE
//------------------------
module CRC16_SER(
input Rst,                  //Reset signal
input Clk,                  //Clock signal
input Load,                 //Start of cell
input Data_in,              //input data of cell
output reg [15:0] Crc_out   //output CRC signal
);
//------------------------
//SIGNAL DECLARATIONS
//------------------------
reg Temp;
//------------------------
//Crc_out signal
//------------------------
always @(posedge Clk)
begin
    if(Rst)
        Crc_out <=16'b0;
    else if(Load)
        Crc_out <=16'b0;
    else
        begin
            Temp = Data_in ^ Crc_out[15];
```

```
            Crc_out[15:13] <=Crc_out[14:12];
            Crc_out[12] <=Temp ^ Crc_out[11];
            Crc_out[11:6] <=Crc_out[10:5];
            Crc_out[5] <=Temp ^ Crc_out[4];
            Crc_out[4:1] <=Crc_out[3:0];
            Crc_out[0] <=Temp;
        end
end
endmodule
```

【例 4-6】 并行 CRC-16 校验码产生器的 Verilog HDL 编码。

```
// -------------------------
//TOP MODULE
// -------------------------
module CRC_16_PARA(
input Rst,                     //Reset signal
input Clk,                     //Clock signal
input Load,                    //Start of cell
input [7:0] Data_in,           //input data of cell
output reg [15:0] Crc_out      //output CRC signal
);
// -------------------------
//SIGNAL DECLARATIONS
// -------------------------
reg [15:0] Crc_tmp;
reg Temp;
integer i,j,k,l;
// -------------------------
//Crc_out signal
// -------------------------
always @(posedge Clk)
begin
    if(Rst)
        Crc_out <=16'b0;
    else if(Load)
        Crc_out <=16'b0;
    else
        Crc_out <=Crc_tmp;
end
// -------------------------
```

```
//Crc_tmp signal
// -------------------------
always @(Crc_out or Data_in)
begin
   Crc_tmp = Crc_out;
   for(i =7;i >=0;i =i -1)
   begin
      Temp = Data_in[i]^ Crc_tmp[15];
      Crc_out[15:13] <=Crc_out[14:12];
      Crc_out[12] <=Temp ^ Crc_out[11];
      Crc_out[11:6] <=Crc_out[10:5];
      Crc_out[5] <=Temp ^ Crc_out[4];
      Crc_out[4:1] <=Crc_out[3:0];
      Crc_tmp[0] =Temp;
   end
end
endmodule
```

4.2.5　伪随机序列发生器

伪随机序列又称为伪随机码，是一组人工生成的周期序列。它不仅具有随机序列的一些统计特性和高斯噪声所有的良好的自相关特征，而且具有某种确定的编码规则，同时又便于重复产生和处理，因而在通信领域广泛应用。

伪随机序列的产生方式很多，通常产生的伪随机序列的电路为一反馈移位寄存器。它又可分为线性反馈移位寄存器和非线性反馈移位寄存器两类。由线性反馈移位寄存器产生出的周期最长的二进制数字序列称为最大长度线性反馈移位寄存器序列，简称 m 序列，移位寄存器的长度为 n，则 m 序列的周期为 $2n-1$，没有全 0 状态。

设计一种 8 位的伪随机序列发生器，它的本原多项式为：

$$F(x) = x^8 + x^4 + x^3 + x^2 + 1$$

伪随机序列发生器结构如图 4 -7 所示。

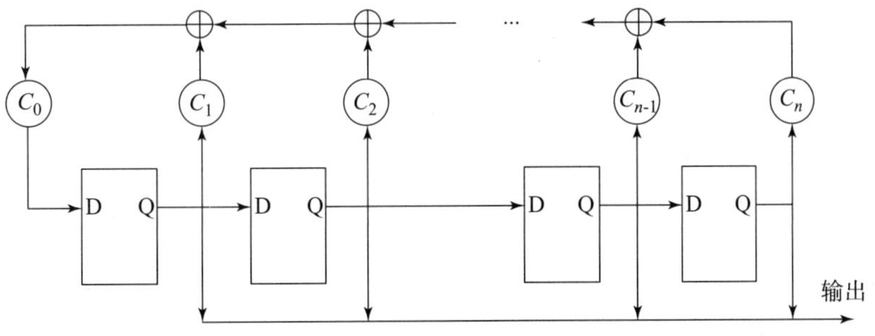

图 4 -7　伪随机序列发生器结构框图

图中 C_i 代表本原多项式 $F(x)$ 中各项的系数。

【例 4 -7】 8 位伪随机序列发生器。

```
// ------------------------
//TOP MODULE
// ------------------------
module pn_gen(
input Rst,                //Reset signal
input Clk,                //Clock signal
input Load,               //Load seed to Ran_num
input Seed,               //initialize Ran_num
output reg pn_code        //output random number
);
// ------------------------
//SIGNAL DECLARATIONS
// ------------------------
reg [7:0] R_reg;
integer i;
// ------------------------
//R_reg signal
// ------------------------
always @(posedge Clk)
begin
    if(Rst)
       R_reg <=8'b0;
    else if(Load)
       R_reg <=Seed;
    else
        begin
            for(i =1;i <8;i =i +1)
            R_reg[i] <=R_reg[i -1];
            R_reg[0] <=R_reg[1]^(R_reg[2]^(R_reg[3]^ R_reg[7]));
            pn_code <=R_reg[0];
        end
end
endmodule
```

代码设计完成后，可以在 ModelSim 里对 pn_ gen 模块进行仿真测试。在仿真中，需要将模块产生的一个周期的伪随机序列写入文本文件 pn_ code. txt 中。随后由 MATLAB 读取 pn_ code. txt 中的数据，对其进行自相关性能分析。实际上，这是 MATLAB 辅助 FPGA 设计中的测试方法。MATLAB 辅助 FPGA 设计方法在 5. 4. 2 小节中有详细介绍。

【例 4 -8】 8 位伪随机序列发生器的仿真测试。

```
module pn_test;
//Inputs
reg Rst;
reg Clk;
reg Load;
reg [7:0] Seed;
//Outputs
wire pn_code;
integer pn;
parameter END_TIME =2560;
//Instantiate the Unit Under Test(UUT)
pn_gen uut(
    .Rst(Rst),
    .Clk(Clk),
    .Load(Load),
    .Seed(Seed),
    .pn_code(pn_code)
);
    always #5 Clk = ~Clk;
initial begin
    //Initialize Inputs
    Rst =1;
    Clk =1;
    Load =0;
    Seed =5;

    pn = $fopen("pn_code.txt","w");
    //Wait 100 ns for global reset to finish
    #100;
            Load =1;
            Rst =0;
    //Add stimulus here
        #100;
            Load =0;
    #END_TIME;
        $fclose(pn);
        $stop;
end
```

```
    always @(posedge Clk)
    begin
        if( $time >200)
          $fdisplay(pn,"% d",pn_code);      //将产生的伪随机序列写入文件
    end
endmodule
```

仿真结果如图 4 -8 所示。

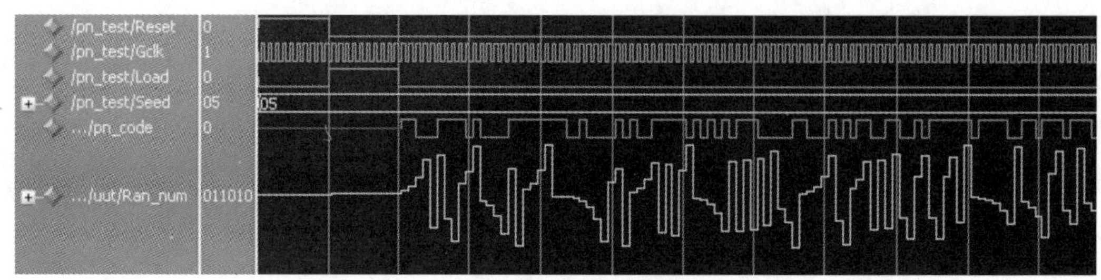

图 4 -8　伪随机序列的仿真结果

在 MATLAB 中可以对 pn_ gen 模块产生的伪随机序列进行自相关性能的仿真，相关程序如下：

```
load pn_code.txt
pn_code(find(pn_code ==0)) = -1;
n =length(pn_code);
plot( -n +1:n -1,xcorr(pn_code)/n);
```

图 4 -9 所示是伪随机序列的自相关性。

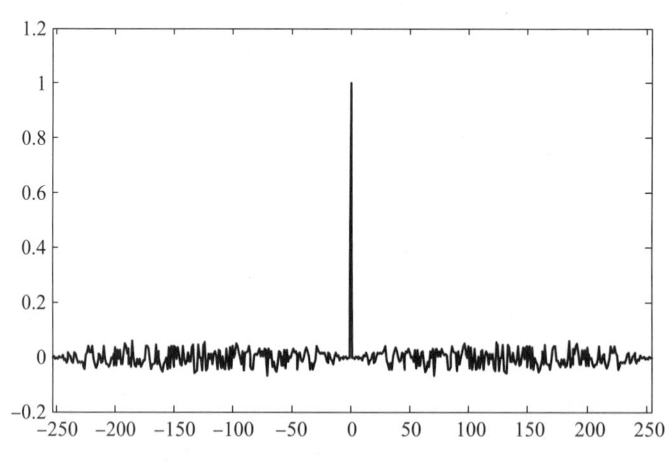

图 4 -9　伪随机序列的自相关性

另外，在同步时序中要注意的一个问题是设计要尽量避免使用锁存器（Latch）。

综合出与设计意图不吻合的 Latch 结构的主要原因在于：在设计组合逻辑时，使用不完全的条件判断语句，如有 if 而没有 else，或不完整的 case 语句等（这仅仅是一种可能，并不一定生成 Latch）；另外一种情况是设计中有组合逻辑的反馈环路（Combinatorial Feedback

Loops）等异步逻辑，一旦产生了 Latch，工具将无法正确分析 Latch 所在的链路的静态时序，同时有可能出现仿真和硬件实测不一致的现象。

典型的生成 Latch 的 Verilog HDL 语句如下：

```
reg data_out;
always @(clk or cond_1 or data_in)
begin
    if(cond_1)
          data_out <= data_in;
end
```

上述描述，由于未指定在条件“cond_ 1”等于“0”时的动作，一般情况下会生成 Latch。如果与预期不符，会造成功能性错误。

防止产生非目的性的 Latch 的措施如下：

（1）使用完备的 if... else 语句。

（2）检查设计中是否含有组合逻辑反馈环路。

（3）为每个输入条件设计输出操作，对 case 语句设置 default 操作。特别是在状态机设计中，最好有一个 default 的状态转移，而且每个状态最好也有一个 default 的操作。

（4）使用 case 语句时，特别是在设计状态机时，尽量附加综合约束属性，综合为完全条件 case 语句（full case）。设计中应仔细检查综合器的综合报告，目前大多数的综合器对所综合出的 Latch 均会报“warning”，通过综合报告可以较为方便地找出无意中生成的 Latch。

4.3　状态机设计

4.3.1　有限状态机的原理与结构

在数字电路的应用设计中，控制模块可以用有限状态机，也可以用 CPU。有限状态机可以根据系统要求专门设计，而 CPU 是通用的电路控制模块。比较而言，有限状态机比 CPU 灵巧，占用硬件资源少。在 FPGA 设计中，不是特别复杂的控制逻辑通常使用有限状态机来实现。

有限状态机是由寄存器组和组合逻辑构成的硬件时序电路，其状态（即由寄存器组的 1 和 0 的组合状态所构成的有限个状态）只能在同一时钟跳变的情况下才能从一个状态转向另一个状态，究竟转向哪一个状态不但取决于各个输入值，还取决于当前状态。

我们首先研究一下同步状态机的工作原理，因为它们是最容易理解的。“状态机”是对这些时序电路的通称；“时钟”是指这些存储元件采用了一个时钟输入；而“同步”意味着构成“状态机”的所有触发器都使用同一个时钟信号。这样，一种状态机只有在时钟信号的触发边沿（或“触发沿”）出现的时候，才改变状态。

图 4－10 给出了同步状态机的一般结构。图中的状态存储器是储存状态机当前状态的一组触发器，它们具有 2^n 种不同的状态。状态机中所有的触发器都被连接到一个公共时钟信号，它们在时钟信号的每一个触发沿上改变状态。现代电路设计常用正跳变沿触发的 D 触

发器，特别是在可编程逻辑器件上实现的用综合工具自动生成的状态机，其电路结构往往都是使用正跳变沿触发的 D 触发器。

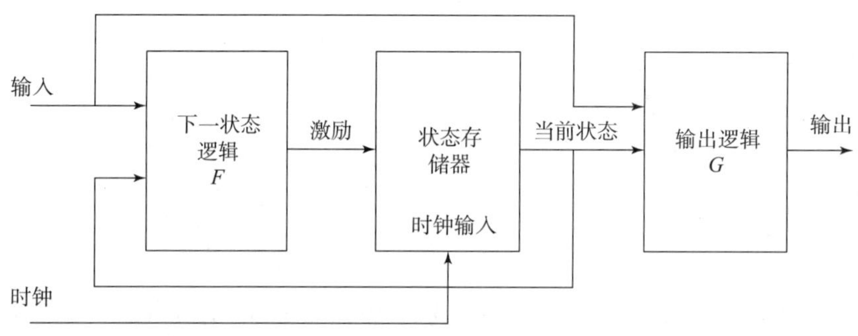

图 4 – 10　同步状态机结构（Mealy 型）

图 4 – 10 中状态机的下一状态，由下一状态逻辑 F 来确定，而 F 是当前状态和输入的函数。状态机的输出由输出逻辑 G 来确定，而 G 也是当前状态和输入的函数。F 和 G 都是严格的组合逻辑电路。于是，可以写出：

下一状态 = F（当前状态，输入）

输出 = G（当前状态，输入）

如图 4 – 10 所示，一个时序电路如果其输出同时取决于状态和输入这二者，则称之为 Mealy 机。在有些时序电路中，其输出只由状态决定，即：

输出 = G（当前状态）

这样的时序电路称为 Moore 机，它的一般结构形式如图 4 – 11 所示。

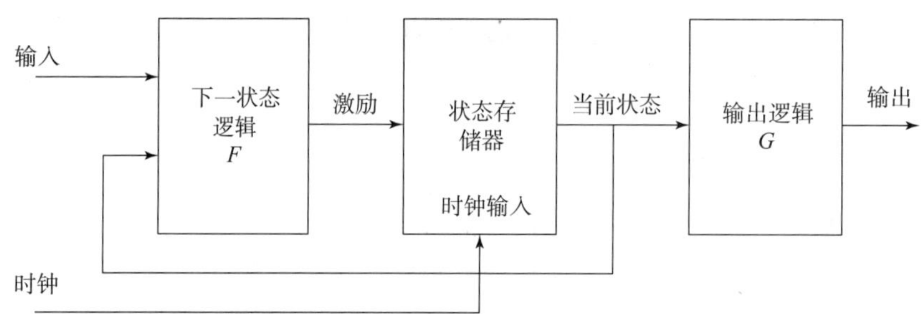

图 4 – 11　同步状态机结构（Moore 型）

显然，这两类状态机模型之间的唯一不同之处，就是输出的产生方式不同。实际上，许多状态机都必须被划归为 Mealy 机，因为它们有一个或者多个取决于输入和状态的 Mealy 型输出，然而，许多这样的状态机也有一个或者多个只取决于状态的 Moore 型输出。

在高速电路的设计中，保证状态机尽快地产生输出，并且在每个时钟周期期间保持不变，这一点是十分必要的。实现这一特性的一种方法是对状态进行编码，这样就可以把状态变量本身用作输出。这种方式称为输出编码状态赋值；采用这种方法能得到一个 Moore 状态机。

另一种方法就是设计状态机，使其在一个时钟周期内的输出，取决于前一个时钟周期内的状态和输入，称这种输出为流水线输出。如图 4 – 12 所示，流水线输出要在 Mealy 机的输出端附加一组寄存器来获得。

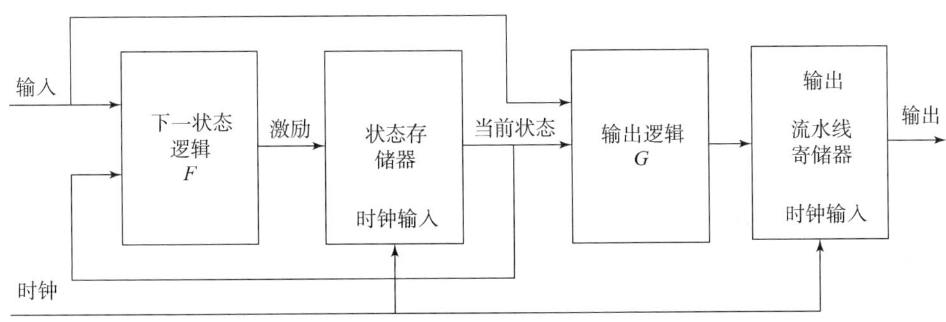

图 4－12　具有流水线输出的 Mealy 型状态机

从实现电路功能来讲，任何一种都可以实现同样的功能。但它们的输出时序不同，在选择使用哪种状态机时要根据具体情况而定。它们的主要区别如下。

（1）Moore 状态机：在时钟脉冲的有限个门延时之后，输出达到稳定。输出会在一个完整的时钟周期内保持稳定值，即使在该时钟内输入信号变化了，输出信号也不会变化。输入对输出的影响要到下一个时钟周期才能反映出来。把输入和输出分开，是 Moore 状态机的重要特征。

（2）Mealy 状态机：由于输出直接受输入影响，而输入可以在时钟周期的任一时刻变化，这就使得输出状态比 Moore 状态机的输出状态提前一个周期到达。输入信号的异常变化可能会出现在输出信号上。

（3）对同一电路，使用 Moore 状态机设计可能会比使用 Mealy 状态机多出一些状态。

4.3.2　可综合状态机的设计

在进行有限状态机的状态描述时，可以将“状态寄存器”“次态逻辑”和“输出逻辑”各用一个进程来描述；也可以用一个进程来描述“次态逻辑”和“输出逻辑”，“次态逻辑”只包含状态转换逻辑，“输出逻辑”用来实现数据传输和算术逻辑控制，“状态寄存器”仅实现状态机的逻辑控制部分，将其与它要控制的电路在设计代码中严格分开，代码的可读性明显加强，同时逻辑综合工具容易进行优化。一个完备的状态机应该具备初始化状态，当芯片加电或者复位时，状态机能够自动将所有的判断条件复位，并进入初始化状态。还应有一个默认状态，当转移条件不满足或者说状态发生了突变时，应能确保不进入“死循环”，也就是要有“自恢复功能”，一般通过“case... default”语句来建立。

由于寄存器传输级（RTL）描述是以时序逻辑抽象所得到的有限状态机为依据的，所以把一个时序逻辑抽象成一个同步有限状态机是设计可综合风格的 Verilog HDL 模块的关键。在本节中我们将通过各种实例由浅入深地来介绍各种可综合风格的 Verilog HDL 模块，并把重点放在时序逻辑的可综合有限状态机的 Verilog HDL 设计要点上。

有限状态机设计的一般步骤如下。

（1）逻辑抽象，得出状态转换图。

就是把给出的一个实际逻辑关系表示为时序逻辑函数，可以用状态转换表来描述，也可以用状态转换图来描述。这就需要：

①分析给定的逻辑问题，确定输入变量、输出变量以及电路的状态数。通常是将原因（或条件）作为输入变量，将结果作为输出变量。

②定义输入、输出逻辑状态的含义，并将电路状态按顺序编号。

③按照要求列出电路的状态转换表或画出状态转换图。

这样，就把给定的逻辑问题抽象到一个时序逻辑函数了。

现在还没有一个成熟的系统化状态图构造算法，所以对于实现同一功能，可以构造出不同的状态转换图，但一定要遵循结构化设计。在构造电路的状态转换图时，使用互补原则可以帮助我们检查设计过程中是否出现了错误。互补原则是指离开状态图节点的所有支路的条件必须是互补的。同一节点的任何 2 个或多个支路的条件不能同时为真。同时为真是我们设计不允许的。

（2）状态化简。

如果在状态转换图中出现这样两个状态，它们在相同的输入下转换到同一状态去，并得到一样的输出，则称为等价状态。显然等价状态是重复的，可以合并为一个。

电路的状态数越少，存储电路也就越简单。状态化简的目的就在于将等价状态尽可能地合并，以得到最简的状态转换图。

（3）状态分配。

状态分配又称状态编码。通常有很多编码方法，编码方案选择得当，设计的电路就会简单，反之，选得不好，设计的电路就会复杂许多。在实际设计时，须综合考虑电路复杂度与电路性能之间的折中。在触发器资源丰富的 FPGA 或 ASIC 设计中，采用独热编码既可以使电路性能得到保证又可充分利用其触发器数量多的优势，也可以采取输出编码的状态指定来简化电路结构，并提高状态机的运行速度。

（4）选定触发器的类型并求出状态方程、驱动方程和输出方程。

（5）按照方程得出逻辑图，用 Verilog HDL 来描述有限状态机，可以充分发挥硬件描述语言的抽象建模能力，使用 always 块语句和 case（if）等条件语句及赋值语句即可方便实现，具体的逻辑化简、逻辑电路到触发器映射均可由计算机自动完成。

上述设计步骤中的第（2）步和（4）、（5）步不再需要很多的人为干预，就可使电路设计工作得到简化，效率也有很大的提高。

设计有限状态机（FSM）的方法和技巧多种多样，设计状态机时应将状态的跳转和每个状态中实现的功能电路分开。总结起来有两大类：第一种，将状态转移和状态的操作、判断等写到一个模块中；另一种是将状态转移单独写成一个模块，将状态的操作和判断等写到另一个模块中。

图 4－13 为两段式状态机结构示意图。

标准的三段式状态机如图 4－14 所示。

【例 4－9】 三段式状态机设计举例。

```
module Verilog_test
(
 input clk,rst,
 input in0,in1,
 output reg [1:0] out
```

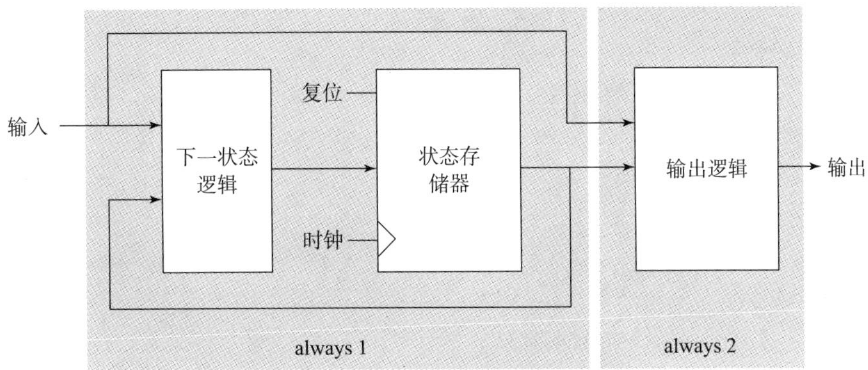

图 4 – 13　两段式状态机

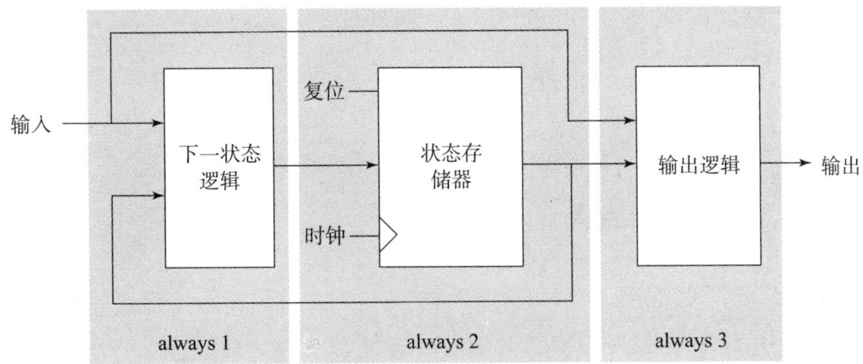

图 4 – 14　三段式状态机

```
);
 parameter s0 =0,s1 =1,s2 =2;
 reg [3:0] current_state,next_state;
 //build the state flops
 always @(posedge clk)
 begin
  if(rst)
        current_state <= s0;
  else
        current_state <=next_state;
  end
  //state machine
  always @(posedge clk)
  begin
   case(current_state)
   s0:begin
        if(in0)
```

```
                next_state = s1;
            else
                next_state = s0;
            end
        s1:begin
            if(in1)
                next_state = s2;
            else
                next_state = s1;
            end
        default:begin
                next_state = s0;
            end
        endcase
        end
        //outputs logic block
        always @(posedge clk)
        begin
        if(rst)
            out <= 2'h0;
        else
        begin
            case(current_state)
            s0:out <= 2'h0;
            s1:out <= 2'h1;
            s2:out <= 2'h2;
            default:out <= 2'h0;
            endcase
        end
        end
        endmodule
```

状态机是逻辑设计中最重要的设计内容之一，通过状态转移图设计手段可以将复杂的控制时序图形化表示，分解为状态之间的转换关系，将问题简化。使用 HDL 语言高效、完备、安全地描述状态机，在一定程度上是一件体现代码功底的设计项目。下面是一些适用于 Verilog HDL 和 VHDL 等 HDL 语言编写状态机的一般性原则。

（1）选择状态机的编码方式。

普通二进制编码（Binary）、格雷编码（Gray - code）使用最少的触发器，较多的组合逻辑；而独热码（One - hot）反之。由于 CPLD 更多地提供组合逻辑资源，而 FPGA 更多地提供触发器资源，因此 CPLD 多使用 Gray - code，而 FPGA 多使用 One - hot 编码。另一方面，对于小型设计使用 Gray - code 和 Binary 编码更有效，而大型状态机使用 One - hot 更高效。在代码中添加综合器的综合约束属性或者在图形界面下设置综合约束属性，可以比较方便地改变状态的编码。在状态机中要加入 default 状态，避免状态机进入死循环，还应该具备初始化状态，当芯片复位时，状态机应该能够自动将所有判断条件复位。

状态的定义用 parameter 定义，不推荐使用`define 宏定义的方式，因为 parameter 仅仅定义模块内部的参数，而`define 宏定义在编译时自动替换整个设计中的宏。

（2）三段式状态机的设计方法。

状态机的设计和其他设计一样，最好使用同步时序方式设计。状态机实现后，状态转移是用寄存器实现的，是同步时序部分，而状态转移条件的判断是通过组合逻辑判断实现的。三段式状态机设计将同步时序和组合逻辑分别放到不同的程序块中实现，这样做的好处不仅仅是便于阅读、理解、维护，更重要的是利于综合器优化代码，利于用户添加合适的时序约束条件，利于布局布线器实现设计。

将状态机所有的逻辑用一个状态机描述有如下缺点：时序约束、更改、调试等问题，而且不能很好地表示 Mealy 状态机的输出，容易写出 Latch，容易出错。

（3）初始化状态和默认状态。

一个完备的状态机（健壮性强）应该具备初始化状态和默认状态。当芯片加电或者复位后，状态机应该能够自动将所有判断条件复位，并进入初始化状态。需要注明的一点是，大多数 FPGA 有 GSR（Global Set/Reset）信号。当 FPGA 加电后，GSR 信号拉高，对所有的寄存器、RAM 等单元复位/置位，这时配置于 FPGA 的逻辑并未生效，所以不能保证正确地进入初始化状态。在使用 GSR 企图进入 FPGA 的初始化状态时，常常会产生种种不必要的麻烦。一般的方法是采用异步复位信号，当然也可以使用同步复位，但是要注意同步复位逻辑的设计。解决这个问题的另一种方法是将默认的初始状态的编码设置为全零状态。这样 GSR 复位后，状态机自动进入初始状态。另外，状态机也应该有一个默认（default）状态，当转移条件不满足，或者状态发生了突变时，要能保证逻辑不会陷入"死循环"。这是对状态机健壮性的一个重要要求，也就是常说的要具备"自恢复"功能。对应于编码就是对 case 和 if... else 语句要特别注意，尽量使用完备的条件判断语句。在 Verilog HDL 中，当使用 case 语句时，要使用 default 建立默认状态；使用 if... else 语句时，要在 else 指定默认状态，也要力求完备。

另外提一个技巧：大多数综合器都支持 Verilog 编码状态机的完备状态属性——full case。这个属性用于指定将状态机综合成完备的状态。不是所有的 FSM 都必须设计成为 full case 和 parallel case。有时这样做会影响状态机的功能并会比用二进制编码或者格雷码耗费更多的资源。

（4）指定默认输出值。

对状态机的所有输出变量指定一个默认的输出值，这样做的好处是能够防止无意生成的 Latch。另外所有的输出最好用寄存器输出，以获得更好的时序性能和稳定的状态。

（5）状态机输出逻辑复用。

如果在状态机中有多个状态都会执行某项操作，则在状态机外部定义这个操作的具体内容，然后在状态机中仅仅调用这个操作的最终输出值即可。可以将输出逻辑独立出来，单独写一个部分。如果一定要混合写入描述状态转移的组合逻辑中，最好将输出逻辑写成一个

“task” 任务。而在每个状态转移的 case 语句调用这个 “task” 任务。

(6) 深入地了解阻塞和非阻塞赋值的差别。

为了更好地掌握可综合风格，还需要较深入地了解阻塞和非阻塞赋值的差别和在不同的情况下正确使用这两种赋值的方法。只有深入地理解阻塞和非阻塞赋值语句的细微不同，才有可能写出不仅可以仿真也可以综合的 Verilog HDL 模块。只要按照一定的原则来编写代码就可以保证 Verilog 模块综合前和综合后仿真的一致性。符合这样条件的可综合模块是我们设计的目标，因为这种代码是可移植的，可综合到不同的 FPGA 中。

这里强调一下，特别要注意状态的完全定义。即便有的状态可能在电路中不会出现，也应将其定义出来，目的是避免综合出不希望的 Latch。因为 Latch 可能会带来额外的延时或异步时序问题。

①没有采用完备状态的示例（见图 4－15）。

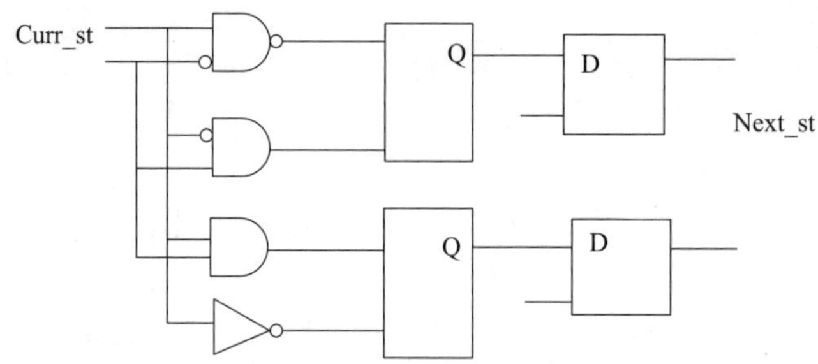

图 4－15　没有采用完备状态

```
always @(Curr_st)
begin
    case(Curr_st)
        ST0:Next_st = ST1;
        ST1:Next_st = ST2;
        ST2:Next_st = ST0;
    endcase
end
```

②采用完备状态的示例（见图 4－16）。

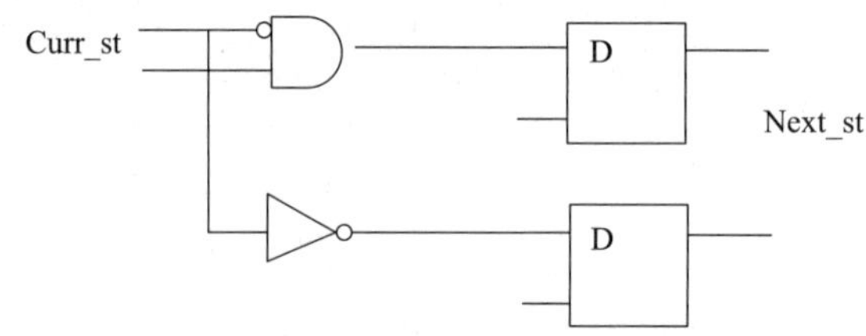

图 4－16　采用完备状态

```
always @(Curr_st)
begin
    case(Curr_st)
```

```
        ST0:Next_st = ST1;     //synthesis full case
        ST1:Next_st = ST2;
        ST2:Next_st = ST0;
        default:Next_st = ST0;
    endcase
end
```

4.3.3 设计实例

在 Verilog HDL 中可以用许多种方法来描述有限状态机，最常用的方法是用 always 语句和 case 语句。如图 4-17 所示的状态转移图表示了一个有限状态机，【例 4-10】的程序就是该有限状态机的多种 Verilog HDL 模型之一。

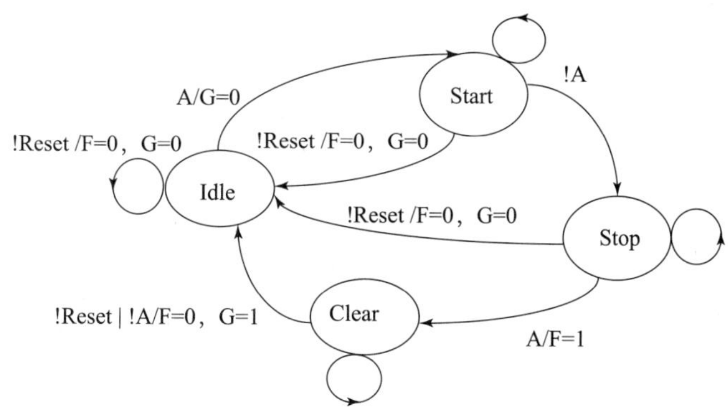

图 4-17　状态转移图

上面的状态转移图表示了一个四状态的有限状态机，它的同步时钟是 Clock，输入信号是 A 和 Reset，输出信号是 F 和 G。状态的转移只能在同步时钟（Clock）的上升沿时发生，往哪个状态的转移则取决于目前所在的状态和输入的信号（Reset 和 A）。下面的例子是该有限状态机的 Verilog HDL 模型之一。

【例 4-10】

```
module fsm(
    Clock,
    Reset,
    A,
    F,
    G
    );
input Clock,Reset,A;
output F,G;
reg F,G;
reg [1:0] state;
```

```
parameter Idle =2'b00,Start =2'b01,
          Stop =2'b10,Clear =2'b11;
always @(posedge Clock)
begin
   if(!Reset)
      begin
         state <=Idle;
         F <=0;
         G <=0;
      end
   else
      begin
         case(state)
            Idle:
               begin
               if(A)
                  begin
                     state <=Start;
                     G <=0;
                  end
               else
                  state <=Idle;
               end
            Start:
               if(!A)
                  state <=Stop;
               else
                  state <=Start;
            Stop:
               begin
                  if(A)
                     begin
                        state <=Clear;
                        F <=1;
                     end
                  else
                     state <=Stop;
               end
            Clear:
```

```
                    begin
                        if(!A)
                            begin
                                state <= Idle;
                                F <= 0;  G <= 1;
                            end
                        else
                            state <= Clear;
                    end
            endcase
        end
end
endmodule
```

在 Mealy 型状态机的状态图中，输出值的记法有一点误导读者。请记住，当状态机处于所示的状态，并且在所示的输入的作用下，就会一直产生图中所列出的输出值，并非只在状态机转移到下一状态时才出现输出。

4.4　流水线设计

流水线设计类似于现代工业的流水线生产，指将待处理的任务分解为相对独立的、可以顺序执行的、而又相互关联的子任务，各个子任务可以同时运行，在不提高系统运行频率的情况下，获得更好的吞吐量性能。在硬件电路设计中流水线设计分为两个阶段：首先将数据处理电路逻辑分成时长尽量相等的几个部分，各部分之间的数据流为单向传递；然后在每相邻两个部分之间利用寄存器进行数据缓冲，形成一系列流水级。在前一个数据单元流过一个流水级而进入下一个流水线进行操作的同时，下一个数据单元可以同时进入当前流水线级进行处理，数据以同步平移的方式沿流水线方向流动。

流水线处理是高速设计中提高系统工作效率的一种常用设计手段。要求设计的处理流程可分为若干步骤，而且整个数据处理是“单流向”的，没有反馈或者迭代运算，前一个步骤的输出是下一个步骤的输入。流水线设计的结构示意图如图 4 - 18 所示。

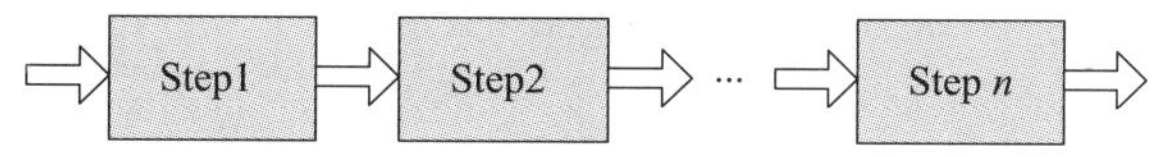

图 4 - 18　流水线设计的结构示意图

流水线设计时序示意图如图 4 - 19 所示，其中纵向为时间轴。流水线设计将划分的 n 个操作步骤按流向串联起来（如图中的 a，b，c，d，e）。数据流在各个步骤的处理，从时间上看是连续的，如果将每个操作步骤简化假设为通过一个 D 触发器（就是用寄存器打一个节拍），那么流水线操作就类似一个移位寄存器组，数据流依次流经 D 触发器，完成每个步骤的操作。具体地说执行 a 的 step1 操作后进入 a 操作的 step2 操作的同时，可以进行 b 操作的 step1 操作，并以此类推。

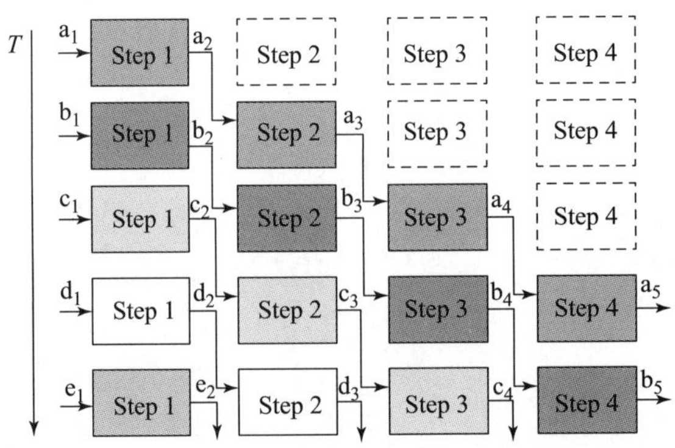

图 4－19　流水线设计时序示意图

如果在寄存器之间只有一级组合逻辑操作，那么流水线处理不会起任何作用。关于流水线处理重要的一点是，每增加一级流水，第一个输出结果将延迟一个时钟周期。增加合适的流水线处理后，每个时钟周期将会有一个新的输出结果。

图 4－20 为流水线设计的例子，实现的功能为

$$\text{RESULT} = 3 \times \text{DATA\_IN} + 5$$

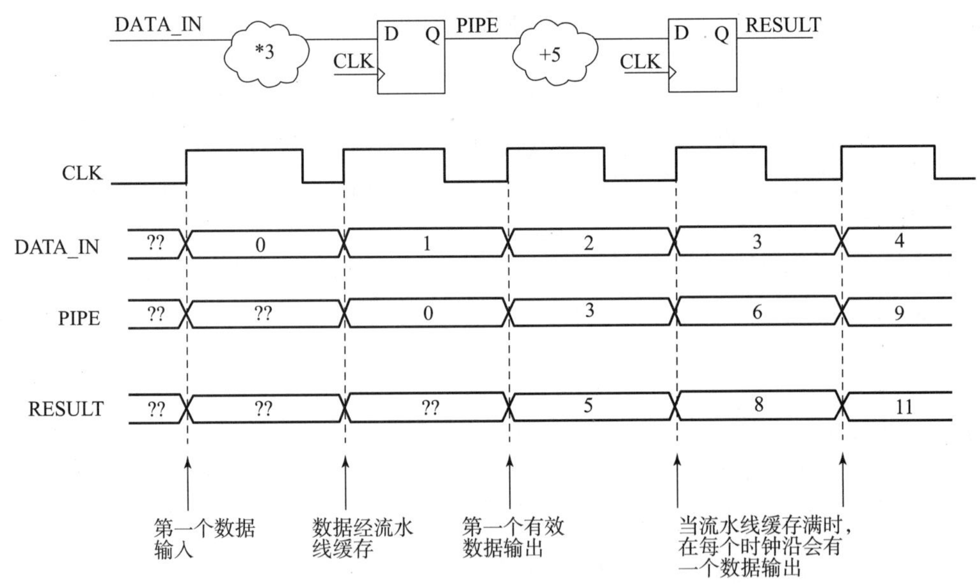

图 4－20　流水线设计的例子

这个电路由两级流水线实现，分别实现乘法和加法操作。

对于一个已有的电路，可以进行流水线处理改造，下面给出一个流水线改造的例子。

图 4－21 为流水线改造前的原始电路。SOURCE_ FFS 和 DEST_ FF 中间有两级逻辑。

图 4－22 是流水线改造后的电路，每对触发器间只有一级组合逻辑操作。

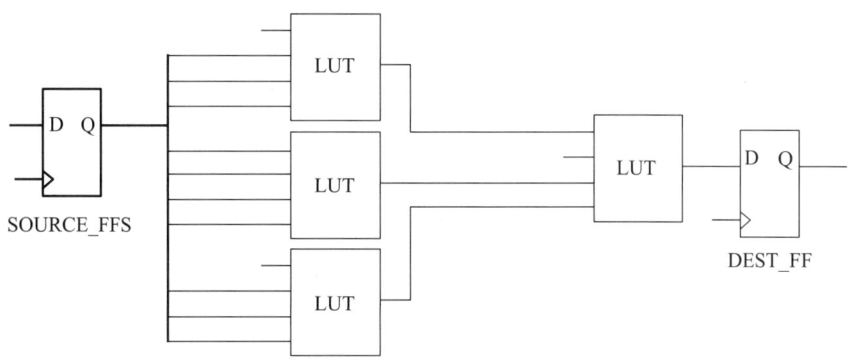

图 4－21　流水线改造前的电路

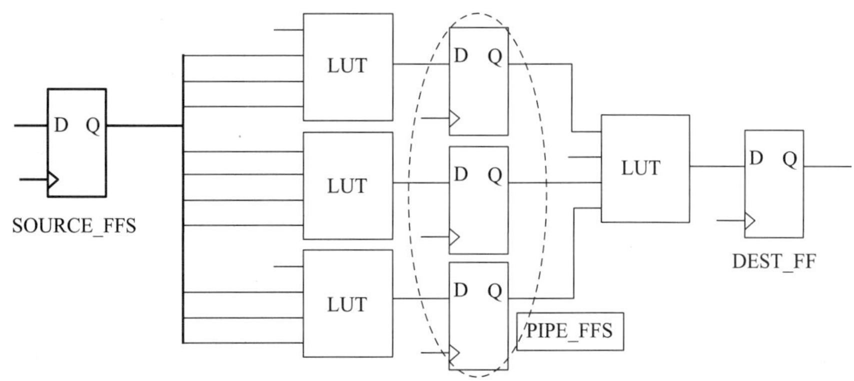

图 4－22　流水线改造后的电路

流水线处理的另一个需要注意的问题是，有时序关系的信号间需要增加相同级数的流水线。以下通过一个例子来说明这个问题。原始电路如图 4－23 所示，流水线改造后如图 4－24 所示。这种处理有什么问题？怎么解决这个错误？

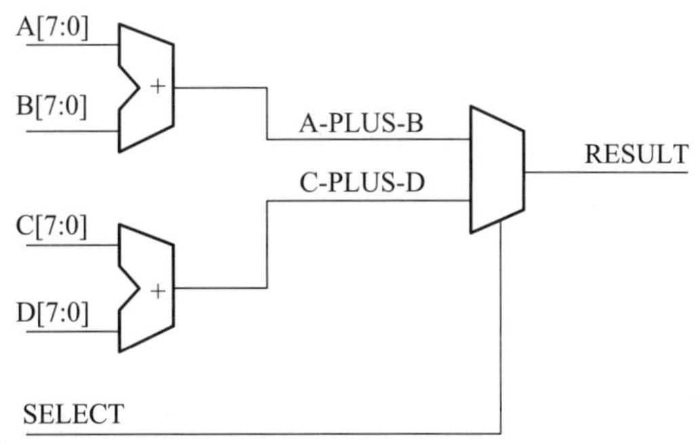

图 4－23　流水线改造前的电路

图 4－24 所示的流水线改造后的电路有如下错误：数据信号和控制信号的流水延迟不一致，这将导致输出的结果与原始电路不同。

怎样解决这个错误？在控制信号 SELECT 加入一级 flip－flop（触发器），使数据通道和控制通道的流水线延迟匹配，如图 4－25 所示。

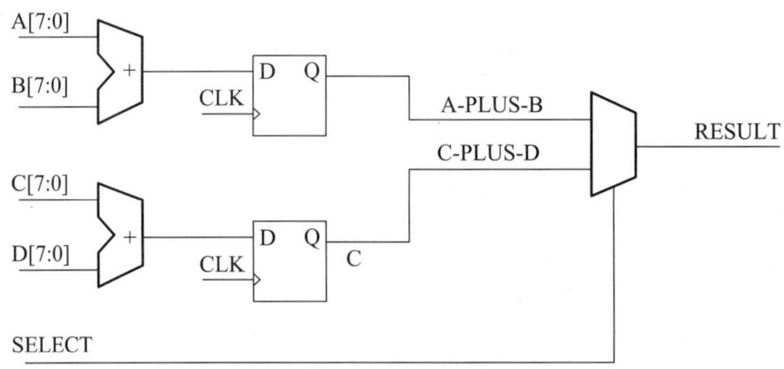

图 4 – 24　流水线改造后的电路

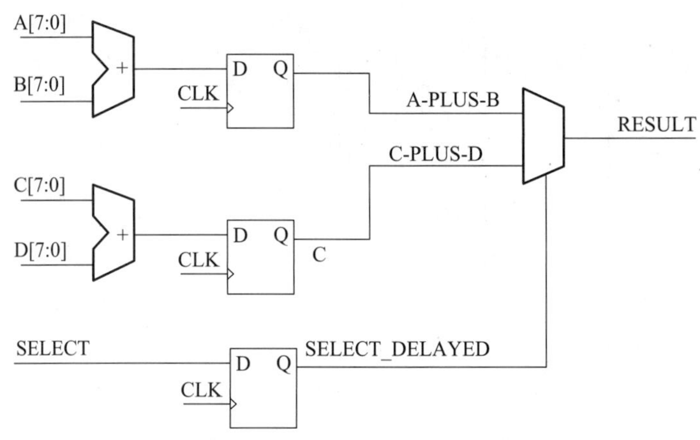

图 4 – 25　正确的流水线改造

流水线设计的关键在于整个设计时序的合理安排、前后级接口间数据流速的匹配。这就要求每个操作步骤的划分必须合理，要统筹考虑各个操作步骤间的数据流量。如果前级操作时间恰好等于后级的操作时间，设计最为简单，前级的输出直接汇入后级的输入即可。如果前级操作时间小于后级的操作时间，则需要对前级的输出数据适当缓存，才能汇入后级，还必须注意数据速率的匹配，防止后级数据的溢出。如果前级操作时间大于后级的操作时间，则必须通过逻辑复制、串并转换等手段将数据流分流，或者在前级对数据采用存储、后处理方式，否则会造成与后级的操作节拍不匹配。

流水线处理方式之所以频率较高，是因为复制了处理模块，它是利用面积换取速度思想的又一种具体体现。

4.5　再谈阻塞赋值与非阻塞赋值

HDL 设计中，有一些按照预定的顺序执行规定的操作，这类执行即为阻塞，它意味着下一步的操作一直到当前的操作完成之后才不被阻塞（在这之前不被执行）。在前面的操作已经完成且所有变量已经更新的情况下，后续的阻塞操作才能执行。非阻塞的操作执行则与次序无关，更新由专门的事件触发，当触发的事件发生时所有的变量同时更新。阻塞赋值和非阻塞赋值是 Verilog 中比较难理解的概念，必须正确理解两者在程序中所处的位置，以及如何使用它们，否则可能使程序产生与预期不同的结果，而且也会使仿真和综合之间不一致。本节在此结合实例对此再做解释。

【例 4－11】　非阻塞赋值示例。

```
module evaluate
(
    input clk,
    input in1,
    input in2,
    input in3,

    output reg out
);
reg logicfun;
always @(posedge clk)
begin
    logicfun <= in1 & in2;
    out <= logicfun | in3;
end
endmodule
```

这个程序综合出的结果如图 4－26 所示。

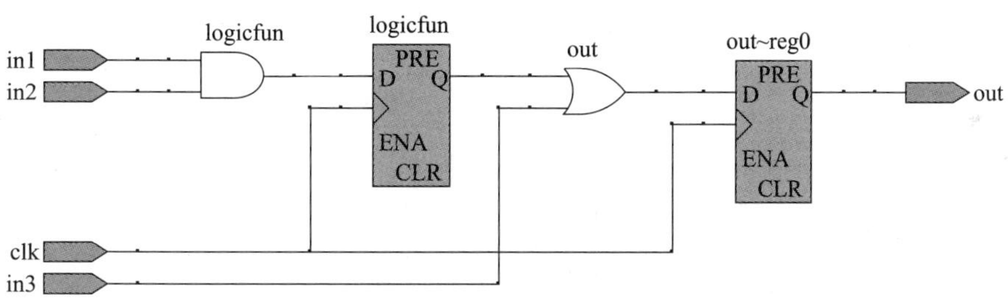

图 4－26　用非阻塞赋值实现的简单逻辑

在图 4－26 中，信号 logicfun 和 out 是触发器，在 in1 和 in2 上的任何变化经过两个时钟周期传播到 out。

如果考虑阻塞赋值，部分语句应做下面的修改：

```
always @(posedge clk)
begin
logicfun = in1 & in2;
out = logicfun | in3;
end
```

在上述的修改中，非阻塞语句被改变为阻塞的，这意味着 out 直到 logicfun 已经更新之后才被更新。二者的更新必须在一个时钟周期发生。结果如图 4－27 所示，结果与之前想象不一致。

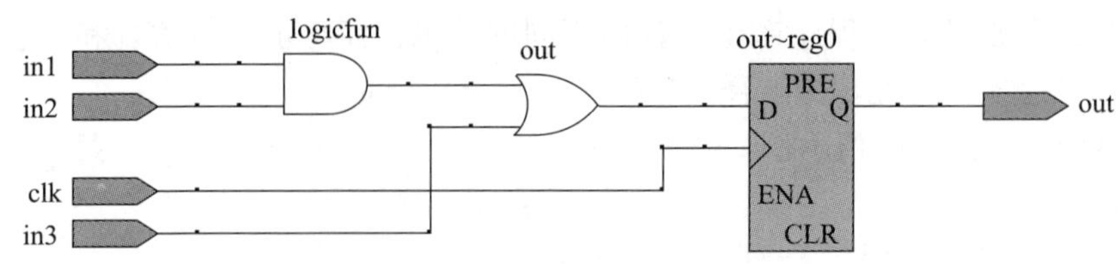

图 4－27　用阻塞赋值实现的逻辑

从图 4－27 可以看出，把非阻塞赋值改为阻塞赋值，去掉了 logicfun 后的寄存器，并改变了整个设计的时序。

当然，这并不是说相同的功能不可以用阻塞赋值来实现，可以考虑如下的修改：

```
always @(posedge clk)
begin
out = logicfun | in3;
logicfun = in1 & in2;
end
```

结果如图 4－28 所示。

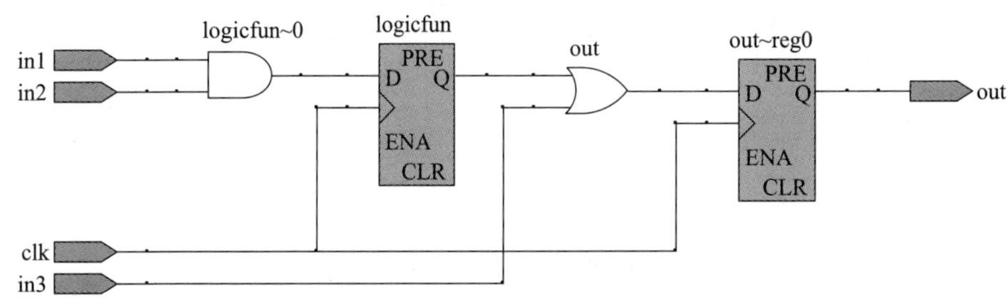

图 4－28　用非阻塞赋值正确地实现

在上面的修改中，强迫 out 寄存器在 logicfun 之前更新，它使得输入 in1 和 in2 经两个时钟周期的延时后传播到 out。这与想要的逻辑结果相同，但是对于比较复杂的逻辑功能来说，这不是清晰的表达，很少直接采用这种方法。一种较为清楚的方法是为每个赋值采用独立的 always 语句。

```
//bad coding style
always @(posedge clk)
begin
    logicfun = in1 & in2;
end
always @(posedge clk)
begin
    out = logicfun | in3;
end
```

上例这种在不同的 always 语句块中为变量赋值的风格综合出来的结果与预期一致，但是这种风格的代码可读性差，特别是当程序较复杂时代码更显烦琐，应该尽量避免这样的编码风格。

在以下利用非阻塞赋值的代码例子中，控制信号 ctrl 定义哪个输入信号输出到 out 的相应位置，其余的输出为零。

【例 4－12】 利用非阻塞赋值的代码例子。

```
//Poor coding style
module evaluate
(
    input clk,
    input [3:0] in,
    input [3:0] ctrl,
    output reg [3:0] out
);
always @(posedge clk)
begin
    if(ctrl[0])     //ctrl[0]有效时,in[0]输出的 out[0],out[3:1]输出 0
        begin
            out[0] <=in[0];
            out[3:1] <=3'b0;
        end
    else if(ctrl[1])     //ctrl[1]有效时,in[1]输出的 out[1],out[3:2]和
                          out[0]输出 0
        begin
            out[0] <=1'b0;
            out[1] <=in[1];
            out[3:2] <=2'b0;
        end
    else if(ctrl[2])     //ctrl[2]有效时,in[2]输出的 out[2],out[3]和
                          out[1:0]输出 0
        begin
            out[1:0] <=2'b0;
            out[2] <=in[2];
            out[3] <=1'b0;
        end
    else if(ctrl[3])//ctrl[3]有效时,in[3]输出的 out[3],out[2:0]输出 0
        begin
            out[2:0] <=3'b0;
            out[3] <=in[3];
        end
    else
        begin
```

```
            out <= 4'b0;
        end
    end
    endmodule
```

综合结果如图 4－29 所示。

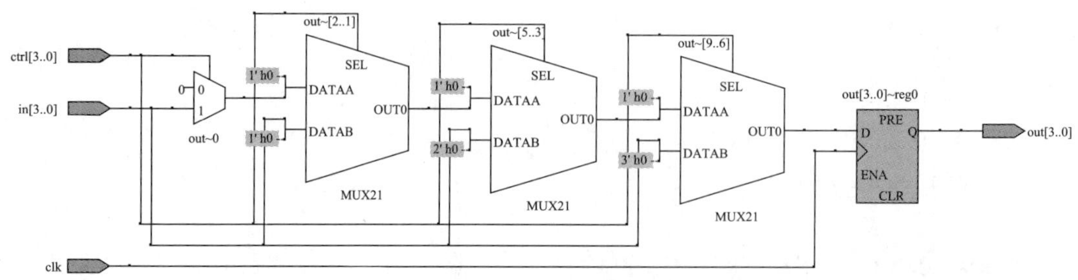

图 4－29　非阻塞赋值的例子

在上面代码的每个判决分支中，使用了 3 条赋值语句，将没有用到的输出位设置为“0”，并将选择到的输入信号输出到相应输出位。为了简化代码，有时候可以用阻塞语句进行初始赋值，如下例所示。

【例 4－13】 利用阻塞语句进行初始赋值示例。

```
//Poor coding style
module evaluate
(
    input clk,
    input [3:0] in,
    input [3:0] ctrl,
    output reg [3:0] out
);
always @(posedge clk)
begin
    out = 4'b0;   //先将 out[3:0]全部赋值为“0”,ctrl 某一位有效时,才改变对应
                    的 out 位的值
    if(ctrl[0])
        begin
            out[0] = in[0];
        end
    else if(ctrl[1])
        begin
            out[1] = in[1];
        end
    else if(ctrl[2])
```

```
        begin
            out[2] = in[2];
        end
    else if(ctrl[3])
        begin
            out[3] = in[3];
        end
end
endmodule
```

因为前面的“out <= 4'b0;”语句首先强制性把输出置“0”，后面的赋值也是阻塞赋值，并只改变一个必要的输出位。虽然这个代码可以综合出与之前相对较复杂的非阻塞赋值相同的逻辑结构，但可能出现竞争冒险。

事实上，非阻塞赋值也可以用类似编码风格实现相同的功能，相应的代码如下所示。

【例 4-14】 利用非阻塞语句进行初始赋值示例。

```
module evaluate
(
    input clk,
    input [3:0] in,
    input [3:0] ctrl,
    output reg [3:0] out
);
always @(posedge clk)
begin
    out <=4'b0;     //先将 out[3:0]全部赋值为“0”,ctrl 某一位有效时,才改变
                      对应的 out 位的值
    if(ctrl[0])
        begin
            out[0] <= in[0];
        end
    else if(ctrl[1])
        begin
            out[1] <= in[1];
        end
    else if(ctrl[2])
        begin
            out[2] <= in[2];
        end
    else if(ctrl[3])
```

```
        begin
            out[3] <= in[3];
        end
end
endmodule
```

这个编码风格是较好的，因为非阻塞赋值已经消除了竞争冒险。

关于阻塞和非阻塞赋值，再做以下一些总结。

（1）阻塞赋值（=）先计算等号右边部分的值，并更新等号左边的值，这个过程不允许有别的 Verilog HDL 语句干扰，即直到计算和更新完成，别的赋值语句不执行。也就是后面的赋值语句是在前一句赋值语句结束后再开始赋值的。

（2）非阻塞赋值（<=）在计算等号右边部分的值，以及更新等号左边的值的期间，其他 Verilog HDL 语句，包括其他非阻塞赋值语句都能同时计算和更新。非阻塞赋值允许其他的 Verilog HDL 语句同时操作。

（3）以下的准则已经被广泛接受：

①利用阻塞赋值实现组合逻辑。

②利用非阻塞赋值实现时序逻辑。

③不在同一个 always 模块混合使用阻塞和非阻塞赋值。

违反这些准则会导致代码具有较差的可读性，并且可能导致仿真结果与综合出来的结果不一致，降低仿真性能，并且很难诊断代码上的错误。

这里就存在另一个问题，在 Verilog HDL 设计中，是不是定义为 reg 型，就一定综合成寄存器，并且是同步时序电路呢？

答案是否定的。在 Verilog HDL 代码中最常用的两种数据类型是 wire 和 reg，一般来说，wire 型指定的数据和网线通过组合逻辑实现，而 reg 型指定的数据不一定就是用寄存器实现。下面的例子就是一个纯组合逻辑的译码器。

【例 4-15】 纯组合逻辑译码器。

```
module reg_cmb
(
    input Reset,              //Asynchronous reset
    input CS,                 //Chip select,low effect
    input [7:0] Din,          //Data in
    input [1:0] Addr,         //Address
    output reg [1:0] Dout     //Data out
);
always @(Reset or CS or Addr or Din)
begin
    if(Reset)
        begin
            Dout = 0;
        end
```

```
    else
        begin
            if(!CS)
                begin
                    case(Addr)
                        2'b00:Dout = Din[1:0];
                        2'b01:Dout = Din[3:2];
                        2'b10:Dout = Din[5:4];
                        default:Dout = Din[7:6];
                    endcase
                end
            else
                begin
                    Dout = 2'bzz;
                end
        end
end
endmodule
```

请大家注意，代码中将输出信号 Dout 定义为 reg 型，但是综合与实现结果却没有使用寄存器。如图 4 - 30 所示，这个电路是一个纯组合逻辑设计。关键在于 always 块的敏感信号量列表不含有时钟信号。

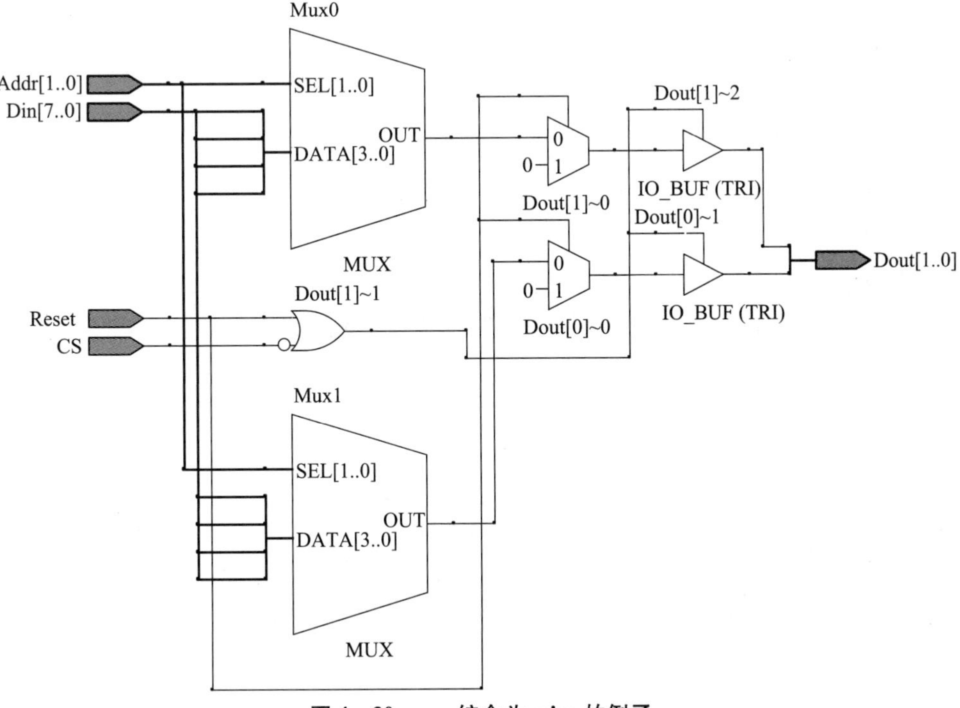

图 4 - 30　reg 综合为 wire 的例子

4.6 提高同步设计时序

4.6.1 时钟偏移

时钟偏移在时序逻辑设计中是十分重要的概念。

图 4－31 中，在第一个触发器和第二个触发器之间时钟信号的传播延时假设为 0。如果通过组合逻辑模块有正的延时，则时序一致性将由组合延时、逻辑布线延时、触发器建立时间等相关的时钟周期决定。信号只能在时钟发生跳变的时候，在单个触发器间传播。但是，在第二个和第三个触发器之间传递的情况稍微复杂一些。因为时钟线在第二个和第三个触发器之间存在延时，有效的时钟沿在不同时刻出现。

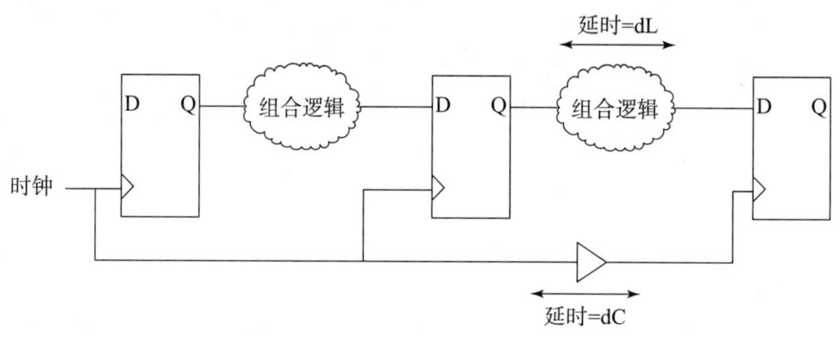

图 4－31　时钟偏移

如果组合逻辑的延时（定义为 dL）比时钟线上的延时（dC）小，则可能出现这样的情况，通过第二个触发器传播的信号将在时钟的有效沿之前到达第三级。当时钟的有效沿到达时，相同的信号可以通过第三级传播。因此，信号可能在同一时钟沿通过第二级和第三级传播，这将引起电路的突然失效，因此，在执行时序分析时必须考虑时钟偏移。注意到时钟偏移与时钟速度无关这一点也很重要。在 FPGA 中处理不好时钟偏移将引起突然的失效。

4.6.2 异步输入

1. 多时钟的同步化

在处理多时钟区域时首先需要强调的问题是在区域之间传递信号的问题。下面讨论在时钟区域间传递信号可能发生什么样的故障，然后提出解决方法。考虑图 4－32 所示的情况，

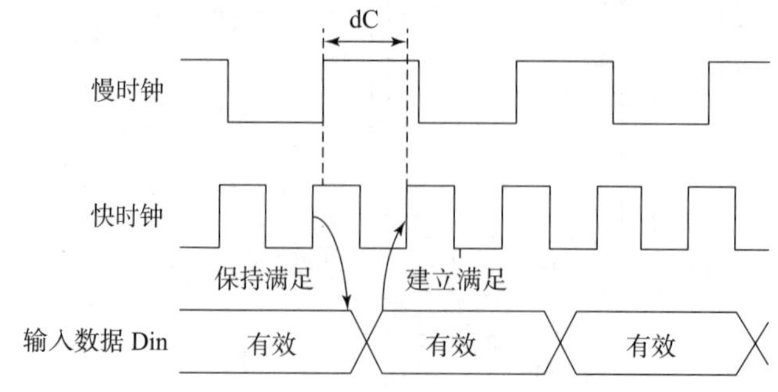

图 4－32　时钟区域间的时序

其中一个信号在两个时钟区域间传递。较慢时钟区域的周期恰恰是较快时钟区域的 2 倍。快速时钟的上升沿与慢速时钟的上升沿之间的时间为 dC。由于这些时钟的相位匹配，dC 一直保持不变（不考虑频率偏移），在这种情况下，它比逻辑延迟加上由快时钟驱动的触发器的建立时间要大。

当这些时钟启动时，它们有一个不违反任何建立和保持时序的相位关系。只要没有时钟漂移和时序冲突发生，器件就会按照预期正常工作。现在考虑相同时钟以如图 4－33 所示的相位关系加电的情况。

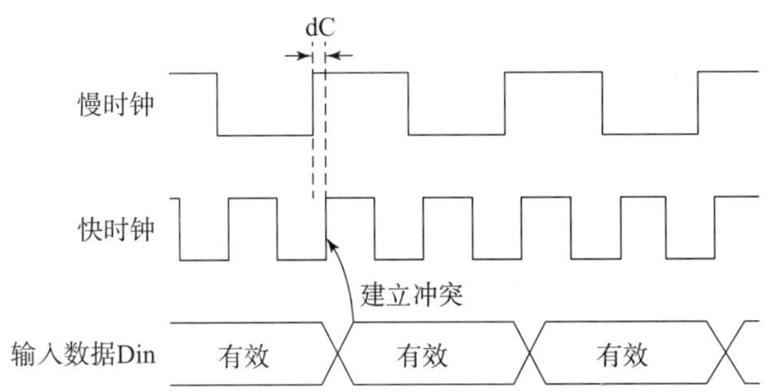

图 4－33　相位关系产生时序冲突

此时时钟沿对齐就会造成时序冲突。这种情况可能发生在任何频率关系的任何两个时钟区域中。时钟同步问题一般来说是不可重复的，并且会影响 FPGA 设计的可靠性。

在建立和保持时间所定义的有效时钟沿的窗口内，如果输入到触发器的数据发生跳变，时序冲突就会发生。如果建立和保持时间有冲突，一个触发器中的节点（内部节点或外部可见的节点）就会暂停在一个对逻辑 0 和逻辑 1 都无效的电压上。换句话说，如果数据在上面描述的那个窗口中被捕获，触发器中的晶体管就不能可靠地设置成代表逻辑 0 或逻辑 1 的电压。不是确定在高或低电平，就是在被设到有效水平（可能正确，也可能不正确）之前，晶体管就可能停留在一个中间电压，这就叫作亚稳态。显然，一个亚稳态信号可能引起一个设计中致命的功能失效，且与时钟沿之间的关系有关，是不确定的状态。

跨时钟区域造成的问题主要包括以下几点：

（1）故障不总是可再现的。如果有两个异步时钟区域，故障通常与时钟沿之间的相对时序有关系。时钟通常又是来自与器件的实际功能没有任何相关的外部源。

（2）问题随工艺而发生变化。常常发现对建立和保持约束较小的高速工艺统计上比低速工艺更少出问题（虽然由于其他的影响可能会出现其他问题）。同时，一些因素（像同步器件的实现、输出缓冲的方式）也对故障发生的概率有重大影响。

（3）一般 EDA 工具都不检测和标注这些问题。静态时序分析工具是基于单个时钟区域分析时序，并且如果以一种特殊的方式专门做这方面的工作，也只是执行时钟间的分析。

（4）通常情况下，跨时钟区域的故障是很难检测和诊断的。

亚稳态的仿真是非常困难的。仅有数字化的仿真器不能检测建立和保持冲突，并为此引入逻辑 x（未知）来表示冲突发生。在 RTL 级仿真中，没有建立和保持冲突发生，因此没有信号处于亚稳态。甚至在检测建立和保持时间的门级仿真中，对两个异步信号对齐而产生同步故障的情况进行仿真依然是很困难的。因此，理解怎样对稳定性进行设计和避免在仿真中验证同步性的问题是非常重要的。因此，在设计开始之前，正确定义和处理全部时钟之间的接口是非常重要的。

例如我们在设计中经常遇到这种情况，一个控制信号来自其他模块或芯片，该信号相对本电路来讲是异步的，即来自不同的时钟源，如图 4 – 34 所示。

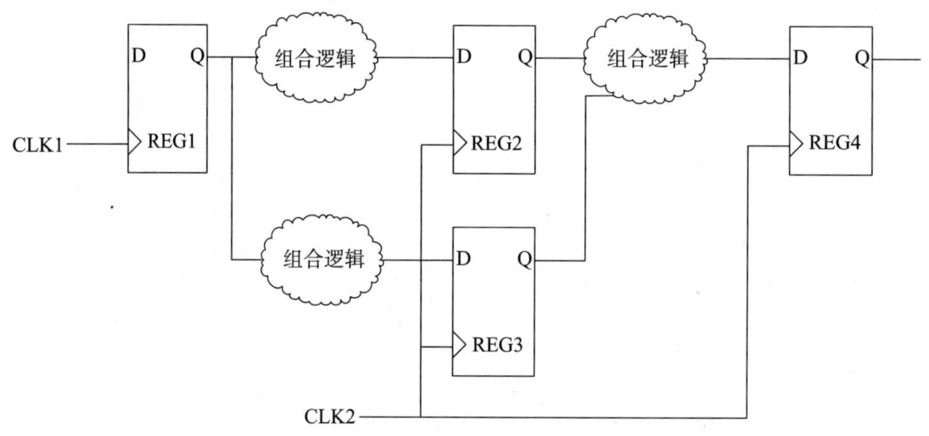

图 4 – 34　多时钟区域示意图

在图 4 – 34 中，CLK1 与 CLK2 来自不同的时钟源，对 REG2 和 REG3 来说，在同一时刻，一个“认为”REG1 的输出为“1”，另一个“认为”是“0”。这必定造成电路判断出现混乱，导致出错。如图 4 – 35 所示，输入信号 *D* 在判决窗内发生变化，可能会造成 3 种结果。

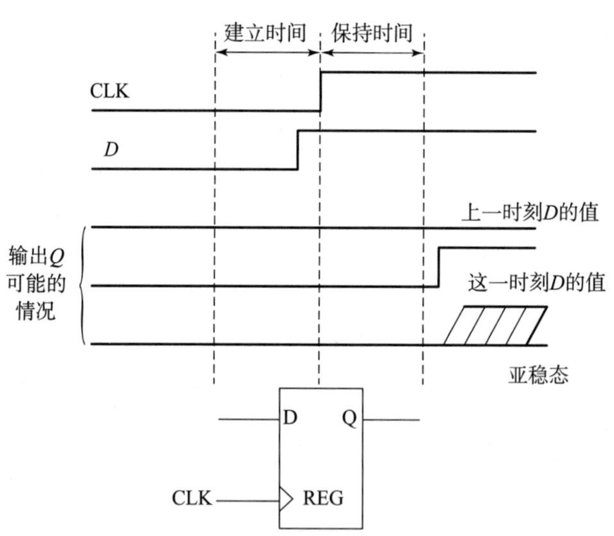

图 4 – 35　输入信号在判决窗内发生变化的结果

①寄存器输出上一时刻 *D* 的值；

②寄存器输出这一时刻 *D* 的值；

③寄存器处于亚稳态。

常用的解决多时钟的同步化问题的方案有以下两种：

（1）解决方案一：双跳技术。

双跳技术是一项可以用于两个异步时钟区域之间单比特信号传输的技术。如上所述，建立或保持冲突可以引起触发器中的一个节点变到亚稳态。在信号稳定于有效电平之前，会有一个不确定数量的逗留时间存在。这个逗留时间会附加于时钟到输出时间（clock - to - out）之上，并且可能会在下一级中引起时序冲突。如果这个信号被传入控制分支或决策树中，它就会变得尤其危险。不幸的是，目前既没有好办法预测亚稳态会持续多长时间，同样，也没有办法将这个信息返回注释到时序分析和优化工具。假定两个时钟区域是完全异步的，一个减小亚稳态发生概率的简单办法是使用双跳技术。

如图 4 - 36 所示，同步电路（有一个被标为 Din 的输入）中的第一个跳转可能经历亚稳态，但是在亚稳态被下一级获取之前，以及被其他逻辑结构发现之前，这个跳转还会有机会稳定下来，如图 4 - 37 所示。

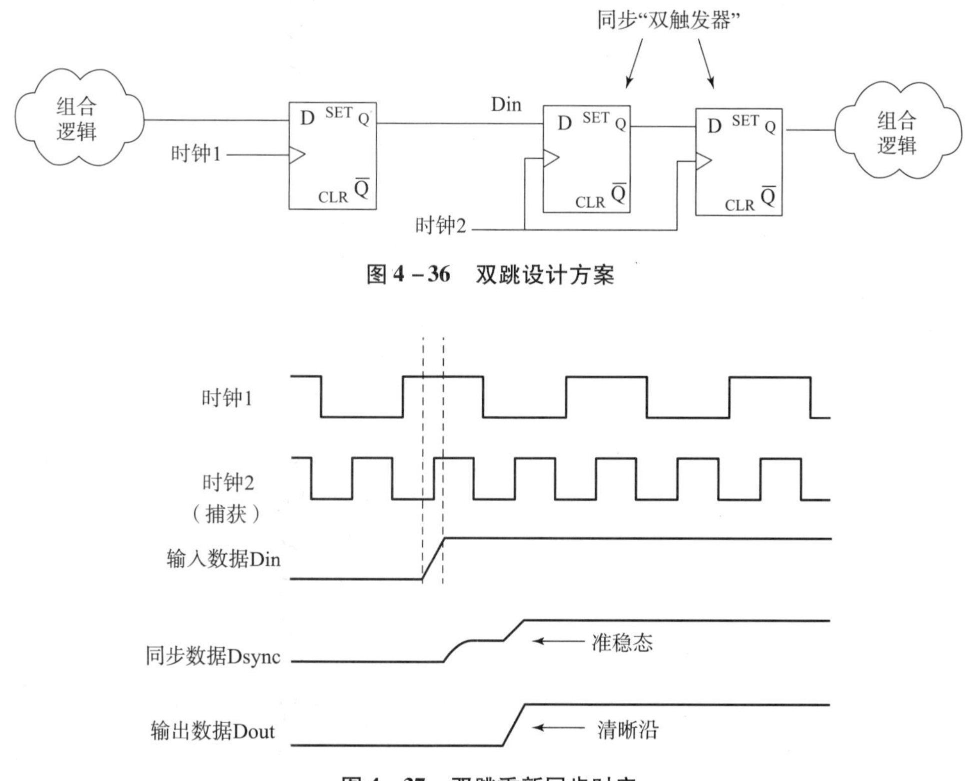

图 4 - 36　双跳设计方案

图 4 - 37　双跳重新同步时序

在这里，Dsync 是第一个触发器的输出，而 Dout 是第二个触发器的输出。从本质上讲，Dout 用来防止其他电路发现这个亚稳态信号，并且一旦同步信号有机会稳定下来，就把它传输下去。由于在两个触发器间没有增加逻辑，就可以最大化提供信号稳定的时间总量。双跳技术可以用于在两个异步时钟区域间对单比特信号进行再同步。

（2）解决方案二：FIFO 结构。

在时钟区域之间传递信号更灵活的方式是使用先进先出（FIFO）结构。当在异步时钟区域之间传递多位信号时可以利用 FIFO。

FIFO 是对各种应用都十分有用的数据结构，这里主要讨论它处理在不同时钟区域间传递突发数据的能力。对 FIFO 最简单的模拟是超市的收银线。客户在随机的时间和特定平均频率到达收银端，在收银端出纳不可能在每个客户到达时立即服务，因此形成一行。在抽象的意义上，一个数据行称为一个队列。因而出纳以固定的频率为客户服务，而不管行的长度。如果平均客户率超过他们可以服务的速率，结构将是不合适的，因为客户排成的队列将越来越长。此时，必须设置一个新的收银端以更快速率服务客户，或者新的客户到达速率必须减少。

相同的原则适用于许多类型的数据传输。数据可能在一个时钟区域以基本上随机的时间间隔到达，可能包含一些大的突发量。接收器件则工作在不同时钟区域上，只可以处理特定速率的数据。发生在器件内部形成的队列称为 FIFO，如图 4－38 所示。

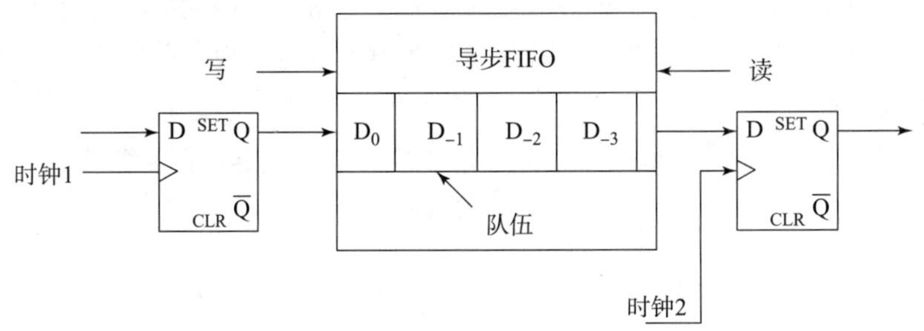

图 4－38　异步 FIFO

用一个异步 FIFO，数据可以在任意时间间隔在发送端运送，接收端在其有处理带宽时把数据推出队列。用 FIFO 实现有限尺寸的任意队列，需要一定的控制来防止溢出，通常包括以下两点：

①关于发送速率（突发或不突发）、最小的接收速率和相应的最大队列尺寸等先验知识；

②握手控制。

在许多情况下，突发的数据量和到达数据的分布都不好定义，这时，握手控制对控制数据流进入 FIFO 是必需的。这包括用满标志来通知发送端在 FIFO 没有更多空间，空标志通知接收端没有更多数据读取。通常用图 4－39 和图 4－40 所示的状态机来管理握手控制。

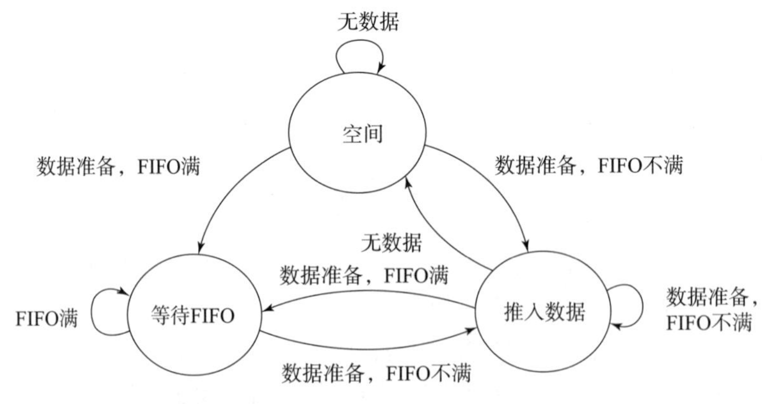

图 4－39　FIFO 握手状态机——发送端

开始工作时，FIFO 中无数据，发送端开始写入数据，直到 FIFO 给出满标志后停止写入；此时接收端开始读取 FIFO 中的数据，直至给出空信号后停止读取数据；发送端收到空信号后开始写入新的数据，如此反复可实现不同时钟区域数据的可靠传输。

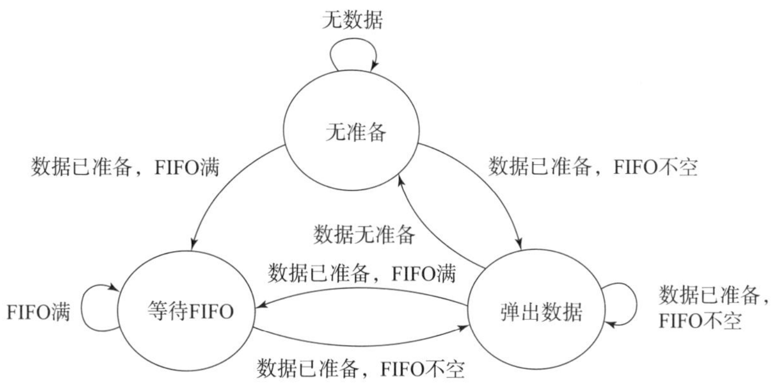

图 4－40　FIFO 握手状态机——接收端

在上述流程中，FIFO 中数据满时停止写入并开始读取，数据空时停止读取并开始写入，FIFO 实际上工作于半双工状态。在实际工程实践中，为提高数据传输效率，通常要求 FIFO 工作于全双工状态，这需要对上述流程做一些改动：

①在发送端写入数据到 FIFO 时，在 FIFO 未满时（如达到 FIFO 容量的80%）给出“半满”标识，接收端查询此标识为高时读取数据，此标识为低时停止读取数据，同时发送端继续写入数据。

②在接收端读取 FIFO 中的数据时，在 FIFO 半空时（如达到 FIFO 容量的 20%）给出“半空”标识，发送端查询此标识为高时写入数据，此标识为低时停止写入数据，同时接收端继续读取数据。

做了上述两处改进后，利用 FIFO 传输不同时钟区域的数据时可保证传输的可靠与高效。

2. 上升沿检测

不建议采用图 4－41 中这种电路检测信号的上升沿，因为 in 为数据信号，上边容易有毛刺，使触发器误动作。建议修改为同步电路设计，如图 4－42 所示，采用时钟检测信号，出现 0→1 的变化即为上升沿。当被检测信号与时钟是同步关系时，可以不用第一个触发器。

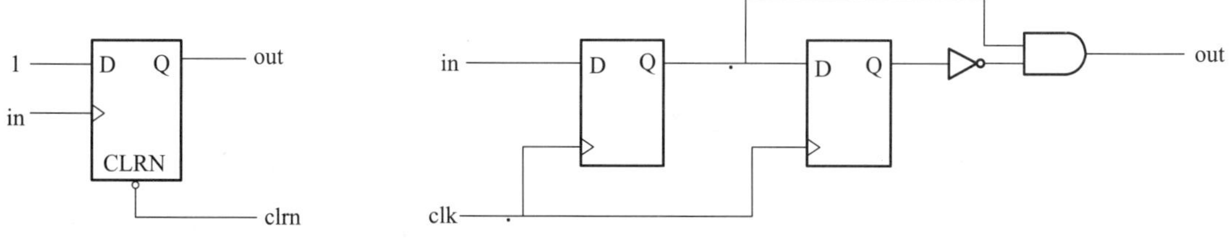

图 4－41　上升沿检测　　**图 4－42　上升沿检测的同步设计**

3. 下降沿检测

同上升沿检测电路一样，如图 4－43 所示的电路对毛刺、干扰极为敏感，不建议使用。

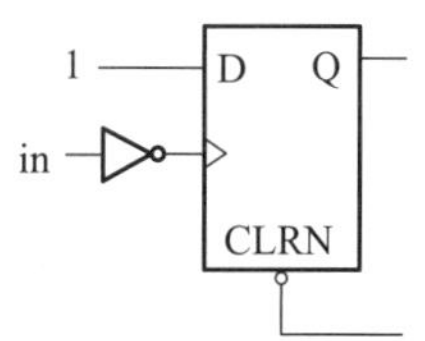

图 4－43　下降沿检测

如图 4－44 所示，采用时钟检测信号，出现 1→0 的变化即为下降沿。当被测信号与时钟是同步关系时，可以不用第一个触发器。

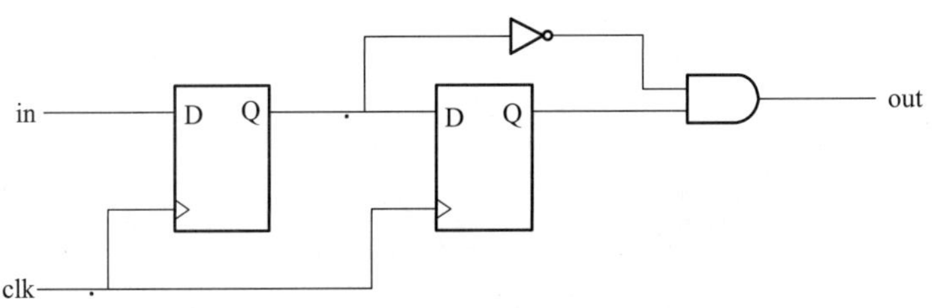

图 4-44 下降沿检测的同步电路设计

4. 复位信号自清零

同步逻辑对于 FPGA 时序收敛的重要性，不仅对于数据是如此，对于清零、复位和使能信号也同样如此。

【例 4-16】 未对复位信号进行同步设计举例。

```
module data_proc
(
    input clk,
    input reset,
    input serial_in,
    output reg data_in
);
always @(posedge clk or negedge reset)
begin
    if(reset ==1'b0)
        data_in <=0;
    else
        data_in <=serial_in;
end
endmodule
```

由于 reset 信号没有同步化，到达各个触发器的延迟时间是不固定的，这样就可能会导致各个触发器的复位异常。这时候需要对 reset 信号进行同步处理而且由于复位信号往往来自于开关，存在有不稳定的时间，同样需要通过梯级与逻辑消除这种瞬变状态。以下为 reset 信号同步化了的新设计。

【例 4-17】 对复位信号进行同步设计举例。

```
module data_proc
(
    input clk,
    input reset,
    input serial_in,
    output reg data_in
);
```

```
reg reset_1d,reset_2d;
always @(posedge clk)
begin
    reset_1d <= reset;
    reset_2d <= reset_1d;
end
always @(posedge clk)
begin
    if(reset_2d ==1'b0)
        data_in <=0;
    else
        data_in <=serial_in;
end
endmodule
```

4.6.3　数据接口的同步方法

同步时序电路要求对输入信号进行同步化，同步化的主要作用是使本级时钟获得相对于数据的最长有效处理时间，从而获得了更长的时间余量。如果输入数据的节拍和本级芯片的处理时钟同频，并且建立、保持时间匹配，可以直接用本级芯片的主时钟对输入数据进行两级寄存器采样，完成输入数据的同步化。需要说明的是，两次寄存器采样的作用在于有效地防止了亚稳态（数据状态不定）的传播，使后级电路获得的电平为有效电平，但是这种处理并不能防止错误采样电平的产生。

数据接口的同步是在 FPGA 设计中常见的问题，很多设计工作不稳定都是源于数据接口的同步有问题。为了有稳定的采样，很多的设计生成了相差 90°的时钟信号，时而用正沿采样一下数据，时而用负沿采样一下数据，用以调整数据的采样位置。这样的做法是有隐患的，一旦芯片更新换代，或者移植到其他器件族的芯片上，采样时序必须重新设计，或者一旦外界条件变换（比如温度升高），采样时序就有可能完全紊乱，造成工作异常。在不同情况下的数据接口同步方法有以下几种。

（1）当输入、输出的延时（芯片间、PCB 布线、一些驱动接口元件的延时等）不可预测，或有可能变动时，就需要建立同步机制。可以用一个同步使能，或者同步指示信号。另外使数据通过 RAM 或 FIFO 的存取，也可以达到数据同步的目的。

把数据存放在 RAM 或 FIFO 的方法如下，将上级芯片提供的数据随时钟作为写信号，将数据写入 RAM 或 FIFO，然后使用本级时钟将数据读出来即可，这种做法的关键有两点：数据写入 RAM 或 FIFO 要可靠，如果使用同步 RAM 或 FIFO，应该有数据的有效指示，即存储深度、读取深度等信息；当使用异步 RAM 或 FIFO 时，在利用数据的有效指示时，必须用本级时钟锁存一下有效指示才能将其用于本级的时序逻辑设计。

（2）当上级数据和本级时钟是异步的时候，也就是说上级芯片或模块和本级芯片或模块的时钟是异步时钟域的，特别是频率不一致时，为了避免异步时钟产生错误的采样电平，一般使用 RAM、FIFO 缓存的方法完成异步时钟域的数据转换（见图 4－45）。最常用的缓存单元是 DPRAM，在输入端口使用上级时钟写数据，在输出端口使用本级时钟读数据，就可以完成异步时钟域之间的数据交换。握手信号机制是异步系统之间通信的基本方式，在处理不同时钟之间的接口时，应该仔细分析握手和应答信号的有效持续时间，确保采样数据的正确性。

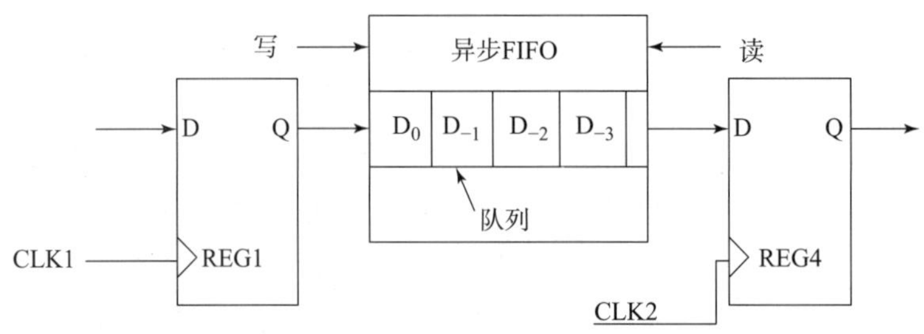

图 4－45　异步 FIFO

在时钟区域之间传递信号更灵活的方式是使用先进先出（FIFO）结构。当在异步时钟区域之间传递多位信号时可以利用 FIFO。FIFO 通常的应用包括在标准总线接口之间传递数据和读写突发存储器。

相同的原则适用于多种类型的数据传输。数据可能在一个时钟区域内随机地到达，而且可能是一些大量的突发数据。接收器可能处于不同时钟区域上，以特定的速率接收数据。

实现有限长度的任意队列，需要一定的控制来防止溢出，以下两个方法是有效的：

①根据发送速率（突发或不突发）、最小接收速率等先验信息确定相应的最大队列尺寸；

②握手控制。

另外，在设计数据同步接口时，特别对于高速设计，一定要对时钟添加相应的约束，附加约束的作用有：提高设计的工作频率，满足接口数据同步的要求，减小逻辑和布线延时，从而满足接口数据同步的要求；获得正确的时序分析报告，从而对设计的性能做出评估。

4.7　思　考　题

1. 对每一个寄存器组来说，上一个时钟的正跳沿是为置数做准备，下一个时钟正跳沿是将数据置入本寄存器组，并为下一级组合逻辑运算送入输入信号。请问为下一级寄存器组的置数做准备的先决条件是什么？

2. 当寄存器的建立时间和保持时间不满足要求时，通过分析寄存器中反馈回路的工作过程，试定性解释亚稳态是如何发生的。

3. 为本章 4.2 节所有例题设计测试平台，在测试平台中进行全面仿真，提供仿真图形。

4. 设计并验证符合下面规范的 4 位二进制同步计数器的 Verilog 模型：下降沿同步、同步置位和复位、数据并行置位和低有效使能计数。

5. 分别设计一个不可综合风格和可综合风格的分频器，可将输入时钟进行 1/8 分频。对于可综合风格的程序，设计测试平台对其进行测试验证。

6. 设计一个状态机用于检测序列“10110”，输入为 1 位串行数据流，当检测到序列“10110”时输出高电平，否则输出低电平。

7. 针对上题设计一个测试平台，验证编写的程序的正确性。

8. 思考：可不可以设计一个固定长度的任意序列检测器，通过参数化配置待检测序列，实现对输入序列的检测。提示：需考虑待检测序列的自相关特性。

9. 裴波那契数列（Fibonacci sequence）是一个整数数列，在这个数列中每个整数都是前两个整数之和。例如，当数列中前两个数为 1 时，裴波那契数列为 1，1，2，3，5，8，13…。其中，一个裴波那契数就是出现在这个裴波那契数列中的一个整数。试编写一个 Verilog 状态机实现对裴波那契数列中第 n 个数的检测，它的输入为 1 位串行数据流，它的输出在出现裴波那契数时有效。在这个练习中 n 取 8，但在代码编写过程中，应将 n 写成容易修改的形式。

10. 写一个 Verilog 测试文件，用于检查习题 8 中所设计的状态机功能是否正常。

第 5 章

FPGA 体系及 IP 核

前面章节介绍了硬件编程语言 Verilog HDL 以及基于硬件编程语言的数字系统设计，随着数字系统包含的功能越来越复杂，性能要求越来越高，要求在数字系统设计中充分理解所用 FPGA 器件的结构特点，并合理地使用其内部的功能模块和布线资源。本章首先讲述 FPGA 体系结构，在此基础上讲述 IP 核及基于 IP 核的快速数字设计。如今 FPGA 不仅仅是传统意义上的通用可编程逻辑器件，而越来越接近一个可编程的片上系统（SoPC）。可编程逻辑器件内部的功能模块越来越丰富，如片内 RAM、锁相环（PLL）、数字信号处理（DSP）模块、专用高速电路甚至嵌入式 CPU 等。这些都需要充分理解其结构特点和工作原理，掌握其使用方法，才能最大限度地发挥它们在系统中的作用，从而使自身的设计达到最优化。

从本章起我们将逐步过渡到 SoPC 的开发方法，IP 核是设计不可或缺的组成部分，也是自底向上设计方法的理论基础。随着数字系统设计越来越复杂，将系统中的每个模块从头开始设计是十分困难的，而且会延长设计周期，甚至增加系统的不稳定因素。IP 核的出现使得设计过程变得十分简单，甚至只需要将不同的模块连接起来，就可以实现一个完整的系统。本章主要介绍 FPGA 构架及可使用的各种 IP 核，重点介绍 IP 核的使用方法，包括生成、综合、仿真、实现和调试验证，为后续章节的 SoPC 设计打下基础。本章的一些设计实例可供读者参考。

5.1 典型 FPGA 体系架构

5.1.1 FPGA 的基本工作原理

第 1 章对 FPGA 的结构已做简单介绍，FPGA 编程是一种硬件编程，它采用了逻辑单元阵列 LCA（Logic Cell Array）这样一个新概念，内部包括逻辑单元、输出输入和内部连线三个部分。其可编程实际上是改变了逻辑单元和输入输出的触发器状态，可以实现多次重复的编程。由于 FPGA 可以反复烧写，其实现逻辑的基本结构不可能像 ASIC 那样通过固定的与非门来完成，而只能采用一种易于反复配置的结构即查找表结构来实现，FPGA 通过烧写最终的配置文件来改变查找表内容以实现对 FPGA 的重复配置。目前主流 FPGA 基本采用了基于 SRAM 工艺的查找表结构，也有一些军用品和宇航级 FPGA 采用 Flash 或者熔丝与反熔丝工艺的查找表结构。

查找表的基本原理：根据数字电路的基本知识可知，对于一个 n 输入的逻辑运算，不管是与、或、非运算还是异或运算等，最多只可能存在 2^n 种结果。所以如果事先将相应的结果存放于一个存储单元，就相当于实现了与非门、异或门电路的功能。FPGA 的原理也是如此，它通过烧写配置文件去配置查找表内容，从而在相同的硬件电路下实现了不同的逻辑功能。

FPGA 中的查找表简称为 LUT（Look - Up - Table），其本质是一个 RAM。目前 FPGA 多使用四输入的 LUT，即每个 LUT 可看成是有 4 根地址线的 RAM。用户根据设计需要，采用原理图或 HDL 语言方式描述一个逻辑电路以后，FPGA 开发软件会自动计算逻辑电路的所有可能结果，并把真值表事先写入 RAM，对于每个不同的输入信号，等于输入一个 RAM 地址进行查表，并找到其对应的内容输出。

表 5 - 1 为输入与门的真值表。

表 5 - 1　输入与门的真值表

实际逻辑电路		LUT 的实现方式	
a、*b*、*c*、*d* 输入	逻辑输出	RAM 地址	RAM 中存储的内容
0000	0	0000	0
0001	0	0001	0
…	…	…	…
1111	1	1111	1

从表中可以看到，LUT 具有和逻辑电路相同的功能。实际上，LUT 具有更快的执行速度和更大的规模。由于基于 LUT 的 FPGA 具有很高的集成度，其器件密度从数万门到数千万门不等，可以完成极其复杂的组合与时序逻辑电路功能，所以适用于高速、高密度的高端数字逻辑电路设计领域。其组成部分主要有：可编程输入/输出单元、基本可编程逻辑单元、内嵌 SRAM、丰富的布线资源、底层嵌入功能单元和内嵌专用单元等。

FPGA 是由存放在片内 RAM 中的程序来设置其工作状态的，因此，工作时需要对片内的 RAM 进行编程。用户可以根据不同的配置模式，采用不同的编程方式。加电时，FPGA 芯片将 EPROM 中数据读入片内编程 RAM 中，配置完成后，FPGA 进入工作状态。掉电后，FPGA 内部配置状态消失，内部逻辑关系消失，因此，FPGA 能够反复使用。FPGA 的编程无须专用的编程器，只需用通用的 EPROM、PROM 编程器即可。这样，同一片 FPGA，不同的配置数据文件，可以产生不同的电路功能。因此，FPGA 的使用非常灵活。

5. 1. 2　FPGA 典型架构

目前，FPGA 市场占有率最高的两大公司为 Xilinx 和 Altera，其主流的 FPGA 产品是基于查找表技术，并且整合了常用功能（如 RAM、时钟管理和 DSP）的硬核（ASIC 型）模块。如图 5 - 1 所示，FPGA 芯片主要由 6 部分构成，分别为：可编程输入/输出单元、基本可编程逻辑单元、时钟管理、内嵌块 RAM、布线资源、内嵌的功能单元和专用硬件模块。图 5 - 1 只是一个示意图，实际上每一个系列的 FPGA 都有其相应的内部结构。

下面介绍 FPGA 的典型架构，同时会涉及 Xilinx 和 Altera 两家公司的异同。

1. 可编程输入/输出单元

可编程输入/输出单元简称 I/O 单元，是芯片与外界电路的接口部分，完成不同电气特

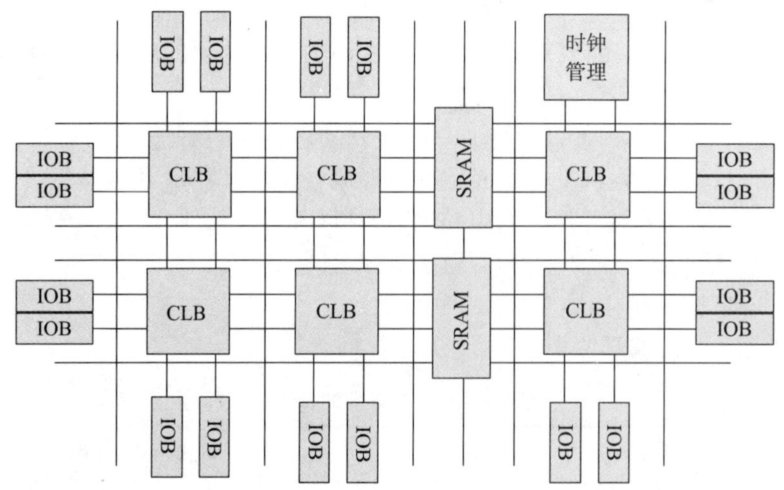

图 5-1　FPGA 芯片内部结构

性下对输入/输出信号的驱动与匹配要求，其示意结构如图 5-2 所示（以 Xilinx 公司 Virtex 系列芯片为例）。FPGA 内的 I/O 按组分类，每组都能够独立地支持不同的 I/O 标准。通过软件的灵活配置，可适配不同的电气标准与 I/O 物理特性，可以调整驱动电流的大小，可以改变上、下拉电阻。目前，I/O 口的频率也越来越高，一些高端的 FPGA 通过 DDR 寄存器技术可以支持高达 2 Gbps 的数据速率。

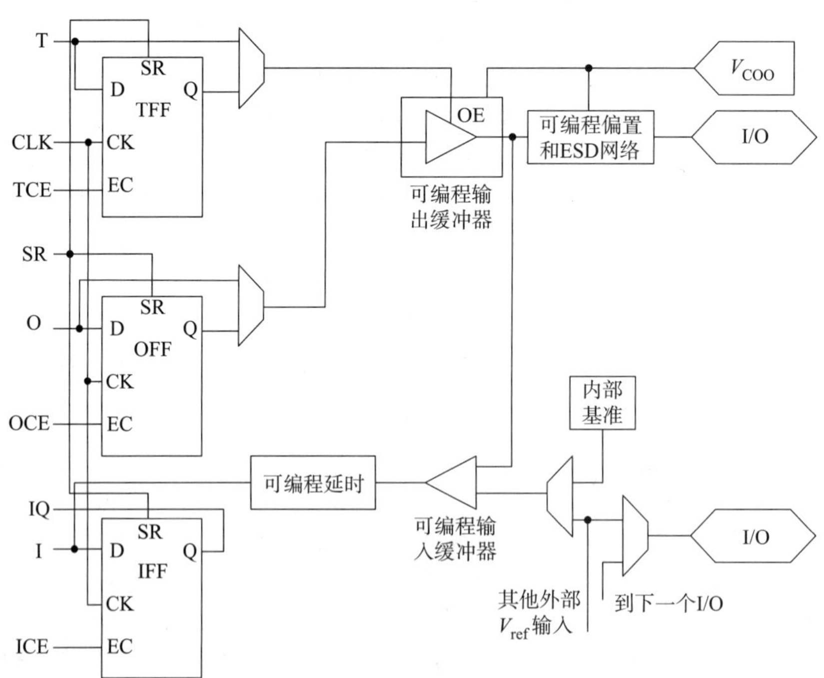

图 5-2　I/O 单元内部结构

外部输入信号可以通过 I/O 单元的存储单元输入到 FPGA 的内部，也可以直接输入到 FPGA 内部。当外部输入信号经过 I/O 单元的存储单元输入到 FPGA 内部时，其保持时间

(Hold Time）的要求可以降低，通常默认为0。

为了便于管理和适应多种电气标准，FPGA 的 I/O 单元被划分为若干个组（Bank），每个 Bank 的接口标准由其接口电压 V_{CCO}决定，一个 Bank 只能有一种 V_{CCO}，但不同 Bank 的 V_{CCO}可以不同。只有相同电气标准的端口才能连接在一起，V_{CCO}电压相同是接口标准的基本条件。

Altera 公司的 FPGA 芯片中的 I/O 单元内部结构如图 5 -3 所示（以 Stratix 系列芯片为例)，与 Xilinx 公司的芯片 I/O 单元结构类似，其也是由输入，输出寄存器、锁存器等构成，可实现双数据速率接口和传统的弹性数据速率接口，也可以实现高性能的 DDR 接口。

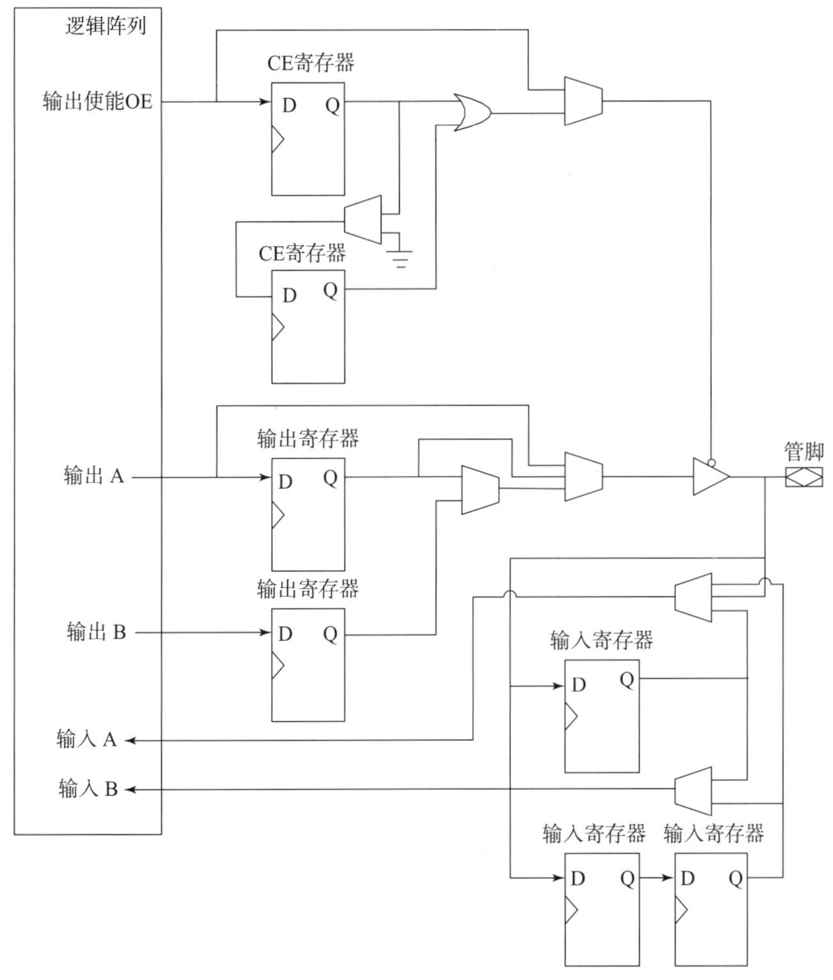

图 5 -3　Stratix 芯片 IOE 结构

2. 基本可编程逻辑单元

基本可编程逻辑单元是 FPGA 内的基本逻辑单元。基本可编程逻辑单元的实际数量和特性会依器件的不同而不同，但是每个基本可编程逻辑单元都包含一个可配置开关矩阵，此矩阵由多个输入、一些选型电路（多路复用器等）和触发器组成。开关矩阵是高度灵活的，可以对其进行配置以便处理组合逻辑、移位寄存器或 RAM。

在 Xilinx 公司的 FPGA 器件中，基本可编程逻辑单元称为 CLB（Configurable Logic

Block)，由多个（一般为4个或2个）相同的逻辑单元（Slice）和附加逻辑构成，如图5-4所示。每个CLB模块不仅可以用于实现组合逻辑、时序逻辑功能，还可以配置为分布式RAM和分布式ROM。

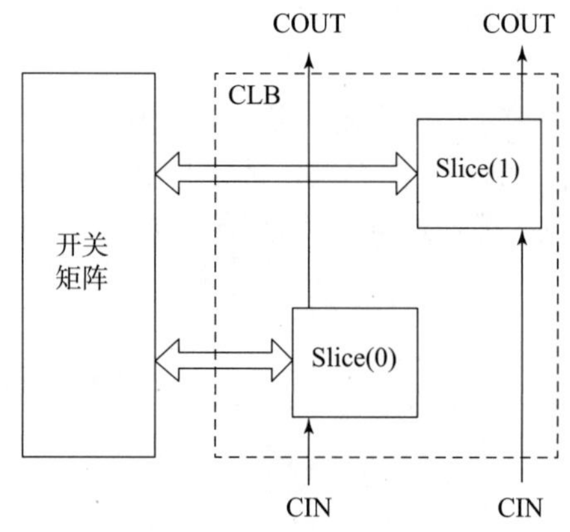

图5-4　典型的CLB结构示意图

Slice是Xilinx定义的基本逻辑单位。一个Slice由4个六输入查找表、4个逻辑单元、进位逻辑和函数复用器组成。

六输入LUT是共有64位逻辑编程空间和6个独立输入的查找表，能够实现任意六输入功能和一两个较小功能的多种组合。该六输入LUT还包括相关的进位逻辑、MUX和触发器。该六输入LUT的某些逻辑部分也可用作64位RAM或32位移位寄存器。图5-5所示为六输入LUT架构。

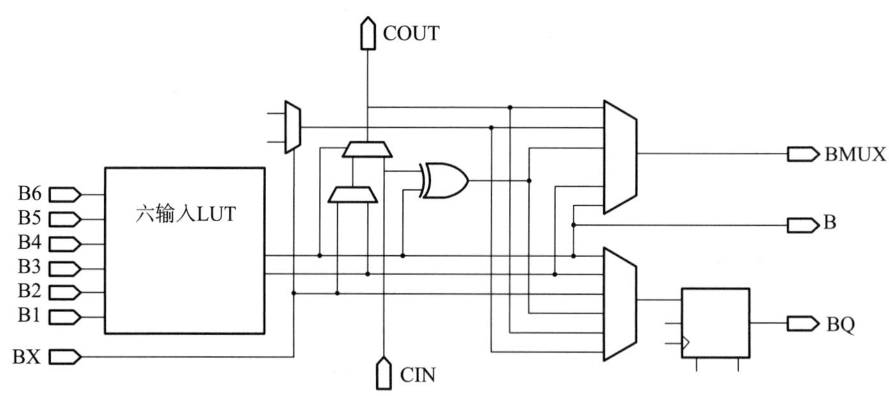

图5-5　六输入LUT架构

在Altera公司的FPGA器件中，基本可编程逻辑单元称为LAB（Logic Array Blocks）。每个LAB由10个ALM（Adaptive Logic Modules）、进位逻辑、共享算术逻辑、连线资源和寄存器组成。

ALM是Altera定义的基本逻辑单位。一个ALM由组合逻辑、两个寄存器和两个加法器构成，如图5-6所示。组合逻辑部分含8个输入，包括一个查找表（LUT），查找表可以在两个自适应LUT（ALUT）之间进行划分。一个完整的ALM可实现一个任意六输入函数，但是由于组合逻辑模块有8个输入，因此，一个ALM可以实现两个函数的多种组合。除了能够实现一个完整的六输入 LUT，ALM 还可以实现两个独立的四输入函数，或者输入都独立的一个五输入和一个三输入函数。

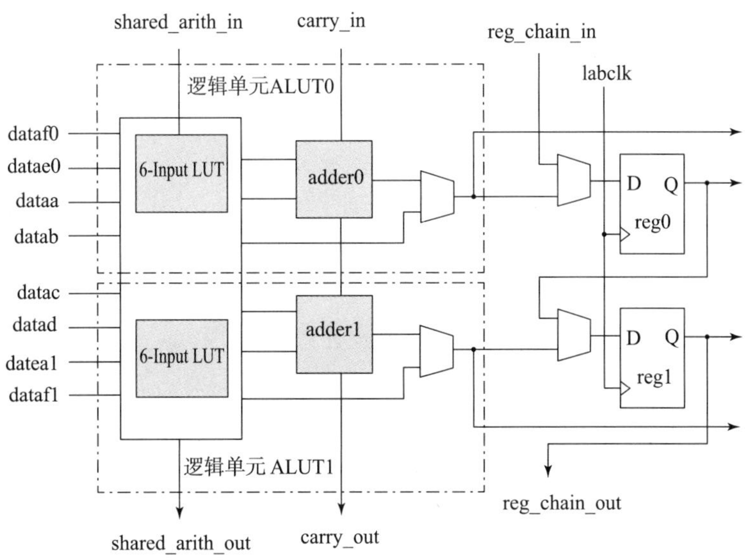

图 5－6　Altera 的 ALM 架构

3. 时钟管理

通过全局布线在整个芯片上提供高速、低摆率的时钟分配。典型的时钟分配如图 5－7 所示。它提供了 4 个全局时钟缓冲器，4 个专门的时钟焊盘分别与每一个全局时钟缓冲器相匹配，全局缓冲的输入可以来自于这些焊盘，也可以来自于常规布线。

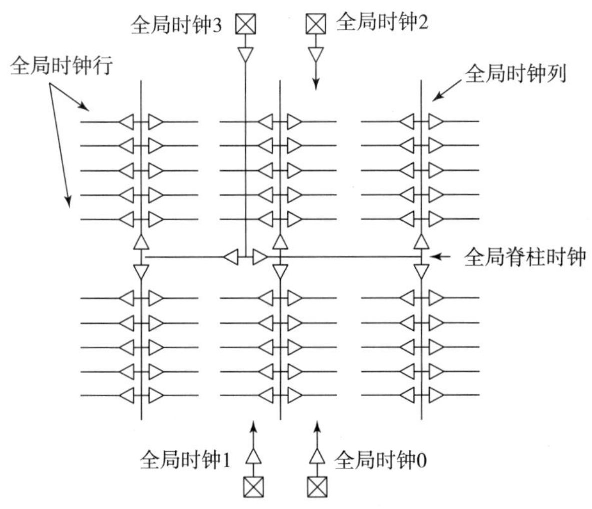

图 5－7　典型的时钟分配

全局时钟网络采用平衡树结构，在每一级加入缓冲器，使到达每个触发器时钟端的时钟同步。大多数 FPGA 均提供数字时钟管理和相位环路锁定。相位环路锁定能够提供精确的时钟综合，且能够降低抖动，并实现过滤功能。

DLL 和 PLL 具有类似的功能，可以完成时钟高精度、低抖动的倍频和分频，以及占空比调整和移相等功能。Xilinx 公司的 FPGA 芯片上集成了 DCM 和 DLL，Altera 公司的芯片集成了 PLL，Lattice 公司的新型芯片上同时集成了 PLL 和 DLL。PLL 和 DLL 可以通过 IP 核生成工具方便地进行管理和配置。DLL 的结构如图 5－8 所示。

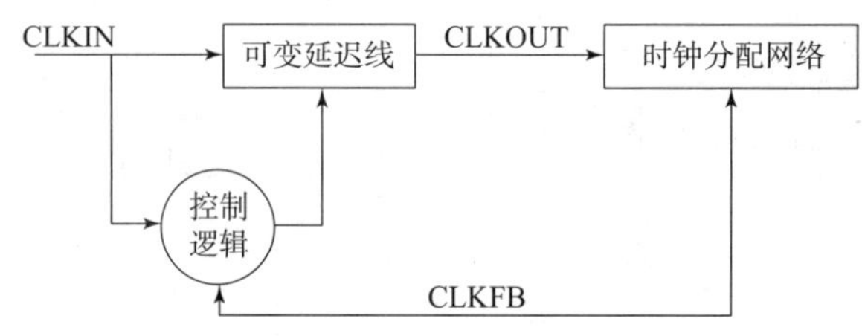

图 5－8　典型的 DLL 模块示意图

4. 内嵌块 RAM

大多数 FPGA 都具有内嵌的块 RAM，这大大拓展了 FPGA 的应用范围和灵活性。块 RAM 可被配置为单端口 RAM、双端口 RAM、内容地址存储器（CAM）以及 FIFO 等常用存储结构。RAM、FIFO 是比较普及的概念，在此就不冗述。CAM 内部的每个存储单元中都有一个比较逻辑，写入 CAM 中的数据会和内部的每一个数据进行比较，并返回与端口数据相同的所有数据的地址，因而在路由的地址交换器中有广泛的应用。除了 RAM 资源，还可以将 FPGA 中的 LUT 灵活地配置成 RAM、ROM 和 FIFO 等结构。在实际应用中，芯片内 RAM 的数量也是选择芯片的一个重要因素。

5. 丰富的布线资源

布线资源连通 FPGA 内部的所有单元，而连线的长度和工艺决定着信号在连线上的驱动能力和传输速度。FPGA 芯片内部有着丰富的布线资源，根据工艺、长度、宽度和分布位置的不同而划分为 4 类不同的类别。第一类是全局布线资源，用于芯片内部全局时钟和全局复位/置位的布线；第二类是长线资源，用以完成芯片 Bank 间的高速信号和第二全局时钟信号的布线；第三类是短线资源，用于完成基本逻辑单元之间的逻辑互连和布线；第四类是分布式的布线资源，用于专有时钟、复位等控制信号线。

在实际中设计者不需要直接选择布线资源，布局布线器可自动地根据输入逻辑网表的拓扑结构和约束条件选择布线资源来连通各个模块单元。从本质上讲，布线资源的使用方法和设计的结果有密切、直接的关系。

6. 底层内嵌功能单元

内嵌功能模块主要指 DLL、PLL、DSP 等内嵌功能单元。越来越丰富的内嵌功能单元，使得单片 FPGA 成了系统级的设计工具，使其具备了软硬件联合设计的能力，逐步向 SoC 平台过渡。

7. 内嵌专用硬核

内嵌专用硬核是相对底层嵌入的软核而言的，指 FPGA 处理能力强大的硬核（Hard Core），等效于 ASIC 电路。为了提高 FPGA 性能，芯片生产商在芯片内部集成了一些专用的硬核。例如：为了提高 FPGA 的乘法速度，主流的 FPGA 中都集成了专用乘法器；为了适用通信总线与接口标准，很多高端的 FPGA 内部都集成了串并收发器（SERDES），可以达到数十 Gbps 的收发速度。

5.2　FPGA 内部资源

5.2.1　时钟

第 4 章时序电路中讲到，同步时序电路的核心是时钟，时钟的质量和稳定性直接决定着同步时序电路的性能。

为了获得高驱动能力、低抖动时延、稳定的占空比的时钟信号，一般使用 FPGA/CPLD 内部的专用时钟资源产生同步时序电路的主工作时钟。专用时钟资源主要指两部分，一部分是布线资源，包括全局时钟布线资源和长线资源等。另一部分是 FPGA 内部的 PLL 或者 DLL。

（1）全局时钟资源。

FPGA 中的全局时钟布线资源一般使用特殊工艺实现（比如全铜层），并设计了专用时钟缓冲与驱动结构，从而使全局时钟到达芯片内部的所有可配置单元、I/O 单元和选择性块 RAM 的时延和抖动均为最小。

（2）长线资源。

长线资源有时也称为第一全局时钟资源。它分布在芯片的行、列的栅栏（Bank）上，一般采用铜、铝工艺，其长度和驱动能力仅次于全局时钟资源。与全局时钟相似，第一全局时钟资源直接与可配置单元、I/O 单元和选择性块 RAM 等逻辑单元连接，第一全局时钟信号的驱动能力和时钟抖动延迟等指标仅次于全局时钟信号。长线资源一般比全局时钟资源的数量更丰富一些。

（3）DLL 和 PLL。

目前大多数 FPGA 厂商都在 FPGA 内部集成了硬的 DLL 或者 PLL，用以完成时钟的高精度、低抖动的倍频、分频、占空比调整、移相等。目前高端 FPGA 产品集成的 DLL 和 PLL 资源越来越丰富，功能越来越复杂，精度越来越高（一般在 ps 的数量级）。

Xilinx 芯片主要集成的是 DLL，而 Altera 芯片集成的是 PLL。Xilinx 芯片的 DLL 模块名称为 CLKDLL，在高端 FPGA 中，CLKDLL 的增强型模块为 DCM（Digital Clock Manager，数字时钟管理模块）。Altera 芯片的 PLL 模块也分为增强型 PLL（Enhanced PLL）和高速 PLL（Fast PLL）等。这些时钟模块的生成和配置方法一般分为两种，一种是在 HDL 代码和原理图中直接实例化，另一种方法是在 IP 核生成器中配置相关参数，自动生成 IP。Xilinx 的 IP 核生成器叫作 Core Generator。Altera 的 IP 核生成器叫作 MegaWizard。另外可以通过在综合、实现步骤的约束文件中编写约束属性完成时钟模块的约束。

下面分别介绍 Xilinx 和 Altera 关于全局时钟资源和 DLL、PLL 相关的硬件原语和功能模块。

1. Xilinx 时钟组件

以 Virtex 系列为例，Virtex 系列 FPGA 时钟组件包括各种全局时钟缓冲器、全局时钟复用器、普通 I/O 本地时钟缓冲器以及高级时钟管理模块，如表 5-2 所示。

表 5-2　时钟组件

原语	描述
BUFG	全局时钟缓冲器
BUFGCE	全局时钟复用器，附带时钟全能信号和状态输出

续表

原语	描述
BUFGCTRL	全局时钟复用缓冲器
BUFGMUX	全局时钟复用缓冲器，附带状态输出
BUFIO	I/O 端口本地时钟缓冲器
BUFR	I/O 端口和 CLB 的本地时钟缓冲器
DCM_ ADV	具有高级特性的数字时钟管理模块
DCM_ BASE	具有基本特性的数字时钟管理模块
DCM_ PS	具有基本特性和相移特性的数字时钟管理模块

下面对几个常用时钟组件进行简单介绍，其余组件的使用方法类似。

BUFG 是具有高扇出的全局时钟缓冲器，一般由综合器自动推断并使用。全局时钟是具有高扇出驱动能力的缓冲器，可以将信号连到时钟抖动可以忽略不计的全局时钟网络。BUFG 组件还可应用于典型的高扇出信号和网络，如复位信号和时钟使能信号。如果要对全局时钟实现 PLL 或 DCM 等时钟管理，则需要手动例化该缓冲器。

BUFGMUX 是全局时钟复用器，选择两个输入时钟中的一个作为全局时钟。需要注意的是，该原语只用于全局时钟处理，不能作为接口使用。

DCM 是数字时钟管理模块，是相位和频率可配置的数字锁相环电路，常用于 FPGA 系统中复杂的时钟管理。如果需要频率和相位动态重新配置，可以选用 DCM_ ADV 原语，如果需要相位动态偏移，可使用 DCM_ PS 原语。

时钟资源的使用也可通过 IP 核来实现。

2. Altera 时钟组件

以 Stratix 系列为例，Stratix 系列器件中的专用全局时钟网络（GCLK）、局域时钟网络（RCLK）以及外围时钟网络（PCLK）组成了具有层次结构的时钟架构。其时钟管理模块为 PLL，对器件时钟管理、外部系统时钟管理以及高速 I/O 接口提供了可靠的时钟管理与综合。PLL 的作用是同步内部或者外部时钟的相位和频率到输入参考时钟。一些包含 PLL 的组件能够实现相位对齐。PLL 可支持 6 种不同的时钟反馈模式，包括源同步模式（Source - synchronous mode）、无补偿模式（No - compensation mode）、正常模式（Normal mode）、零延迟缓冲模式（Zero - delay buffer（ZDB） mode）、外部反馈（External feedback）及 LVDS 补偿（LVDS compensation）。每一种模式均支持时钟的倍频和分频、相移以及可编程占空比。

PLL 使用若干个分频计数器和不同的 VCO 相位抽头来执行频率合成及相移。PLL 实时重配置这一特性对在多频率上进行操作的应用是很有用的。此外，这一特性在原型开发环境中也很有用，能够扫描 PLL 输出频率，并动态调整输出时钟相位。

实际应用中，我们经常遇到时钟锁存数据和时钟切换问题。下面的例 5 - 1，可实现如下功能。

【例 5 -1】 FPGA 代码实现如下时钟相关功能：

（1）用时钟 CLK_ A 对数据 DATA_ IN_ A 进行锁存；

（2）用时钟 CLK_ B 对数据 DATA_ IN_ B 进行锁存；

（3）根据 IN_ SEL 信号对时钟进行选择得到输出时钟 c1k_ out_ bufg；

（4）根据 IN_ SEL 信号对数据进行选择并用输出时钟 clk_ out_ bufg 进行锁存。

```
module bufg_test
(
    CLK_A,
    DATA_IN_A,
    CLK_B,
    DATA_IN_B,
    IN_SEL,
    DATA_OUT
);

input CLK_A;
input [7:0] DATA_IN_A;
input CLK_B;
input [7:0] DATA_IN_B;
input IN_SEL;
output reg [7:0] DATA_OUT;

wire clk_a_bufg;
wire clk_b_bufg;
wire clk_out_bufg;

BUFG bufg_a
(
    .I(CLK_A),
    .O(clk_a_bufg)
);

BUFG bufg_b
(
    .I(CLK_B),
    .O(clk_b_bufg)
);

BUFGMUX bufgmux_switch
(
    .I0(clk_a_bufg),
    .I1(clk_b_bufg),
    .S(IN_SEL),
```

```
    .O(clk_out_bufg)
);

reg [7:0] data_in_a_r;
reg [7:0] data_in_b_r;

always @(posedge clk_a_bufg)
begin
    data_in_a_r <= DATA_IN_A;
end

always @(posedge clk_b_bufg)
begin
    data_in_b_r <= DATA_IN_B;
end

always @(posedge clk_out_bufg)
begin
    if(IN_SEL == 1'b0)
        begin
            DATA_OUT <= DATA_IN_A;
        end
    else
        begin
            DATA_OUT <= DATA_IN_B;
        end
end

endmodule
```

上例中，虽然 CLK_ A、CLK_ B 和 clk_ out_ bufg 都利用了 FPGA 的全局时钟资源，但是 BUFGMUX 却引入了从 clk_ a_ bufg、clk_ b_ bufg 到 clk_ out_ bufg 的较长的延时。即使我们对 CLK_ A 和 CLK_ B 进行了时序约束，仍然不能满足以 clk_ out_ bufg 为驱动时钟的输出锁存器对建立时间的要求。这时候，就需要利用 FPGA 器件中的 PLL 或者 DCM 来消除此延时，其代码如下：

```
module bufg_test
(
    CLK_A,
    DATA_IN_A,
    CLK_B,
```

```
    DATA_IN_B,
    IN_SEL,
    DATA_OUT,
    CLK_OUT_BUFG
);

input CLK_A;
input [7:0] DATA_IN_A;
input CLK_B;
input [7:0] DATA_IN_B;
input IN_SEL;
output reg [7:0] DATA_OUT;
output CLK_OUT_BUFG;

wire clk_a_bufg;
wire clk_b_bufg;

BUFG bufg_a
(
    .I(CLK_A),
    .O(clk_a_bufg)
);

BUFG bufg_b
(
    .I(CLK_B),
    .O(clk_b_bufg)
);

wire clk_a_dcm;
wire clk_b_dcm;
DCM DCM_inst_a
(
    .CLKIN(clk_a_bufg),
    .CLK0(clk_a_dcm),
    .CLKFB(CLK_OUT_BUFG)
);

DCM DCM_inst_b
```

```
(
    .CLKIN(clk_b_bufg),
    .CLK0(clk_b_dcm),
    .CLKFB(CLK_OUT_BUFG)
);

wire clk_a_dcm_bufg;
wire clk_b_dcm_bufg;
BUFG bufg_dcm_a
(
    .I(clk_a_dcm),
    .O(clk_a_dcm_bufg)
);

BUFG bufg_dcm_b
(
    .I(clk_b_dcm),
    .O(clk_b_dcm_bufg)
);

BUFGMUX bufgmux_switch
(
    .I0(clk_a_dcm_bufg),
    .I1(clk_b_dcm_bufg),
    .S(IN_SEL),
    .O(CLK_OUT_BUFG)
);

reg [7:0] data_in_a_r;
reg [7:0] data_in_b_r;

always @(posedge clk_a_bufg)
begin
    data_in_a_r <= DATA_IN_A;
end

always @(posedge clk_b_bufg)
begin
    data_in_b_r <= DATA_IN_B;
```

```
end

always @(posedge CLK_OUT_BUFG)
begin
    if(IN_SEL==1'b0)
        begin
            DATA_OUT<=DATA_IN_A;
        end
    else
        begin
            DATA_OUT<=DATA_IN_B;
        end
end

endmodule
```

以上是修改过的时钟设计，输入输出锁存不变。由于利用了 DCM，输入时钟和输出时钟可以实现零延迟，保证了时序的收敛。图 5 - 9 是此时钟设计的示意图。

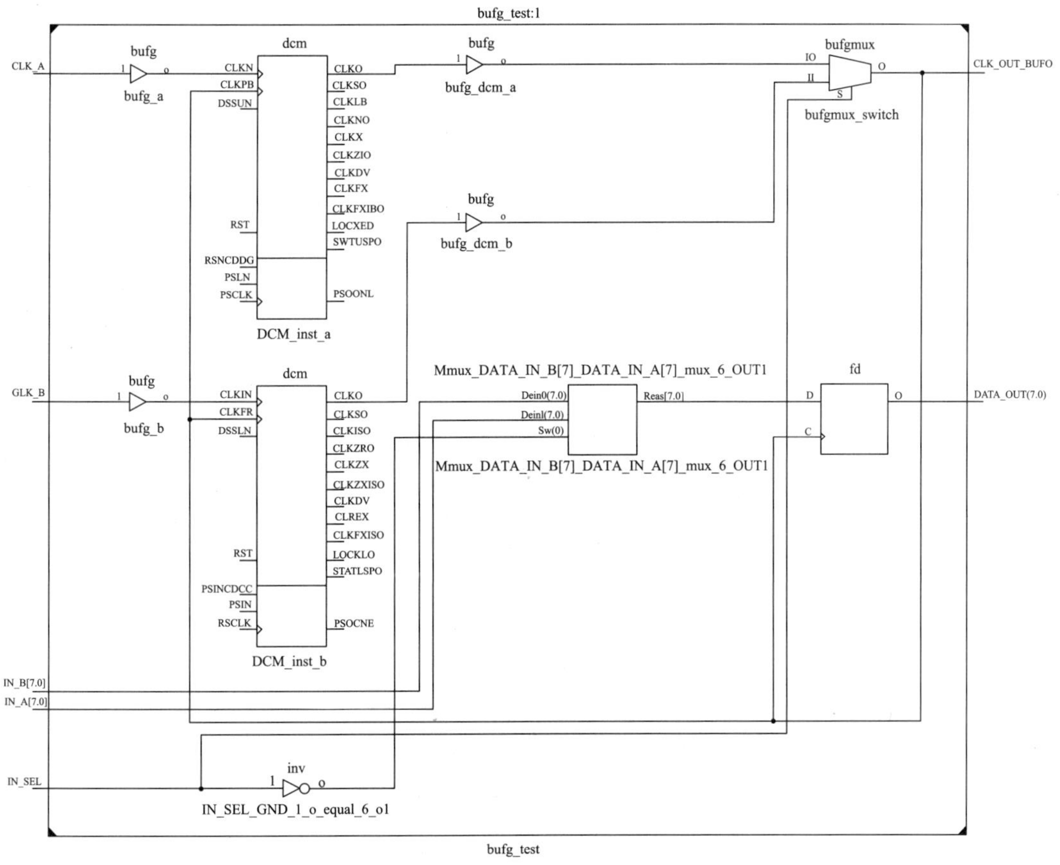

图 5 - 9　用 DCM 消除时钟延迟

5.2.2 片内存储器

1. Xilinx 的片上 RAM

1）分布式 RAM

以 Virtex 系列为例，LUT 除了可产生单端 RAM 外还可产生双端 RAM。当配置成单端 RAM 时，是同步写异步读的模式；当配置成双端 RAM 时，也是同步写异步读模式，且一端口是可读可写（R/W），另一端口只读。

一个 Virtex 的 CLB 包含 4 个 Slice，可配置成如表 5-3 所示的分布式 RAM 结构。

表 5-3 Virtex 的分布式 RAM 配置表

模式	型号（深度×宽度）/bit	LUT 使用个数
单端 RAM	16×1	1
	32×1	2
	64×1	4
	128×1	8
双端 RAM	16×1	2
	32×1	4
	64×1	8

图 5-10 所示是分布式 RAM 的应用例子。

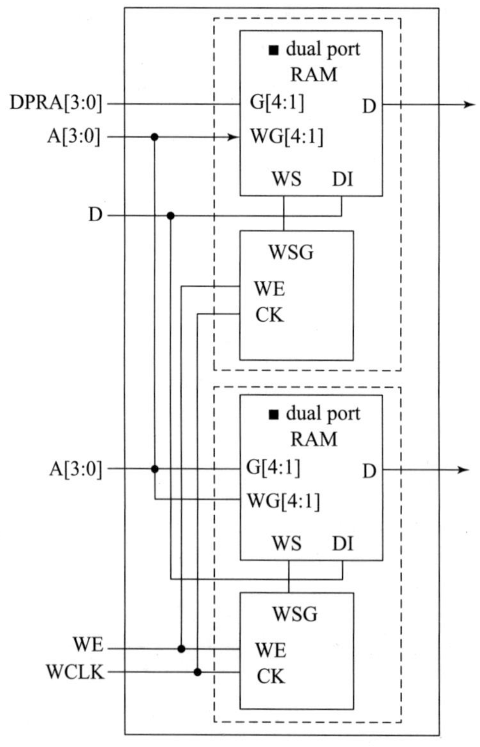

图 5-10 双端口 16×1 RAM

2）块 RAM

Virtex 的块 RAM（Block RAM）资源很丰富，每个块 RAM 有 18 Kbit。在整个 Virtex 系列中，块 RAM 一般按 2 列、4 列或 6 列的规律进行分布。由于块 RAM 有 18 Kbit，因此可支持奇偶校验位的功能，每个端口可配成如表 5 – 4 所示结构。

表 5 – 4　带奇偶检验位的块 RAM 配置表

配置	深度	宽度	校验位
16K × 1	16 Kbit	1	0
8K × 2	8 Kbit	2	0
4K × 4	4 Kbit	4	0
2K × 9	2 Kbit	8	1
1K × 18	1 Kbit	16	2
512 × 36	512 bit	32	4

2. Altera 公司 Stratix 系列器件中的 TriMatrix 嵌入式存储器模块

Stratix 系列是 Altera 公司的高端 FPGA 器件。Stratix 系列器件中的嵌入式存储器模块称为 TriMatrix。TriMatrix 嵌入式存储器模块提供了 3 个不同容量的嵌入式 SRAM，包括 640 bit 存储器逻辑阵列模块（MLAB），9 Kbit 的 M9K 模块和 144 Kbit 的 M144K 模块。通过对 MLAB 进行优化，实现了滤波延迟线、小型 FIFO 缓冲器和移位寄存器功能。M9K 模块可应用于通用存储器，M144K 模块可用于处理器代码存储、数据包缓冲和视频帧缓冲。

可以通过 Quartus II MegaWizard Plug – In Manager 将每一个嵌入式存储器模块单独地配置成单端口或者双端口 RAM、FIFO 缓冲器、ROM 或者移位寄存器。将多个相同类型的模块连接在一起能够实现更大的存储器，同时具有最小时序代价（Timing penalty）。

MLAB 是多用模块，而 M9K 和 M144K 存储器模块是专用资源。这些存储器模块可以作为普通逻辑阵列模块（LAB）或者 MLAB 来进行配置。十个自适应逻辑模块（ALM）构成一个 MLAB。通过将 MLAB 中的每一个 ALM 作为 64 × 1 或者 32 × 2 模块来进行配置，能够在单一 MLAB 中生成 64 × 10 或者 32 × 20 简单双端口 SRAM 模块。

Stratix TriMatrix 存储器模块使电路设计能够在多种操作模式下实现完全同步的 SRAM 存储器。M9K 和 M144K 模块不支持异步存储器（未寄存的输入）。MLAB 支持异步（直通）读操作。

两家公司的片上存储器资源在形式上不一致，在实际使用中可以根据需要使用的存储器模块来选用以下模式：

- 单端口 RAM 模式；
- 简单双端口模式；
- 真双端口模式；
- 移位寄存器模式；
- ROM 模式；
- FIFO 模式。

5.2.3 DSP 模块

本节介绍如何通过优化器件中的数字信号处理（DSP）模块来支持要求高数据吞吐量的DSP应用，例如有限脉冲响应（FIR）滤波器、无限脉冲响应（IIR）滤波器、快速傅里叶变换（FFT）功能和编码器。可以通过配置DSP模块来实现其中的一个可选模式，以符合实际应用。内置的移位寄存器链、乘法器和加法器/减法器的使用最大限度地减少了用于实现这些功能的外部逻辑的数量，从而实现了有效的资源利用率，并提高了DSP应用的性能以及数据吞吐量。

很多复杂的系统（例如：WiMAX、3GPP WCDMA、高性能计算（HPC）、Internet 语音协议（VoIP）、H.264 视频压缩、医学影像和高清电视等）都要求大量的数学运算，因而采用了成熟的DSP技术。其中的DSP模块包含一组专用单元，用于执行乘法、加法、减法、累加、求和动态移位操作。

通过使用硬核（硬核及软核的概念在5.3节有详细介绍）乘加器、高性能的软核逻辑架构以及片内存储器特性，能够对DSP模块进行配置来构建复杂的定点和浮点算术功能，通过这些配置，可以轻松实现通用大型的计算密集型子系统，例如FIR滤波器、复杂的FIR滤波器、IIR滤波器、FFT功能和离散余弦变换（DCT）功能。

1. Xilinx 器件中的 DSP 单元

Virtex 系列提供有专门的数字信号处理单元DSP48。DSP48由硬核乘加器及逻辑资源构成。硬核乘加器的组成结构如图5-11所示。

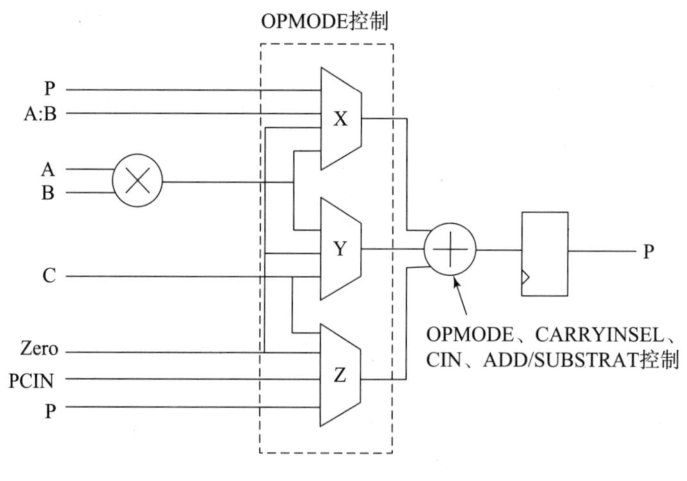

图5-11 硬核乘加器

图5-11中的OPMODE是乘加器工作模式配置输入，可在开发软件中指定。硬核乘加器的乘法器和加法器可单独使用，但对一个乘加器资源，只使用了其乘法器或加法器，则另外的加法器或乘法器就不能再被使用。

乘法器资源分布图与块RAM的分布一样，每个乘法器块紧靠着块RAM，共用4个开关矩阵，如图5-12所示。

2. Altera 器件中内嵌的 DSP 模块

Stratix 系列器件中内嵌了DSP模块，可以有效地实现乘法、乘加、乘累加（MAC）和

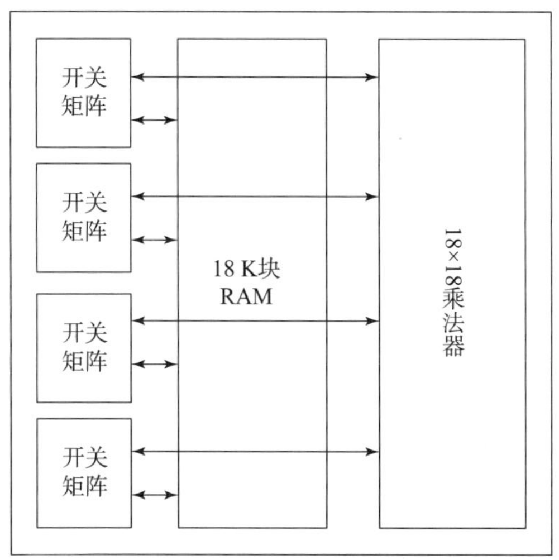

图 5－12　乘法器与块 RAM

动态移位等功能，并且在这些计算的路径中集成了可靠的寄存器，可以实现高性能的 DSP 算法。图 5－13 所示为 DSP 模块的内部结构。

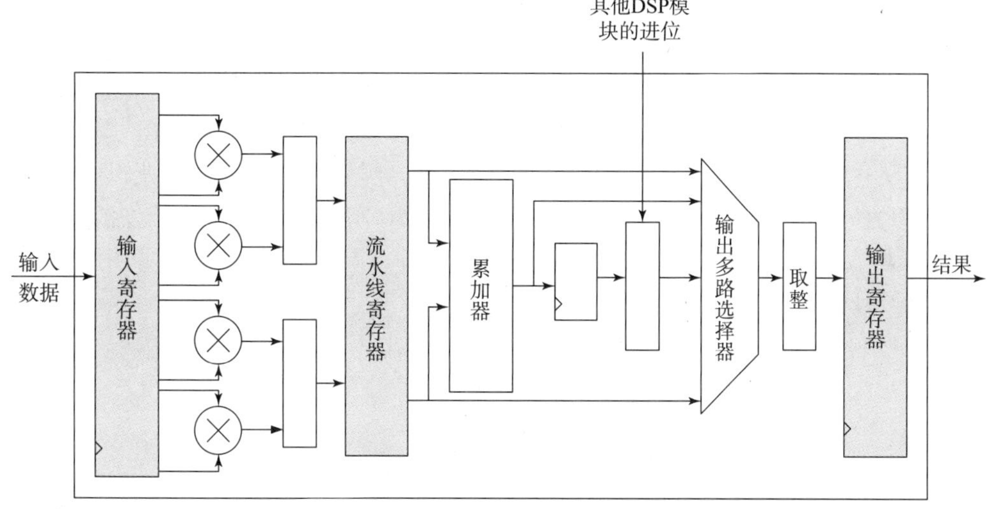

图 5－13　DSP 模块内部结构

对每个 DSP 模块乘法器进行配置，以实现 9 位、12 位或者 18 位乘法运算。一个 DSP 模块能够支持 8 个单独的 9×9 乘法器，6 个 12×12 乘法器，或者 4 个单独的 18×18 乘法器。对于 9 位宽的操作数，需要实现 9×9 乘法器。对于 10～12 位宽的操作数，需要实现 12×12 乘法器，对于 13～18 位宽的操作数，需要实现 18×18 乘法器。可以使用 4 个 18×18 乘法器来构建一个 36×36 乘法器。对于那些要求高于 18 bit 精度的应用，36 bit 乘法器是非常适用的，例如单精度的尾数乘法运算部分和扩展单精度浮点算术应用。

通过配置 DSP 模块能够在二乘法加法器模式中实现复数乘法器。DSP 模块可以实现 18 bit 复数乘法器。复数乘法运算公式为

$$(a+\mathrm{j}b)\times(c+\mathrm{j}d)=[(a\times c)-(b\times d)]+\mathrm{j}[(a\times d)+(b\times c)]$$

例化两个乘法器模块即可实现上述的复数乘法运算。

5.2.4 高速接口

1. Xilinx 公司 Virtex 系列器件中的高速接口

Virtex 系列平台集成了高性能、低功耗的 RocketIO GTX/GTP/GTH/收发器，可支持 500 Mbps ~ 6.5 Gbps 的数据传输速率。可设计支持 XAUI、Fibre Channel、SONET、Serial RapidIO、PCI Express1.1 和 2.0、Interlaken 等标准的各种应用。GTX/GTP/GTH/收发器同时集成了许多高级特性，除线性均衡和发送预加重补偿之外，还集成了四抽头 DFE 接收均衡，能够提高高速信号的信号完整性。收发器模块还包括了多码物理编码子层，能够支持 64B/66B 和 64B/67B 编码解码方案，可节约相应的逻辑单元。

RocketIO 包括了 PMA（Physical Media Attachment，物理媒介适配层）和 PCS（Physical Coding Sublayer，物理编码子层）两个子层。其中 PMA 主要用于串行化解串，PCS 主要包括线路编码和 CRC 检验编码。PMA 中集成了 SERDES（SERializer/DESerializer，串联/解串器），改善和接收缓冲，时钟发生器及时钟恢复电路。SERDES 是一个串并转换器，负责 FPGA 中本地的 32 位并行数据与 RocketIO 接口的串行数据之间的转换。采用串行数据收发，可以在高速条件下很好地避免数据间的串扰。

2. Altera 公司 Stratix 系列器件中的高速差分 I/O 接口

Altera 的 Stratix 系列 FPGA 器件支持高速的低电压差分信号（Low Voltage Differential Signaling，LVDS），最高可达 1.6 Gbps 的速率。每个 LVDS 的改善或接收通道都有专用的硬件 SERDES 电路来实现并/串转换，性能可以做得很高，而且不需要占用内部逻辑资源。通过对 SERDES 电路进行配置可以支持源同步通信协议，例如 Interlaken、万兆以太网（GbE，10GBASE－R）、PCIe Gen3/2/1、Serial RapidIO 和 CPRI 等。Stratix 收发器包括 PMA、PCS 和增强 IP 模块。每一通道都有专用独立接收模块 PLL CDR。此外，可以采用分段式 PLL（fPLL）进行精确频率合成。

5.3 IP 核

5.3.1 IP 核的概念

IP（Intelligent Property）核是具有知识产权的集成电路版图的总称，是经过反复验证的、具有特定功能的宏模块，可以移植到不同的半导体工艺中，与芯片制造工艺无关。在可编程逻辑器件 FPGA 领域，IP 核是指将一些在数字电路中常用但相对复杂的功能块，如 FIR 滤波器、FFT、SDRAM 控制器、PCI 接口等，设计成参数可配置（或不可配置）的模块，让其他用户可以直接调用这些模块。

到了 SoC 阶段，IP 核设计已成为 ASIC 电路设计公司和 FPGA 提供商的重要任务，也是其实力体现。对于 FPGA 开发软件，其提供的 IP 核种类越丰富，用户的设计就越方便。目前，作为独立设计成果的 IP 核已经变成数字系统设计的基本单元。

从 IP 核的提供方式上，通常将其分为硬核（Hard IP Core）、固核（Firm IP Core）和软核（Soft IP Core）这 3 类。从完成 IP 核所花费的成本来讲，硬核代价最大；从使用灵活性来讲，软核的可复用使用性最高，然而相比硬核，软核占用逻辑资源更多。固核的设计灵活性等性能介于硬核和软核之间，第 1 章中已介绍了 SoPC 设计中，嵌入式的 IP 核以硬核和软核为基础，下面将主要讲述这两种核。

5.3.2　软核

软核在 FPGA 设计领域指的是综合之前的寄存器传输级（RTL）模型，具体在 FPGA 设计中指的是对电路的硬件语言描述，包括逻辑描述、网表和帮助文档等。软核只经过功能仿真，需要经过综合以及布局布线才能使用。其优点是灵活性高、可移植性强，允许用户自配置；缺点是对模块的预测性较低，在后续设计中存在发生错误的可能性，有一定的设计风险。软核是 IP 核应用最广泛的形式。

在使用软核时，一般的开发步骤如下。

（1）下载所需的软核安装程序并安装；

（2）根据设计的需要选择定制要生成 IP 核的参数；

（3）产生 IP 核的封装和网表文件以及功能仿真模型；

（4）对 IP 核的 RTL 仿真模型做功能仿真；

（5）把 IP 核的封装文件和网表文件放在设计工程中并实现设计；

（6）如果 IP 核支持，用户可以把设计下载到器件中做验证和调试；

（7）如果确认 IP 核使用没有问题，即可以向 IP 核供应商购买许可。

统一的 IP 核配置界面使定制 IP 核变得非常方便，短时间的 FPGA 片上验证支持使设计中使用 IP 核核没有任何风险，完全可以在验证完整个设计后再决定是否购买 IP 核的许可。

下面分别介绍常用的软核。

1. Xilinx 的软核

Xilinx 提供常用复合功能的 IP 核，提供了大量成熟的、高效的 IP 核为用户所用，包括基本单元、通信和网络、数字信号处理、FPGA 特点和设计、数学函数、记忆和存储单元、标准总线接口等，涵盖了从简单的基本设计模块到复杂的处理器。

System Generator for DSP 工具允许系统架构设计师用手工设计的 IP 核快速建立 DSP 功能模型并实现这些功能；另外，该工具为使用第三方系统级 DSP 设计工具提供了界面。System Generator for DSP 可实现支持 Virtex 系列的多种高性能 DSP 核，包括使用交织器/解交织器、Reed – Solomon 编码器/解码器和 Viterbi 解码器的前向纠错解决方案。使用 GTP 收发器，可实现 PCI Express、串行 RapidIO、光纤通道和 10 Gbit 以太网等应用。MicroBlaze32 位核用来构建面向网络、电信、数据通信以及嵌入式和消费市场的复杂系统。MicroBlaze 处理器采用 RISC 架构，这种架构使用哈佛式独立 32 位指令和全速运行的数据总线，可以从片上和外部两种存储器执行程序和访问数据。

【例 5 – 2】 在 ISE 中使用 IP 核实现两个 16 位无符号数乘法器。

（1）添加乘法器 IP 核。

①在 ISE 开发环境主界面中单击“New Source”，弹出如图 5 – 14 所示对话框，选择“IP”项，在对话框右侧选择 IP 核保存的路径，并给该 IP 核起一个名字。

②在众多 IP 核中选择“Math Functions”类别下的“Multiplier”项，如图 5 – 15 所示。

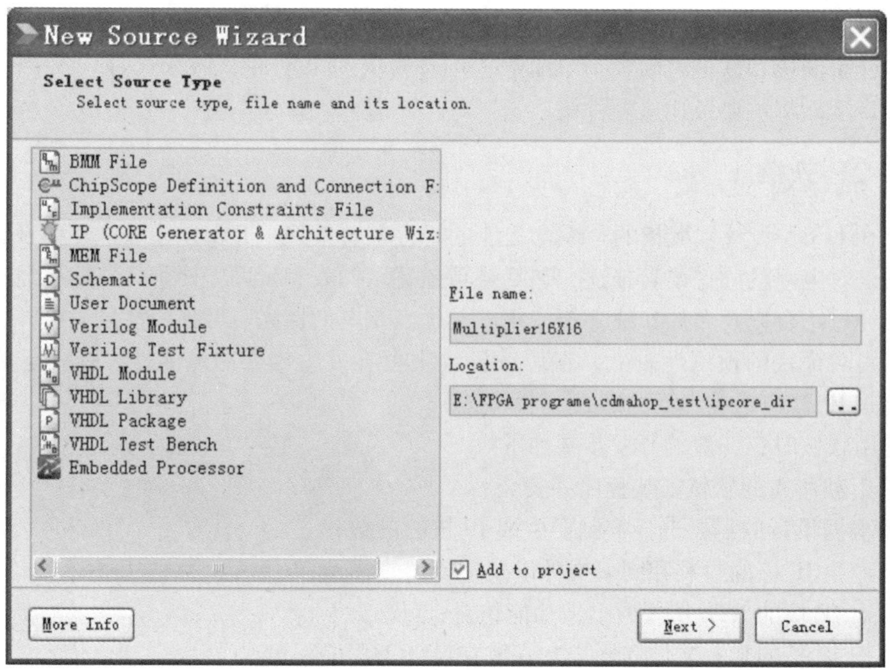

图 5-14　添加乘法器 IP 核界面 1

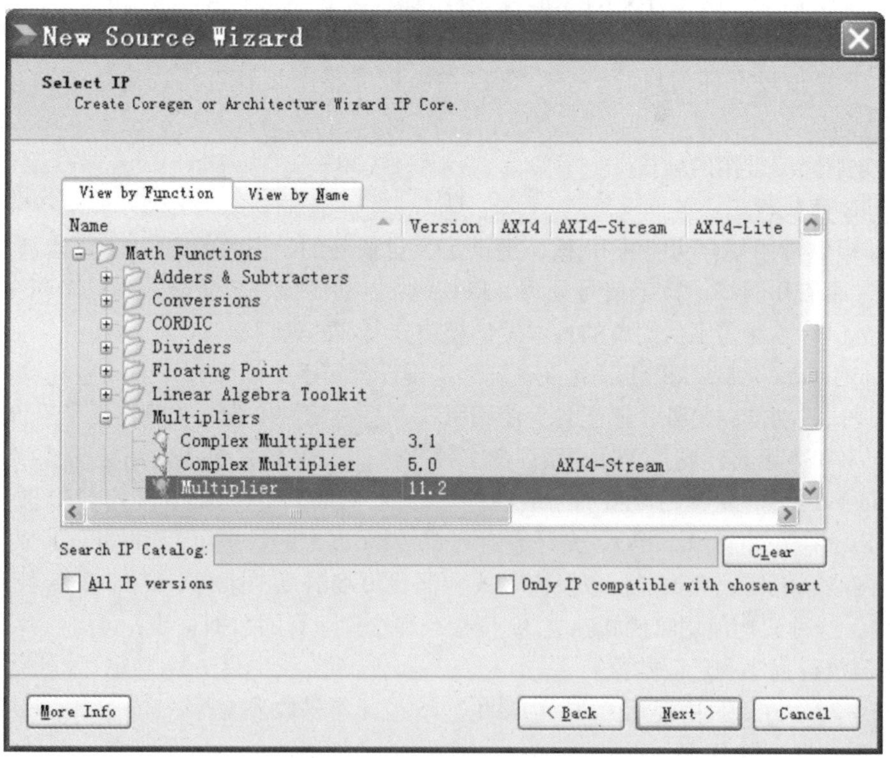

图 5-15　添加乘法器 IP 核界面 2

③配置输入接口 A 和接口 B 都为 16 位无符号数，如图 5-16 所示。

④选择由 FPGA 中的乘法器内核生成该乘法器，如图 5-17 所示。

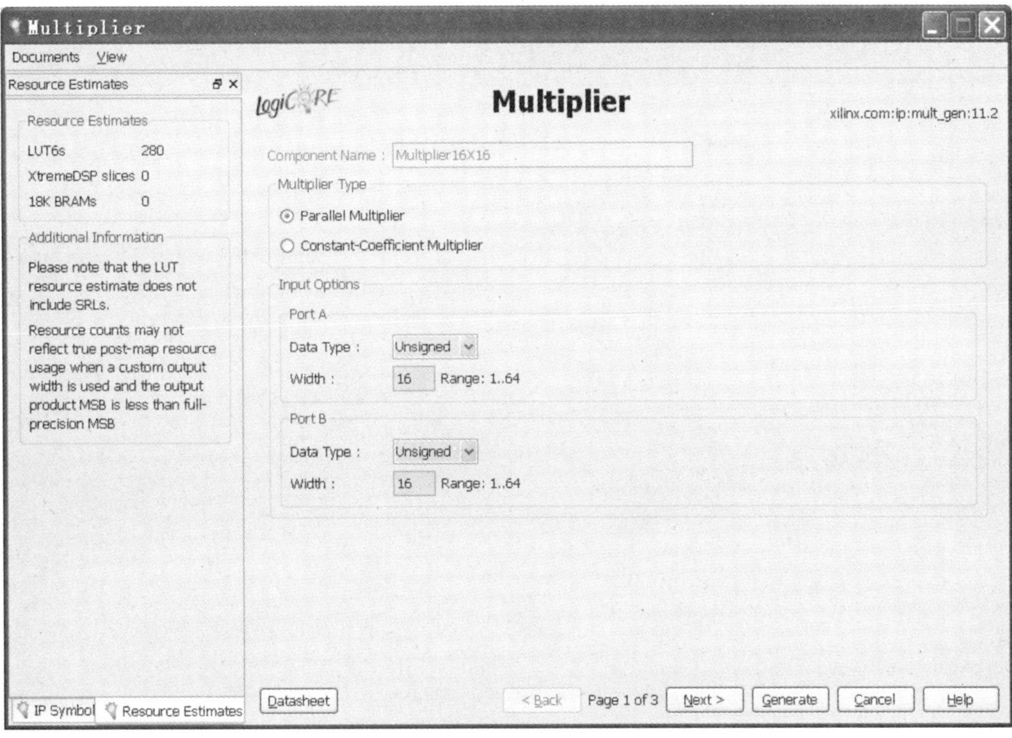

图 5 – 16　添加乘法器 IP 核界面 3

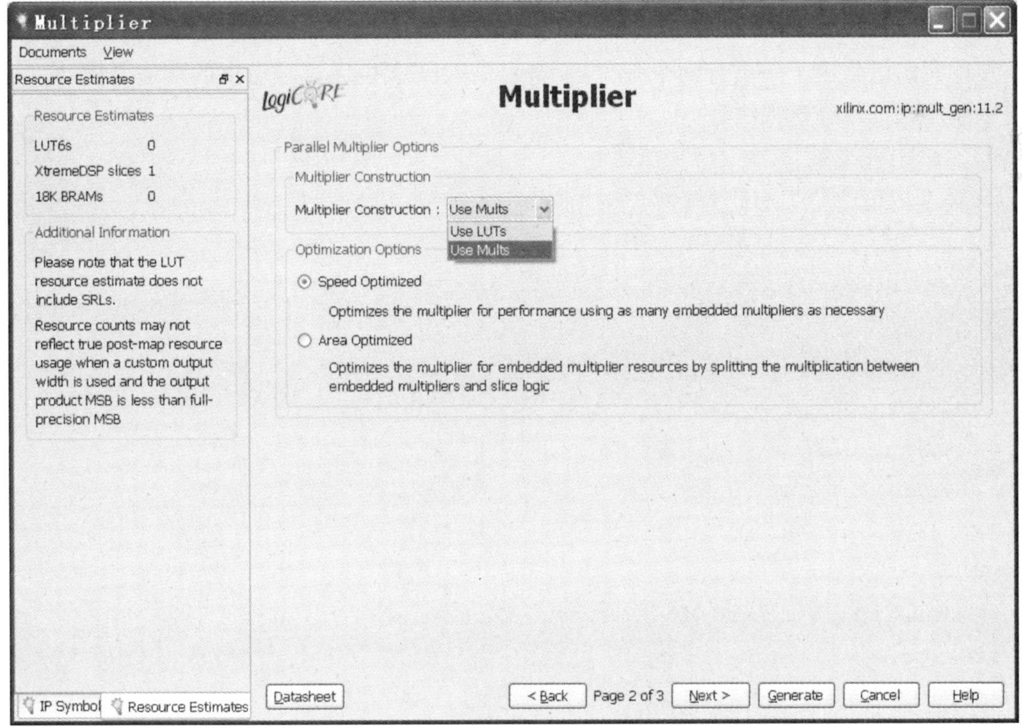

图 5 – 17　添加乘法器 IP 核界面 4

⑤设置乘法器内部延时为推荐的 3 个时钟，如图 5－18 所示。

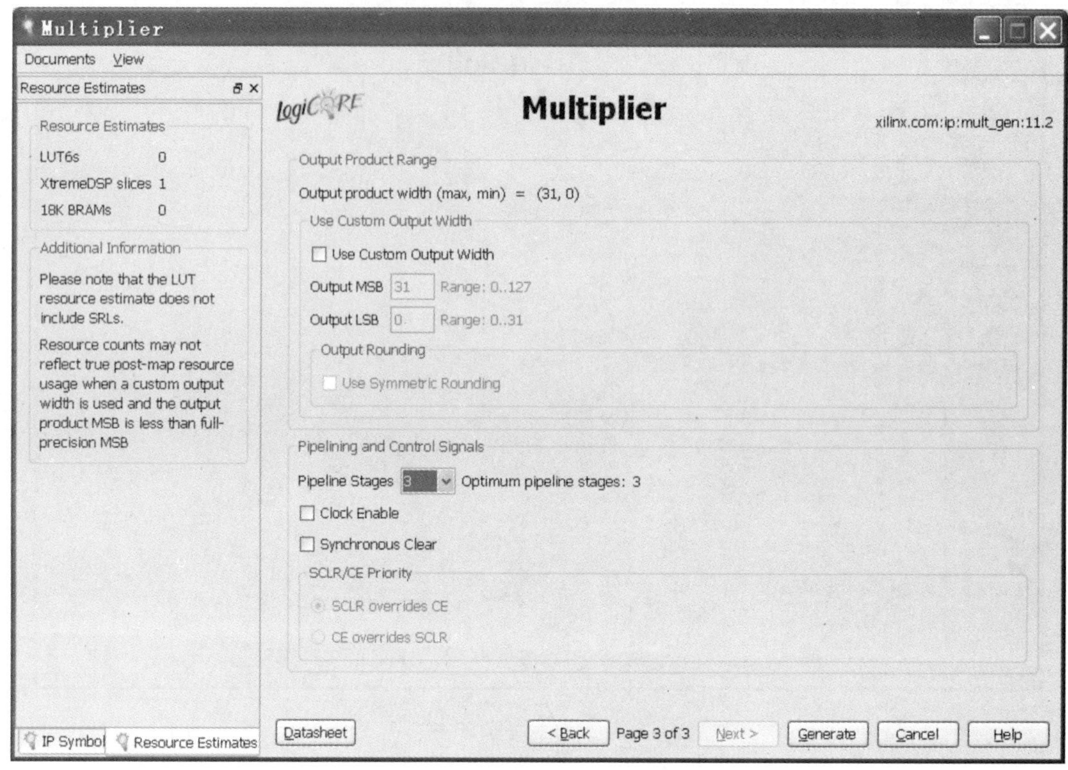

图 5－18　添加乘法器 IP 核界面 5

至此我们已生成了一个有两个 16 位无符号输入、32 位无符号输出的乘法器模块，下一步可以调用该模块进行乘法运算。

（2）调用乘法器 IP 核进行乘法运算。

```
module Multiplier_IP
#(
    parameter WIDTH =16)
(
    input [WIDTH -1:0] X_in,
    input [WIDTH -1:0] Y_in,
    input clk,
    output m_out
);

    Multiplier16X16 Multiplier16X16_ins
(
.a(X_in),
.b(Y_in),
.clk(clk),
```

```
.p(m_out)
);
endmodule
```

2. Altera 的软核

1）基本宏功能（Mega functions/PM）

在 Altera 的开发工具 QuartusII 中，有一些自带的基本宏功能可供用户选用，如乘法器、多路选择器、移位寄存器等。当然，这些基本的逻辑功能也可以由通用的硬件描述语言描述出来。然而 Altera 的这些基本宏功能都是针对其实现的目标器件进行优化过的模块，它们应用在具体 Altera 器件的设计中，往往可以使用户的设计性能更高，使用的资源更少。使用 Altera 的基本宏功能还可以显著提高用户设计的开发进度，缩短产品的开发时间，另外还有一些器件特有的资源，例如片内 RAM 块、DSP 块、LVDS 驱动器、PLL、DDIO 和高速的收发电路等，同样是通过基本宏功能方式调用的。这样，使用起来非常方便，设置参数比较简单，只需通过图形界面操作即可，而且不容易出错。

Altera 可以提供的基本宏功能参见表 5-5。

表 5-5 Altera 可提供的基本宏功能

类型	描述
算术组件	包括累加器、加法器、乘法器和 LPM 算术函数
门	包括多路复用器和 LPM 门函数
I/O 组件	包括时钟数据恢复（CDR）、锁相环（PLL）、双数据速率（DDR）、千兆收发器（GXB）、LVDS 收发器、PLL 重新配置和远程更新
存储器	包括 FIFO、RAM 和 ROM 宏功能
存储组件	存储器、移位寄存器宏模块和 LPM 存储器函数

在这里要强调的是，对一些简单的功能模块，如加/减、简单的多路器等，通常建议使用通用的 HDL 来描述。这样的逻辑功能用 HDL 描述起来非常简洁而且综合工具可以把这些基本功能放在整个设计中进行优化，使系统达到最优。如果使用 Altera 的基本宏功能，由于综合工具的算法无法对该模块进行基本逻辑的优化操作，反而会影响设计的结构。而对一些相对比较复杂的设计，例如一个同步可载入的计数器，使用 Altera 的基本宏功能会得到较好的结果。

另外，在设计代码中过多地使用基本宏功能，也会降低代码的可移植性，这些都需要读者在实践中体会和积累。

2）Altera 的 IP 核与 AMPP IP 核（Mega Core）

Altera 除了提供一些基本宏功能以外，还提供了一些比较复杂的、相对比较通用的功能模块，例如 PCI 接口、DDR SDRAM 控制器等。这些就是 Altera 可以提供的 IP 库，也称之为 Mega Core。

总的来说 Altera 的 Mega Core 可以分为 4 大类，参见表 5-6。

此外，一些 Altera 的合作伙伴 AMPP（Altera Megafunction Paters Program）也提供基于 Altera 器件优化的 IP 核。

所有的 Altera 或 AMPP 的 IP 核具有统一的 IP Toolbench 界面，用来定制和生成 IP 核文件。所有的 IP 核可以支持功能仿真模型，其使用方法类似。

表 5－6　Altera 的 Mega Core

数字信号处理类	通信类	接口和外设类	微处理器类
FIR	UTOPIA2	PCI MT32	Nios&NiosII
FFT	POS－PHY2	PCI T32	SRAM Interface
Reed Solomon	POS－PHY3	PCI MT64	SDR DRAM Interface
Virterbi	CRC	PCI64	Flash Interface
Trubo Encoder/Decoder	SONET Framer	PCI32 Nios Target	UART
NCO	Rapid IO	DDR Memory	SPI
Color Space Converter	8B10B	Hyper Transport	Programmable IO
DSP Builder			SMSC MAC/PHY

前文 3.2.5 小节已经给出了在 Altera 开发环境 Quartus II 中例化和使用加法器 IP 核的例子，其他 IP 核的例化和使用与此类似，这里不再赘述。

5.3.3　硬核

硬核在 FPGA 设计领域是指经过验证的设计版图；具体在 FPGA 设计中指布局和工艺固定、经过前端和后端验证的设计，设计人员不能对其修改。硬核通常作为专用资源，已经固化在 FPGA 中。硬核不能修改的原因有两个：首先是系统设计对各个模块的时序要求很严格，不允许打乱已有的物理版图；其次是保护知识产权的要求，不允许设计人员对其有任何改动。IP 硬核的不许修改特点使其复用有一定的困难，因此只能用于某些特定应用，使用范围较窄。

Xilinx 公司的产品不仅集成了 PowerPC 系列 CPU，还内嵌了 DSP 核模块，其相应的系统级设计工具是 EDK 和 Platform Studio，并依此提出了片上系统（System on Chip）的概念。通过 PowerPC、MicroBlaze、PicoBlaze 等平台，能够开发标准的 DSP 处理器及其相关应用，达到 SoC 的开发目的。此外，Xilinx 的 Virtex 系列 FPGA 还内建了 PCI Express 和三态以太网 MAC 硬核（TEMAC），与软核实现方式相比，硬核可以把功耗降低到原来的$\frac{1}{10}\sim\frac{1}{5}$，节约将近 90% 的逻辑资源。Xilinx 三态以太网 MAC 核是一个可参数化的核，适合在网络设备中使用，例如开关和路由器等。可定制的 TEMAC 核使系统设计者能够实现宽范围的集成式以太网设计，从低成本 10/100 MB 以太网到性能更高的 10 GB 端口。

Altera 公司的 FPGA 内集成了多种硬核 IP 模块，包括采用嵌入式 HardCopy 模块构建的硬核 IP 模块、收发器和内核中集成的硬核 IP 模块。主要模块包括 Interlaken、万兆以太网（GbE，10GBASE－R）、PCIe Gen3/2/1、Serial RapidIO2.0、CPRI/OBSAI、精度可调数字信号处理（DSP）模块和嵌入式存储器。

5.4　基于 IP 核的快速数字设计

5.4.1　基于 IP 核的快速设计流程

随着 FPGA 的规模越来越大，设计越来越复杂，使用基于 IP 核的快速设计方法是一个发展趋势。用户可以在自己的 FPGA 设计中使用这些经过严格测试和优化过的模块，减少设计和调试时间，降低开发成本、提高开发效率。

在基于 IP 核的数字设计中，一个完整的设计主要由两部分组成：一部分是核，如图 5 - 19 中的 MCU、RAM；另一部分是用户自己定义的逻辑电路，按系统设计的要求将这些功能模块连在一起就完成了芯片的设计。各个核或功能模块的连接目前还没有统一的标准，因不同的设计而定，一般应满足一定的时序要求。作为基于 IP 核的数字设计的第一步是选择合适的核，这主要从核的功能、性能可行性和实现技术几方面来选择。

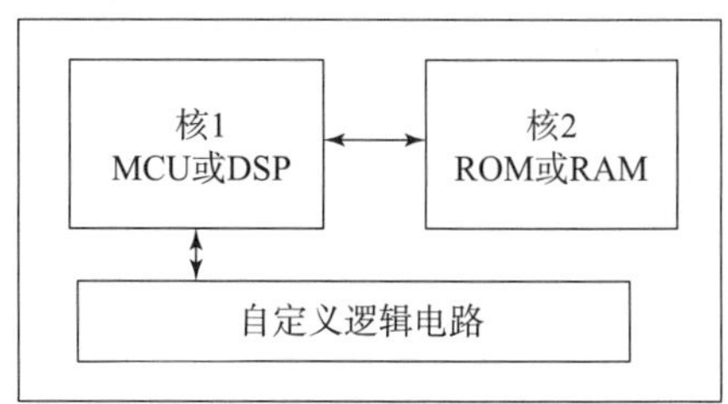

图 5 - 19　基于 IP 核的数字设计

一个 IP 核首先要有核的功能描述文件，用于说明该 IP 核的功能、时序要求，如图 5 - 20 所示。其次还要包括设计实现和设计验证两个方面的文件，即不但要有实现核功能的寄存器传输级（RTL）源码或网表，还要有用于核后验证逻辑功能正确性的仿真模型和测试向量。硬核的实现较简单，类似于 PCB 设计中 IC 芯片的使用，软核的使用方法较为复杂，实现后的性能及使用与具体实现方式有关，为保证软核的性能，一般还提供综合描述文件，用于指导软核的综合，固核的使用介于上述二者之间。

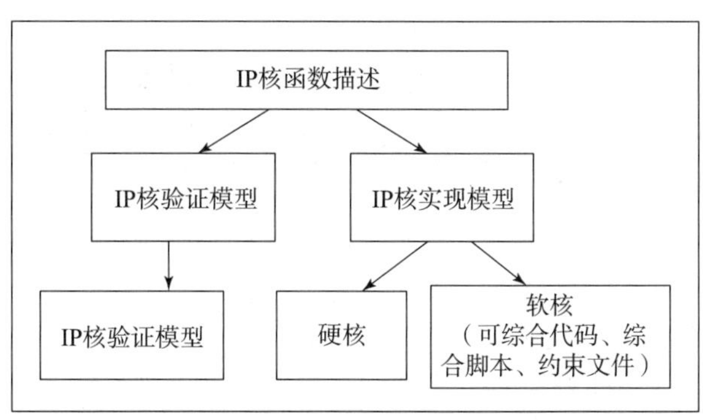

图 5 - 20　基于 IP 核的数字设计实现和设计验证

很多 IP 核提供商都提供 IP 核的仿真模块和演示、开发板，便于用户了解核的功能和使用。基于 IP 核的 FPGA 程序设计流程如图 5 - 21 所示。

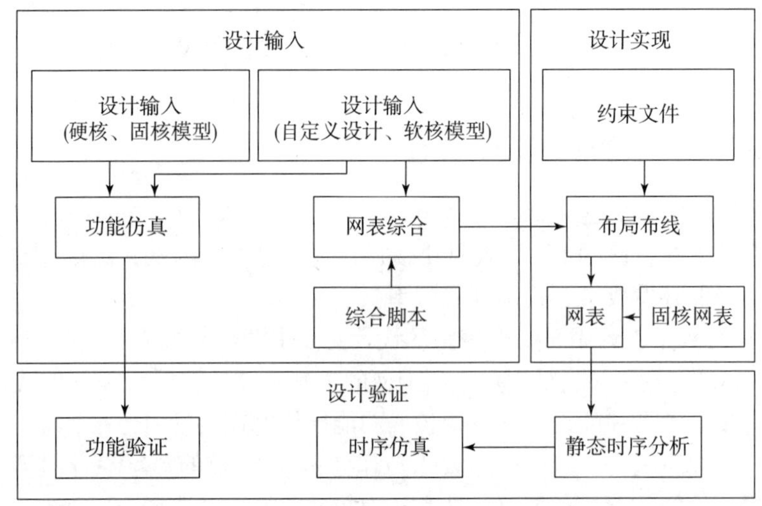

图 5-21　基于 IP 核的 FPGA 程序设计流程

设计输入部分包括：

①用户设计逻辑、软核、固核或硬核仿真模型的输入；

②功能仿真；

③逻辑综合。

其中仿真模型是一个行为级模型，只用作功能仿真，不进行综合。设计的输入一般采用硬件描述语言，如 Verilog HDL、VHDL 等，输入完成设计和仿真模型后就可进行功能仿真。IP 核在综合时被认为是黑盒子，综合器不对 IP 核做任何编译。IP 核的仿真主要是运用 Core Generator 的仿真模型来完成的，会自动生成源代码文件。设计人员只需要从该源文件中查看其端口声明，将其作为一个普通的子程序进行调用即可。

当功能仿真完成后，就可进行逻辑电路的综合。

用户逻辑和软核的综合应加合适的时序约束，以满足设计的要求，约束条件可由综合文件（Synthesis script）给出。完成设计输入后进入设计实现阶段，在此阶段固核的网表和设计约束文件，用户综合出的网表和设计约束文件一起输入给 FPGA 布局布线工具，完成 FPGA 程序的最后实现，并产生时序文件用于时序仿真和功能验证。

最后进入设计验证阶段，用静态时序分析，对比功能仿真结果和时序仿真结果，验证设计的时序和功能是否正确。若设计的性能不能达到要求，需找出影响性能的关键路径，并返回临时信息，修改约束文件，对设计重新进行布局布线，如此重复多次直到满足设计要求为止。若重复多次还不能达到设计要求，则需要修改设计或采用其他实现技术。

另外，在设计之初，IP 核类型的选择是一个很重要的问题。软核可以提供良好的成本和性能优势，因为软核可重新配置并且是针对特定 FPGA 器件优化的。固核和硬核虽然不像软核那样使用方便，但硬核通常具有低功耗和更高的性能。硬核作为专用资源，相比于软核不需要消耗片内的可编程逻辑资源。但硬核占用了 FPGA 空间，对不需要使用硬核的设计来说，增加了成本。

5.4.2　MATLAB 辅助完成 FPGA 设计

本节主要介绍 MATLAB 设计、FPGA 实现，以及二者联合测试的开发流程，这是目前流行的设计方法。MATLAB 软件是 Mathworks 公司的核心产品，具有用法简单、扩展性好、资源库丰富，以及与其他软件接口方便的特点，已成为从事电子信息和信号处理领域人员必备的工具软件之一。MATLAB 辅助 FPGA 的设计主要通过两个方面来实现：用 MATLAB 进行算法验证与性能分析，以及在 SimuLink 中利用接口软件 Systern Generator 的设计方法。在基于 IP 核的快速数字设计中，MATLAB 用于 FPGA 设计前期的算法验证及后期的性能分析。基于 Systern Generator 的设计方法作为一种新兴的设计模式，具有强大的发展势头。

所谓辅助，就是利用 MATLAB 来进行算法原理验证及性能仿真。在进行 FPGA 设计之前，先用 MATLAB 进行算法验证，并分析出算法的瓶颈所在，将程序的串行结构改造成并行结构；接着利用 MATLAB 完成定点仿真，得到满足性能需求的最小定点位宽，以及中间步骤计算结果的截取范围，然后在 FPGA 中完成设计；最后再利用 MATLAB 的定点仿真对整个设计进行功能验证及性能分析。整个流程如图 5－22 所示。

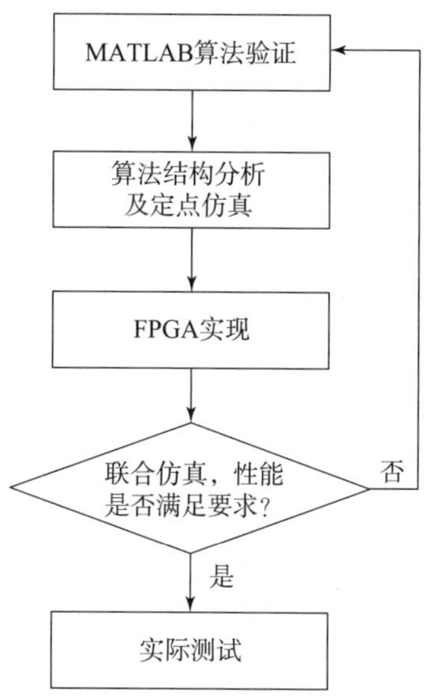

图 5－22　MATLAB 辅助完成 FPGA 设计的流程图

利用 MATLAB 对 FPGA 设计进行功能仿真是比较关键的，需要将 MATLAB 和 ModelSim 结合起来使用。

首先，在 MATLAB 中产生仿真所需的输入信号，以十六进制的形式存放在数据文件中，通常放在后缀为 . txt 的文本文件中；然后，在 ModelSim 中用 Verilog HDL 编写仿真测试文件，并通过系统函数 $readmemh 读入上述仿真数据文件中的测试向量，在 ModelSim 中做功能仿真和时序仿真，并调用 $fopen 函数打开另外一个数据文件，用 $fdisplay 函数将仿真结果写入输出文件；最后，在 MATLAB 中将 ModelSim 仿真输出数据文件中的数据读入一个数组中，可以通过作图分析或者利用统计手段来分析。此外，还可以将 ModelSim 的仿真输出与 MATLAB 的浮点性能作对比来验证设计的性能，这样比利用其他方式要方便、直观，并且具有更高的仿真精度。

这种设计方法也体现在下文的设计实例中。

5.4.3 设计实例

在这里我们考虑一个在无线通信系统中经常遇到的载波同步问题。

我们知道，时间与频率的同步是影响无线通信系统性能的两个重要因素。由于发射机和接收机的时钟通常不共源，以及目标移动引起的多普勒效应，造成发射机和接收端之间的频偏。此外，发送信号的传播时延会导致载波相位的偏移，如果检测器是频率或者相位相干的，接收机必须对这种载波及相位偏移进行估计。

科斯塔斯（Costas）环法又称为同相正交环法，其原理框图如图 5－23 所示。在此环路中，数字频率合成器（DDS）提供两路互为正交的载波，与输入接收信号分别在同相和正交两个鉴相器中进行鉴相，经低通滤波之后的输出均不含倍频项，两者相乘后可以得到误差信号，然后送往环路滤波器得到仅与相位差有关的控制电压，从而准确地对压控振荡器进行调整。

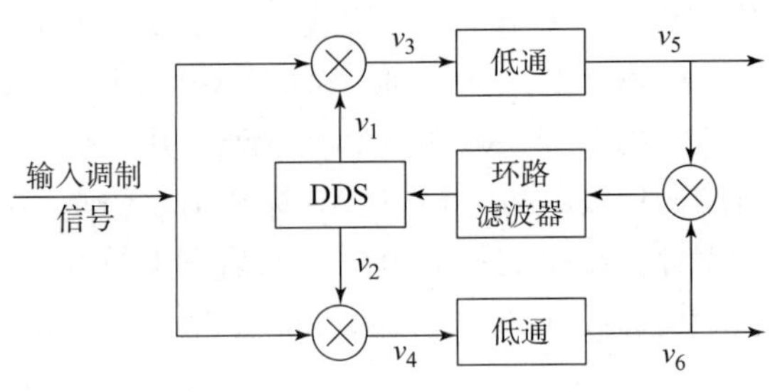

图 5－23　科斯塔斯环原理框图

设输入的信号为 $s(t)\cos\omega_c t$，并假定环路锁定，且不考虑噪声的影响，则 DDS 输出的两路互为正交的本地载波分别为：

$$v_1 = \cos(\omega_c t + \theta)$$
$$v_2 = \sin(\omega_c t + \theta)$$

式中，θ 为 DDS 输出信号与输入已调信号载波之间的相位误差，通常是很小的一个值。信号 $s(t)\cos\omega_c t$ 分别与 v_1、v_2 相乘后得：

$$v_3 = s(t)\cos\omega_c t\cos(\omega_c t + \theta) = \frac{1}{2}s(t)[\cos\theta + \cos(2\omega_c t + \theta)]$$

$$v_4 = s(t)\cos\omega_c t\sin(\omega_c t + \theta) = \frac{1}{2}s(t)[\sin\theta + \sin(2\omega_c t + \theta)]$$

经过低通滤波后，得到：

$$v_5 = s(t)\cos\theta$$
$$v_6 = s(t)\sin\theta$$

v_5、v_6 相乘产生误差信号：

$$v_d = \frac{1}{8}s^2(t)\sin2\theta \approx \frac{1}{8}s^2(t)2\theta = \frac{1}{4}s^2(t)$$

它通过环路滤波器滤波后去控制 DDS 的相位和频率，最终使稳态相位误差减小到很小的数值，而没有剩余频差（即与输入信号同频）。此时，DDS 的输出 $v_1 = \cos(\omega_c t + \theta)$ 就是所需的同步载波，而 $v_5 = \frac{1}{2}s(t)\cos\theta \approx \frac{1}{2}s(t)$ 就是解调器的输出。

（1）科斯塔斯环载波同步法的 MATLAB 实现。

假设实际发送信号的载波频率为 3.563 MHz，本地初始频率为 3.5628 MHz，利用科斯塔斯环法实现载波同步。利用本地初始频率及科斯塔斯环经过多次迭代后，使最后获得的载波频率趋近于实际发送信号的载波频率。程序中直接给出环路滤波器的参数 C_1 和 C_2，具体推导过程可查阅参考文献，可根据具体的应用对这些参数进行修改。

环路滤波器参数 C_1 和 C_2 的计算式（详细推导见相关参考文献）：

$$\begin{cases} C_1 = \dfrac{2\xi\omega_{\mathrm{n}}T}{K_{\mathrm{d}}} \\ C_2 = \dfrac{(\omega_{\mathrm{n}}T)^2}{K_{\mathrm{d}}} \end{cases}$$

式中，ω_{n} 为输出角频率；T 为积分时间；K_{d} 为鉴相增益；ξ 为滚降系数。

【例 5-3】 MATLAB 程序如下：

```
fs =12e6;              %采样频率
ts =1/fs;
num =2.5e6;            %数据长度
SNR = -15;
real_fc =3563000;   %实信号频率
data =sin(2* pi* real_fc* (0:num -1)* ts +pi/4) +sqrt(10^(SNR/10))
      * randn(1,num);    %科斯塔斯环的输入信号
fc =3562800;           %本地频率

n =fs/1000;            %累积时间为 1 ms
nn =[0:n -1];
nf =floor(length(data)/n);     %将输入数据分成 1 ms 的多个数据块
wfc =2* pi* fc;     %本地信号
phi_prv =0;
temp =0;
frame =0;
carrier_phase =0;
phase =0;

%环路滤波器的参数
c1 =153.7130;
c2 =6.1498;

for frame =1:nf
%产生本地的 sin 和 cos 函数
expcol =exp(j* (wfc* ts* nn +phase));
sine =imag(expcol);
cosine =real(expcol);

x =data((1:n) +((frame -1)* n));
```

```
%将数据转换到基带
x_sine = x.* sine;
x_cosine = x.* cosine;

Q = sum(x_sine);        %经过滤波器
I = sum(x_cosine);
phase_discri(frame) = atan(Q/I);     %得到锁相环的输入

%锁相环
dfrq = c1* phase_discri(frame) + temp;     %经过环路滤波器
temp = temp + c2* phase_discri(frame);
wfc = wfc - dfrq* 2* pi;  %改变本地频率
dfrq_frame(frame) = wfc;
phase = wfc* ts* n + phase;  %得到不同块的相位
end
plot(dfrq_frame(1:100)/(2* pi),'k');
hold on
plot(1:100,real_fc* ones(1,100),'LineWidth',2);
legend('锁相环跟踪','实际的载波频率');
grid
mean_freq = mean(dfrq_frame/2/pi)
p = abs(real_fc - mean_freq)/real_fc;
```

可以得到图 5 - 24 所示的仿真结果。

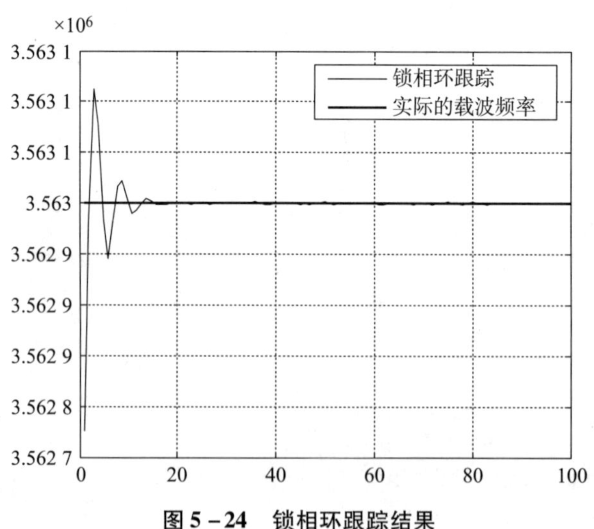

图 5 - 24　锁相环跟踪结果

本节主要讨论如何利用 FPGA 来实现全数字的科斯塔斯环载波同步模块。其中乘法器、DDS 模块和低通滤波器模块直接利用 IP 核即可，环路滤波器的作用非常重要，对整个同步系统的参数调整起着决定性作用，这里我们采用图 5 - 25 所示的结构。

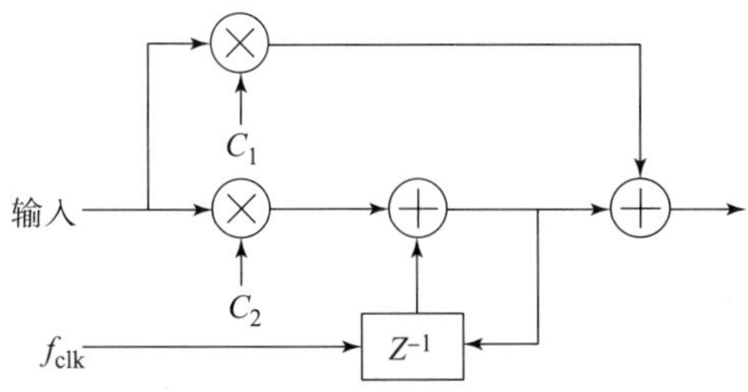

图 5 - 25　二阶数字环路滤波器的结构图

（2）正交分量相乘模块直接调用 IP 核。

```
module costas_mult
(
    clk,
    reset,
    s_in,
    nco_I,
    nco_Q,
    s_I,
    s_Q

);
input clk;
input reset;
input signed [15:0] s_in;
input signed [15:0] nco_I;
input signed [15:0] nco_Q;
output signed [15:0] s_I;
output signed [15:0] s_Q;

wire [31:0] q1,q2;
//实例化乘法器的 IP 核,其中输入为 16 bit,输出为 32bit
mult mult01
(
    .ce(reset),        //时钟信号
    .clk(clk),         //乘法器工作时钟
    .a(s_in),          //两个输入信号
    .b(nco_I),
    .q(q1)             //输出信号
);
```

```
mult mult02
(
    .ce(reset),
    .clk(clk),
    .a(s_in),
    .b(nco_Q),
    .q(q2)
);

//有符号数截位,取16位
assign s_I = q1[30:15];
assign s_Q = q2[30:15];

endmodule
```

(3) DDS 模块。

DDS 模块直接调用 IP 核，外部仅需要将初始频率控制字与环路滤波的误差电压相加即可。

```
module coastas_dds
(
    clk,
    reset,
    phase_inc,
    cosine,
    sine,
    phase_out
);
input clk;
input reset;
input [23:0] phase_inc;
output signed [15:0] cosine;
output signed [15:0] sine;
output [23:0] phase_out;

parameter freq_crtl = 24'd4981435;    //3.563 MHz

reg [23:0] phase;
always @(posedge clk)
begin
    if(reset)
```

```
        begin
            phase <=24'd0;
        end
    else
        begin
            phase <= freq_crtl - phase_inc;      //频率控制字与误差电压相加
                                                   得到相位增量
        end
end

dds_nco coastas_dds
(
.clk(clk),                  //input clk
.sclr(reset),               //input sclr
.pinc_in(phase),            //input [23:0] pinc_in
.cosine(cosine),            //output [15:0] cosine
.sine(sine),                //output [15:0] sine
.phase_out(phase_out)       //output [23:0] phase_out
);

endmodule
```

(4) FIR 低通滤波器模块。

首先设计滤波器抽头系数，而后将系数载入 FIR Filter 核中即可。FIR 系数取 16 位，带宽取 32 kHz，截止频率 80 kHz，用 MATLAB 的 FDATool 得到系数为：5，16，9，-41，-82，9，267，511，511，267，9，-82，-41，9，16，5。由于系数对称，所以在 IP 核的配置界面中选中对称系数选项，这样可以节省一半的乘法器资源。滤波器输出位数为 36 位，在应用中需要截位。由 IP 核的生成界面中可知，低通滤波器的运算时延为 31 个处理钟周期。FIR 处理时钟频率取 100 MHz，高电平有效。

(5) 环路滤波模块。

环路滤波模块在 Costas 环路中起着非常重要的作用，不仅起到低通滤波作用，更重要的是对环路参数调整起着决定性作用。根据参考文献，在环路滤波模块中，$C_1=2^{-8}$，$C_2=2^{-13}$。在 FPGA 实现时需对系数进行调整，右移 4 位，即可得到 $C_1=2^{-11}$，$C_2=2^{-16}$。

```
module costas_lf
(
    clk,
    reset,
    a,
    q
);
```

```
input clk;
input reset;
input [15:0] a;
output [15:0] q;

reg [15:0] a1_t;
reg [31:0] a2_t;

always @(posedge clk)
begin
    if(!reset)
        begin
            a1_t <=10000;
            a2_t <=0;
        end
    else
        begin
            a2_t[31:16] <=a2_t[15:0] +a;
        end
end

assign q=a1_t+a2_t[31:16];

endmodule
```

(6) 顶层模块。

```
module costas_loop
(
    clk,
    reset,

    data_in,         //接收信号
    data_out_I,      //输出信号
    data_out_Q
);

input clk;
input reset;
input signed [15:0] data_in;
output reg signed [15:0] data_out_I,data_out_Q;
```

```
wire [15:0] cosine,sine,data_I,data_Q;
wire [15:0] i_lpf,q_lpf,e_out;
wire [23:0] dds_in;

//正交分量相乘子模块
costas_mult costas_mult
(
          .clk(clk),
          .reset(reset),
          .s_in(data_in),
          .nco_I(cosine),
          .nco_Q(sine),
          .s_I(data_I),
          .s_Q(data_Q));

//DDS
assign dds_in[7:0] =0;
coastas_dds coastas_dds
(
          .clk(clk),
          .reset(reset),
          .phase_inc(dds_in),
          .cosine(cosine),
          .sine(sine)
);

//低通滤波
costas_lpf costas_lpf_i
(
          .CLK(clk),
          .RESET(! reset),
          .DIN(data_I),
          .DOUT(i_lpf));

costas_lpf costas_lpf_q
(
          .CLK(clk),
          .RESET(!reset),
          .DIN(data_Q),
```

```
            .DOUT(q_lpf));

err_mult err_mult
(
            .clk(clk),
            .reset(reset),
            .a(i_lpf),
            .b(q_lpf),
            .q(e_out)
);

//环路滤波
costas_lf costas_lf
(
            .clk(clk),
            .reset(reset),
            .a(e_out),
            .q(dds_in[23:8])
);

always @(posedge clk)
begin
    if(reset)
        begin
            data_out_I <=16'b0;
            data_out_Q <=16'b0;
        end
    else
        begin
            data_out_I <=i_lpf;
            data_out_Q <=q_lpf;
        end
end

endmodule
```

5.5 思 考 题

1. 如何评价器件内的大容量存储器和 DSP 块?

2. 在设计 DSP 模块资源不够时，如何实现设计？
3. 存储器与 RAM 的区别是什么？
4. IP 核在设计中的作用，以及设计中如何选择 IP 核的种类？
5. 完整的 FPGA 快速设计流程包括哪些步骤？这些步骤的作用分别是什么？
6. 如何基于 IP 核设计一个指令译码电路？
7. 如何对使用 IP 核的设计进行仿真验证？

第6章

微处理器体系结构及关键技术

随着微电子技术的不断发展，集成电路芯片上集成的晶体管等器件的数量越来越多，大规模集成电路技术也得到了迅速发展，芯片集成密度越来越高，CPU被集成在一块半导体芯片上，这种具有中央处理器功能的大规模集成电路器件，被统为微处理器，即CPU（Central Processing Unit）。

从1971年Intel推出第一款Intel 4004和Intel 8008微处理器，距今已有40多年的历史。这期间，CPU技术得到迅速发展，处理器从4位微处理器、8位微处理器发展到32位微处理器以及最新的64位微处理器，微处理器在计算机上得到广泛应用。随着数据计算对微处理器实时性、高存储、高带宽和低功耗等性能的要求，应运而生了一些新型的体系架构，如嵌入式微处理器、可重构计算处理器等，它们具有体积小、功耗低、集成度高等特点，广泛应用于手机、医疗、消费电子等设备中。

FPGA在硅片融合技术的推动下，器件集成度越来越高，逐渐演变为可以将硬核或软核CPU、存储器、I/O设备和可编程逻辑集成在一块SoPC芯片上，这样的可编程器件在应用灵活性和价格上有相当大的优势。这种片上微处理器将FPGA灵活的硬件设计和处理器强大的软件功能结合在一起，能够更加高效快速地实现系统功能。

本章主要介绍微处理器的经典体系架构，着重阐述指令系统、流水线技术和高速缓存技术等微处理器关键技术，便于读者学习和掌握微处理器基本结构和原理。后面的第7、8章将详细介绍两大FPGA厂商提供的基于软核的微处理器解决方案：Xilinx公司的MicroBlaze软核处理器和Altera公司的NiosⅡ软核处理器，它们具有极其灵活的架构以及丰富的指令集，是专为嵌入式应用优化而设计的，能够以最低系统成本提供精密的处理系统。

6.1 微处理器体系结构

6.1.1 计算机体系结构

经典的冯·诺依曼计算机硬件系统主要包括：运算器、控制器、输入设备、输出设备、存储器五大部件。各组成部件之间通过数据总线、地址总线和控制总线相互连接，实现内部各组件间的通信功能。计算机的硬件结构如图6－1所示。

计算机的体系结构按照功能可以划分为以下四大部分。

1. CPU子系统

运算器和控制器构成了CPU子系统，又称为微处理器，它是计算机系统的核心。运算

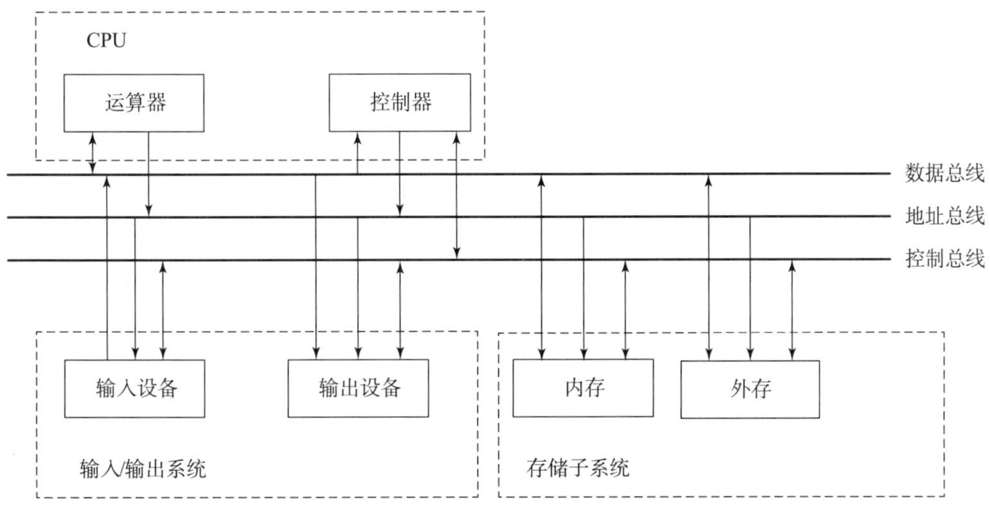

图6-1 计算机的硬件结构

器主要完成各种数据的运算和处理，一般由算术逻辑单元（Arithmetic Logical Unit，ALU）、累加器（ACCumulator，ACC）和寄存器等组成。控制器是微处理的指挥和控制中心，它根据指令信息实现对系统各部件操作的控制，协调各部件间的工作。控制器主要由指令寄存器、指令译码器和操作控制器等组成。

2. 输入/输出子系统

输入/输出子系统主要包含输入子系统和输出子系统，用于完成计算机与外部设备的信息交换，一方面他们将用户的数字、文字、图像等信息转换为计算机熟悉的二进制码，另一方面将计算机的处理结果转换为用户熟悉的形式。常用的输入/输出设备有：键盘、鼠标、显示器、打印机等。

3. 存储器子系统

存储器子系统主要分为外部存储器和内部存储器两部分，主要用于存放程序和数据。存储器由许多单元组成，各单元按照地址寻址。

4. 总线系统

总线系统包含数据总线、地址总线和控制总线三部分，主要用于实现各部件之间的数据传输和交换。

（1）地址总线：地址总线一般为单向传输总线，信号从处理器发出送到总线上连接的各个模块或器件。地址总线的宽度决定了系统最大的存储空间。通常地址总线的高位作为片选译码，用于指定特定的地址区域，低位用于选择地址区域内的存储单元。

（2）数据总线：数据总线一般为双向总线，为总线上的各个设备提供数据传输通道。数据总线的宽度决定计算机性能。

（3）控制总线：控制总线主要用于控制完成各项操作，包括数据传输、中断控制等。

6.1.2 微处理器体系结构

微处理器是计算机的核心部件，它通过外总线连接存储系统和输入/输出设备。它主要完成内存系统中指令的执行，以及实现各输入/输出设备的控制。如前一节所述，处理器主要包括运算器和控制器，除此之外还包括寄存器组和内总线，简化的微处理器结构如图 6－2 所示。

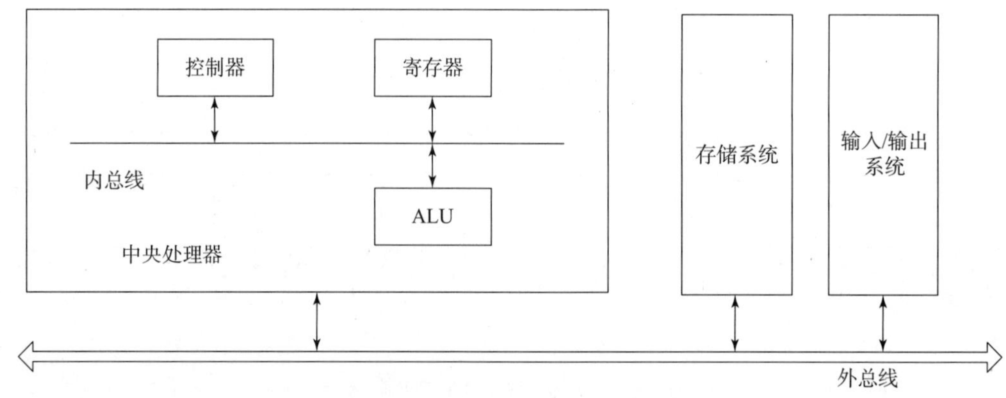

图 6－2　微处理器结构框图

微处理器从功能上可以分为控制单元（Control unit）、数据单元（Data unit）和总线单元三大部分。数据单元也称为数据通路（Data path），主要用于保存和处理数据。控制单元则用于控制数据单元的操作，协助各部件间的协同工作，监控数据单元的状态并根据状态决定下一步的指令执行等，是整个微处理器的控制中心。总线单元主要用于完成各部件的连接和数据交互等功能。微处理器的基本组成框图如图 6－3 所示。

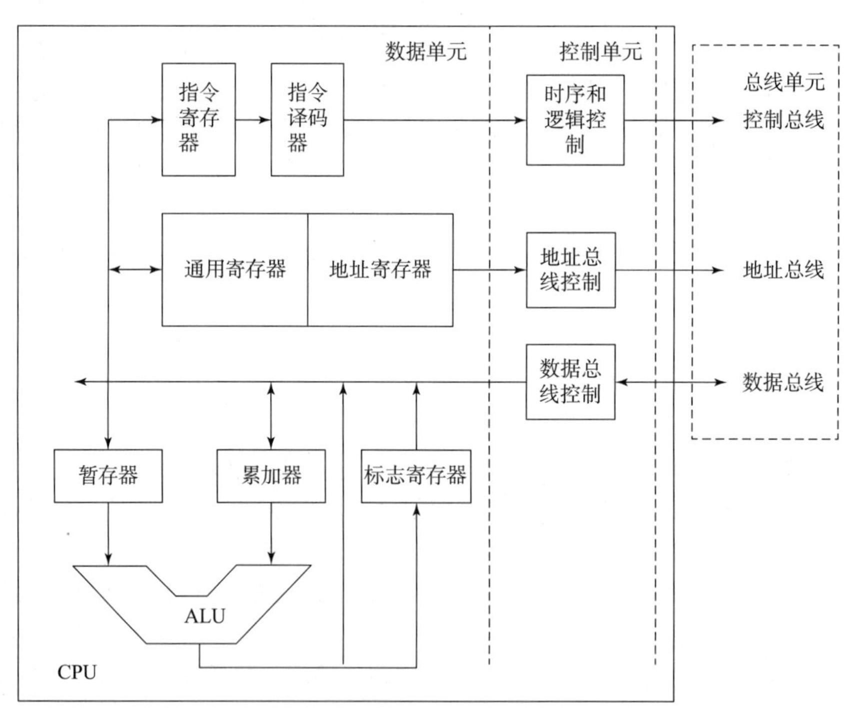

图 6－3　微处理器的基本组成框图

1. 数据单元

数据单元主要包括算术逻辑单元（ALU）、指令寄存器、通用寄存器和地址寄存器组等，各部件之间通过内部总线互连，通用寄存器和暂存器配合 ALU 完成计算功能。

1）算术逻辑单元（ALU）

算术逻辑单元（ALU）是运算部件的核心，主要完成二进制算术运算（加、减、乘、除、比较）和各种逻辑运算（与、或、非、异或、移位），以及位移循环等操作，并根据运算结果设置状态标志。ALU 是组合电路，本身无寄存操作的功能，因此必须有其他寄存器配合完成数据的运算功能。如图 6－4 所示，运算数据暂存在寄存器组中，通过 ALU 输入寄存器送入待处理的数据，经 ALU 处理后，输出到 ALU 输出寄存器中，然后通过总线再送入寄存器组。

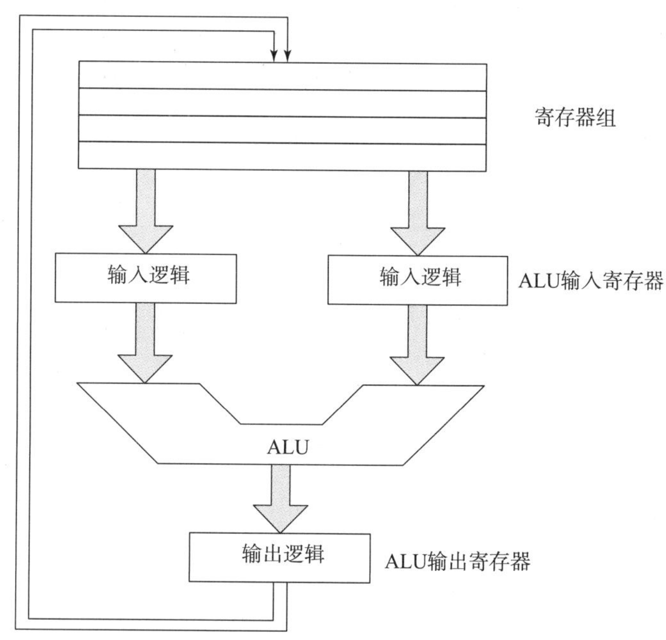

图 6－4　处理器的数据通道

2）寄存器组

处理器工作时，需要处理大量的控制信息和数据，因此需要若干的寄存器来暂存这些信息。寄存器组实际上相当于微处理器内部的 RAM。如在 8086 处理器中，数据寄存器（AX，BX，CX，DX）用来存放运算的操作数或运算结果。每个数据寄存器都是 16 位的，但又可将高、低 8 位分别作为两个独立的 8 位寄存器来使用。

除数据寄存器外，寄存器组还包含暂存寄存器、指令寄存器、程序寄存器、地址寄存器、数据缓存寄存器等。处理器内部有了这些寄存器之后，就可避免频繁地访问存储器，可缩短指令长度和指令执行时间，提高机器的运行速度，也给编程带来方便。下面简单介绍一些常用寄存器。

（1）数据寄存器（Data Register，DR）：数据寄存器用于暂存数据或指令。处理器读存储器时，若读出的是指令，则经 DR 暂存的指令通过内部数据总线送到指令寄存器 IR；若读出的是数据，则通过内部数据总线送到有关的寄存器或运算器中。处理器向存储器写入数据时，数据被先写入数据寄存器 DR，再经数据总线 DB（DataBus）写入存储器。

（2）程序计数器（Program Counter，PC）：程序计数器用于存放下一条要执行的指令地址，它控制着程序的执行顺序。在顺序执行指令时，每取出指令的一个字节，PC 的内容自动加 1。当程序发生转移时，就必须把新的指令地址（目标地址）装入 PC，这通常由转移指令来实现。

（3）地址寄存器（Address Register，AR）：地址寄存器用于存放正要取出的指令的地址或操作数的地址。在取指令时，将 PC 中存放的指令地址送到 AR，根据此地址从存储器中取出指令。在取操作数时，将操作数地址通过内部数据总线送到 AR，再根据此地址从存储器中取出操作数；在向存储器存入数据时，也要先将待写入数据的地址送到 AR，再根据此地址向存储器的相应地址写入数据。

（4）堆栈指示器（Stack Pointer，SP）：堆栈指示器用来存放栈顶地址。堆栈是存储器中的一个特定区域。数据存入堆栈被称为压入（PUSH）操作，数据从堆栈中取出被称为弹出（POP）操作，它按“后进先出”的方式工作。当有新的数据压入堆栈时，栈中原有的存储信息不变，只改变栈顶位置，当数据从堆栈弹出时，从栈顶位置弹出数据，弹出后自动调整栈顶位置。即数据在进行压栈、出栈操作时，总是在栈顶进行。堆栈初始化后，SP 的内容（即栈顶位置）是由 CPU 自动管理的。

（5）标志寄存器（Flag Register，FR）：标志寄存器也称程序状态字（PSW）寄存器，用来寄存执行指令时所产生的结果或状态的标识信息。标志位的具体设置与功能将根据微处理器的不同而不同。根据有的标志位的值是 0 或 1，可以按不同条件决定程序的流向。如结果为 0 时，产生进位或溢出标志等。

数据通路宽度和数据通路周期是数据通路的两个关键特性。数据通路宽度决定了处理器单次传送和处理数据的能力。数据通路宽度就是所谓的字长，在同等条件下，字长越大，CPU 的运算能力越强，速度越快，当然成本也越高。数据通路周期指 ALU 将两个操作数进行运算并将结果存回的过程所需时间，它主要包括 3 个部分：被选中的寄存器驱动总线送出数据的时间、ALU 运算时间和结果写入寄存器的时间。从某种意义上讲，数据通路周期决定了计算机运行的速度，决定了计算机的性能，因为时钟周期受到信号在数据通路上传播时间的限制，所以缩短数据通路周期可以提高时钟速度。

2. 控制器

控制器是微处理器的核心控制部件，负责对整个微处理器运行过程进行控制。它向微处理器的各部件发出相应的控制信号，使 CPU 内、外各部件间协调工作。这些控制的最终状态就是指令的执行，主要包括从存储器中取指令、分析指令（即指令译码）、确定指令操作和操作数地址、取操作数、执行指令规定的操作、将运算结果送到存储器或 I/O 端口等。

控制器按照功能划分主要包含 3 个部件：指令寄存器（Instruction Register，IR）、指令译码器（Instruction Decoder，ID）以及可编程逻辑阵列（Programmable Logic Array，PLA）。指令寄存器 IR 用来存放从存储器取出的将要执行的指令（操作码）；指令译码器 ID 用来对指令寄存器中的指令进行译码，以确定该指令应执行什么操作；可编程逻辑阵列（也称为控制电路）PLA 用来产生取指令和执行指令所需的各种微操作控制信号。由于每条指令所执行的具体操作不同，所以，每条指令将对应控制信号的某一种组合，以确定相应的操作序列。

3. 内总线系统

内总线又称系统总线或板级总线，它是用来连接微处理器的各功能部件并传送微处理器内部的数据和控制信号的连接部件。系统总线是微机系统中最重要的总线，其上传送的信息包括数据信息、地址信息、控制信息等。因此，系统总线包含 3 种不同功能的总线，即数据总线 DB（Data Bus）、地址总线 AB（Address Bus）和控制总线 CB（Control Bus）。

通过以上对处理器各功能部件的介绍可知，处理器控制了数据处理和程序执行的整个过程。处理器的主要功能如下：

（1）控制指令执行：即控制指令按程序设计的逻辑顺序执行。微处理器中的所有数据和程序都放在存储器中，当前程序的执行结果影响到下一条指令的执行。因此要处理器完成程序的逐条自动执行，则必须能够根据上一条指令的执行过程自动产生取指令和执行指令这两个操作，当前操作结束前按照程序逻辑顺序自动产生下一条指令的存储地址。

（2）控制指令操作：程序约定功能的实现是由若干指令执行结果组合而成的，处理器通过控制各个部件的操作控制信号有效来实现各部件的操作控制。

（3）控制数据加工：即完成数据的算术运算和逻辑运算处理。通过对数据进行加工处理，得到需要的结果，这也是处理器的基本功能。

（4）控制时间和中断处理：处理器保证指令在限定的时间内完成，以保证执行结果的时效性，并负责处理出现的各种 I/O 操作请求及异常情况，保证各种请求和中断等情况可以正常有效执行，以提高处理器性能。

6.1.3　微处理器的工作过程

微处理器的工作过程就是指令执行的过程，如图 6－5 所示，微处理器通过总线从存储器的代码段取指令、指令译码、执行指令、将执行结果存储到存储器的数据段中。下面的章节将对指令组成、寻址方式、指令执行等方面分别展开介绍。

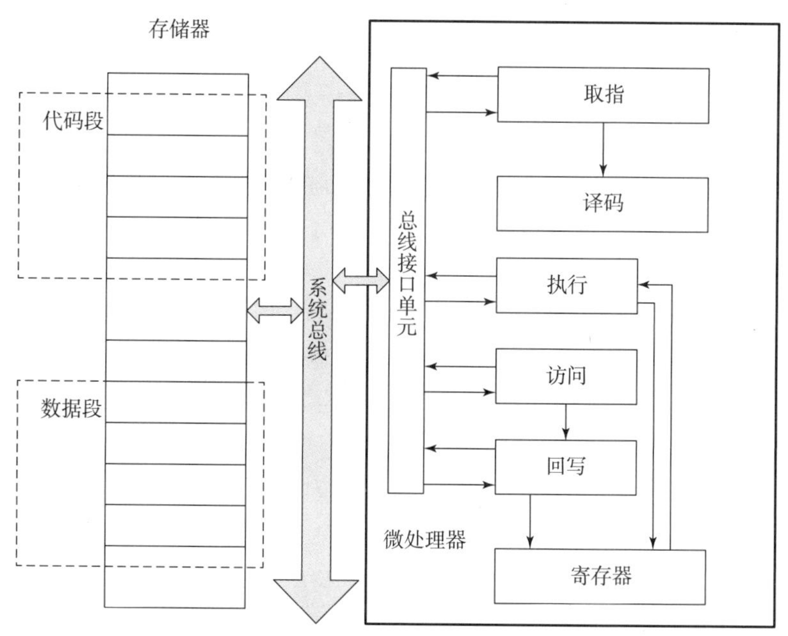

图 6－5　指令的执行过程

1. 指令执行过程

对于一个典型的 5 级流水线，指令执行过程分为 5 个阶段：取指令（IF）、译码（ID）、执行（EX）、内存访问（Mem）和数据回写（WB）。

（1）取指令（Instruction Fetch，IF）。

取指令阶段是指从程序计数器指定的指令存储器地址中取出指令，并等待此指令返回。当该指令不是分支指令时，则该指令将在下一个时钟周期的开始时发挥其作用。

程序计数器中的数值用于指示当前指令在主存中的位置。当指令被取出后，程序计数器中的数值将自动递增。

（2）指令译码（Instruction Decode，ID）。

在指令译码阶段，指令译码器根据预定的指令格式，对取回的指令进行拆分和解释，识别出指令类型并获取操作数。

（3）指令执行（Execution，EX）。

指令执行是指执行指令的运算，并将其运算结果送至下一阶段。若为算术运算指令，则ALU将进行算术或逻辑操作。若为分支指令，则程序计数器中的值将会被设置为下一条指令的地址。

（4）内存访问（Memory access、Mem）。

内存访问，即为访问内存的过程。如果当前是load阶段，则会从数据内存中取数据，如果当前指令为存储，则当前地址的存储器会被更新。如果当前既不是写也不是读内存，则不会对内存进行任何操作。

（5）数据回写（Writeback，WB）。

数据回写是指将执行结果存储到寄存器的过程。如果当前的指令既不是分支指令，也不是存储指令，则将操作结果存储在结果寄存器中。如果是分支指令，则在决定分支跳转时写入地址寄存器，给出存放下一个要执行指令的地址，并转入取指令阶段。当指令执行完毕，结果被写回之后，若未被打断，则程序计数器将指向下一条指令地址，处理器开始新一轮的指令执行过程。

2. 指令周期

时钟周期是处理操作的最基本时间，主要由机器的主频决定。

CPU周期也叫机器周期，它是以从主存读取一条指令的最短时间来规定的。一个CPU周期包含若干个时钟周期。

指令周期是指处理器取出一条指令并完成指令执行所需要的时间，它的长短与指令的复杂度有关。它是以CPU周期为基本单位。指令周期与时钟周期的关系如图6-6所示。任何一个指令的指令周期至少包含两个CPU周期，这是因为一个指令的取出阶段需要一个CPU周期，而执行阶段则至少需要一个CPU周期。

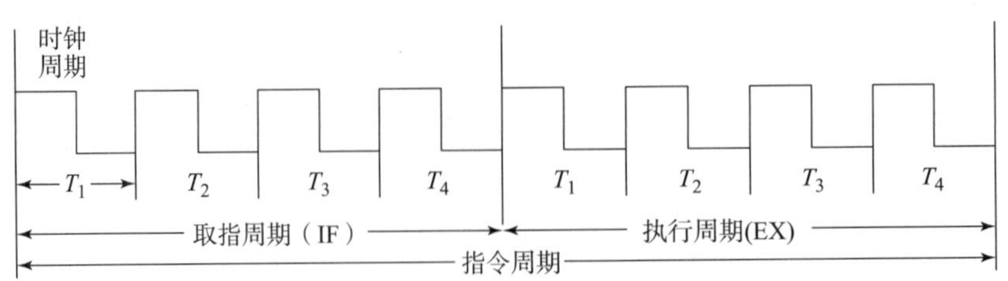

图6-6　指令周期与时钟周期的关系

6.1.4 存储系统

存储系统主要分为外部存储器和内部存储器两部分，主要用于存放程序和数据。存储器由许多单元组成，各单元按照地址寻址。

为了提高处理器的工作效率，节省成本，现在的计算机系统多采用多级存储器结构，如图 6－7 所示为一个四级存储器系统，各级存储器的访问速度和容量大小成反比关系。

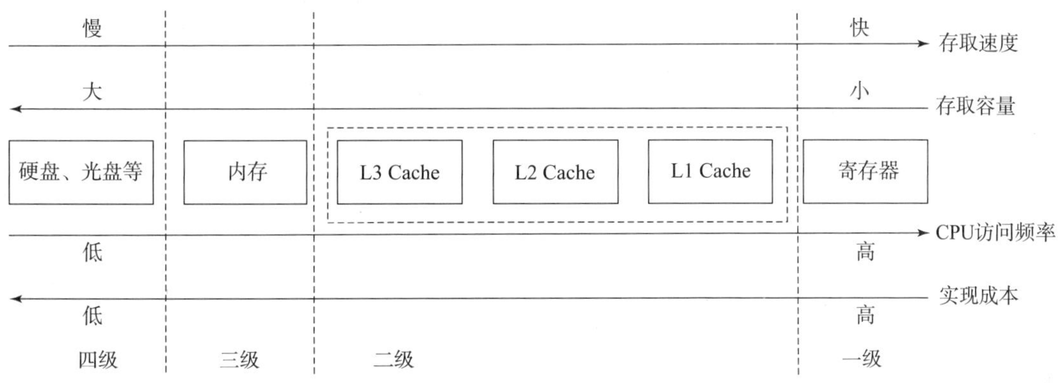

图 6－7　四级存储器速度比较

1. 寄存器组

寄存器组位于 CPU 内部，这类寄存器读写速度快，但是数量较少，常用于保存指令执行过程的中间结果，也包含一些专用的特殊寄存器。寄存器的数量、长度及使用方法都会影响指令集的设计。

2. 高速缓冲存储器（Cache）

Cache 是为了解决高速的 CPU 运算速度与低速的内存访问之间不匹配的问题。Cache 介于主存和 CPU 之间，作为主存与 CPU 之间的桥梁，可以集成在 CPU 内部，也可以位于 CPU 外部。控制器通过一些算法将指令和数据从主存中取出，缓存到 Cache 中，便于 CPU 的读取。Cache 一般容量较小，但是速度很快，这样既节约了成本，又提高了系统的工作效率。

3. 主存储器

主存储器也叫内存，包括 RAM、ROM 等一些容量大，但是读取速度慢的存储器。它用于存放当前运行的程序和数据，是系统中的主要存储器，在处理器的运行过程中起着很重要的作用。

4. 辅存

辅存包括软盘、硬盘、磁带等外设存储设备，辅存也叫外存。辅存具有价格低廉和可长时间保持数据的特点。

6.1.5 Pentium 4 处理器

1993 年英特尔公司推出了 Pentium 微处理器，这是微处理器本质上的一次创新，直至 2000 年 6 月英特尔公司推出了 Pentium 4 CPU，它属于英特尔第六代产品。Pentium 处理器的结构示意图如图 6－8 所示，主要包含以下特点：

（1）互相独立的指令 Cache 和数据 Cache。

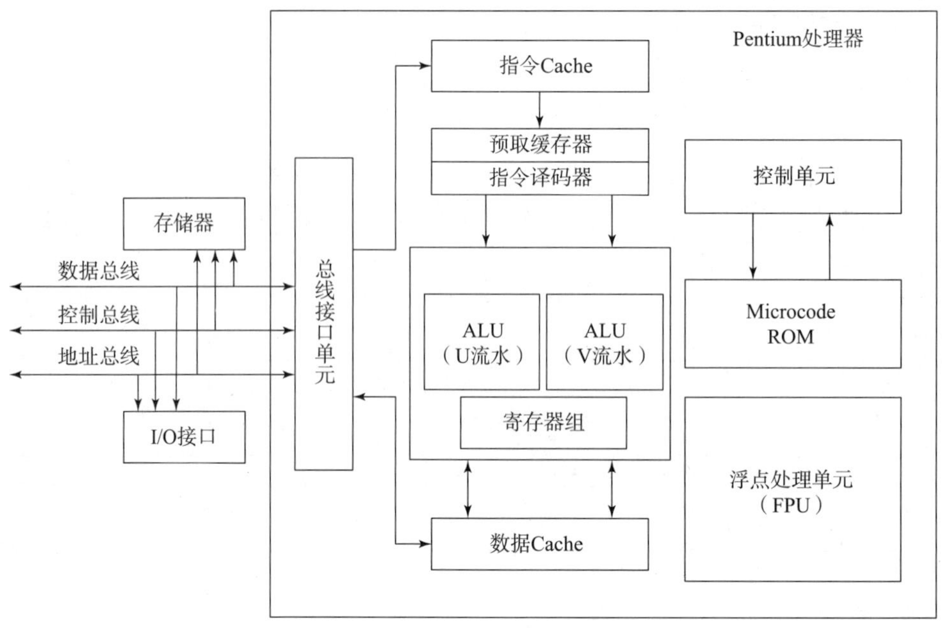

图 6-8　Pentium 处理器的结构

Pentium 4 在结构和性能方面的一个最大的改进，就是将指令 Cache（I-Cache）与数据 Cache（D-Cache）分开，这样做的目的就是避免数据和指令读取的冲突，加快内部数据的执行速度。I-Cache 直接连接到分支预测单元与执行单元，并且以内部微操作码的方式作为设计样式。指令 Cache 是内存中一部分程序的副本，便于 CPU 执行程序时快速取出并执行，数据 Cache 是可以读写的。指令 Cache 与数据 Cache 均与 CPU 内部的 64 位数据线以及 32 位地址线相连接。

（2）超标量流水线。

Pentium 有 U、V 两条指令流水线。超标量流水线技术的应用，使得 Pentium CPU 的速度较 80486 有很大的提高。因此，超标量流水线是 Pentium 系统结构的核心。

（3）新型算术逻辑单元（ALU）。

Pentium 4 的两个简单算术逻辑单元采用了双重并发技术。它在处理特定的整数运算时，可以在一个时钟周期下执行两次，运行效率也相应提升一倍。Pentium CPU 内部的浮点运算部件在 80486 的基础上进行了重新设计，其内有专门用于浮点运算的加法器、乘法器和除法器，还有 80 位宽的 8 个寄存器构成了寄存器堆。Pentium 4 整数处理能力有很大幅度的提高。在利用快速执行引擎时，Pentium 4 在执行常用指令时的速度将是运行其他指令速度的 2 倍，这样可以获得更好的性能表现。

6.2　指令系统

指令系统是微处理器体系结构的主要内容之一，它是计算机硬件的语言系统，是计算机软件和硬件交互的界面，如图 6-9 所示，指令系统是应用需求与应用结果之间的桥梁。指令系统表征微处理器的基本功能，决定了机器的处理能力，也决定了指令的格式和机器的结构。在设计微处理器的指令系统时，应注意指令格式、类型及操作功能等。

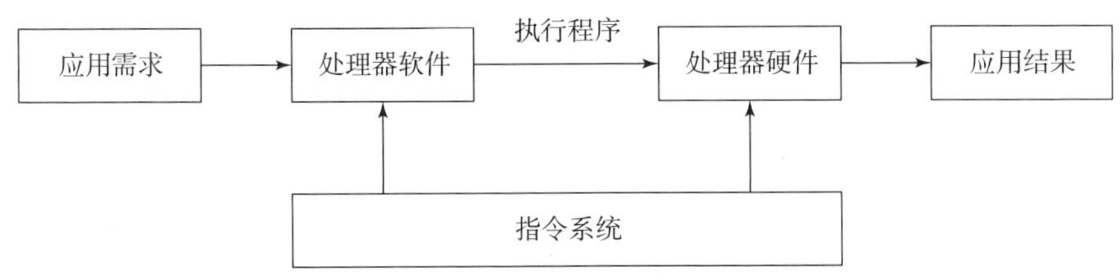

图 6－9　指令系统与处理器软硬件的关系

6.2.1　指令组成

计算机的指令格式与机器的字长、存储器的容量以及指令的功能都有重要的联系。从有利于程序设计、提高系统操作并行性、增强指令功能的角度考虑，指令中要包含多种信息。然而在一些指令中，由于部分信息可能无用，这就浪费了指令所占的存储空间，并增加了访问次数，可能影响响应速度。因此，如何合理、科学地设计指令格式，使指令既能给出足够的信息，又使其长度尽可能地与机器的字长相匹配，以节省存储空间，缩短取指时间，提高机器的性能，这是指令格式设计中的一个重要问题。

1. 指令组成

计算机是通过执行指令来处理各种数据的，一条指令就是机器语言的一个语句，它是一组有意义的二进制代码。为了指出数据的来源、操作结果的去向以及所执行的操作，一条指令必须包含下列信息：

（1）操作码（Operation Code，OP）：它具体说明了操作的性质及需要实现的功能（如加、减、乘、除、数据传送等），其长度取决于指令系统中的指令条数。一台计算机可能有几十条至几百条指令，每一条指令都有一个相应的操作码，计算机通过识别该操作码来完成不同的操作。

（2）源操作数地址：存放源操作数的地址，CPU 通过该地址取得所需的源操作数。

（3）目标操作数地址：存储处理结果的地址，即把对源操作数的处理结果保存在该地址中，以便再次使用。

（4）下条指令的地址：该地址用于告诉处理器这条指令执行完毕后从哪取下一条指令。执行程序时，大多数指令按顺序依次从主存中取出执行，只有在遇到转移指令时，程序的执行顺序才会改变。

2. 指令格式

在一条实际的指令中，一般存在两类指令操作内容，即操作码和操作数。操作数也称为地址码，地址码用来描述该指令的操作对象，它或者直接给出操作数，或者指出操作数的存储器地址或寄存器地址（即寄存器名）。图 6－10 给出了处理器的一般指令格式。操作码内的实际内容根据指令的不同而不同，且操作码决定了其后跟随的操作数的个数。

图 6－10　处理器的一般指令格式

指令格式为系统软件提供了一个语言接口，它将汇编语言变为机器语言，是计算机内部结构与程序设计人员之间的桥梁。因此为了指定计算机操作，指令格式必须包含以下三要素，如图 6-11 所示。

(1) 操作码：用二进制编码，代表将要执行的操作，它用于告诉微处理器需要执行的是哪一个电路操作。

(2) 操作数：包含源操作数地址、目的地址和下一条指令地址。某些指令中，操作数可以省略。

(3) 操作数的数据类型。

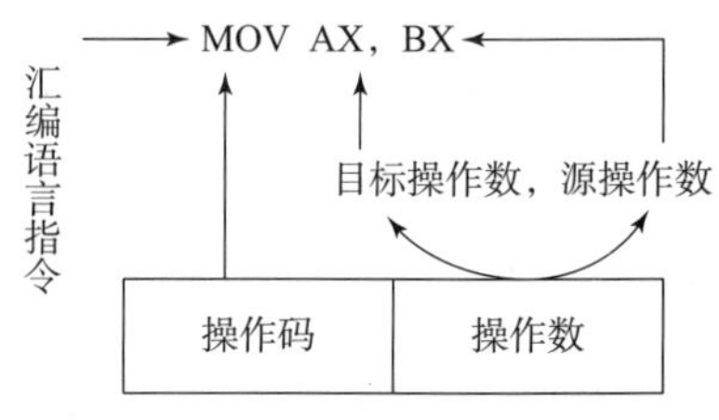

图 6-11　一般机器指令格式

操作码决定了计算机在软件方面的功能特性，而地址字段决定了计算机的硬件结构特性。根据地址域所涉及的地址数量，常见的指令格式有以下几种：

(1) 三地址指令：正常情况下要求确定两个源操作数地址，以及一个目地操作数地址。下一条指令的地址通常由程序计数器按顺序给出，这即为三地址指令。但是由于指令长度有限，很难同时容纳三个直接存储器地址，所以衍生出了其他的地址格式指令。

(2) 二地址指令：地址域中 A1 确定第一操作数地址，A2 同时确定第二操作数地址和结果地址。

(3) 单地址指令：地址域中 A 确定第一操作数地址。固定使用某个寄存器存放第二操作数和操作结果。因而在指令中隐含了它们的地址。

(4) 零地址指令：在堆栈型计算机中，操作数一般存放在下推堆栈栈顶的两个单元中，处理结果放入栈顶，地址均被隐含，因而大多数指令只有操作码而没有操作数。

3. 指令类型

由于机器指令的二进制表示十分难以理解，于是普遍使用的是机器指令符号表示法（Symbol Represent）。指令按照功能划分可分为以下 4 类：

(1) 数据处理指令：算术和逻辑指令；

(2) 数据存储指令：存储器指令；

(3) 数据传送指令：I/O 指令；

(4) 控制指令：测试和转移指令。

常用的机器指令助记符如表 6-1 所示。

表 6-1　常用助记符

助记符	意义
ADD	加法
SUB	减法
MUL	乘法
DIV	除法
LOAD	由存储器装入
STOR	存入存储器

同样地，操作数也可以用符号表示。如指令：

```
ADD X,Y
```

它的意思就是将存储器 Y 内的数据与 X 内的值相加，并将计算结果存储到 X 内。其中，Y 为存储器的位置地址，X 为某个寄存器。

6.2.2　寻址方式

在存储器中，操作数或指令字写入或读出的方式主要有：地址指定方式、相联存储方式和堆栈存取方式。几乎所有的计算机，在内存中都采用地址指定方式。当采用地址指定方式时，形成操作数或指令地址的方式称为寻址方式，寻址方式就是寻找源操作数或目的操作数地址的方式。在不同的计算机系统中形成了各种不同的操作数寻址方式。根据操作数所在地址不同有以下三类可能寻址类型：

（1）立即数寻址：地址直接包含在指令中，即指令的操作数部分就是操作数本身。这种操作数叫立即数，对应的指令寻址方式称为立即数寻址。

（2）寄存器寻址：地址包含在 CPU 的某个内部寄存器中。这时指令中的操作数部分是 CPU 的一个寄存器，这种指令寻址方式称为寄存器寻址。

（3）存储器寻址：地址在内部存储器中。这时指令的操作数部分包含着该操作数所在的内存地址。这种指令寻址方式称为存储器寻址。

1. 有效地址

在处理器系统中，由于地址位宽有限，为了提高工作效率，节约位宽，一般采用分段的地址表示方式。在操作数寻址过程中，内存实际地址（PA）的计算方法如图 6－12 所示，假设物理地址位宽为 20 bit。则：

$$PA = 段基地址 \times 10H + 段内偏移地址（EA）$$

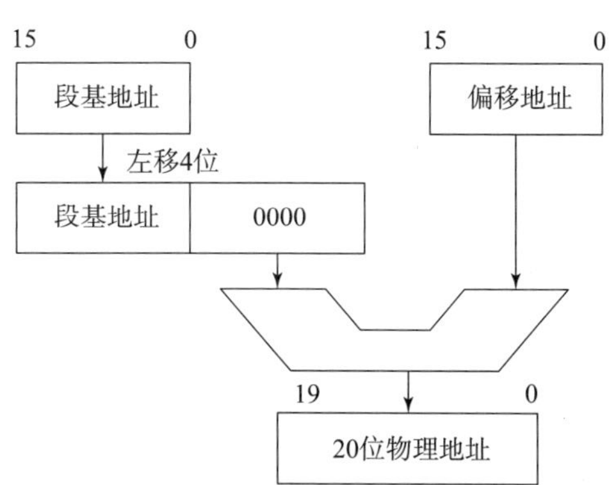

图 6－12　实际地址转换框图

其中，段内偏移地址包含：基址寄存器、变址寄存器、比例因子和位移量。这四种元素组合形成的段内偏移地址又称为有效地址 EA，其计算公式为：

$$EA = 基址 + (变址 \times 比例因子) + 位移量$$

2. 常用的寻找方式

1）立即寻址

指令的地址字段指出的不是操作数的地址，而是操作数本身，这种寻址方式称为立即寻址。立即寻址方式的特点是指令执行时间很短，因为它不需要访问内存取数，从而节省了访问内存的时间。

如：MOV AH,28H

将数据 28H 复制到寄存器 AH 中，如图 6－13 所示。

注意：立即数只能作为源操作数，不能作为目的操作数。

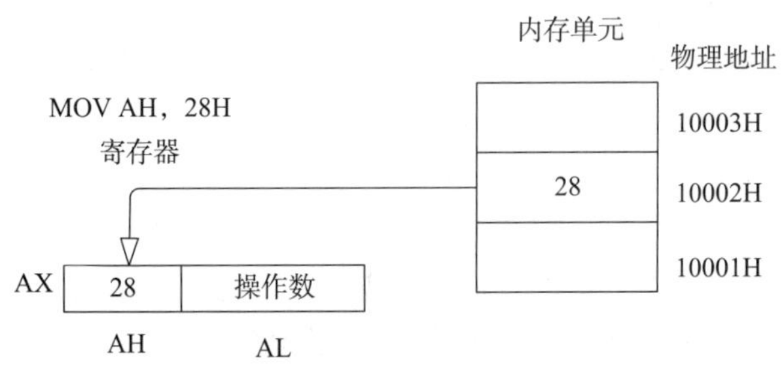

图 6－13　立即寻址方式

2）寄存器直接寻址

当操作数不放在内存中，而是放在 CPU 的通用寄存器中时，可采用寄存器寻址方式。显然，此时指令中给出的操作数地址不是内存的地址单元号，而是通用寄存器的编号（可以是 8 位也可以是 16 位（AX，BX，CX，DX））。指令结构中的 RR 型指令，就是采用寄存器寻址方式的例子。

如：MOV AX,BX

将寄存器 BX 中的内容复制到寄存器 AX 中，如图 6－14 所示。这种寻址方式的指令编码短，无须从存储器取操作数，故执行速度快。

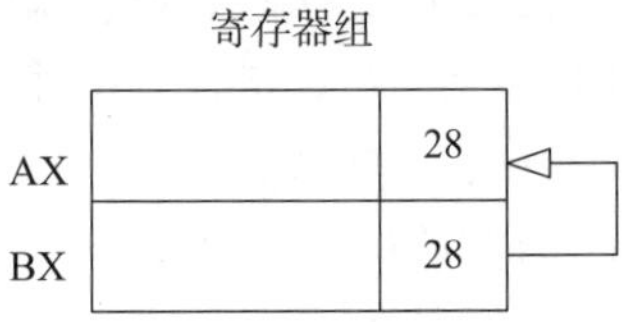

图 6－14　寄存器寻址方式

3）存储器直接寻址

存储器直接寻址是一种基本的寻址方式，其特点是：在指令格式的地址字段中直接指出操作数在内存中的地址。由于操作数的地址直接给出而不需要经过某种变换，所以称这种寻址方式为直接寻址方式。在指令中直接给出参与运算的操作数及运算结果所存放的主存地址，即在指令中直接给出有效地址。直接寻址主要用于单个操作数的相对寻址场合，但是指令长度的位数是有限的。

如：MOV [0002H],AX

假设数据段寄存器 DS＝1000H，则内存单元地址＝DS×10H＋偏移地址＝1000H×10H＋0002H＝10002H。指令执行的结果是将寄存器 AX 中的内容复制到内存单元 10002H 中，如图 6－15 所示。

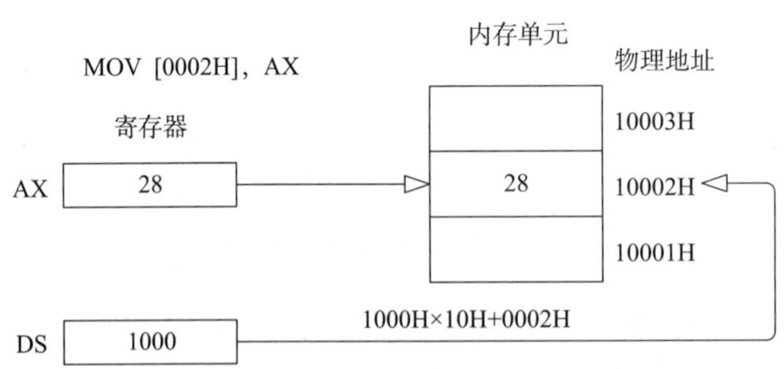

图 6－15　直接寻址方式

4）寄存器间接寻址

寄存器间接寻址是相对直接寻址而言的，寄存器间接寻址方式是为了解决直接寻址方式的有限地址长度问题。在间接寻址的情况下，指令地址字段中存储的不是操作数的真正地址，而是操作数地址的指示器，即通用存储器此时作为地址寄存器，存放了需要访问的目地地址。在这种方式下，操作数放在存储器中，但其有效地址 EA 放在寄存器中，即：EA = [寄存器]。这种寻址方式的地址长度只受字长的限制，而且更加灵活，易于修改。

如：MOV AX,[BX]

假设 BX = 1000H，DS = 0200H，内存数据为 3412H，则内存地址 = 1000H + (0200H × 10H) = 3000H，再将 3000H 地址内的数据复制到 AX 中，如图 6 – 16 所示。

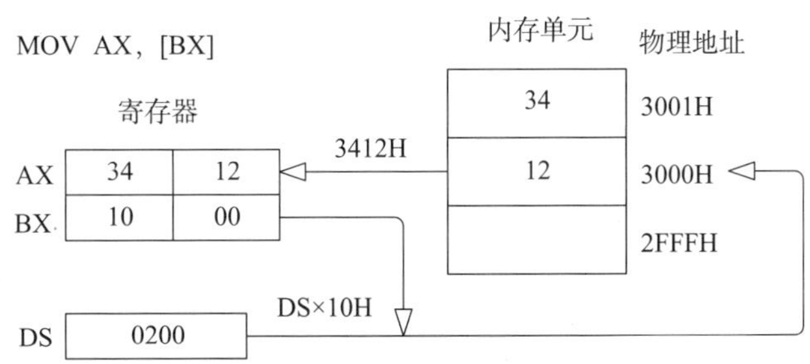

图 6 – 16　寄存器间接寻址方式

5）基址寻址

基址寻址也叫相对寻址，是把程序计数器 PC 的内容加上指令格式中的形式地址 D 而形成操作数的有效地址。程序计数器的内容就是当前指令的地址。“相对”寻址，就是相对于当前的指令地址而言。采用相对寻址方式的好处是程序员无须用指令的绝对地址编程，因而所编程序可以放在内存的任何地方。

有效地址 EA = [基址寄存器] + 位移量。

如：MOV AX,[BX + 25H]

假设 BX = 1000H，DS = 0200H，内存数据 = 5A12H。则内存地址 PA = DS × 10H + BX + 0025H = 3025H，然后将 3025H 地址单元内的数据复制到 AX 寄存器中，如图 6 – 17 所示。

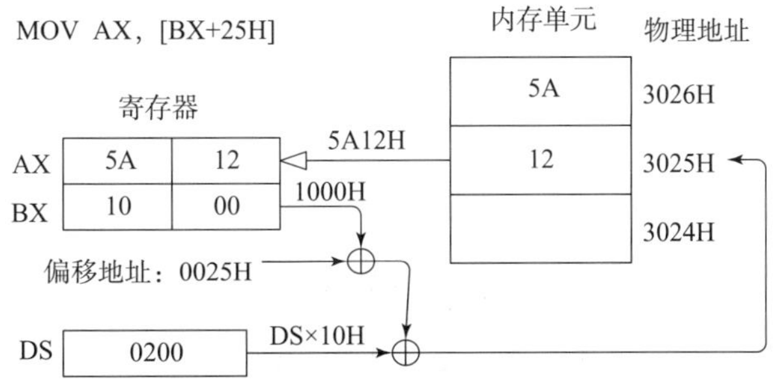

图 6 – 17　基址寻址方式

6）变址寻址

变址寻址方式与基址寻址方式计算有效地址的方法很相似，它把 CPU 中某个变址寄存器的内容与偏移量 D 相加来形成操作数有效地址。但使用变址寻址方式的目的不在于扩大寻址空间，而在于实现程序块的规律变化。为此，必须使变址寄存器的内容实现有规律的变化（如自增 1、自减 1、乘比例系数）而不改变指令本身，从而使有效地址按变址寄存器的内容实现有规律的变化。在这种方式下有效地址 EA：

EA = [变址寄存器] + 位移量

如：MOV AX,[DI]

假设变址寄存器 DI = 0010H，DS = 0200H，内存数据 = 5A12H。则内存地址 PA = DS × 10H + DI = 2010H，然后将 2010H 地址单元内的数据复制到 AX 寄存器中，如图 6 – 18 所示。

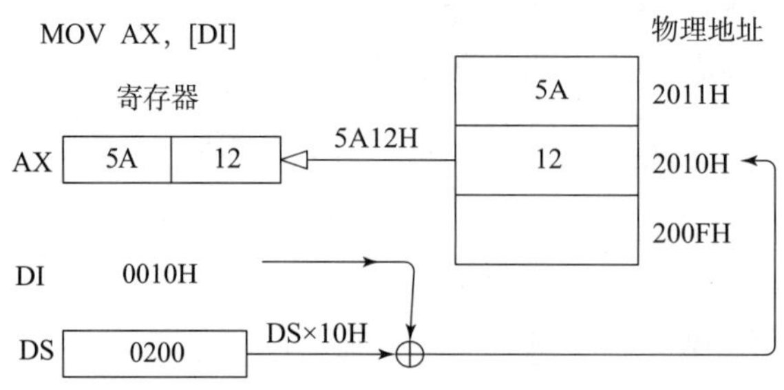

图 6 – 18　变址寻址方式

7）基址加变址寻址

在寄存器与内存之间传送数据时，内存采用变址寄存器寻址。存储器地址由基址寄存器（BX、BP）或变址寄存器（DI、SI）和段寄存器相加构成。但一种寻址方式中既有基址寄存器又有变址寄存器，而两个寄存器默认的段寄存器又不相同时，一般规定由基址寄存器来决定默认哪一个段寄存器作段基址指针。在这种寻址方式下：

EA = [基址寄存器] + [变址寄存器]

如：MOV AX,[BX + DI]

假设 BX = 1000H，DI = 0010H，DS = 0200H，内存数据 = 5A12H。则内存地址 PA = DS × 10H + BX + DI = 3010H，然后将 3010H 地址单元内的数据复制到 AX 寄存器中，如图 6 – 19 所示。

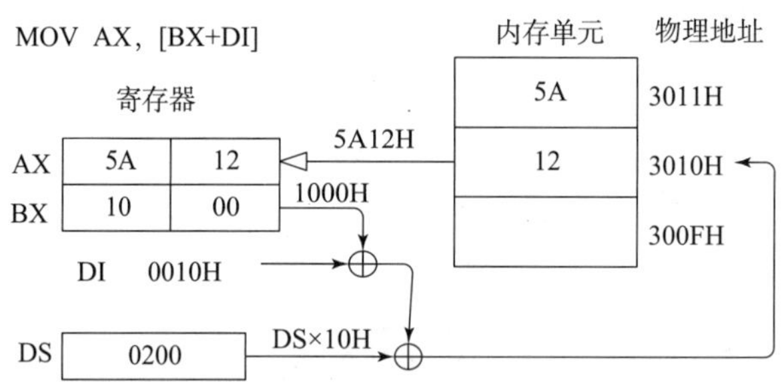

图 6 – 19　基址加变址寻址方式

6.2.3　CISC 和 RISC 指令集

CPU 指令集的设计，确定了软硬件的功能分配，即哪些功能由硬件实现，哪些由软件实现。不同指令集的设计，会决定 CPU 的成本和速度，当前的指令集主要分为精简指令集计算机 RISC（Reduced Instruction Set Computer）和复杂指令集计算机 CISC（Complex Instruction Set Computer）。

1. CISC 指令集

（1）具有大量复杂指令、指令长度可变且寻址方式多样的指令系统就是传统 CISC 指令系统。

（2）采用复杂指令系统的计算机有着较强的处理高级语言的能力，有益于提高计算机的性能。

（3）复杂的指令、变长的编码、灵活的寻址方式大大增加了指令解码的难度，复杂指令所带来的速度提升已不及在解码上浪费的时间。

（4）CISC 计算机中，典型程序的运算过程所使用的 80% 指令，只占处理器指令系统的 20%，最频繁使用的是取、存和加这些最简单的指令，而占指令数 80% 的复杂指令却只有 20% 机会用到。

（5）复杂的指令系统必然带来结构的复杂性，增加了设计、制造的难度，妨碍单片计算机的发展。

（6）复杂指令需要完成复杂的操作，这类指令多数是某种高级语言的直接翻版，因而通用性差，采用二级的微码执行方式，降低了那些被频繁调用的简单指令系统的运行速度。

2. RISC 指令集

针对 CISC 的弊病，业界提出了精简指令的设计思想。

（1）指令系统应当主要包含那些使用频率很高的少量指令。

（2）指令长度固定。

（3）指令种类少。

（4）寻址方式种类少。

（5）大多数是简单指令且能在一个时钟周期内完成。

（6）易于设计高效率的流水线。

（7）寄存器数量多，大量操作在寄存器之间进行。

（8）芯片面积小，实现精简的指令系统需要的晶体管少，芯片面积自然就小一些，有利于提高功能集成度。

（9）开发时间短，开发一个结构简洁的处理器在人力、物力上的投入要更少，整个开发工作的开发时间更易于预测可控制。

（10）性能高，完成同样功能的程序时，RISC 处理器需要更多的指令，但 RISC 单个指令执行效率高，而且 RISC 处理器容易实现更高的工作频率，从而使整体性能得到提高。嵌入式处理器中，RISC 技术则得到普遍的应用，如 MIPS 处理器、ARM 处理器等。

指令系统决定了计算机所能实现的操作功能，通常认为指令系统是与应用相关的，因为设计一个指令系统的最终目的就是满足用户需要。指令系统设计是很复杂的，会影响计算机设计的许多方面，指令系统设计涉及计算机系统总体性能，应考虑如下因素：

（1）利于编程的需求。指令系统是为计算机、编译器和编程员提供的硬件 - 软件接口，指令系统的设计须考虑编程的便利和效率，这样才能使系统发挥最大的作用，同时减轻编程人员的负担。

（2）技术实现的需求。由于指令系统为硬件设计者提供实现处理器和计算机控制器的基础，所以指令系统设计必须考虑实现技术。例如：流水线是实现高性能处理机的流行技术，所以指令系统设计必须有利于流水线的实现。

（3）计算机执行能力的需求。程序的执行时间反应计算机执行性能，为了优化计算机性能，应该让最常用的指令类型尽可能快速执行，而最耗费时间（但最少用）的指令类型应从指令系统中去掉，改用软件实现。这也是指令系统设计时硬件和软件权衡的问题。

（4）计算机系统的向后兼容需求。希望指令系统设计能够兼容以后的硬件系列，这实际上是指令系统设计中的一个限制。向后兼容的限制使指令系统设计变得困难且复杂。

6.3 流水线技术

在初期的计算机系统中，指令执行方式非常简单：控制器先从内存提取指令，然后分析指令，确定指令内容，执行指令要求的计算，并将结果写回到寄存器组。各指令是采用顺序执行的方式，上一条指令执行完毕，才能开始下一条指令的执行。由于指令执行的各阶段使用的硬件不同，因此，在指令执行的过程中，大部分硬件都处于空闲状态，这种指令的串行执行方式造成了整个处理器效率的降低。因此指令执行的并行性变换很有必要，这就是指令流水线（Pipelining）技术。

流水线技术是指可以重叠执行若干条指令的并行处理实现技术，它可以减少指令的执行时间。尽管流水线中各指令的执行时间与非流水线中各指令的执行时间相同，但通过重叠执行指令就可以提高指令的执行速率，减少任务的执行时间，提高效率。

随着集成电路技术的不断进步，在单一芯片上能够放置更多的晶体管，因而允许在CPU中使用更多的硬件以达到更高的性能，这就为流水线技术提供了可能。流水线技术是制造高性能CPU的关键技术。这种技术与并行处理技术有本质区别，流水线技术是在顺序指令流计算机中实现处理时间重叠的技术，因此流水线处理技术是将指令的执行分成几个独立的小部分，然后使完成一条指令的各个部件在时间上是同时重叠工作的。因此，各部件同时处理是针对不同指令而言的，各部件分别同时为多条指令的不同部分（Step Stage）进行工作，以提高各部件的利用率来提高指令的平均执行速度。图6－20给出了一个指令流水线示意图，图中把每个指令分成5个部分，从第二个时钟周期后不同指令的不同部分重叠进行，进而提升了指令的执行效率。

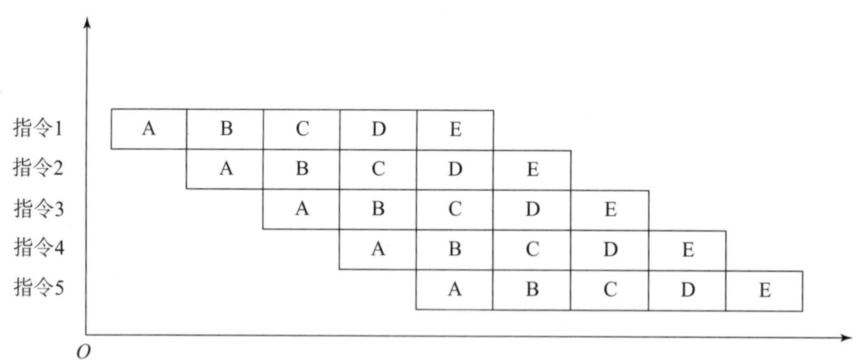

图6－20　流水线的执行状态图

6.3.1 流水线技术的优势

指令的流水线执行是将指令执行划分成若干个子过程，这些子过程被称为流水级或流水节拍（Pipe Stage或Pipe Segment），而在计算机里可以重叠工作的功能部件，称为流水部件。这些不同的功能部件同时重叠处理不同指令的不同子过程。流水级彼此相连形成一个流水线，一条指令流过所有的流水级，就完成了它的任务。由于流水级是相互连接在一起的，每一级完成后才进入下一级，因此，所有的流水级必须在相同的时间内完成各自的子过程，在流水线中指令流动一步是一个机器周期（Machine Cycle）。流水线设计最难的任务是确定每个流水级功能部件处理的时间长度，平衡每一流水各处理部件的处理时间。在理想条件下，流水线计算机每条指令的平均执行时间是：

$$\text{每条指令平均执行时间} = \frac{\text{非流水计算机上指令执行时间}}{\text{流水线深度}}$$

其中，流水线深度是指流水线中总的流水级的数目。此时，流水线的加速比就等于流水级的深度。实际上，流水线中的各级功能部件处理子过程的时间之间是很难平衡的。此外，流水线还包含一些其他的开销。因此，流水线上每条指令的平均执行时间并不是理想情况下的最小值，只是一个接近值。

流水线只能减少每条指令的平均执行时间，一条指令的实际执行时间要经过所有流水级，其实际执行时间有可能比未流水时还要长。流水线减少指令平均执行时间可以看作是减少了每条指令的时钟数（CPI），也可以看作是减少了时钟周期时间。

流水线是 Intel 首次在 80486 芯片中开始使用的。80486 上许多指令的执行时间都是单个时钟周期，并且操作数的读周期仅为 2 个时钟周期。此外，80486 有一个 8 KB 的片内 Cache，该缓存中保存有最常用的数据。如果从操作数地址读取 Cache 中的一个数据，那么操作数读周期是 0，这意味着整个指令的执行仅花费了 1 个时钟周期。80486 执行一条“ADD ECX，[EBP+10]”指令和在类似的并无流水线技术的 CPU 上执行该指令之间的差异如表 6-2 所示。

表 6-2　流水与非流水指令的比较

CPU 操作	使用流水技术	不使用流水技术
取指令	0	2~4
指令译码	0	1
操作数地址查找	0~6	2~8
读操作数	3	3
执行	2	2
总计	5~11	10~18

6.3.2　流水线结构的操作

1. 流水线的基本原理

流水线处理器的基本结构如图 6-21 所示。其中 S_i（Stage）为各流水部件，L_i（Lock）为锁存器，C（Clocks）为每个流水部件处理结果进入下一级的控制时钟，其时钟周期（或节拍周期）Δt_i 为一个流水部件处理子过程的时间 Δt_{s_i} 加上延迟时间 Δt_d。

由前所述，由于节拍时间是固定的，则流水级时钟周期应为：

$$T = \max\{\Delta t_{s_i}\} + \Delta t_d$$

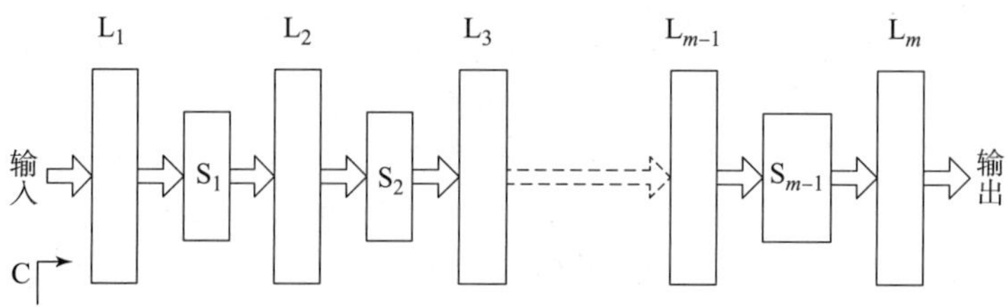

图 6-21　流水线处理基本结构

指令流水执行的特点为：一条指令的执行划分成几个子过程，每个子过程为一个流水级，这些子过程的处理部件在流水时钟控制下组成了流水线。每个子过程由专门的硬件功能部件来完成。这个功能部件和其他的功能部件在工作时间上是重叠的。每个流水功能部件的工作时间是不相同的，流水节拍时间由最长的流水功能部件处理时间决定。这样就实现了处理时间的重叠，提高了资源利用率和执行效率。

2. 五级流水线的操作

对于一个典型的五级流水线，指令执行过程分为 5 个阶段：取指令（IF）、译码（ID）、执行（EX）、内存访问（Mem）和结果写回（WB）。指令流水线的组成框图如图 6-22 所示。在各级流水之间还包含有流水寄存器，这些寄存器用于寄存上一级流水计算的结果，同时作为下一级流水的输入。

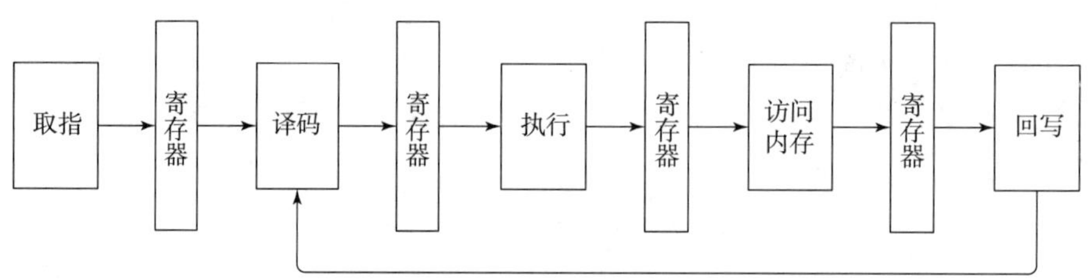

图 6-22　五段指令流水线

为了方便流水线处理器结构的分析，我们采用指令流水状态图来描述，这样对指令执行过程情况一目了然。如图 6-23 所示，由于指令执行的各阶段时间花费不一样，假设取指阶段花费时间最长，图中阴影表示各阶段的时间关系，图中取指令和内存访问阶段花费的时间最长。

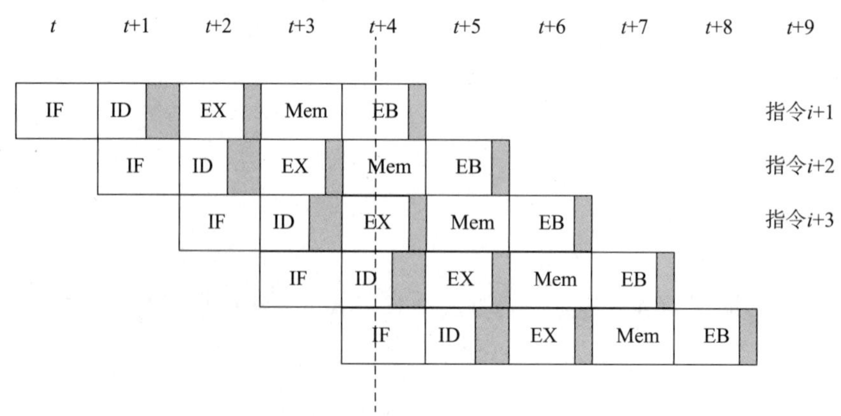

图 6-23　五级指令流水状态图

指令流水方式执行的效率远远高于串行方式，其原因是同一时刻流水线上各个阶段可以同时处理不同的指令，使指令执行的过程产生了重叠。如图 6－23 所示，当流水线满时（即时刻 $t+4$）、一条指令被完整地执行，同时该时刻还在执行其他指令的不同阶段。

在每个时钟周期，每一个流水级都是在工作的，而所有在流水线相应级中的指令都必须在一个时钟内完成，且任何操作的组合都可能在同一时刻发生，因此，流水线上每一个流水部件的处理结果都必须放在寄存器里才能从前一流水级进入到下一流水级。这个寄存器在每个流水级之间称为流水线寄存器（Pipeline Registers）或流水线锁存器（Pipeline Latches）。

6.3.3　流水线的性能分析

流水线技术是能够同时重叠执行若干条指令的技术，它可以减少一组指令的执行时间。实际上，从上一节的流水线结构中可以看出，由于流水线方法需要在处理器中添加相关硬件，因此每条指令的执行时间可能更长。通常，在讨论指令流水线和计算机性能时，经常会用到几个术语：吞吐率（Throughput）、加速比（Speedup Ratio）、效率和延迟（Latency）。

1. 吞吐率

吞吐率指的是计算机中的流水线在单位时间内可以处理的任务或输出结果的数量，定义为单位时间内完成的指令数。它是衡量流水线速度的主要性能指标。流水线的吞吐率可以进一步分为最大吞吐率和实际吞吐率。它们主要和流水段的处理时间、缓存寄存器的延迟时间有关，流水段的处理时间越长，缓存寄存器的延迟时间越大，那么，这条流水线的吞吐量就越小。达到稳定状态后，若每隔 Δt 会流出一个结果，则流水线的最大吞吐率 T_p：

$$T_p = \frac{1}{\Delta t}$$

连续处理 n 条指令时，其实际吞吐率为：

$$T_p = \frac{n}{T_{流水}} = \frac{n}{m\Delta t + (n-1)\Delta t} = \frac{1}{[1+(m-1)/n]\Delta t}$$

其中，m 是流水线的段数。如果一条流水线的段数越多，过程执行时间越长，那么，这条流水线的理论吞吐率就越小。

2. 加速比

加速比是指某一程序的若干指令采用串行工作方式的工作速度和采用流水线方式的工作速度的比值，即为程序在流水线上的执行速度与非流水线上执行速度的比值。比值越大，则说明这条流水线的工作方式越好。加速比的计算公式为：

$$S_p = \frac{T_{串行}}{T_{流水}} = \frac{nm\Delta t}{m\Delta t + (n-1)\Delta t} = \frac{nm}{m+n-1}$$

其中，m 是流水线的段数，Δt 为各流水段的处理时长，即为拍长，n 为连续处理的指令数。当指令个数越多时，流水线执行的效果越明显，加速比越大。

3. 效率

效率是指流水线中各个部件的利用率。由于流水线在开始工作时存在建立时间，在结束时存在排空时间，且流水线各个部分的执行时间不一致，各个部件不可能一直在工作，总有某个部件在某一个时间处于闲置状态。效率即为一定时间内，流水线上所有段处于工作状态的比率，用处于工作状态的部件和总部件的比值来说明这条流水线的工作效率。效率的计算公式为：

$$E=\frac{n\text{ 条指令完成时间内占用的时空区}}{n\text{ 条指令完成时间内的总时空区}}=\frac{nm\Delta t}{m[m\Delta t+(n-1)\Delta t]}$$

当 n 远远大于 m 时，即流过流水线的指令越多，流水线的效率越高。

4. 延迟

延迟也称为时延，是单位数据信号从电路的一端抵达另一端所经过的时间。在实际的指令执行过程中，数据的运算和搬移都需要一定的时间，这会存在一定时间延迟，一般延迟都是皮秒（ps）级别的。

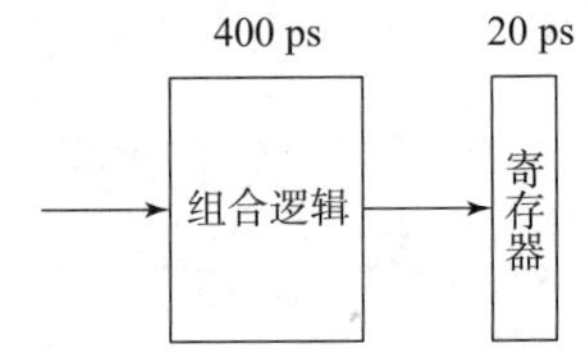

图 6－24　非流水线指令执行过程

如图 6－24 所示为非流水线的指令执行过程，我们假设完成组合逻辑需要 400 ps，而访问寄存器需要 20 ps。由于本系统采用了非流水线的计算机硬件，因此系统的最大吞吐率为：

吞吐量 = (1/(20 + 400)ps × (1000 ps/1 ns) = 2.38 GIPS

其中，GIPS 表示以每秒十亿条指令为单位来描述吞吐率，ns 表示纳秒。此系统的延迟为 320 ps。

假设采用流水线技术来执行该系统，将指令的执行分成 4 个阶段，每个阶段需要 100 ps，如图 6－25 所示。

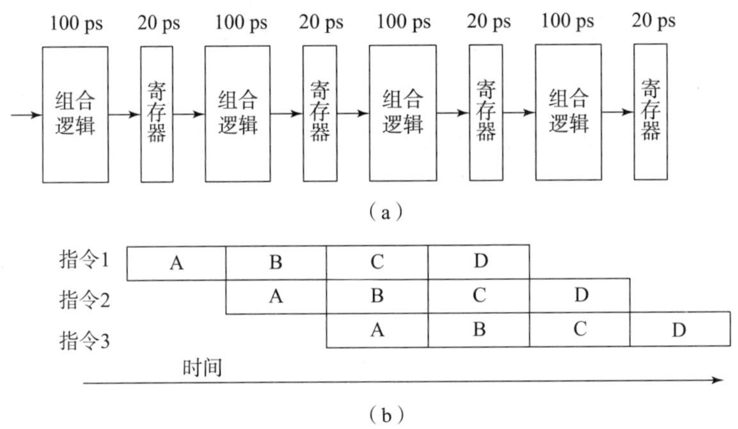

图 6－25　流水线指令执行过程

(a) 四级流水线结构；(b) 流水线图

流水线结构的各个寄存器之间放上了流水线寄存器，该系统的时钟周期设为 100 + 20 = 120 ps，则最大吞吐量约为 8.33 GIPS。由于一条指令需要 4 个时钟周期才能完成，所以流水线的延迟为 4 × 120 = 480 ps。流水线结构和非流水线结构的比较如表 6－3 所示。

表 6－3　流水线结构和非流水线结构比较

结构类型	时间周期/ps	吞吐量/GIPS	延迟/ps
非流水线结构	320	2.38	320
流水线结构	120	8.33	480

从上表可以看出，流水线结构的吞吐量得到很大的提高，但是由于在各级流水线之间增加了寄存器，所以相应的代价就是单条指令的延迟量变大。

6.3.4　流水线结构的冒险

根据流水线处理技术的原理，假如一个串行处理器每 5 个时钟周期完成一条指令，在理想状态下一个五级流水线处理器 1 个时钟周期可以完成一条指令。实际上，由于流水线的阻塞和中断，处理器性能会明显低于理想状态。因此在设计流水线时需要考虑各段的执行时间，这样流水线才能达到理想状态。

同时，指令之间的相关性也可能引起流水线的中断，影响流水线的性能和效率。引起流水线中断的原因主要包括数据相关、控制相关和资源相关。这样在指令重叠执行期间可能产生冒险，从而导致流水线中断，在流水线结构中，常见的冒险主要有数据冒险、结构冒险和控制冒险。

1. 数据冒险

数据冒险是由于两条指令之间的数据相关性导致的，即当前指令的执行结果可能是下一条指令的输入。从数据指令的读写顺序区分，数据冒险包括：写后读冒险（RAW）、读后写冒险（WAR）、写后写冒险（WAW）。

数据冒险通常有两种来源。第一种是由于流水线需要使用存储器中的数据，而存储器中的数据还没有准备就绪，即为写后读冒险（RAW）。为了确保程序执行的正确性，只能通过插入空指令的方法来增加延迟，等待存储器的数据准备就绪。例如，在执行一个 LOAD 指令时，要执行到 LOAD 指令的存储器阶段，才能从存储器中取出数据。则这个 LOAD 指令的目标寄存器此刻有发生数据冒险的可能。

另一种数据冒险的来源是由于有可能从存储器或寄存器堆中读取错误的数据，即为读后写冒险（WAR）或写后写冒险（WAW）。这种情况往往发生在准备要写入寄存器或寄存器的数据还未能真正写入之前，不正确的旧数据就已经过早地写入寄存器或从寄存器中读取出来了。

如图 6－26 所示，假设第一条指令是除法指令，这条指令需要在寄存器 2 中存放计算结果，而第二加法指令恰恰需要读取寄存器 2 中的数据作为输入。这就意味着必须等到除法指令执行完成之后才能执行这条加法指令，这样就会引起流水线中断。

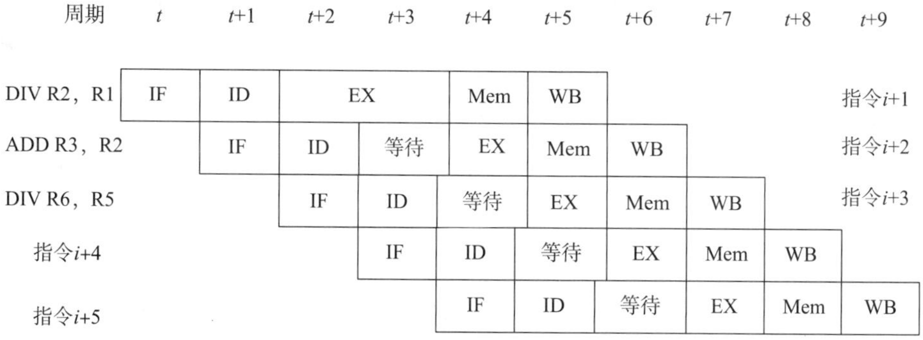

周期	t	t+1	t+2	t+3	t+4	t+5	t+6	t+7	t+8	t+9	
DIV R2，R1	IF	ID	EX		Mem	WB					指令i+1
ADD R3，R2		IF	ID	等待	EX	Mem	WB				指令i+2
DIV R6，R5			IF	ID	等待	EX	Mem	WB			指令i+3
指令i+4				IF	ID	等待	EX	Mem	WB		
指令i+5					IF	ID	等待	EX	Mem	WB	

图 6－26　顺序流水线数据相关

数据冒险可以采用定向技术和调度技术来减少中断时间，提高执行效率。定向技术是指将计算结果直接传送到所需要的功能部件中，而调度技术是指重新组织指令执行的顺序以减少流水，指令调度可以由编译器进行，也可以由硬件在执行的时候进行，分别称为静态指令调度和动态指令调度。

乱序执行处理器是一种避免数据冒险的方法，它采用序列器（Scheduler）来扫描要处理的指令窗中的数据依赖关系。通过比较每条指令的操作数寄存器，序列器判断哪些指令之间存在数据相关，而哪些指令可以独立执行。通过将指令执行顺序进行重新排序，使更多的指令可以尽早地执行，提高处理器的性能。

图 6 – 27 为一种乱序执行流水线的框图。程序中第三条指令是除法指令，它依赖于第二条加法指令的结果，由于这些指令之间存在着数据相关，所以就要求这些指令按顺序执行。然而，其他指令和其他数据无关，这些指令可以通过调度技术提前执行。

周期	t	t+1	t+2	t+3	t+4	t+5	t+6	t+7	t+8	t+9
DIV R2，R1	IF	ID	EX			Mem	WB			指令i+1
ADD R3，R2		IF	ID	等待		EX	Mem	WB		指令i+2
DIV R6，R5			IF	ID	EX	Mem	WB			指令i+3
指令i+4				IF	ID	等待	EX	Mem	WB	
指令i+5					IF	ID	EX	Mem	WB	

图 6 – 27　乱序执行流水线

对于数据相关而言，对指令的重新排序可以提高处理器的性能。这同样可以减少由于处理器资源冲突而产生的流水线中断。序列器除了可以获知指令所需的数据秒数，还可以获知指令所需的计算资源。如果一条除法指令需要等待另一条除法指令完成后才能执行，那么处理器仍然可以执行其他不需要占用硬件资源的指令。另一种解决资源冲突的方法就是提供更多的硬件资源。通过增加硬件资源，可以使同一时刻流水线的同一级执行多条指令。

2. 控制冒险

控制冒险的情况多发生于分支指令和跳转指令的操作过程中，在分支指令执行结束之前，不仅要中断下一条指令的执行阶段，而且还要中断取指阶段，流水线将被排空，使流水线发生断流。如图 6 – 28 所示，第三条指令是分支指令，则流水线操作中断。

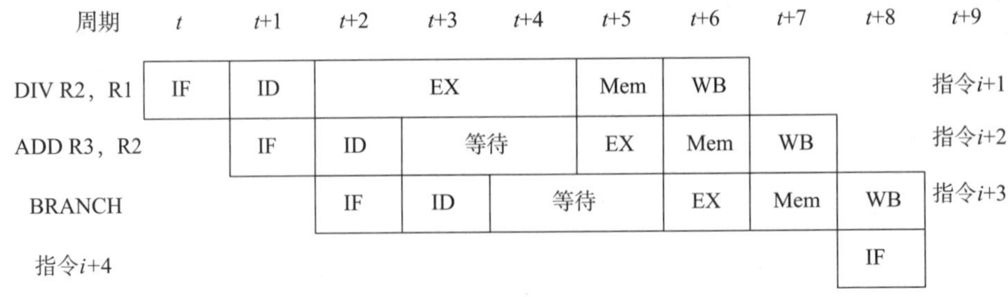

图 6 – 28　顺序流水线的控制相关

一个分支指令是否真的要执行它的分支操作，取决于这个分支指令的执行阶段。因为在执行阶段时，用于帮助条件分支做出决定的 ALU 标记和分支目标的地址已经准备好了，所以 CPU 已经知道该往哪里跳转。同时，已经取得的下两条指令正在流水线中进行操作，可是它们将不会被完全执行。由于取指令阶段需要占用一个额外的时钟周期，因此每一次分支操作总共会浪费 3 个时钟周期。

控制冒险可以通过使用分支预测和预测执行等技术来解决。分支预测是利用统计学来改善分支损失的一种措施，通过分析大量指令轨迹而得到统计结果。正确的分支预测可以先决定分支指令在大多数情况下将要跳转的方式，不需要等待跳转判断就可以让流水线继续运行下去，从而提高流水线的总体性能。

如果分支预测错误，则必须将已经执行的指令全部清除，重新装入指令重新处理，这样就会比不进行分支预测的指令慢了。因此，错误的分支预测不会导致错误的结果，只会导致流水线停顿。提高分支预测的准确度，就能提高流水线的性能。

3. 结构冒险

结构冒险通常发生在指令与数据之间的存储器使用冲突上，或者发生于寄存器端口的使用冲突上。当不同的流水线阶段在同一时刻都要读写同一硬件资源时，将会发生结构冲突。如两条除法指令需要执行，即使没有任何数据相关，下一条除法指令也必须等到上一条除法指令执行完成后才能执行。

结构冒险可以通过硬件调整或时间分享来减少。使用以下 3 种方法可以减少结构冲突。

（1）加入额外的同类型资源（有时会有效）。例如，将引起结构冲突的单一存储器改变为两个各自独立的数据存储器和指令存储器。

（2）改变资源的设计，使其能被同时使用。如果译码阶段和回写阶段需要在同一个对外周期访问寄存器堆，则可以使用具备多端口的寄存器堆设计，从而使其能同时访问寄存器堆。

（3）使用轮流暂停一部分流水线的方法，轮流使用资源。

6.3.5 流水线结构的局限性

图 6－29 为一个理想化的流水线系统，在此系统中，将指令执行过程分成 5 个相互独立的阶段，每个阶段需要的时间是原来逻辑需要时间的五分之一。但是，这个完全是理想情况下的性能，当一些状况发生时，流水线效率会下降。

1. 流水线不同阶段的差异

图 6－29 展示的系统和前面的一样，我们将指令划分为 5 个阶段执行，但是通过这些阶段的延迟从 20 ps 到 150 ps 不等。通过所有阶段的延迟之和为 600 ps。时钟周期是由最慢阶段的延迟决定的。由流水线图可知，每个时钟周期为 170 ps，阶段 A 都会空闲 100 ps，而阶段 B 会空闲 50 ps，阶段 D 空闲 75 ps，阶段 E 空闲 25 ps，只有阶段 C 会一直处于活动状态，得到吞吐量为 5.88 GIPS。另外，由于时钟周期减慢了，延迟也增加到了 850 ps。

在硬件设计过程中，设计一组各阶段均衡的流水线非常困难。通常，处理器中的某些硬件单元，如 ALU 和存储器，是不太可能被划分成多个延迟较小的单元的。因此，在流水线的实际系统设计中，理解流水线操作时序的优化非常重要。

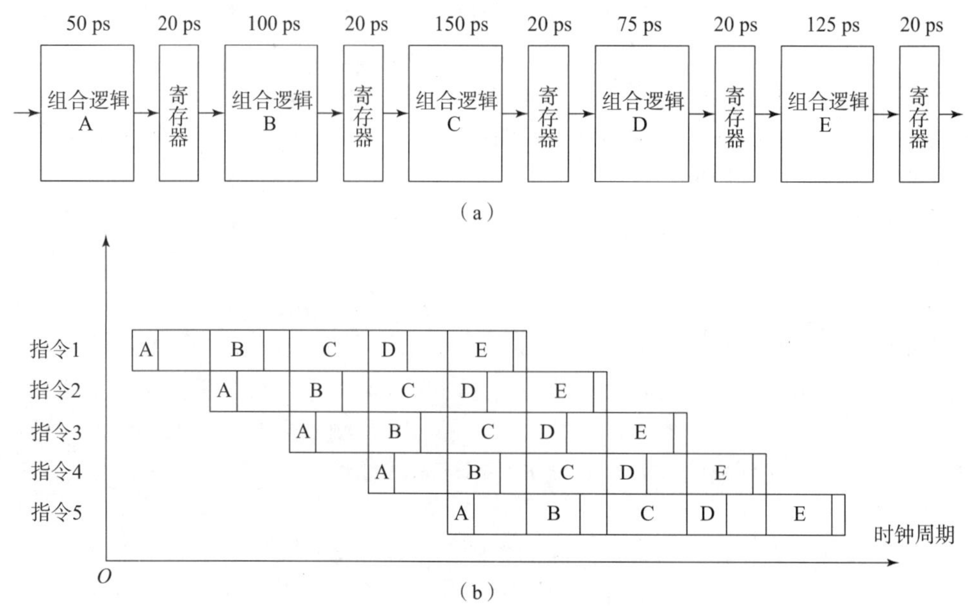

图 6－29　延迟不一致时的流水线图

（a）硬件：五阶段流水线，延迟不同；（b）流水线图

2. 流水线过深，效率可能下降

图 6－30 说明了流水线技术的另一个局限性。图中把指令分成了 10 个阶段，每个阶段需要 50 ps。在每个阶段之间插入流水线寄存器。这个系统的最小时钟周期为 50 + 20 = 70 ps，吞吐量为 14. 29 GIPS。因此，通过将流水线的阶段数加倍，把系统吞吐量提高到原来的 14. 29/5. 88 =2. 43 倍。这样虽然将每个计算阶段的时间缩短了，但是整个系统的延迟增加了很多。这个延迟成了流水线吞吐量的一个制约因素。在这个设计中，这个延迟占到了整个时钟周期的 28. 6% 。

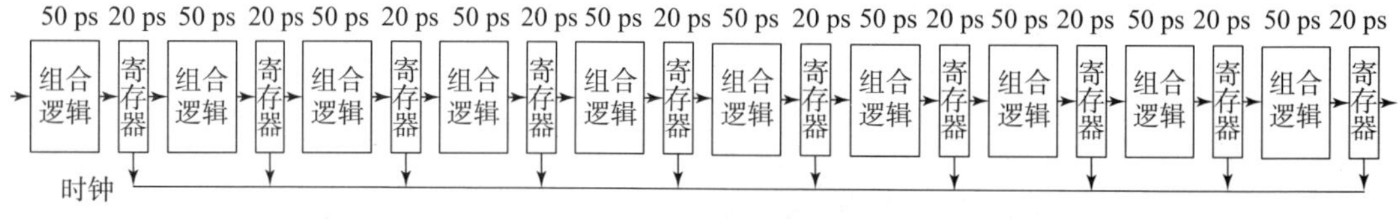

图 6－30　深度流水开销

为了提高时钟频率，处理器将指令的执行划分成很多非常简单的步骤，这样一来每个阶段的延迟就很小。因此在进行电路设计时需要小心地设计流水线寄存器，使其延迟尽可能小。

6. 3. 6　超标量处理机

从理论上讲，通过继续细化指令的操作过程，增加流水级数，可以进一步提高 CPU 的指令并行性。CPU 处理指令是通过时钟来驱动的，每个时钟完成一级流水线操作。每个周期所做的操作越少，需要的时间就越短，时间越短，频率就可以提得越高。超级流水线就是将 CPU 处理指令进一步细分为更多的流水，然后通过在一个机器时钟内发送多条指令，在一定的流水线调度和控制下，使得每个流水阶段和其他指令的不同阶段并行执行。理想情况下，流水线级数越多，重叠的执行就越多，那么发生竞争冲突的可能性就越大，对流水线性能有一定影响。过长的超级流水结构，也会带来更多的额外开销，同时时钟频率也会变高，这也会导致 CPU 的功耗过高等问题。

1. 超标量

在单流水线结构中，指令虽然能够重叠执行，但仍然是顺序的，每个周期只能处理一条指令。超标量（SuperScalar）是指 CPU 内一般能有多条流水线并行处理，其本质是，在不同流水线中不相关地执行不同指令。因此，超标量处理器允许指令以不同于原程序顺序的次序来执行。图 6－31 说明了超标量方法的通常模式，它包含两条整数指令、两条浮点指令和一个存储器访问指令同时执行。这里有多个功能单元，每个单元以流水线方式实现，它们支持几条指令的并行执行。超标量处理器中配有多套取指、译码及执行等功能部件。寄存器组中也设有多个端口，使在同一个时钟周期内可以向几条流水线同时送出多条指令，执行多个操作。这种模型主要是以流水线的硬件并行工作来提高性能的，但是硬件结构会变复杂。

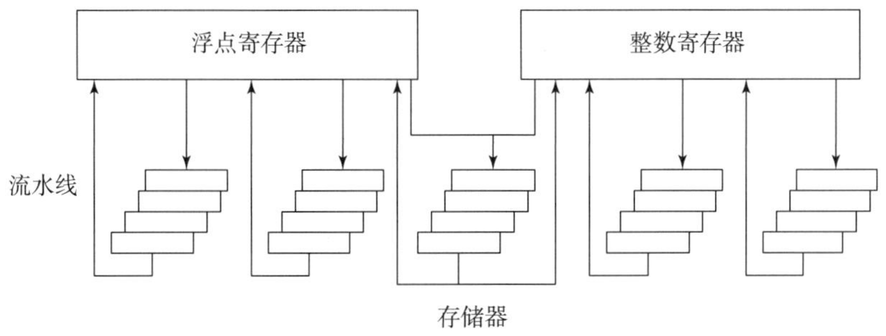

图 6－31　超标量方法的通常模式

2. 超标量处理器的一般结构

采用流水线技术和功能部件多重化技术是开发指令级并行性的两种重要手段。超标量处理器的一个最突出的标志是处理器中有两个或两个以上的功能部件，如图 6－32 所示，其中 FU 表示功能单元，N 个功能单元并行工作。为使多个功能部件并行工作，其操作数之间必须没有相关性。采用超标量技术，不仅要考虑单条流水线中的重叠执行，还要考虑在流水线之间的并行执行，其“相关”问题比单流水处理器更加复杂。

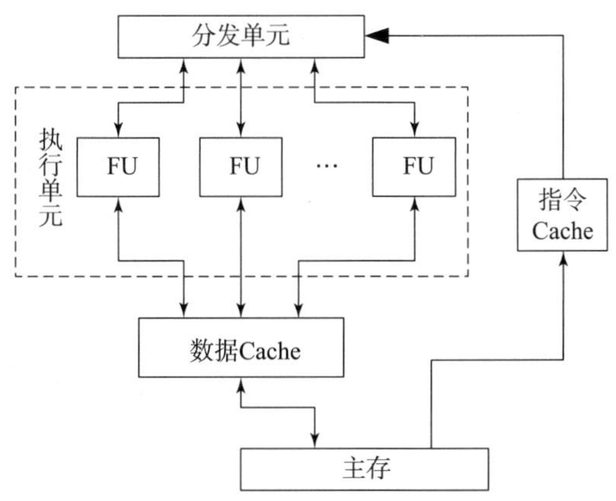

图 6－32　超标量方法的通常模式

一般通过重新组合指令的执行顺序，采用静态调度或动态调度技术来解决流水线各数据之间的相关问题。

1）静态调度

所谓静态调度，就是通过编译程序对程序代码顺序进行重新组织，从而在某种程度上保证相邻指令之间的数据独立性的技术。由于有些指令之间的数据独立性在编译时是判断不出来的，于是只能假定数据相关，这样会增加额外的硬件开销。

2）动态调度

动态调度是指超标量处理器在控制部件中设置一个对指令动态调度的机构，在程序执行期间由硬件来完成这种对代码顺序的调整工作。动态调度正好弥补了静态调度的不足，它具有以下优势：它可以处理一些在编译时无法判断出的相关情况，如一些关于存储器的数据相关等，并且可以简化编译器的设计和实现。另外，对于指令级兼容的机器，编译程序针对某一机器产生的代码在另一台机器上也有可能高效地执行。

3）超标量处理器的特点

（1）处理器采用多条流水线并行处理，通过配有多套取指、译码及执行等功能部件来实现。

（2）能同时将可以并行执行的指令送往不同的功能部件，从而达到一个时钟周期执行多条指令的目的。

（3）通过静态调度和动态调度等方法，实现指令的并行执行，避免各指令之间数据的相关性，提高执行效率。

3. 超标量结构的操作

在超标量结构中，单一流水线的架构被扩充为拥有多条流水线的架构。为了实现多流水线处理，超标量流水线的结构包含两个部分，即输入流水线的部分和执行流水线的部分。输入流水线的部分主要进行取指令和指令译码的操作，这个阶段决定将会把指令分配到哪一条执行流水线上继续执行。

超标量处理器的工作原理如图 6－33 所示，图中的超标量处理器包含 2 条输入流水线和 3 条执行流水线。超标量处理器指令执行的各阶段如下。

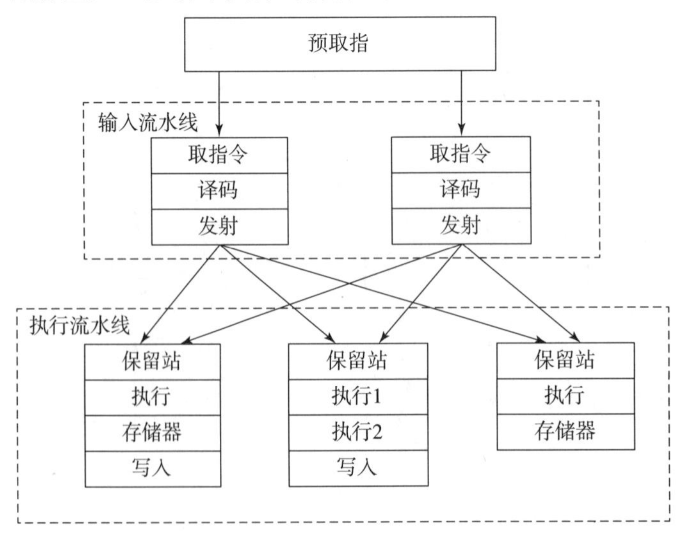

图 6－33　超标量处理器的工作原理

1）取指令

在超标量处理器中，每一个时钟周期会从指令缓存（I - Cache）中读取多条指令。指令缓存的位宽尽可能的大，其缓存阵列每行的宽度应等于读取宽度。指令读取时应使指令读取带宽极大化，以便指令缓存的访问等待较小。

2）译码和发射

译码阶段主要包括识别各条单独的指令，确定它们的类型，并且检查指令之间的相关性。通过指令译码，形成一个动态的指令流，根据指令类型处理各指令之间的相关性。为了减轻译码的复杂性和生成不含串行瓶颈的并行流水线，某些译码硬件可以移到指令缓存的输入端。

在指令译码以后，超标量处理器根据不同类型的指令确定适合的执行单元，处理机将已形成的动态指令流分派到合适的执行流水线上。

3）指令执行

指令并行地在多个指令流水线上执行，因此需要很多资源，包括多个流水线功能单元、保留站（指令缓冲器）、存储器读写缓冲器和数据总线等。

当一条指令结束执行后，执行结果都暂时存放起来，最终被写入到特定的寄存器和存储器中，这样就完成了多指令的运算。

超标量技术通过多流水线并行处理来提高处理器的性能，因此它主要有以下优点：一是不需要提高时钟周期，因此系统会更加稳定可靠。二是超标量结构不需要更快的 Cache 就能获得更高的指令吞吐率。但是处理器的硬件复杂度较高，控制逻辑比较复杂，会占用一部分芯片面积。超标量处理技术在 RISC 处理器中得到广泛的应用。

6.4　高速缓存技术（Cache）

微处理器性能的提高与许多因素有关，包括 CPU 工作频率、指令系统设计、信息在各个部件之间的传送速度及存储部件的存取速度等因素，特别是 CPU 与内存之间的存取速度是决定微处理器性能的关键因素。计算机有两个核心器件，一个是内存，另外一个则是 CPU。二者是否能较好配合，将直接影响计算机性能。早期的 CPU 跟内存的速度相差不多，因此处理器的性能主要由 CPU 决定。随着计算机硬件技术的发展，现在 CPU 工作频率提升较快，而主存储器的运行速度和 CPU 之间有一个数量级的差距，这就限制了 CPU 的速度。较慢的内存读取速度造成 CPU 等待，降低处理速度，浪费 CPU 的能力。匹配内存与 CPU 的速度逐渐成为提高处理器工作效率的关键。

匹配内存和 CPU 的速度主要有以下 3 种方法。

1. 降低 CPU 速度

在 CPU 总线周期中插入等待时间，这样会浪费 CPU 的能力，降低计算机的性能。

2. 采用 SRAM 作为内存的存储器

SRAM 的存取速度快，价格昂贵。若用 SRAM 作为存储器，虽然解决了 CPU 与存储器间速度不匹配的问题，却大幅提升了系统成本。

3. 插入缓存 SRAM

即在慢速的主存（DRAM）和快速 CPU 之间插入一速度较快、容量较小的 SRAM 作为缓存，使 CPU 既可以用较快的速度存取 SRAM 中的数据，又不会使系统成本上升过高，这就是高速缓存技术（Cache）。高速缓存技术以较低的成本提高了内存访问速度，减少了 CPU 等待周期。

6.4.1 Cache 的工作原理

Cache 并不是生来就有的，其实在 Intel 286 时代，处理器中还没有 Cache，这是因为当时的 CPU 速度不快，内存读取速度完全可以满足系统的需求。直至 Intel 386 时代，当 CPU 的速度不断提高，内存的速度却没有得到有效的提高，因此，内存便成了系统传输的瓶颈，这样就算 CPU 频率再上升，效能也不会增加，于是 Cache 便由此诞生了。

1. 局部性原理

在处理器对内存访问的过程中，控制器对局部范围的内存地址频繁访问，而对此范围以外的地址则访问比较少，这种现象称为存储器局部性原理。Cache 的工作原理就是基于程序访问的局部性原理。在对大量典型程序运行情况进行分析后发现，在一个较短的时间间隔内，由程序产生的地址往往集中在地址空间很小的范围内。由于冯·诺依曼计算机的指令地址分布一般是连续的，且循环程序段和子程序段需要重复执行多次，因此，对这些地址的访问具有时间上集中分布的倾向。

根据存储器局部性原理，可以在内存和 CPU 寄存器之间设置一个高速的小容量存储器，用于存放在执行的指令地址附近的一部分指令或数据，供 CPU 在一段时间内使用。这个高速小容量存储器就称作高速缓存（Cache），Cache 介于主存和 CPU 之间，可以集成在 CPU 内部，也可以位于 CPU 外部。系统正是依据此原理，不断地从 Cache 中访问与当前指令集相关联的后继指令集，然后再与 CPU 高速传送，从而达到速度匹配。CPU 对存储器进行数据请求时，通常先访问 Cache。内存与缓存的关系如图 6-34 所示。在微机中，英特尔公司从 80486 开始采用 Cache 技术。目前，CPU 中已全部采用 Cache 技术。

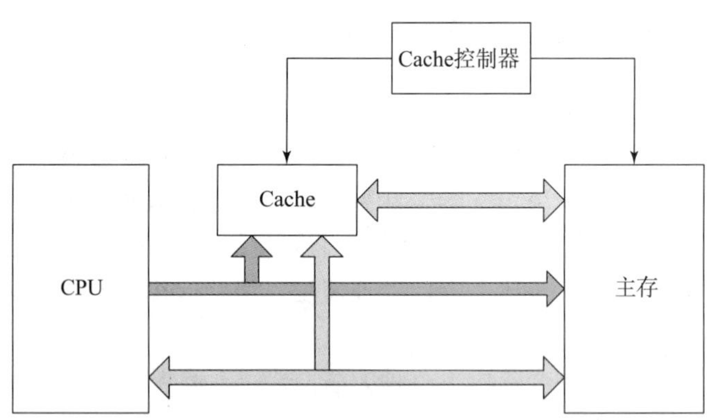

图 6-34　内存与 Cache 之间的关系

2. 指令命中率

Cache 的工作原理是基于程序访问的局部性原理。系统正是依据此原理，不断地将与当前指令集相关联的一个不太大的后继指令集从内存读到 Cache 中，然后再与 CPU 高速传送，从而达到速度匹配。CPU 对存储器进行数据请求时，通常先访问 Cache。由于局部性原理不能保证所请求的数据百分之百地在 Cache 中，这就涉及命中率问题，即 CPU 在任一时刻从

Cache 中准确可靠获取指令和数据的概率。命中率越高，准确获取指令和数据的概率越大，系统工作效率越高，因此命中率对提高系统的工作效率有很重要的影响。一般来说，Cache 的存储容量比主存的容量小很多，但不能太小，太小则存储指令较少，命中率太低；也没有必要过大，过大不仅会增加成本，而且当容量超过一定值后，命中率随容量的增加将不会有明显的增长，命中率与 Cache 容量的关系如图 6 – 35 所示。

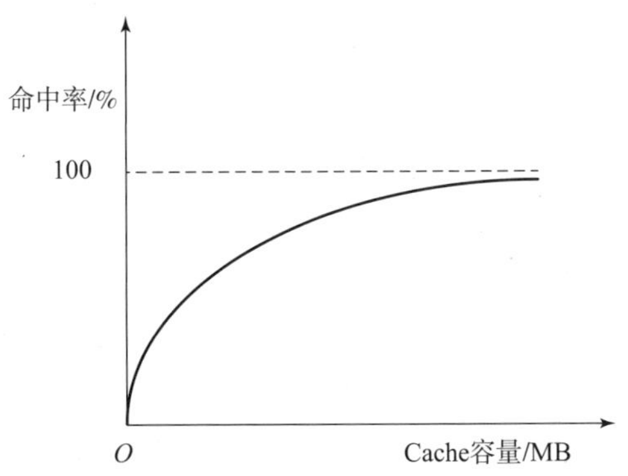

图 6 – 35　命中率与 Cache 容量的关系

命中率是 Cache 的一个重要指标，命中率越高，表明 CPU 在 Cache 中找到所需信息的次数就越多，程序执行的速度就越快。影响命中率的因素很多，如 Cache 装满时进行内容替换的方式、Cache 的大小及结构等。为了提高命中率，我们总希望在 Cache 中保存的是 CPU 经常要用或即将使用的那些数据。只要 Cache 的容量与主存容量在一定范围内保持适当比例的映射关系，Cache 的命中率就会比较高。一般规定 Cache 与内存的空间比为 4∶1000，即 128 KB Cache 可映射 32 MB 内存；256 KB Cache 可映射 64 MB 内存。在这种情况下，命中率都在 90% 以上。当没有命中数据时，CPU 会直接访问内存，从内存中获取指令的同时，也把它拷进 Cache，以备下次访问。

3. Cache 的分级设计

早期的内存瓶颈解决方案是在 CPU 和内存之间加入一个外置 Cache，Cache 的速度比主存储器快，作为 CPU 和内存的缓冲区域，这使得系统性能迅速提高。由于 CPU 的速度不断提高，而外置 Cache 受系统总线的影响已经不能完全满足 CPU 发展的要求，到 Intel 486 时代，Cache 被放置在 CPU 核心内。由于将 Cache 置于 CPU 内，传输速度进一步提高，但由于片内 Cache 容量太少，故又衍生出了片外 Cache 作为二级 Cache，称为 L2 Cache，而 CPU 内的 Cache 称为 L1 Cache。随着制造工艺的进步，L2 Cache 也被放置在 CPU 内部，L2 Cache 的读取速度也越来越快。随着 64 位处理器的诞生，Intel 已经把高速的 L3 Cache 加入到微处理中。如图 6 – 36 所示为不同处理器中的缓存结构。

在执行程序的过程中，CPU 首先访问 Cache，如其需要的数据不在 Cache 中，则直接访问内存。如果设置了 L2 Cache、L3 Cache，则系统将按照 L1 Cache、L2 Cache、L3 Cache、内存的顺序依次访问。值得注意的是：Cache 不能被用户直接访问，用户不能使用 Cache 地址进行编程。

1）L1 Cache

L1 Cache 集成在 CPU 内，被称为片内 Cache。L1 Cache 的存取速度必须非常快，以保证

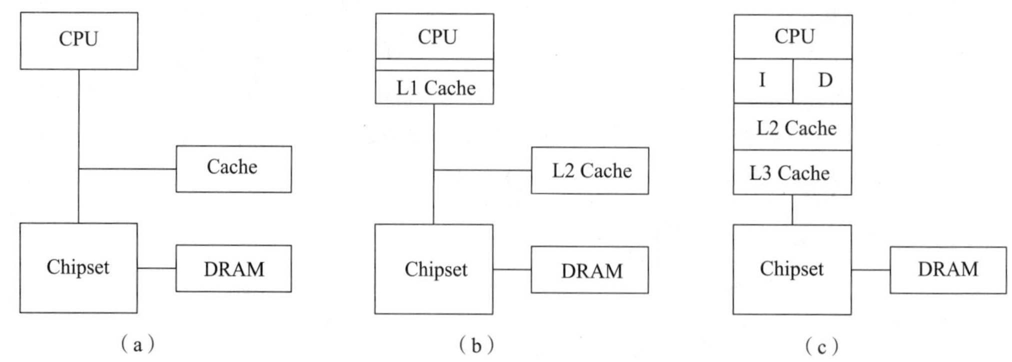

图 6－36　不同处理器中的缓存结构

(a) Intel 386 缓存架构；(b) Intel 486 缓存架构；(c) Intel core i7 缓存架构

足够跟得上 CPU，能够供给 CPU 所需要的指令及数据。因此 L1 Cache 的容量较小，其容量常常为几十 KB～几百 KB。

因为 CPU 采用了流水化的指令执行策略，所以指令的读取和数据的读取必须同时进行，故数据缓存和指令缓存必须分开，以避免暂停。因此 L1 Cache 又分为数据 Cache（I－Cache）和指令 Cache（D－Cache）。它们分别用来存放数据和执行这些数据的指令，而且两个 Cache 可以同时被 CPU 访问，减少了争用 Cache 所造成的冲突，提高了处理器效能。

2）L2 Cache

L2 Cache 通常比 L1 Cache 容量大一个数量级，一般没有集成在 CPU 中，而在主板上或与 CPU 集成在同一块电路板上，因此也被称为片外 Cache。但从 Pentium Ⅲ开始，L2 Cache 也被集成在 CPU 内核中，以匹配于主频的速度工作，使 L2 Cache 与 L1 Cache 在性能上平等，得到更高的传输速度。

L2 Cache 中指令和数据之间发生冲突的概率很低，因此采用统一的 Cache 来存储指令和数据，且 L2 Cache 中包含了所有 L1 Cache 中的指令和数据。

3）L3 Cache

随着 64 位处理器的诞生，Intel 已经把高速的 L3 Cache 加入到微处理器的缓存设计中。L3 Cache 分为两种，早期的外置 Cache 和现在的内置 Cache。L3 Cache 的应用可以进一步降低内存延迟，同时提升大数据量计算时处理器的性能。降低内存延迟和提升大数据量计算能力对游戏等方面的应用很有帮助。而在服务器领域增加 L3 Cache 在性能方面仍然有显著的提升。

6.4.2　Cache 的基本结构

Cache 的功能是用来存放那些近期需要运行的指令与数据，目的是提高 CPU 对存储器的访问速度。为此需要解决两个技术问题：一是主存地址与缓存地址的映像及转换；二是按一定原则对 Cache 的内容进行替换。因此，Cache 主要由 Cache 存储体、地址转换部件、替换部件等组成。其中 Cache 存储器、地址转换部件完成指令的存储和地址映射转换，替换部件完成 Cache 中存储内容的替换。下面将详细介绍各个组成部件的特点。

1. Cache 存储体

Cache 存储体用于存放由主存调入的指令与数据块，Cache 与内存之间是以块为单位进行数据交换的。内存由许多定长的块结构组成，每块有 N 个字。同样地，Cache 也由若干个块（或行）构成，每块由 N 个字长组成，内存块和 Cache 块大小一致。当 CPU 读取内存中某个字时，整个内存块首先被复制到 Cache 的某块内。Cache 中的每个块都有一个额外的存储信息，称为标签（Tag），通常用来标记当前存储的内存块地址。当 CPU 访问 Cache 时，先将地址和每一个标签同时进行比较，然后对标签相同的存储块进行访问。

2. 地址转换部件

地址转换部件用于实现主存地址到 Cache 地址的转换。由于计算机系统中的内存要比 Cache 大得多，所以必须通过某种算法将内存块映射到 Cache 块中。地址转换部件的主要任务就是将 CPU 送来的内存地址转换为 Cache 地址，以完成这种映射。如果需要访问的内存块与地址转换后的 Cache 块建立了对应关系，则 CPU 可以直接访问 Cache 存储体。Cache 地址转换算法如图 6－37 所示，地址转换部件根据 CPU 给出的内存地址，与本地的缓存地址块号做比较，如果地址匹配，则需要访问的指令或数据就在 Cache 中，CPU 可以直接访问 Cache。

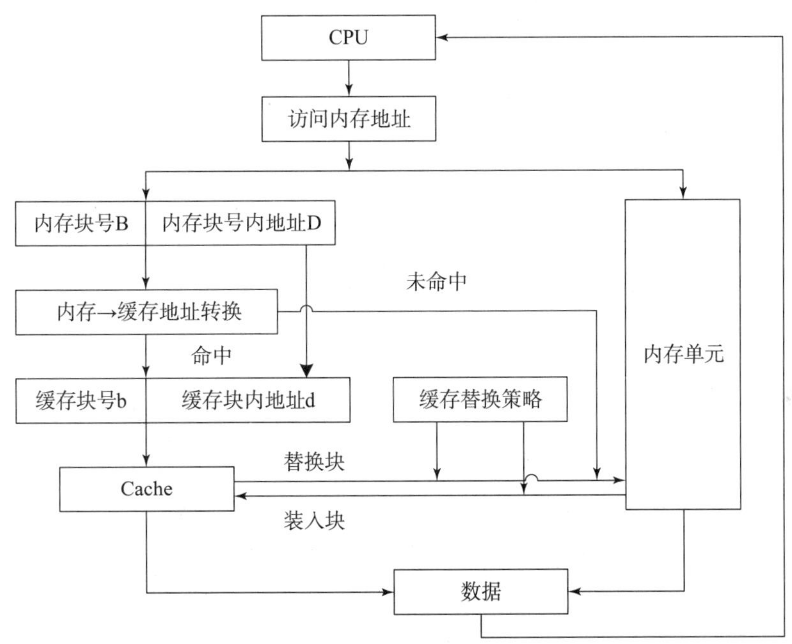

图 6－37　Cache 地址转换原理

3. 替换部件

替换部件在缓存已满或缓存中信息无效时按一定策略进行数据块替换。如果数据被 CPU 调入 Cache 存储体时，Cache 存储体已满，无法再接收内存块数据，则 Cache 就需要采用相应的替换策略。Cache 替换部件一般采用一些替换算法将 Cache 存储体中某些无用信息移出，并将新的内存块调入 Cache 中。Cache 读数据操作流程如图 6－38 所示。

常见的替换算法有先进先出算法（FIFO）、近期最少使用算法（LRU）、分段 LRU 算法（Segmented LRU）、基于次数的替换算法（LFU）和随机替换法（RAND）。

1）先进先出算法（FIFO）

先进先出算法总是把一组中最先使用的字块替换出去。它不需要随时记录各个字块的使

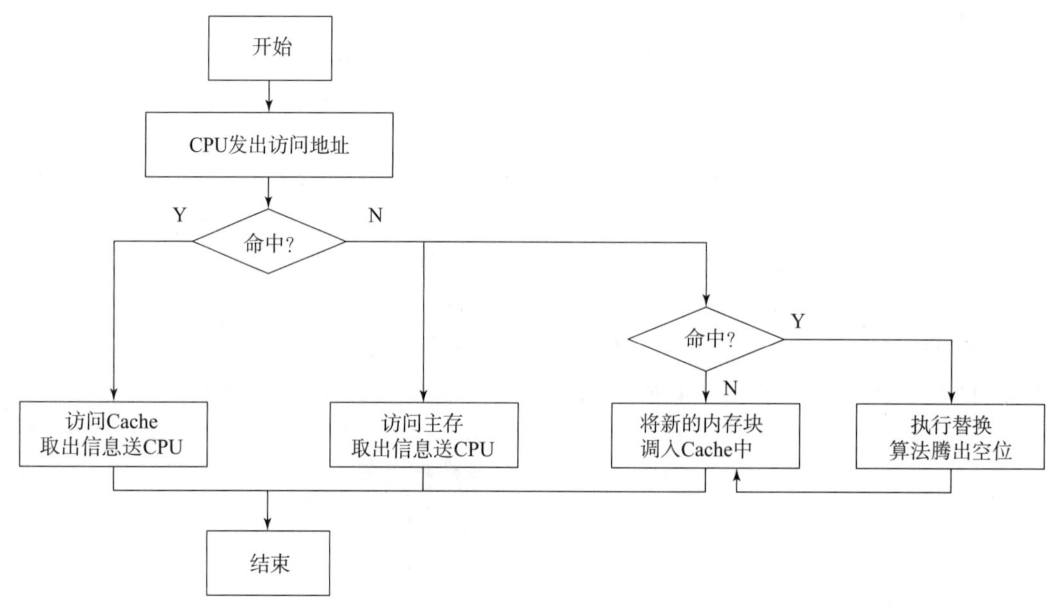

图 6－38　Cache 读数据操作流程

用情况，所以这种算法实现容易，开销小。

2）近期最少使用算法（LRU）

LRU 算法是把 Cache 中近期最少使用的字块替换出去。这种替换算法需随时记录高速缓存存储器中各个字块的使用情况，以便确定近期最少使用的字块。这种算法利用了访问的时间局部性，即如果最近访问了某块数据，该块将会在短时间内很可能被再次访问；如果近期没有访问某个数据块，该块很可能在短期内不会被访问。LRU 替换算法的平均命中率比 FIFO 要高，并且当分组容量加大时，能提高 LRU 替换算法的命中率。这种算法简单有效，广泛应用于商业文件系统之中。

3）分段 LRU 算法

分段 LRU 算法是建立在 LRU 算法基础上的替换算法。这种算法基于以下思想，即被访问超过一次的块很可能被再次访问，因此应该尽量避免替换被访问次数超过一次的块。在分段 LRU 算法中，缓存分成两个部分，探测段（Probe Segment）和保护段（Protected Segment）。在这两个段中，数据按照最近被访问的时间排序。当将一个新块存入缓存时，由于该块还没有被访问超过一次，该块要被存放在探测段尾部；如果用户访问的块是已在缓存中的块，由于该块被访问的次数已经超过一次，该块将被移到保护段的尾部。当保护段满时，被从保护段舍弃的块要被作为最近被访问的块放入探测段的尾部。利用这种策略，在选择被替换块时，直接选择探测段头部的块作为被替换块。

4）基于次数的替换算法（LFU）

基于次数的替换算法 LFU 是选择缓存中被访问次数最少的块为被替换块的替换算法。这种算法中，要为每个缓存块添加一个计数器，记录该块的被访问次数。在替换时，选择被访问次数最少的块进行替换。这种算法有两个缺点：第一，维护和利用访问次数比较困难；第二，某些短期内被访问多次，却在以后不再被访问的块会长期占据缓存，降低缓存的利用率。为了解决这些问题，LFU 算法在实际应用中要进行适当的改进。

5）随机替换法（RAND）

随机替换法（RAND）不考虑使用情况，在组内随机选择一块来代替。其性能比根据使用情况的替换算法要差一些。

4. Cache 的基本结构

Cache 作为 CPU 和内存间的缓冲存储器，理想情况下，应该保证 CPU 每次需要访问的数据都在 Cache 中。但是，用户程序却是按照内存地址编写的，Cache 所做的工作是在 CPU 访问内存前，根据程序执行的局部性原理，先将内存中的数据读出，当 CPU 需要时再提供给它。因此 Cache 的存储空间与内存之间的地址映像问题决定了指令的执行。内存块与 Cache 块之间的映像关系决定了 Cache 的结构，通常 Cache 有 3 种基本结构：全相联映像 Cache、直接映像 Cache、组相联映像 Cache。在实际的 CPU 设计中，一般采用组相联映像结构 Cache。

1）全相联映像 Cache 结构

在全相联映像 Cache 中，存储的块与块之间，以及存储顺序或保存的存储器地址之间没有直接的关系。其地址映像规则为：主存的任意一块可以映像到 Cache 中的任意一块。全相联方式的映像关系如图 6－39 所示。如果 Cache 的块数为 C_b，主存的块数为 M_b，则映像关系共有 $C_b \times M_b$ 种。程序能够访问许多子程序、段和堆栈，且位于主存储器的不同地址中。因此，Cache 保存着许多互不相关的数据块，Cache 必须对每个块和块自身的地址进行存储。当请求数据时，Cache 控制器要对所有地址加以比较，并进行确认。

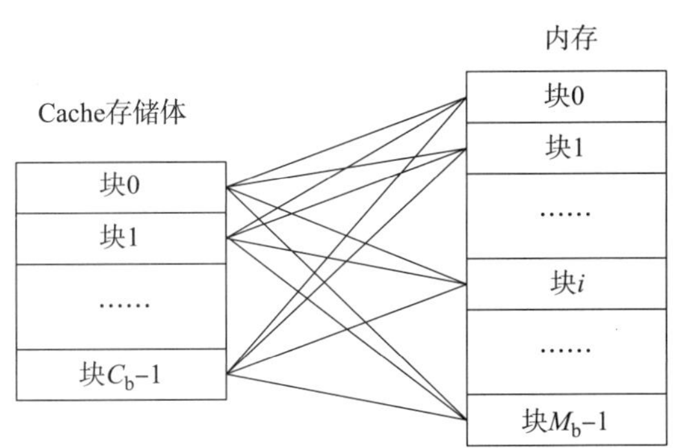

图 6－39　全相联映像 Cache 的映像关系

这种结构的优点是命中率高，映像过程灵活，缺点是当对所有地址进行比较时，需要大量的地址比较器，硬件昂贵，且需要的时间长，导致速度慢。

2）直接映像 Cache 结构

直接映像 Cache 结构是为了解决全相联映像 Cache 结构多地址比较的问题，它是最简单的 Cache 结构。直接映像先将 Cache 分成若干块，每个块的大小相同，存储器为 Cache 中的每个块位置分配一个索引字段，用 Tag 字段区分存放在 Cache 位置上的不同的块。同时根据 Cache 容量大小将内存分成若干页，主存储器的每一页与 Cache 存储体的大小相同，匹配的主存储器的偏移量可以直接映像为 Cache 偏移量。映像时，内存的某个页的块只能保存在与其块号相同的内存块中。其映像关系如图 6－40 所示。

这种结构的优点是只需要进行一次地址比较，地址变换简单、速度快。缺点是当不同内存块需要调入到同一 Cache 块中时，Cache 控制器必须做频繁的转换，映像不灵活，块冲突

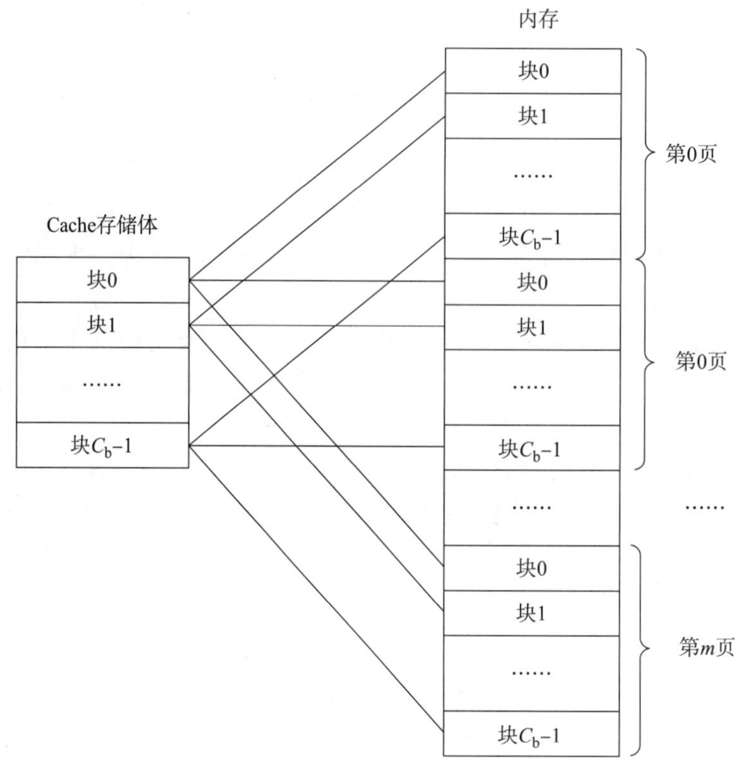

图 6-40　直接映像 Cache 的映像关系

率较高，Cache 命中率低。

3）组相联映像 Cache 结构

组相联映像 Cache 是介于全相联映像 Cache 和直接映像 Cache 之间的一种混合结构。这种类型的 Cache 使用了几组直接映像的块，对于某一个给定的索引号，可以允许有几个块位置，因而可以增加命中率和系统效率。它的主要设计思想是：Cache 和内存的基本单位仍然是块，但是 Cache 被组织成为大小相等的若干个组。内存块与 Cache 块之间采用直接映像的方法，而 Cache 组内采用全相联映像的方法。内存块可以映射到 Cache 组内任何一个块中。组相联的映像规则为：

（1）主存和 Cache 按同样大小划分成块。

（2）主存和 Cache 按同样大小划分成组。

（3）主存大小是缓存大小的整数倍，将主存空间按缓冲区的大小分成区，主存中每一区的组数与缓存的组数相同。

（4）当主存的数据调入缓存时，主存与缓存的组号需相同，也就是各区中的某一块只能存入缓存的同组号的空间内，但组内各块地址之间则可以任意存放，即从主存的组到 Cache 的组之间采用直接映像方式；在两个对应的组内部采用全相联映像方式。

图 6-41 给出了组相联的映像关系，图中缓存共分 C_g 个组，每组包含有 G_b 块，主存是缓存的 M_e 倍，所以共分为 M_e 个区，每个区有 C_g 组，每组有 G_b 块。那么，主存地址格式中应包含 4 个字段：区号、区内组号、组内块号和块内地址。而缓存中包含 3 个字段：组号、组内块号、块内地址。主存地址与缓存地址的转换有两部分，组地址是按直接映像方

式，按地址进行访问，而块地址是采用全相联方式，按内容访问。

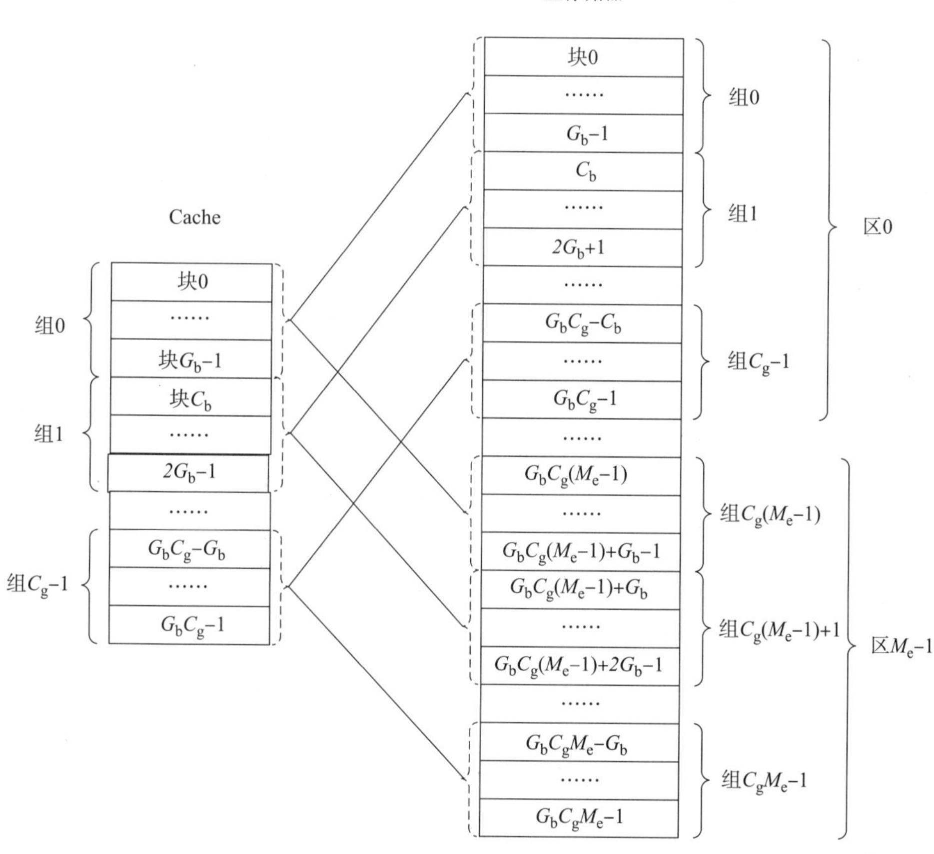

图 6－41　组相联映像 Cache 的映像关系

这种结构的优点是块的冲突概率比较低，块的利用率大幅度提高，块失效率明显降低。其缺点是实现难度和造价要比直接映像方式高。

6.4.3　Cache 的工作过程

Cache 的工作过程就是处理器从 Cache 中取指令或数据，或者存入指令或数据的过程。当 CPU 要对内存进行数据请求时，首先会先从缓存（Cache）中查找，如果找到就立即读取并送给 CPU 处理；如果没有找到，就用相对慢的速度从内存中读取并送给 CPU 处理，同时将这个数据所在的数据块调入 Cache 中，以备后续使用。这说明，Cache 的访问优先级要高于内存，并且其访问速度较快。其详细流程如下：

（1）读启动过程。

当 CPU 发出一个读数据请求时，Cache 控制器开始工作。其过程如图 6－42 所示。

（2）Cache 控制器查找地址的过程。

Cache 控制器首先自动对存取地址的列号字段进行译码，以便将 Cache 存储体该列的全部行号与存取主存储器地址的行号字段进行比较：若有相同的，表明要存取的主存储器单元已在 Cache 存储体中，硬件就将存取主存储器的地址映射为 Cache 存储体的地址并执行存取

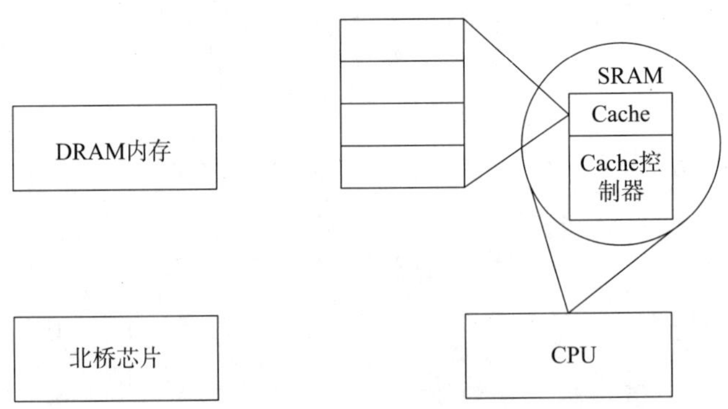

图 6-42　Cache 读启动过程

操作；若都不相同，表明该单元不在 Cache 存储体中，Cache 控制器就将该周期转发给内存控制器。其过程如图 6-43 所示。

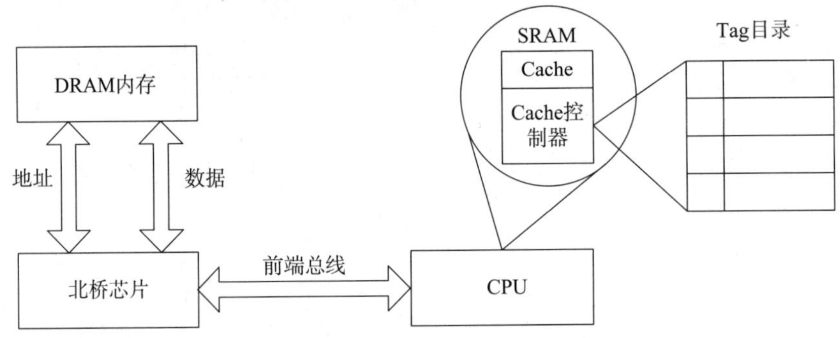

图 6-43　Cache 控制器查找地址的过程

（3）Cache 内容填充过程。

当处理器需要读的单元不在 Cache 存储体中时，内存控制器从较慢的内存中取出数据，同时将数据送给 CPU 寄存器和 CPU 内部的 Cache，并用新的地址修改 Cache 目录特征位（Tag）。该过程重复进行，直到 Cache 被填满为止。其过程如图 6-44 所示。

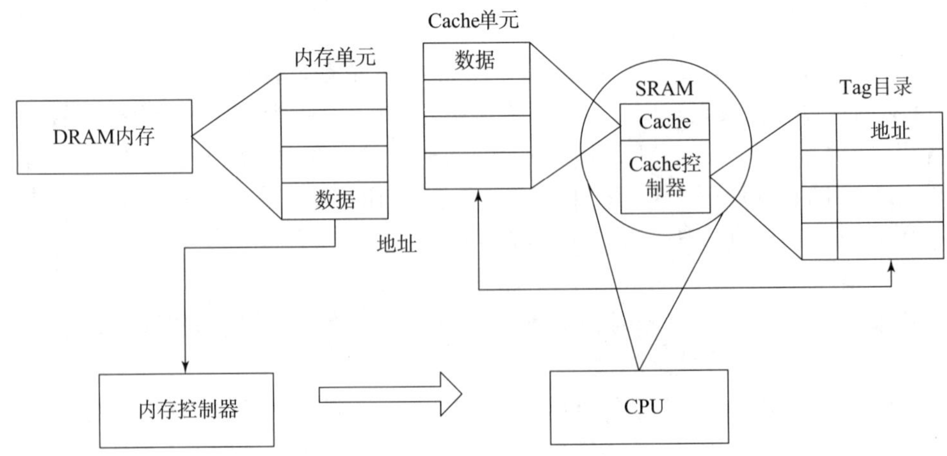

图 6-44　Cache 内容填充过程

（4）Cache 内容替换过程。

CPU 将已经存入 Cache 中的数据地址放在总线上。当 CPU 发出新的读请求时，Cache 控制器将该地址与特征位（Tag）进行比较时会匹配成功，Cache 控制器能快速地将所需数据从 Cache 取出，送到 CPU 指令预取单元。

为防止 Cache 被老的数据和特征位填满，Cache 目录的特征位（Tag）用一位来记录数据最后一次被 CPU 访问的时间。Cache 控制器淘汰 Cache 中的某一组以腾出位置存放新调入的组，这称为替换。常用的替换算法有：最近最少使用法（LRU）、先进先出法（FIFO）和随机法（RAND）等。其过程如图 6 –45 所示。

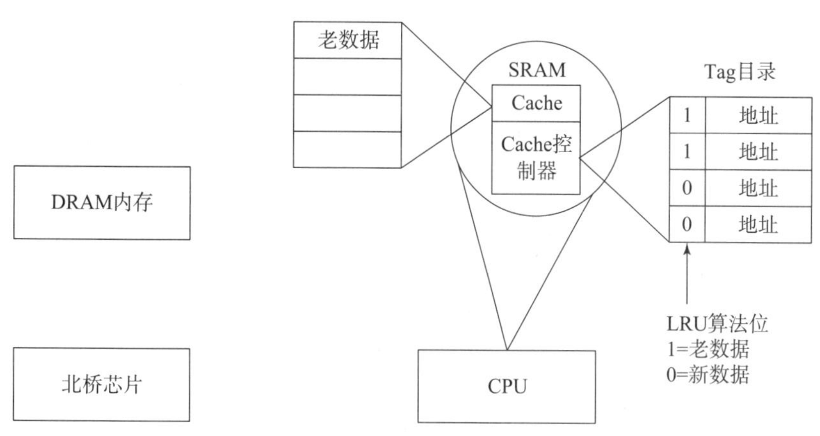

图 6 –45　Cache 内容替换过程

如果内存中数据被修改，且被修改数据的地址与 Cache 目录中特征位相匹配，则必须将 Cache 中的数据标记无效。当 CPU 下一次试图读取 Cache 目录的特征位（Tag）相应数据时，就会指示读数无效。如果 Cache 中的全部数据都是无效的，Cache 控制器就会发出一个信号给 Cache，将其内容全部清除掉，以保证程序执行的正确性。其过程如图 6 –46 所示。

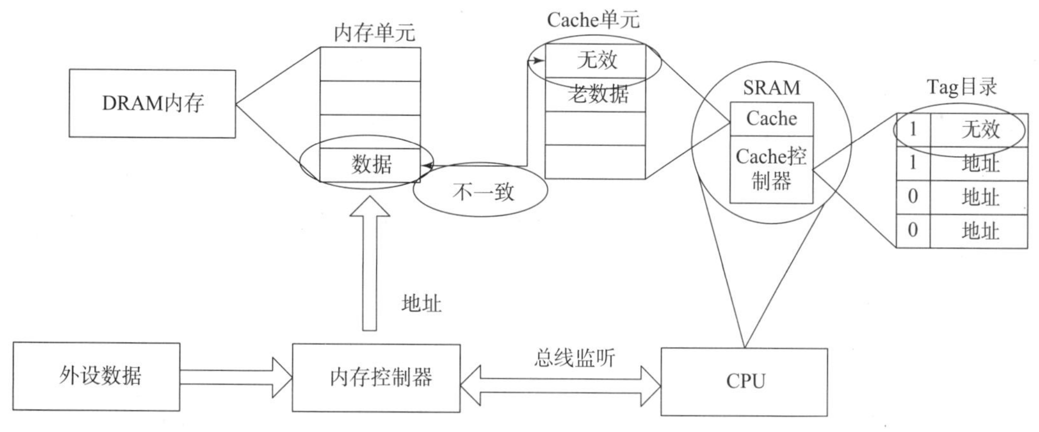

图 6 –46　Cache 内容复位过程

为了确保 Cache 中的数据是最新的，Cache 控制器需要实时监听总线上的地址标志位，确定内存中的数据是否被更改。这种操作称为“总线监听”，目的是为了保证 Cache 中数据与内存中数据的一致性。其过程如图 6 –47 所示。

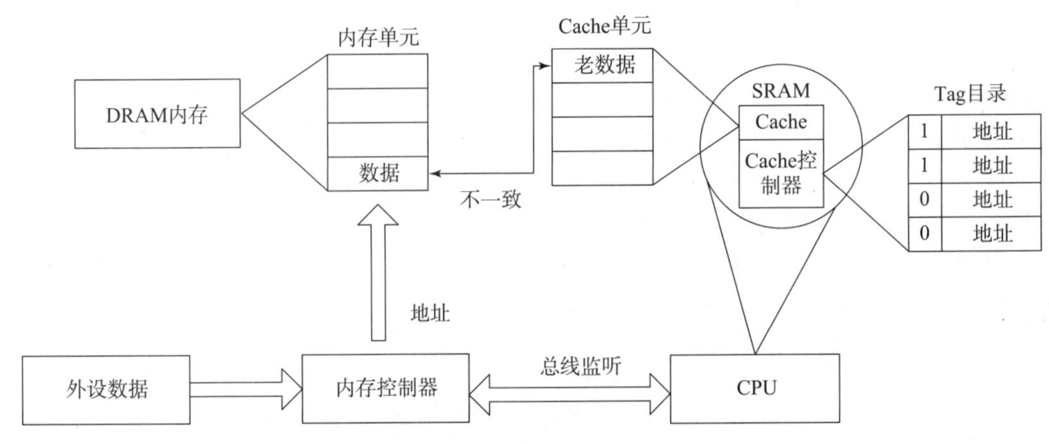

图 6－47　总线监听过程

通过以上的优化机制，可以使 CPU 读取缓存的命中率非常高，也就是说 CPU 下一次要读取的数据 90% 都在缓存中，只有大约 10% 需要从内存读取。这大大节省了 CPU 直接读取内存的时间，也使 CPU 读取数据时基本无须等待。总的来说，CPU 读取数据的顺序是先 Cache 后内存。

6.4.4　Cache 的一致性问题

1. 写模式

Cache 包含下面两种模式的写操作。

1）写回模式（Write back）

在写回模式下，CPU 只对 Cache 进行写操作。因此，Cache 中存储的信息可能与内存中的不一致。每当 CPU 把数据写到 Cache 中时，Cache 控制器需要设置标志位表示 Cache 中相应块的内容被更新，数据再被立即写入到主存对应位置。所以，主存随时跟踪 Cache 的最新版本，从而也就不会有主存将新数据丢失这样的问题。此方法的优点是简单，缺点是每次 Cache 内容有更新，就要对主存进行写入操作，这样会造成总线活动频繁，可能产生大量的存储信息，从而引起瓶颈问题，延迟了 CPU 对内存的访问时间。

2）写直达模式（write through）

在写直达模式下，CPU 同时向 Cache 和内存发出数据请求，由于 Cache 速度更快，如果命中，则 Cache 在将数据送给 CPU 的同时，还来得及中断 CPU 对内存的请求。它的优点是没有时间延迟，内存和 Cache 的内容可以一直保持一致，缺点是 CPU 必须每次都对内存进行访问，占用了一部分总线时间。

2. Cache 中数据不一致问题

由 Cache 的工作原理可知，Cache 中的数据其实是内存数据的副本，它们应该是相同的。然而，由于 CPU、Cache、内存以及外设之间速度不匹配，这就有可能带来数据读写时内容不一致的问题。如当从硬盘写数据到 I/O 设备，然后再写数据到内存时，若 CPU 直接访问 Cache 中的数据，但数据还没有到达 Cache，这样将出现问题。当从 CPU 写数据到 Cache 时，恰好出现了内存数据写入硬盘的操作，而数据还没有写到内存时，就会出现数据不一致的问题。

在多处理机系统中，当一个处理机访问存储器时，首先检查要访问的数据在 Cache 中是否已经存在，如果存在，则不需要访问共享存储器。若一个处理机向存储器写数据时，采用“写回”策略，存储器中仍保留过时的内容，这时另外一个处理机从存储器相应单元读到的将是不正确的内容，即使是采用“写直达”策略，仍会出现问题。这就是多处理机系统的 Cache 一致性问题。

例如，图 6－48 所示，在处理机 P1 没有写操作之前，处理机 P1 和 P2 都将同一存储单元的内容 X 读入各自的 Cache 中了［见图 6－48（a）］，这时不管是采用写直达［见图 6－48（b）］，还是写回［见图 6－48（c）］，当处理机 P1 完成写操作之后，处理机 P2 再次使用自己 Cache 中的 X 时一定会导致错误。

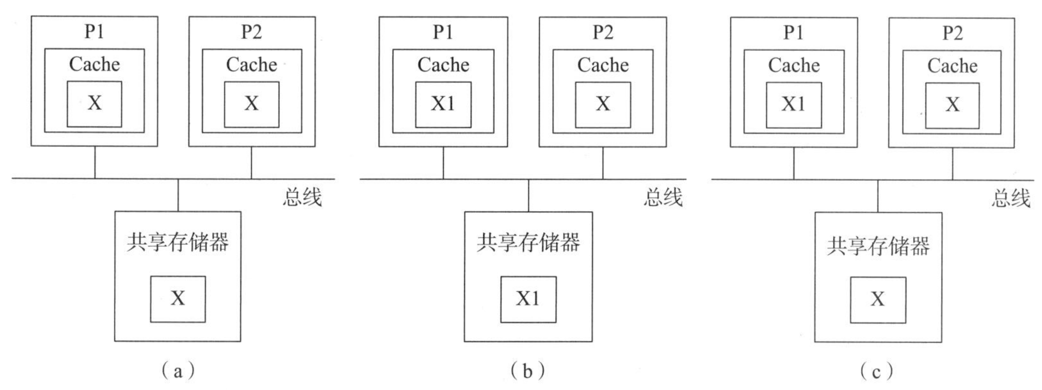

图 6－48　多处理机 Cache 一致性

（a）块 X 的两个拷贝；（b）写直达；（c）写回

3. Cache 中数据不一致问题的原因

要解决多处理机的 Cache 一致性问题，首先要研究一致性问题的由来。出现不一致的原因有以下 3 个：

（1）共享可写数据引起的不一致。

如果处理机 P1 将一个新的数据 X1 写入高速缓冲器中时，如果采用写直达策略立即将此复本写回共享存储器。在这种情况下，两个高速缓存中的两份复本 X 与 X1 就不一致了；如果采用写回策略，也会产生不一致性。只有当高速缓存器中修改的数据被替换或变成无效时，主存储器内容才被更新。

对于进程迁移引起的 Cache 不一致，可以通过禁止进程迁移的办法来解决。也可以在进程挂起时，靠硬件的方法将 Cache 中该进程改写过的信息块强制写回主存相应位置来解决。

（2）进程迁移引起的不一致。

如果采用写回策略，包含共享变量 X 的进程从处理机 P1 迁移到处理机 P2 时，将会出现不一致性；如果采用写直达策略时，进程从处理机 P2 迁移到处理机 P1 时，也会出现不一致性。

（3）I/O 传输引起的不一致。

当 I/O 处理机将一个新的数据 X1 写入主存储器时，绕过采用写直达策略的高速缓存，则在共享缓存和共享存储器之间产生了不一致性。当绕过高速缓存直接从共享存储器中输出数据时，采用写回策略的高速缓存也会产生不一致性。例如以 DMA 方式传送数据，DMA 控制器直接对主存进行操作（读或写），但此时各个高速缓存中可能有相应数据的复本，就会造成内存与高速缓存之间的不一致。

解决 I/O 传输引起的不一致性问题的一种方法是将 I/O 处理机分别接到私有高速缓存上。采用这种方法后，I/O 处理机就和 CPU 共享高速缓存，如果通过总线能够保持高速缓存与高速缓存之间的一致性，那么就可以保持 I/O 的一致性。但这种方法的一个明显的缺点是可能增加高速缓存的混乱，并且使 I/O 数据的本地性变差，会降低高速缓存的命中率。

4. 解决 Cache 一致性的两种协议

目前，在并行系统的产品中大多都采用基于总线的存储器结构。总线是保证高速缓存一致性的最方便的设备，它允许系统中各个处理机能够监测对存储器进行的所有操作，如果这些操作破坏了本地高速缓存中数据的一致性状态，高速缓存控制器就可以采取相应的动作维护高速缓存的一致性。采用这种机制维护高速缓存一致性的系统中，每个高速缓存都在监听其他高速缓存的操作，所以称为监听总线协议。而对于可扩展多处理机系统，常常采用互连网络实现多处理机互连，其网络带宽随着处理机数目的增加而增大，但是这些网络没有方便的监听机制，也难于进行有效的广播，所以常常采用基于目录的协议。下面分别对这两类协议进行介绍。

1）监听 Cache 协议

监听 Cache 协议，即各处理机的每次写操作都是公开发布，为所有的处理机知道，那么各处理机就根据监听的信息对自身的数据采取保持一致的措施，采用监听 Cache 协议。当某个 Cache 中的内容被改写后，可以有两个办法避免出现远程 Cache 内容不一致。第一种办法是“写无效”方法，即当某处理器需要更新它的 Cache 中某个共享块时，无须广播具体的修改字，只需给出修改字的地址和其他必要的指示信息，使其他 Cache 中该数据块的副本无效，然后再更新该 Cache 块。第二种方法为“写更新”，即当某处理器需要更新它的 Cache 中某个共享块时，要在总线上广播具体的修改字及地址，含有该数据块副本的各个 Cache 同时予以更新。如果采用写更新方式，每当某个 Cache 中的内容被改写后，就必须将改写的内容送到所有的远程 Cache 中，这样在基于总线的系统中，将会大大地增加总线的负担。所以一般的应用系统很少使用写更新策略。在采用写作废策略的系统中，为了表示 Cache 中每个数据块当前的状态，必须安排一些标志位说明该数据是有效或无效。有时可能需要两个标志位，除说明本地的数据块状态外，还需要表明与系统中对应数据块之间的某种关系。

协议监听将维护 Cache 一致性的责任分散到各个 Cache 控制器，每个控制器必须监听总线上内存的读/写活动，并且予以响应。在多 CPU 环境下，当系统中的 Cache 都采用写回法时，必须做到以下两点：修改拷贝存在唯一性，修改拷贝及时写回。

2）基于 Cache 目录的协议

基于 Cache 目录的协议，就是当某个处理机的写操作无法为其他的处理机知道时，通过修改目录间接地向其他处理机报告，以便其他处理机采取措施。目录协议的思想是非常简单的，即将所有使用某一数据块的处理机登记在册，每次变动前都要查目录，变动后则修改目录。根据目录存储方法的不同可以将基于 Cache 目录的协议分为集中式目录协议和分布式目录协议。

（1）集中式目录协议。

集中式目录协议是指在主存储器中只用一个目录来标志数据块在各个处理机 Cache 中存

储的情况。集中式目录协议有几种方案，其中全映射方案就是采用一个集中存储的目录，每个数据块都在目录中建立一个项，目录项中设有与系统处理机个数相同的“存在位”，每个处理机一位。如果该数据块存在于某处理机的 Cache 中，相应位就置 1，反之就置 0。此外，在每一项中还设置了一个重写位，如果该位为 1，表示该数据块的内容已经被改写过，此时存在位中只能有一位为 1，即改写此数据块的那个处理机拥有该块。与目录表相对应，每个 Cache 中也为每个数据块安排两个控制信息位，一个是有效位（V），表示该数据的有效或无效，只有当 V = 1 时该数据块才身可用的；另外一位称为专用位（P），如 P = 1 时，处理机可以直接向该数据块执行写操作，实际上这时的 Cache 是该数据块唯一正确的 Cache 拷贝。反之，当 P = 0 时，不允许直接写入。如图 6 – 49 所示为全映射目录协议中各标志位的情况。

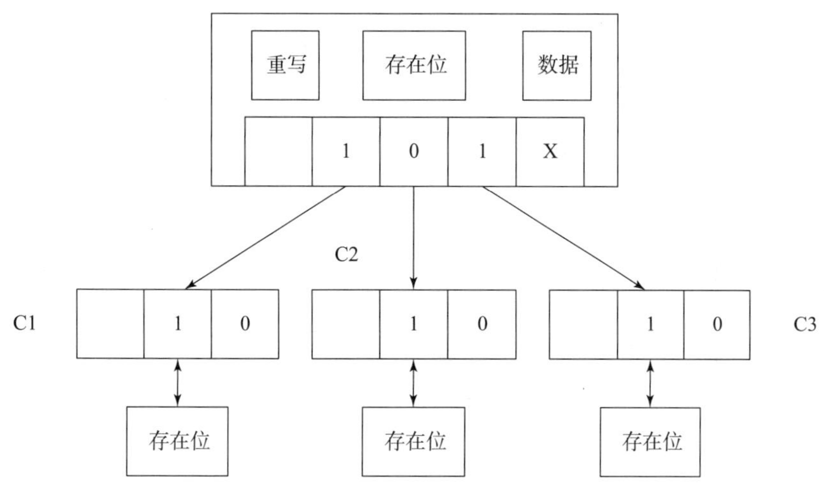

图 6 – 49　全映射目录协议

（2）分布式目录协议。

分布式目录协议又称为链表式目录协议，该协议将目录分散配置到各 Cache 中，用链表将有关的 Cache 连接在一起。每个数据块建立一个数据链表，每个链表中只包含拥有该数据块的 Cache。于是，存储器中的每个数据块都只有一个指针，指向使用这个数据块的头结点。头结点再指向下一个拥有此数据块的 Cache，直到最后一个结点。链表可以是单向的也可以是双向的，单向链表只要一个指针，双向链表则需要前项指针和后项指针两个指针，如图 6 – 50 所示。

6.4.5　Cache 的性能估算

影响 Cache 性能的主要参数是命中率和数据的一致性。Cache 的命中率与以下因素相关：地址的分布情况、替换算法、Cache 的容量、Cache 分组的数目、Cache 组内块数、Cache 的预取算法等。其中命中率为：

$$命中率 = \frac{\text{Cache 中被命中的数据}}{\text{Cache 中所有的数据}}$$

当 Cache 组数增加时，组内块数就减少，这将使 Cache 命中率降低。Cache 的性能可通过如下公式计算得出：

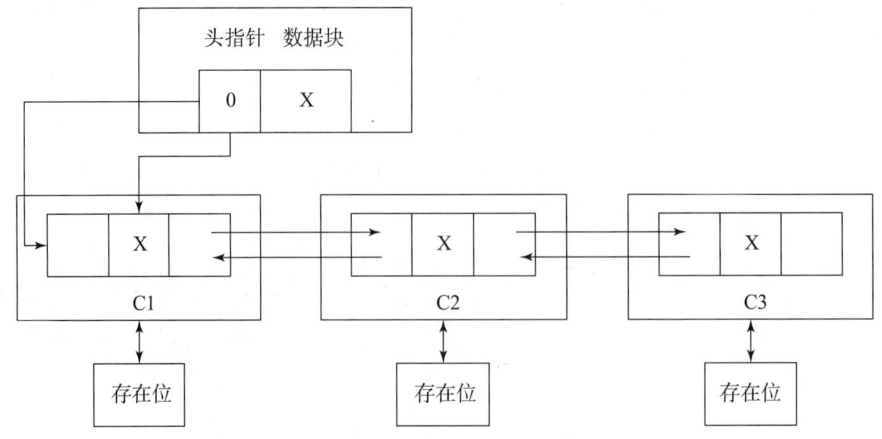

图 6-50 分布式目录协议所用双向链表

$$\text{Cache 性能} = K\left[f \times \frac{1}{\text{CPI}} - (1 - H) \times N\right]$$

其中，H 为 Cache 的命中率；N 为存储周期数；K 为比例常数；f 为工作频率；CPI 为执行每条指令需要的周期数。

为了提高 CPU 性能，CPU 除了在不断提高工作频率 f、减少执行每条指令需要的周期数、提高 Cache 的命中率以外，还分别采用发多条指令和采用乱序控制等策略，以此减少执行每条指令需要的周期数（CPI）。此外，采用转移预测结构和增加 Cache 容量，可以提高 Cache 的命中率 H。

6.5 ARM 微处理器

ARM 微处理器是一种基于 RISC 架构的高性能微处理器，其主流产品包括 ARM7、ARM9、ARM9E、ARM10E、ARM11、SecurCore、Cortex 系列以及 Intel 的 StrongARM、XScale 和其他厂商基于 ARM 体系结构的处理器。除了具有 ARM 体系结构的共同特点以外，每一个系列的 ARM 微处理器都有各自的特点和应用领域。

总的来说，采用 RISC 架构的 ARM 处理器有如下一些特点：

①支持 Thumb（16 位）/ARM（32 位）双指令集，能很好地兼容 8 位/16 位器件。Thumb 指令集比通常的 8 位和 16 位 CISC/RISC 处理器具有更好的代码密度。

②指令执行采用 3 级流水线/5 级流水线技术。

③带有指令 Cache 和数据 Cache，大量使用寄存器，指令执行速度更快。大多数数据操作都在寄存器中完成。寻址方式灵活简单，执行效率高。指令长度固定（在 ARM 状态下是 32 位，在 Thumb 状态下是 16 位）。

④支持大端格式和小端格式两种方法存储字数据。

⑤支持 Byte（字节，8 位）、Halfword（半字，16 位）和 Word（字，32 位）三种数据类型。

⑥支持用户、快中断、中断、管理、中止、系统和未定义等 7 种处理器模式，除了用户模式外，其余的均为特权模式。

⑦处理器芯片上都嵌入了在线仿真 ICE – RT 逻辑，便于通过 JTAG 来仿真调试 ARM 体系结构芯片，可以避免使用昂贵的在线仿真器。另外，在处理器核中还可以嵌入跟踪宏单元 ETM，用于监控内部总线，实时跟踪指令和数据的执行。

⑧具有片上总线 AMBA（Advanced Micro – controller Bus Architecture）。AMBA 定义了 3 组总线：先进高性能总线 AHB（Advanced High performance Bus）、先进系统总线 ASB（Advanced System Bus）、先进外围总线 APB（Advanced Peripheral Bus）。通过 AMBA 可以方便地扩充各种处理器及 I/O，可以把 DSP、其他处理器和 I/O（如 UART、定时器和接口等）都集成在一块芯片中。

⑨采用存储器映像 I/O 的方式，即把 I/O 端口地址作为特殊的存储器地址。

⑩具有协处理器接口。ARM 允许接 16 个协处理器，如 CP15 用于系统控制，CP14 用于调试控制器。

⑪采用了降低电源电压，可工作在 3.0 V 以下；减少门的翻转次数，当某个功能电路不需要时禁止门翻转；减少门的数目，即降低芯片的集成度；降低时钟频率等一些措施降低功耗。

⑫体积小、成本低、性能高。

一个典型的 ARM 体系结构包含有 32 位 ALU、31 个 32 位通用寄存器及 6 个状态寄存器、32 ×8 位乘法器、32 ×32 位桶形移位寄存器、指令译码及控制逻辑、指令流水线和数据/地址寄存器等。

1. ALU

ARM 体系结构的 ALU 与常用的 ALU 逻辑结构基本相同，由两个操作数锁存器、加法器、逻辑功能、结果及零检测逻辑构成。ALU 的最小数据通路周期包含寄存器读时间、移位器延迟、ALU 延迟、寄存器写建立时间、双相时钟间非重叠时间等几部分。

2. 桶形移位寄存器

ARM 采用了 32 ×32 位桶形移位寄存器，左移/右移 *n* 位、环移 *n* 位和算术右移 *n* 位等都可以一次完成，可以有效地减少移位的延迟时间。在桶形移位寄存器中，所有的输入端通过交叉开关（Crossbar）与所有的输出端相连。交叉开关采用 NMOS 晶体管来实现。

3. 高速乘法器

ARM 为了提高运算速度，采用两位乘法的方法，可根据乘数的两位来实现“加 – 移位”运算。ARM 的高速乘法器采用 32 ×8 位的结构，完成 32 ×2 位乘法也只需 5 个时钟周期。

4. 浮点部件

在 ARM 体系结构中，浮点部件作为选件可根据需要选用，FPA10 浮点加速器以协处理器方式与 ARM 相连，并通过协处理器指令的解释来执行。

浮点的 Load/Store 指令使用频度要达到 67%，故 FPA10 内部也采用 Load/Store 结构，有 8 个 80 位浮点寄存器组，指令执行也采用流水线结构。

5. 控制器

ARM 的控制器采用硬接线的可编程逻辑阵列 PLA，其输入端有 14 根、输出端有 40 根，分散控制 Load/Store 多路、乘法器、协处理器以及地址、寄存器 ALU 和移位器。

6. 寄存器

ARM 内含 37 个寄存器，包括 31 个通用 32 位寄存器和 6 个状态寄存器。

6.6 基于 Xilinx FPGA 平台的微处理器

随着集成电路技术的发展，现场可编程门阵列（FPGA）的功能越来越强大，其应用范围越来越广。在单个芯片上集成嵌入式处理器和 FPGA 可编程能力，一直是 FPGA 技术发展的重要方向，即既有高性能的处理能力，又有灵活性的可编程配置。

Xilinx 公司和 Altera 公司是最大的 FPGA 生产厂商，它们除提供了丰富多样的 FPGA 产品之外，也提供了一系列的嵌入式微处理器解决方案。FPGA 中集成的微处理器又分为硬核和软核，硬核是指在一个平台上直接固化一个定制芯片，其结构固定，用户只能根据 DataSheet 进行编程控制。软核则是指平台内本身不存在 CPU 结构，设计者使用某种硬件描述语言（或最基本的逻辑电路）来搭建了一个 CPU。与硬核相比，软核的稳定性和可靠性都差一些，但是其灵活度高是其主要优势。Xilinx 公司提供的嵌入式系统解决方案主要有 4 类，分别为：PicoBlaze、MicroBlaze、PowerPC 和 ARM Cortex - A9，其中 PowerPC 和 ARM Cortex - A9 为硬核处理器，PicoBlaze 和 MicroBlaze 是可裁剪的软核处理器。

1. PowerPC 硬核处理器

PowerPC 是一种基于 IBM 的 Power 架构的 32 位精简指令集 RISC 硬核处理器，它们被设计到选定的 Virtex 系列 FPGA 架构内以用于实现高性能嵌入式应用。

带有先进 CPU/APU 控制器和高带宽纵横交换机的 Virtex - 5 FXT FPGA 支持 PowerPC 440 处理器。纵横交换机可以实现高吞吐量 128 位接口和点到点连接功能。集成式 DMA 通道、专用存储器接口以及处理器本地总线（PLB）接口可以减少逻辑利用率、降低系统延迟并优化性能。同步 I/O 和存储器访问将数据传输速率最大化。

PowerPC 405 得到了 Virtex - 4 和 Virtex - II Pro 系列的支持，并整合了标量 5 级流水线、独立指令和数据缓存、1 个 JTAG 端口、迹线 FIFO、多个定时器和 1 个内存管理单元（MMU）。在 Virtex - II Pro 内使用 PowerPC 405 处理器需要 ISE Design Suite 软件 10.1 版或更早的版本。

2. MicroBlaze 软核处理器

MicroBlaze 内核是 Xilinx 嵌入式产品中的重要组件。它是一款采用 32 位哈佛 RISC 架构的软核处理器，它具有丰富的、针对嵌入式应用进行了优化的指令集。MicroBlaze 软核处理器解决方案能够全面灵活地选择外设、存储器和接口功能组合，从而可以满足各种应用需求，如工业、汽车、医疗、消费等领域。

在采用缓存模式下，独立的指令和数据可以缓存并通过 XCL（Xilinx Cache Link）接口连接到内存。在不采用缓存的机制下，地址和数据总线直接通过 PLBv4.6 访问内存。MicroBlaze 没有区分数据接口为 I/O 和存储，所以处理器存储的接口是 PLB 和 LMB，且 LMB 存储地址空间不和 PLB 重合。MicroBlaze 还提供最大 256K 的片上本地内存接口和片上 BRAM 连接，对于简单的设计，可以将代码直接放入片上 BRAM；也可以将复杂设计的 BOOTLOADER 放在片上的 BRAM 中。用户 IP 可以通过 PLBv4.6 总线或快速点对点连接（FSL）总线接入系统。一般而言：PLB64 比较适合基于总线形式的用户 IP 开发；FSL 比较适合基于简单点对点输入/输出或协处理器的用户 IP 开发。

3. ARM 双核 Cortex－A9 MPCore 处理器

双核 ARM Cortex™－A9 MPCore 处理器是 ARM 处理器系列中性能较高的一款产品，该款处理器采用了广受支持的 ARMv7 架构，充分实现了其丰富性。Cortex－A9 处理器的设计是基于最先进的推测型 8 级流水线，该流水线具有高效、动态长度、多发射超标量及无序完成等特征，这款处理器的性能、功效和功能均达到了前所未有的水平，完全能够满足消费、网络、企业和移动应用等领域尖端产品的要求。

Xilinx 公司在推出的首款可扩展处理平台 Zynq 中，将采用了 28nm 工艺的 FPGA 和双核 ARM Cortex－A9 处理系统集成在一起，这种以 ARM Cortex－A9 处理器为核心的架构既有 FPGA 的高灵活性和可扩展性，又具备类似于 ASIC 的高性能和低功耗。该架构能帮助开发人员最大限度地提升工作效率，加快开发周期，具有很广的应用前景。

6.7　基于 Altera FPGA 平台的微处理器

Altera 公司提供的嵌入式系统解决方案主要有：NiosⅡ 处理器、MP32 处理器、双核 ARM Cortex－A9 MPCore 和 Intel Atom 处理器，其中双核 ARM Cortex－A9 MPCore 和 Intel Atom 为硬核处理器，NiosⅡ和 MP32 是可裁剪的软核处理器。

1. NiosⅡ处理器

NiosⅡ 是一个用户可配置的通用 RISC 的嵌入式处理器，把 NiosⅡ嵌入到了 Altera 的所有 FPGA 中，充分利用了 FPGA 的逻辑资源。NiosⅡ系统为用户提供了最基本的多功能性，设计师可以以此来创建一个最适合他们需求的嵌入式系统。NiosⅡ具有下列特点：

（1）包含 3 种处理器内核：NiosⅡ/e（经济型）、NiosⅡ/s（标准型）、NiosⅡ/f（快速型）。

（2）提供了超过 60 种系统组件，且可自定义外设和 I/O 接口。

（3）在单个 FPGA 器件内可以集成多个处理器内核。

2. MP32 处理器

MP32 处理器是业界第一款 100% 兼容 MIPS® 2.0 体系结构的软核处理器。这一灵活的应用类处理器在定制嵌入式系统中实现了软件和工具 MIPS 辅助系统，还可以使用 Altera 的嵌入式知识产权（IP）内核以及 Qsys 系统集成流程。通过这些设计资源，可以加速开发高度集成的低成本、低功耗 MIPS 定制嵌入式系统。

MP32 处理器特性如下：

（1）100% MIPS 2.0 体系结构兼容。

（2）利用 MIPS 软件和工具辅助系统。

（3）入门级应用类软核处理器。

（4）提高了 Altera FPGAs/HardCopy ASIC 的资源利用率和性能。

3. 双核 ARM Cortex－A9 MPCore 处理器

双核 ARM® Cortex™－A9 MPCore™应用类处理器是 Altera Arria V SoC FPGAs 和 Cyclone V SoC FPGA 系列 FPGA 中集成的硬核处理器。ARM Cortex－A9 处理器结合了丰富的嵌入式外设、接口以及片内存储器，以建立完整的硬核处理器系统（HPS）。HPS 和 FPGA 架构提供了 100 Gbps 的峰值带宽，使 ARM 处理器和 FPGA 架构的硬件加速器能够很好地共享数据。

4. Intel Atom 处理器

Intel Atom 处理器集成了 Intel Atom 处理器 E6xx 系列 LPIA1 类 IA CPU 和 Altera® Arria® II GX FPGA。通过 FPGA，用户能够非常灵活地采用 I/O 接口，加速实现各种嵌入式应用。Intel 公司提供了 Intel Atom 处理器 E6x5C 系列产品。

利用非常灵活的 FPGA，嵌入式设计人员能够将 Intel Atom 处理器 E6x5C 系列的设计快速应用到不同的市场领域，满足细分市场需求，在这类市场上，产量不一定能够满足全定制 ASIC 开发要求。嵌入式设计人员使用 Intel Atom 处理器 E6x5C 系列能够满足传输、能源、工业控制、医疗以及军事等多种市场需求。Intel Atom 处理器的特点如下：

（1）单片封装——紧凑 37.5 mm × 37.5 mm、0.8 mm 球栅间隔、多芯片器件，通过用户可编程 FPGA 内部连接至 Intel Atom 处理器 E6x5C。

（2）集成 Intel Atom 处理器 E6x5C——包括一个 45 nm 处理器内核、3D 图形和视频编码/解码，以及存储器和显示控制器。

（3）集成 Intel 图形介质加速器 600——低功耗 2D 和 3D 图形引擎，支持 400 MHz 图形内核频率。

（4）集成存储器控制器和 DDR2 支持——集成 32 位单通道存储器控制器，通过高效的预获取算法提高了快速存储器读写性能，具有低延时和高存储器带宽特性。

（5）Intel 超线程技术——为多线程应用提供支持，增强性能。

（6）适用于 IA-32 Intel 体系结构的集成和硬件辅助 Intel 视觉技术——将多种环境合并到一个硬件平台上，提高了灵活性，增强了系统利用率。

（7）高性能和低功耗 FPGA——其收发器速率高达 3.125 Gbps，带有 SERDES 的高速 LVDS 达到 840 Mbps，支持 DDR2、DDR SDRAM、QDR II 和 QDR II + SRAM 存储器接口，还提供适用于数字信号处理（DSP）应用的 312 个乘法器以及 60K 逻辑单元（LE）。

6.8 思考题

1. 经典的冯·诺依曼计算机体系结构包含哪五部分？
2. 画出计算机的硬件结构。
3. 简述微处理器的主要作用，画出微处理器的基本结构图。
4. 微处理器从功能上可以划分为几个部分？并简述各部分的作用。
5. 一个典型的 5 级流水线主要包含几个阶段？请简要说明。
6. 什么叫指令周期？请简述指令周期和时钟周期的关系。
7. 简述微处理器四级存储系统的组成，各级存储器在访问速度和容量大小等方面的关系是什么？
8. 一条完整的指令主要包含的元素有哪些？
9. 已知（AL）= 0C4H，DATA 单元的内容为 5AH，写出下列每条指令单独执行后的结果。

（1）AND AL，DATA

（2）OR AL，DATA

（3）XOR AL，DATA

（4）NOT DATA

（5）AND AL，0FH

（6）OR AL，01H

（7）XOR AL，0FFH

（8）NOT AL

10. 根据操作数所在地址，寻址方式可分为几类?

11. 分别指出下列指令中源操作和目的操作数的寻址方式。用 EA 表示源操作数地址，PA 表示目的操作数地址。

（1）MOV SI，2100H

（2）MOV CX，DISP[BX]

（3）MOV [SI]，AX

（4）AND AX，DX

12. 已知 8086 工作在实地址方式下。其中一些寄存器的内容和一些存储单元的内容如图 6-51 所示，试指出下列各条指令执行后 AX 中的内容。

（1）MOV AX，2010H

（2）MOV AX，BX

（3）MOV AX，[1200H]

（4）MOV AX，[BX]

（5）MOV AX，1100H[BX]

（6）MOV AX，[BX][SI]

（7）MOV AX，1100H[Bx + SI]

（8）LEA AX，[SI]

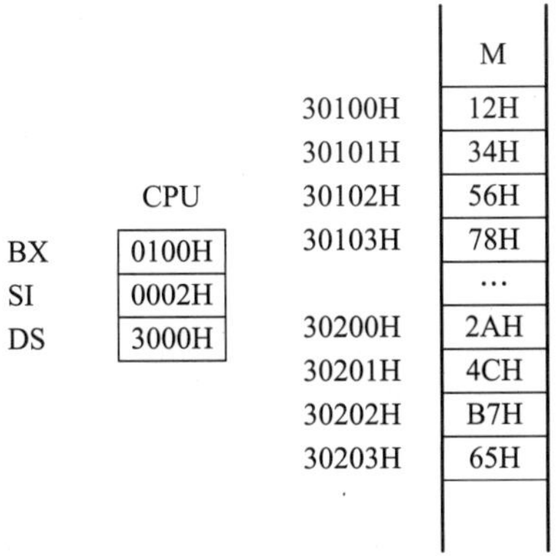

图 6-51　思考题 12 的图

13. 给定 DS = 1300H，SS = 1400H，BP = 1500H 和 SI = 0100H，确定下面每条指令寻址的存储器地址。

（1）MOV EAX，[BP + 200H]

（2）MOV AL，[BP + SI - 200H]

（3）MOV AL，[SI－0100H]

14. 设 BX＝6D16H，AX＝1100H，写出下列两条指令执行后 BX 寄存器中的内容。

（1）MOV CL，06H

（2）ADD AX，CL

（3）MOV BX，AX

15. RISC 指令集与 CISC 指令集相比有哪些优点？请简要说明。

16. 流水线的性能主要与哪些因素有关？

17. 数据冒险是什么原因导致的？主要包含几类？

18. 结构冒险是什么原因导致的？解决结构冒险的措施主要有哪些？

19. 什么叫超标量技术？

20. 超标量技术的主要优点有哪些？

21. 简述存储器局部性原理。

22. 简述微处理 Cache 的工作原理。

23. 简述组相联映像 Cache 结构的基本特点。

24. 简述微处理 Cache 的一致性问题。

25. 简述 Cache 中数据不一致问题的原因。

26. 解决 Cache 一致性问题的协议主要有哪些？

第 7 章

MicroBlaze 处理器的结构与应用

MicroBlaze 是 Xilinx 公司提供的嵌入式软核解决方案，MicroBlaze 采用功能强大的 32 位哈佛 RISC 结构，包含 32 位独立的地址总线和数据总线，以及 32 个通用寄存器和一个可选的移位寄存器。具有运行速度快、占用资源少、可配置性强等优点。除此之外它还提供丰富的片上内存和接口总线资源，具备浮点单元选项，非常适合针对数据通信、嵌入式、网络和多媒体等应用。

7.1　MicroBlaze 处理器系统

MicroBlaze 软核是 Xilinx 公司针对自己的 FPGA 器件设计的功能强大的 32 位微处理器，也是业界最快的微处理器之一。它有独立的地址总线和数据总线，在缓存模式下，独立的指令和数据可以缓存在 Cache 中并通过 XCL（Xilinx Cache Link）接口连接到内存。在非缓存的模式下，地址和数据总线直接通过 PLBv4.6 访问内存。MicroBlaze 还提供了最大 256 KB 的片上本地内存接口和片上 BRAM 连接。图 7－1 是一个 MicroBlaze 片上系统的结构框图。

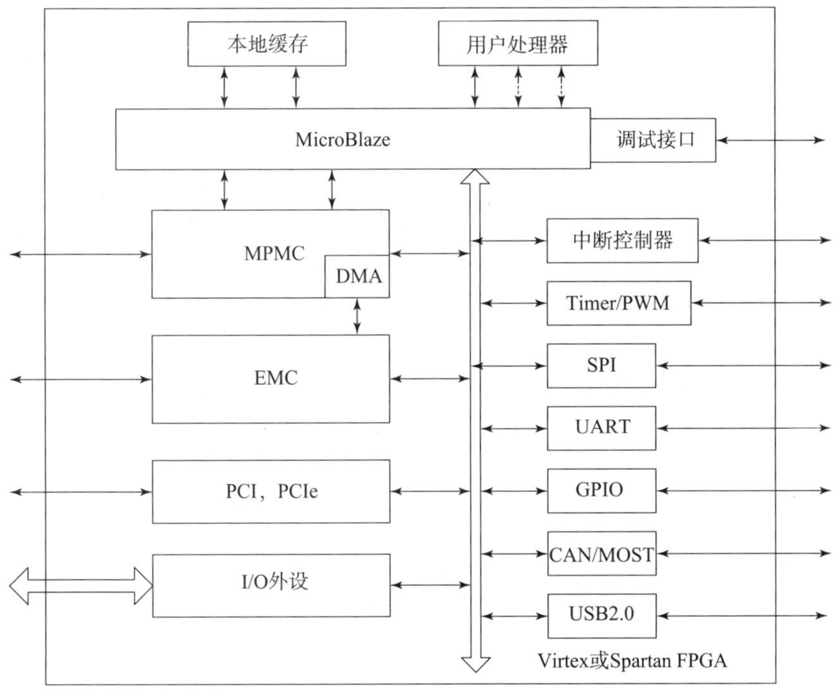

图 7－1　MicroBlaze 结构框图

7.1.1 MicroBlaze 体系架构

MicroBlaze 软核内部采用 RISC 架构，是 RISC 精简指令集计算机，它运行速度快、可配置性强、重复性灵活并且占有资源少。MicroBlaze 内核结构具有以下特点：

（1）32 位通用寄存器（32 个）。

（2）32 位指令字：指令字有 2 种寻址模式和 3 种操作数。

（3）2 个特殊寄存器：程序指针寄存器（PC）和处理器状态寄存器（MSR）。

（4）具有 1 个 ALU 单元，1 个移位单元和两级中断响应单元。

（5）32 位地址总线。

（6）具有指令和数据缓存区。

（7）流水线操作。

其内核架构如图 7－2 所示。

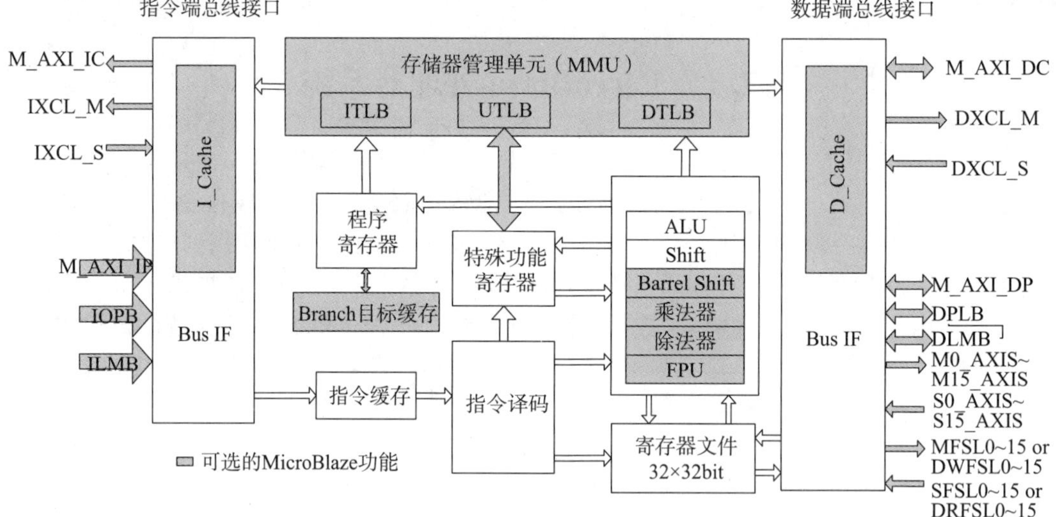

图 7－2　MicroBlaze 内部架构示意图

从 MicroBlaze 内部架构示意图可以看出，MicroBlaze 通过各类接口和总线连接各功能组件和控制器，下面将分别介绍 MicroBlaze 内部的关键组件。

1. 中断控制和调试接口

MicroBlaze 支持软硬件中断，通过外加控制逻辑，还可以扩展外部中断。具有硬件调试 IP 核 MDM，也可以通过 1 个 JTAG 接口来调试多个 MicroBlaze 处理器。

2. FSL 接口

MicroBlaze 还具有 8 个输入和 8 个输出的单一链路接口 FSL。该接口用于单一方向的点到点数据流传输。

除此之外，MicroBlaze 同时还包含内存管理/内存保护单元、浮点单元（FPU）、高速缓存、异常处理和调试逻辑等功能单元。MicroBlaze 是高度灵活可配置的软核，用户可根据性能需求和逻辑区域成本等因素任意裁剪，用最少的资源满足设计的需要，极大地扩展了 MicroBlaze 的应用范围。

3. 总线接口

MicroBlaze 支持 CoreConnect 总线标准，具有多个外部接口，各数据接口的含义如下：

（1） DPLB （Data Processor Local Bus）：数据接口，处理器本地总线。

（2） DOPB （Data On – chip Peripheral Bus）：数据接口，片上外设总线，用于处理器与片内的设备进行数据交换。

（3） DLMB （Data Local Memory Bus）：数据接口，本地存储器总线，实现数据交换的本地块存储器总线。该总线为处理器内核与块存储器（BRAM）之间提供专用的高速数据交换通道。

（4） IPLB （Instruction Processor Local Bus）：指令接口，处理器本地总线，用于取指令的本地存储器总线。该总线与器件内部的块存储器（BRAM）相连，实现高速的指令读取。

（5） IOPB （Instruction On – Chip Peripheral Bus）：指令接口，片上外设总线，用于实现外部程序存储器的总线接口。当程序较大时，需要外接大容量的存储器，该总线提供读取指令的通道。

（6） ILMB （Instruction Local Memory Bus）：指令接口，本地存储器总线。

（7） MFSL 0 ~ 15 （Fast Simple Link，FSL master interface）：FSL 主接口。

（8） DWFSL 0 ~ 15 （FSL master direct connection interface）：FSL 主直接链接接口。

（9） SFSL 0 ~ 15 （Fast Simple Link，FSL slave interface）：FSL 从接口。

（10） DRFSL 0 ~ 15 （FSL slave direct connection interface）：FSL 从直接链接接口。

（11） IXCL （Instruction side Xilinx Cache Link interface）：指令侧高速缓存链接接口。

（12） DXCL （Data side Xilinx Cache Link interface）：数据侧高速缓存链接接口。

4. 寄存器

MicroBlaze 处理器内有 32 个 32 位的通用寄存器和 16 个 32 位的特殊功能寄存器。

1） 通用寄存器

通用寄存器为 R0 ~ R31，它们只在重新加载程序时会被复位为 0x00000000，不支持外部复位。通用寄存器的功能如表 7 – 1 所示。

表 7 – 1　MicroBlaze 通用寄存器功能表

位宽/bit	寄存器名	功能描述
0 ~ 31	R0	固定为 0x00000000，对 R0 的写操作将被忽略
0 ~ 31	R1 ~ R13	通用寄存器
0 ~ 31	R14	中断返回地址寄存器
0 ~ 31	R15	用于存储用户矢量返回地址
0 ~ 31	R16	跳转的返回地址
0 ~ 31	R17	若 MicroBlaze 被配置为支持硬件异常的状态，此寄存器用于存储硬件异常的返回地址，否则作为通用寄存器使用
0 ~ 31	R18 ~ R31	通用寄存器

2） 特殊寄存器

MicroBlaze 处理器内有 18 个 32 位的特殊功能寄存器，下面简要介绍一些主要的寄存器。

（1）程序指针（PC）寄存器。

程序指针寄存器用于存储下一条指令的地址。该地址可以通过 MFS 指令进行读操作，但不能使用 MTS 指令进行写操作。

（2）处理器状态寄存器（MSR）。

MSR 存储了处理器的控制和状态标志，该寄存器可以通过 MFS 指令进行读操作，也可以通过 MTS 指令进行写操作，或者使用专用的 MSRSET 和 MSRCLR 指令对寄存器进行操作。

（3）特殊地址寄存器（EAR）。

EAR 用于寄存引起异常状态的地址。

（4）特殊状态寄存器（ESR）。

ESR 的各比特位用于寄存不同的异常状态。

（5）异常数据寄存器（EDR）。

EDR 用于寄存引起异常状态的数据。

7.1.2 MicroBlaze 指令系统

MicroBlaze 支持的所有指令都是 32 位的，包含 A 型和 B 型两种定义模式。A 型指令有至多 2 个寄存器源操作数和 1 个寄存器目的操作数，而 B 型指令有 1 个寄存器源操作数，1 个 16 位立即数以及 1 个寄存器目的操作数。该立即数可以通过使用 IMM 指令将之扩展为 32 位。

所有指令被分成下列 5 种指令类型：算术指令、逻辑指令、程序流控制指令、读取/存储指令和特殊指令类型。表 7－2 列出了 MicroBlaze 的指令设置语法。

表 7－2　MicroBlaze 的指令设置语法

符号	定义
Ra	R0 ~ R31，通用寄存器，源操作数为 a
Rb	R0 ~ R31，通用寄存器，源操作数为 b
SPR[x]	特殊目的寄存器
MSR	处理器状态寄存器 = SPR[1]
ESR	特殊状态寄存器 = SPR[5]
EAR	特殊地址寄存器 = SPR[3]
FSR	浮点单元状态寄存器 = SPR[7]
BTR	分支目标寄存器 = SPR[11]
PC	执行下一阶段程序计数器 = SPR[0]
X[y]	寄存器 X 的第 y 位
X[y：z]	寄存器 X 的第 y 到 z 位
~X	寄存器 X 的状态取反
: =	赋值操作符
=	相等比较操作符

续表

符号	定义
!=	不相等比较操作符
>	大于比较操作符
>=	大于等于比较操作符
<	小于比较操作符
<=	小于等于比较操作符

部分常用的 MicroBlaze 指令如表 7－3 所示。

表 7－3　MicroBlaze 的部分常用指令

指令类型	位宽/bit	目的操作数	源操作数 A	源操作数 B		释义
Type A	0～5	6～10	11～15	16～20	21～31	
Type B	0～5	6～10	11～15	16～31		
ADD Rd，Ra，Rb	000000	Rd	Ra	Rb	00000000000	Rd：= Rb + Ra
ADDC Rd，Ra，Rb	000010	Rd	Ra	Rb	00000000000	Rd：= Rb + Ra + C
ADDK Rd，Ra，Rb	000110	Rd	Ra	Rb	00000000000	Rd：= Rb + Ra
MUL Rd，Ra，Rb	010000	Rd	Ra	Rb	00000000000	Rd：= Ra * Rb
RSUB Rd，Ra，Rb	000001	Rd	Ra	Rb	00000000000	Rd：= Rb − Ra
IDIV Rd，Ra，Rb	010010	Rd	Ra	Rb	00000000000	Rd：= Rb/Ra

例：

假设：Ra = 10H，Rb = 8H。

A 型指令：ADD Rd，Ra，Rb　　则 Rd = Rb + Ra = 18H。

B 型指令：ADD Rd，10H，Rb　　则 Rd = 10H + Ra = 18H。

MicroBlaze 采用流水线的结构执行指令。在大多数的情况下，一条指令在一个时钟周期内即可完成，但当一些指令需要不止一个时钟周期才能完成时（比如除法指令），流水线就会暂停并等待这个指令的完成。

当指令存储在片外的慢速内存中时，取指令的操作可能要占用很多个时钟周期。为了提高性能，MicroBlaze 内部提供了一个指令缓存区来缓存指令，用于减小指令存储器读取速度对处理器的影响。

MicroBlaze 可以被配置成 2 种流水线模式：三级流水线和五级流水线。

1. 三级流水线

当编译时选择了面积优化模式时，MicroBlaze 被配置成三级流水线。三级流水分别为：取指、译码和执行，三级流水可以减小硬件开销，优化面积。三级流水的示意图如图 7－3 所示。

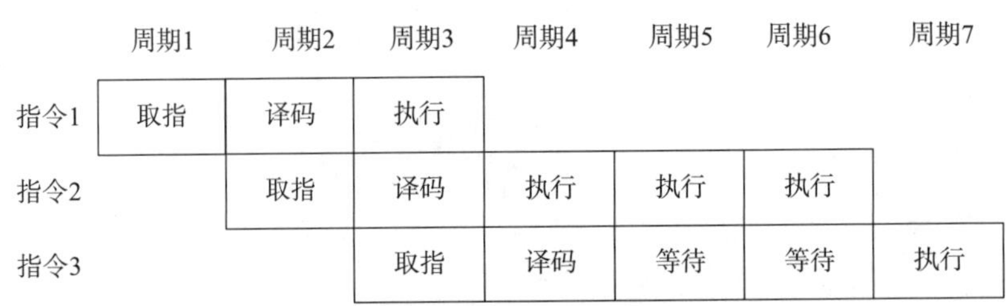

图 7－3　三级流水线

2. 五级流水线

当编译时未选择面积优化模式时，MicroBlaze 被配置成五级流水线，这样能取得最大的处理器性能。五级流水分别为：取指（IF）、译码（OF）、执行（EX）、访问内存（MEM）和回写（WE），这样可以提高处理器性能。五级流水的示意图如图 7－4 所示。

	周期1	周期2	周期3	周期4	周期5	周期6	周期7	周期8
指令1	取指	译码	执行	访问内存	回写			
指令2		取指	译码	执行	执行	访问内存	回写	
指令3			取指	译码	等待	执行	访问内存	回写

图 7－4　五级流水线

当存在分支指令时，流水线需要被重新初始化，且要按照程序寄存器中存储的下一指令的地址访问指令，并开始新一轮指令执行。MicroBlaze 需要 3 个时钟周期去完成跳转。其中 2 个周期用于重新使流水正常工作。

7.1.3　MicroBlaze 事件处理

在指令执行过程中，MicroBlaze 支持复位、中断、用户异常、断点和硬件异常。表 7－4 所示的矢量和寄存器文件返回地址记录了各事件的存储器地址和寄存器文件返回地址。

表 7－4　矢量和寄存器文件返回地址

事件	矢量地址	寄存器文件返回地址
Reset	0x00000000 ~ 0x000000004	—
用户异常	0x00000008 ~ 0x0000000C	Rx
中断	0x00000010 ~ 0x000000014	R14
不可掩饰的断点	0x00000018 ~ 0x0000001C	R16
硬件断点		
软件断点		
硬件异常	0x00000020 ~ 0x000000024	R17 或 BTR
Xilinx 保留地址	0x00000028 ~ 0x0000004F	—

MicroBlaze的异常状态按优先级从高到低依次为：复位、硬件异常、非屏蔽断点、断点、中断、用户矢量（异常）。

1. 复位

当Reset或Debug_Reset有效时，MicroBlaze会先清空流水线，然后从复位矢量地址（0x00000000）中加载指令。注意所有外部复位信号都是高有效的，且至少维持16个时钟周期。

2. 硬件异常

在使用MicroBlaze的过程中，如果配置参数或指令不正确，则可能发生指令和总线异常、数据存储异常、非法指令异常等一系列异常情况，下面列举一些常见的异常情况。

1）FSL（Fast Simplex Link）异常

FSL异常是由于get或getd指令没有正确执行时产生，控制位不匹配。

2）指令总线异常

当从内存中读出数据有误时会导致指令总线异常。从设备的有效错误信号（IPLB_MRderr）或者仲裁器的超时信号（IPLB_ MTimeout）会导致处理器本地总线（PLB）的指令异常。

3）非法操作码异常

非法操作码异常是由于指令的0～5 bit无效而产生的。

4）数据总线异常

在从内存中进行数据读写时可能产生数据总线异常。从设备的活动错误信号（DPLB_MRderr）或仲裁器的超时信号（DPLB_ MTimeout）可能会导致数据处理器本地总线（PLB）异常。CacheLink（DXCL）接口不会产生数据总线异常。

5）非对齐访问

非对齐访问异常是由于访问的地址总线宽度与设置的宽度不一致而产生的。

6）除法异常

当整数除法中的除数为0时会导致除法异常。

7）FPU异常

FPU异常是由浮点数运算的下溢、上溢、除数为0、无效操作等产生的。

8）特权指令异常

在用户模式下使用特权指令可能导致特权指令异常。

9）数据存储异常

访问存储器中的数据而导致的存储器保护冲突可能导致数据存储异常。

10）指令存储异常

访问存储器中的指令而导致的存储器保护冲突可能导致指令存储异常。

11）数据TLB缺失异常

在虚拟保护模式下通过无效的TLB入口访问存储器中的数据时，会导致数据TLB缺失异常。

12）指令TLB缺失异常

在虚拟保护模式下通过无效的TLB入口访问存储器中的指令时，会导致指令TLB缺失异常。

硬件异常产生时，MicroBlaze 处理器会先清空流水线，然后跳转到硬件异常向量（0x20H），在异常周期内不会继续执行其他执行级指令。

3. 断点

MicroBlaze 中包含两种断点类型，即硬件断点和软件断点。

1）硬件断点

当外部断点信号（Ext_BRK 和 NM_BRK）有效时，会执行硬件断点操作。处于执行阶段的指令继续执行，而处于编译阶段的指令会暂停执行，通用寄存器 R16 中会自动存入断点返回地址。

2）软件断点

在软件程序中，通过指令 brk 和 brki 来执行软件断点。

4. 中断

MicroBlaze 支持外部中断源（与 Interrupt 相连）。该中断受使能信号控制，当中断使能位被设置为“1”时，处理器才会响应中断。发生中断时，处于执行阶段的指令继续执行，而处于编译阶段的指令会暂停执行，通用寄存器 R14 会自动存入中断返回地址，同时，处理器也将通过清除 MSR 中的 IE 位来屏蔽其他中断。

如果处理器状态寄存器（MSR）中的进程中断（BIP）位或进程异常（EIP）位被置“1”，则处理器会将中断忽略掉。

中断触发方式可以配置为边沿型中断或电平型中断。

（1）电平型中断：当被配置为电平型中断时，Interrupt 上的中断信号必须一直保持直到 MicroBlaze 收到中断为止，然后才能跳转到中断向量。处理器软件在退出中断处理程序之前必须先清中断，否则，该中断可能会被重复响应。

（2）边沿型中断：当被配置为边沿型中断时，MicroBlaze 将检测和锁存 Interrupt 上输入中断的边沿，所以输入的中断只要持续一个时钟即可，两个连续中断的间隔必须不少于一个时钟周期，这样才能保证所有中断都能被检测到。只有当处理器状态寄存器（MSR）的中断使能被打开时，边沿型中断才会被立即响应。

MicroBlaze 从中断产生到进入中断服务程序（ISR）的响应时间取决于处理器的配置和存储中断向量的内存控制器的反应时间。特别地，当执行除法指令时产生中断，则 MicroBlaze 的反应时间会很大。

5. 用户异常

用户异常存储在地址 0x8H 中，在软件流中如果插入了非法指令则会引起用户异常。

7.1.4 MicroBlaze 存储器系统

1. 存储结构

MicroBlaze 处理器采用哈佛存储结构，即指令和数据访问使用独立的地址空间。MicroBlaze 处理器采用大端和比特翻转格式存储数据。MicroBlaze 支持 8 位（字节）、16 位（半字）和 32 位（字）的数据形式。存储器访问格式如图 7－5 所示。

图 7－5　存储器访问

MicroBlaze 使用了可配置的数据和指令 Cache，用来存储 LMB 地址空间外的代码和数据。

2. 指令 Cache

MicroBlaze 支持可配置的指令 Cache，用来存储位于本地内存总线（LMB）地址空间外的代码和数据，使用 Cache 可以提高性能。指令 Cache 的结构图如图 7－6 所示。

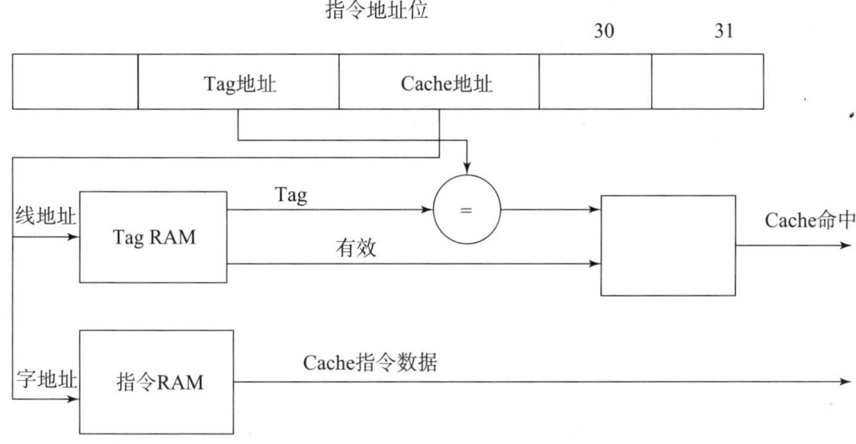

图 7－6　指令 Cache 结构图

指令 Cache 具有如下特征：

（1）采用直接映射方式；

（2）使用可选择的存储地址空间；

（3）可配置 Cache 和 Tag 的大小；

（4）通过 AXI4 或者 XCL 接口连接 Cache；

（5）Cache－line 可设置为 4 字或 8 字；

（6）使用 MSR 中的某比特位来控制 Cache 的开和关；

（7）可使用 WIC 指令使 Cache－line 中的指令无效；

（8）有可选的数据流缓存。

当使用指令 Cache 后，存储器地址被分割成两部分：可缓存部分和非可缓存部分。在取指令的过程中，如果指令地址位于可缓存段，则指令 Cache 可以被直接获取，否则 Cache 控制器就会直接忽略该指令。可缓存的指令地址包含两部分，Cache 地址和 Tag 地址。因为 MicroBlaze 可配置的指令地址空间为 64 B 到 64 KB，所以 Cache 地址的位宽为

6～16 bit。

3. 数据 Cache

MicroBlaze 支持可配置的数据 Cache，Cache 内存的地址不能包含在本地内存总线（LMB）地址空间内，数据 Cache 的结构图如图 7-7 所示。

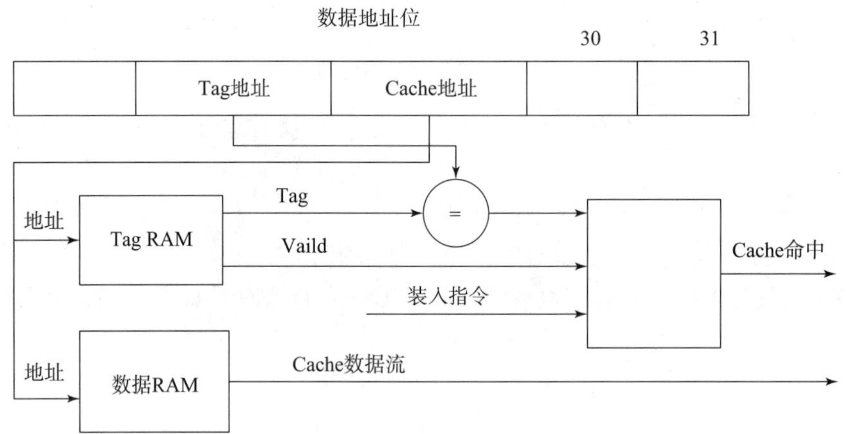

图 7-7　数据 Cache 结构图

数据 Cache 具有如下特征：

（1）采用直接映射方式；

（2）可进行直接读写操作；

（3）使用可选择的存储地址空间；

（4）可配置 Cache 和 Tag 的大小；

（5）通过 AXI4 或者 XCL 接口连接 Cache；

（6）Cache-line 可设置为 4 字或 8 字；

（7）通过 MSR 的比特位控制 Cache 的开关；

（8）可使用 WIC 指令使 Cache-line 中的指令无效；

（9）数据位宽可选择。

与指令 Cache 类似，当使用数据缓存后，存储器地址被分割成两部分：可缓存的部分和非可缓存的部分。可缓存的数据地址也包含两部分：Cache 地址和 Tag 地址。

4. MMU

MMU（Memory Management Unit）存储器管理单元，主要用于管理 MicroBlaze 内部的存储器单元。当 C_USE_MMU=3 时，MicroBlaze 中的 MMU 可以实现虚拟模式。MMU 控制将有效地址转换成物理地址的映射，通过使用这种控制机制，系统软件能够实现请求分页存储器和其他存储器的管理策略。

MMU 主要完成以下功能：

（1）将有效地址转化成物理地址；

（2）在地址转换时，控制页面级访问；

（3）在使用区域时，提供额外的虚拟模式保护控制；

（4）为指令地址、数据地址的转换和保护提供独立的控制；

（5）支持 8 种页面尺寸：1 KB、4 KB、16 KB、64 KB、256 KB、1 MB、4 MB 和 16 MB；

（6）软件提供页面替换策略。

MicroBlaze 处理器采用存储器映射方式访问 I/O 设备，即存储器和 I/O 设备采用统一编址方式。

5. 存储器管理

MicroBlaze 处理器采用哈佛内存结构，即指令和数据使用独立的地址空间。每一个地址空间都是 32 位长度（即可以独立访问 4 GB 的地址空间）。在对 4 GB 的地址空间进行访问时，要求使用有效地址。指令和数据的位宽都为 32 位，通过参数配置可实现数据大小端变换，它同时还支持字、半字、字节的数据内存访问。

MicroBlaze 处理器有两种访问地址空间的模式：

- 实模式：使用有效地址直接访问物理内存；
- 虚拟模式：通过处理器的虚拟存储器管理单元将有效地址转化为物理地址。

虚拟模式下，当正在运行的程序和数据需要物理空间时，系统软件可以将那些未运行的程序和数据从物理存储器中移出，即系统软件可以在物理地址空间内的任何地方重新放置程序和数据。

重新放置程序和数据的这种功能使得处理器好像有比实际多的存储空间，在进行设计过程中，程序员就不用担心存储空间够不够用的问题，也不需要知道处理器给其他软件进程和硬件设备所分配的物理存储器地址。

虚拟模式提供了更好的内存保护能力。由于具备保护和重定位技术，所以系统软件能够支持多任务处理，多个程序能以同步或几乎同步的方式执行。

1）实模式

在实模式下，当处理器通过取指令或使用加载/存储指令访问内存时，将使用 32 位有效地址访问内存。当实模式有效时，物理地址和有效地址是一样的。处理器复位后，处理器工作在实模式。可以通过对 MSR 寄存器的 VM 比特位复位来启动实模式。

在实模式下，可以使用有效地址对物理内存进行数据访问（加载/保存）。在实模式下，系统软件不提供地址转换的功能，但是当 C_USE_MMU > 1 且 C_AREA_OPTIMIZED = 0 时，内存的访问保护功能仍然有效。实模式下的内存管理比虚拟模式下的内存管理更直接。

2）虚拟模式

在虚拟模式下，虚拟模式地址转换框图如图 7 - 8 所示，通过设置 MSR 寄存器的 VM 比特位来使能虚拟模式下的内存管理。

图 7 - 8 表示的每个地址都包含页号和偏移地址。页号为 MMU 转换的地址，偏移地址表示页内未转换的地址。虚拟地址还包含 PID 寄存器中的进程 ID（PID）号，PID 号和有效的页面号组成了虚拟页面号（VPN）。系统软件的页转换表将虚拟地址转换为实际的页编号，该页编号和偏移地址共同组成 32 位的物理地址，该物理地址被处理器用来直接访问存储器。PID 号用于标识运行在处理器中的每一个软件进程（任务、子程序、线程），它还能解决多任务重叠的问题。

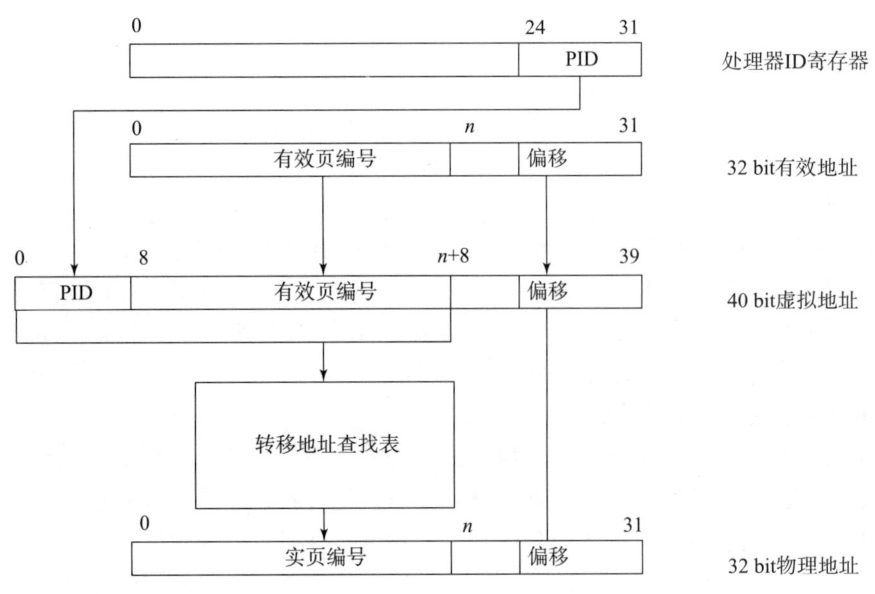

图 7－8　虚拟模式地址转换框图

7.2　MicroBlaze 总线结构

总线是多组信号的有效连接，它在处理器和周边设备通过地址、数据以及片选控制等总线信号进行通信时，起着重要作用。MicroBlaze 支持丰富的总线接口，支持以下 4 种内存接口：

（1）本地存储器总线（Local Memory Bus，LMB）：支持对片上双口 RAM 的单周期访问。

（2）先进可扩展接口（Advanced eXtensible Interface，AXI）：提供与片上或片下外围芯片和内存的访问。

（3）处理器本地总线（Processor Local Bus，PLB）：提供与片上或片下外围芯片和内存的访问。

（4）Xilinx 缓存链路（Xilinx Cache Link，XCL）：主要作为与外部的内存控制器接口。

MicroBlaze 还支持其他的总线接口：

（1）FSL 主从设备接口。

（2）与 MDM（Microprocessor Debug Module，微处理器调试模块）连接的调试接口。

（3）跟踪接口，性能监测和分析接口。

其中，PLB 总线和 AXI4 总线是完全不同的总线架构，其工作原理不同，不能同时存在。因此基于 EDK 的嵌入式系统被划分为 PLB 系统和 AXI4 系统。其中 MicroBlaze 和 PowerPC 都兼容支持 PLB 和 AXI4 总成，ARM A9 只能支持 AXI4 总线。

Xilinx 提供了大量的外设 IP 核，可挂在 PLB 总线上，如以太网 MAC 层处理器、DMA 单元、串口、GPIO 等。MicroBlaze 支持的主要外设接口如图 7－9 所示。

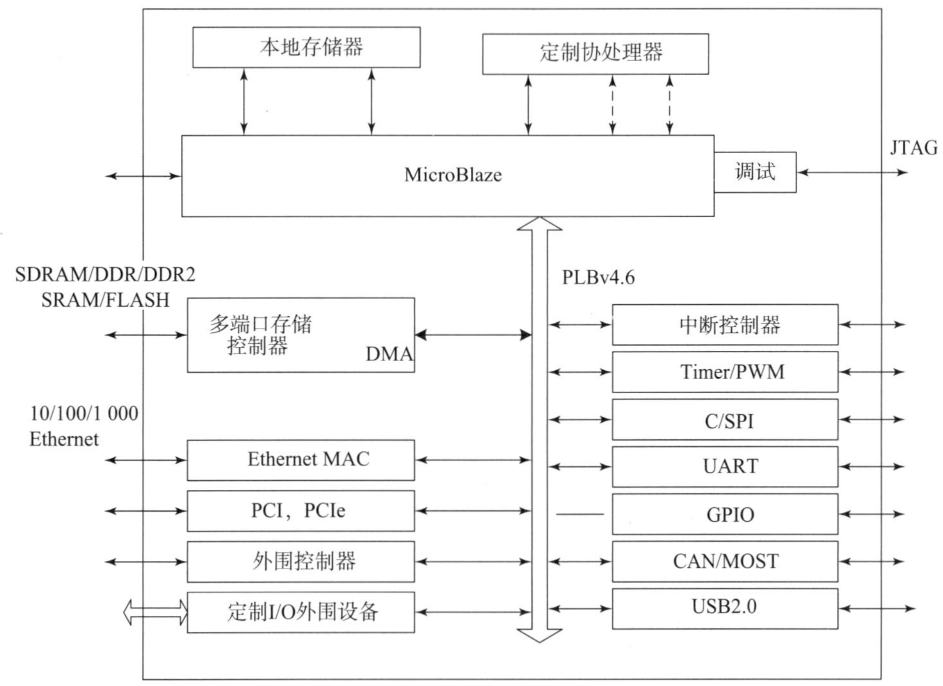

图 7-9　MicroBlaze 支持的外设接口示意图

MicroBlaze 的总线是其优于其他同类 CPU 软核的重要部分，每种总线都有鲜明的特点和明确的外设，只有合理使用不同的总线来访问不同的外设，且正确地协调这些总线的工作，才能最大程度地发挥 MicroBlaze 的优势。

7.2.1　PLB 总线系统结构

PLB 总线是依据 IBM 的 CoreConnect 片上总线的标准来实现的，它可将外设 IP 核连接到 MicroBlaze 系统中，主要用于访问外设，包括存储、GPIO 等设备。不仅能够用于低速设备访问，也能进行高速设备访问。

PLB 总线连接关系如图 7-10 所示。

MicroBlaze 采用 32 位哈佛 RISC 架构，32 位独立的地址总线和数据总线。在采用缓存模式下，独立的指令和数据可以缓存在 Cache 中，并通过 XCL（Xilinx Cache Link）接口连接到内存。在不采用缓存的机制下，地址和数据总线直接通过 PLB 来访问内存。MicroBlaze 还提供最大 256K 的片上本地内存接口和片上 BRAM 连接，对于简单的设计，可以将代码直接放入片上 BRAM，也可以将复杂设计的 BOOTLOADER 放在片上的 BRAM 中。用户 IP 可以通过 PLBv4.6 总线或快速点对点连接总线（FSL）接入系统，一般而言，PLB64 比较适合基于总线形式的用户 IP 开发，FSL 比较适合基于简单点对点输入/输出或协处理器的用户 IP 开发。

在 PLB 总线系统结构下，系统中的总线可分为 3 类：PLB、LMB 以及 FSL，分别用于访问外设、片内高速存储器以及高速外设。

1. PLB 总线

Xilinx 公司的 PLB 总线位宽为 128 bit，用于将多个 PLB 主设备和从设备连接到整个 PLB

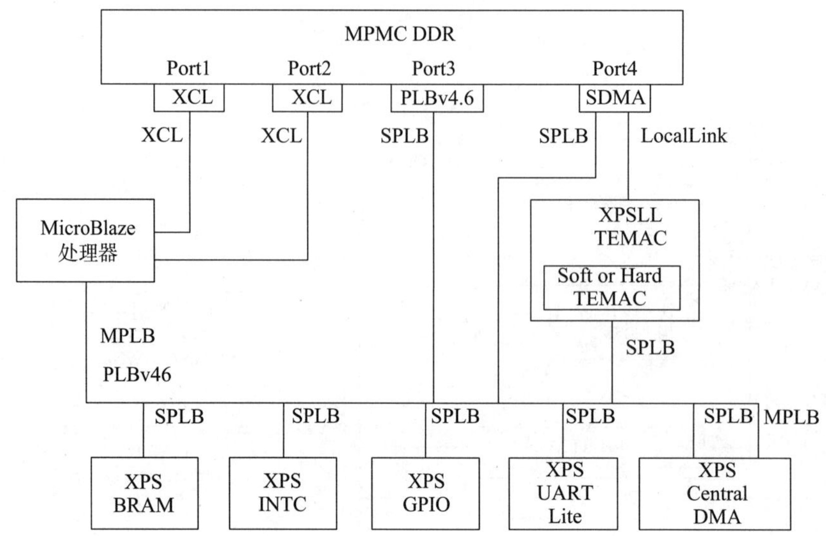

图 7－10　PLB 总线连接示意图

系统中。PLB 总线主要包括：总线控制单元、读写数据通路以及独立的地址空间等。PLB 结构框图如图 7－11 所示。

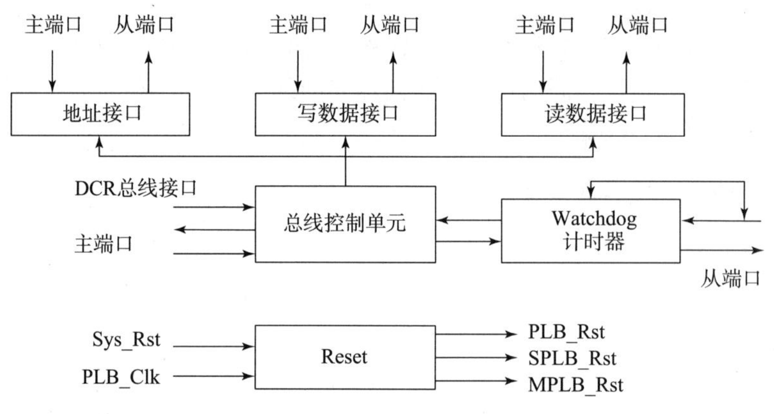

图 7－11　PLB 总线结构框图

PLB 总线的主要特点包括：

（1）可支持任意数目的 PLB 主设备。

（2）支持地址总线、读写数据总线是分开的，支持 32 位、64 位或者 128 位总线宽度。支持两级地址流水。

（3）可支持 128 bit、64 bit 以及 32 bit 位宽的主从设备。

（4）仲裁时间小于 3 个周期。

（5）支持 PLB 地址流水线技术，支持共享总线模式或端到端的配置模式。

（6）配备 PLB 看门狗计数器。

PLB 总线接口比较复杂，图 7－12 给出了一种简单的 PLB 读操作时序。PLB 总线的地址和数据是分时操作的，读操作的流程如下：

（1）当总线控制器在地址时隙内处理地址请求时，首先将要访问的地址写到地址总线上，拉高 PLB_PAValid。

（2）所有外设将收到的访问地址与自身地址进行比较，如果地址相同，则该外设就是总线要访问的设备，回复 SI_AddrAck 信号，否则不回复。

（3）总线收到 SI_AddrAck 后，说明访问地址已经被外设响应，将 PLB_PAValid 拉低，同时进入数据时间间隙。如果没有收到 SI_AddrAck，则继续等待，当等待时间超过 128 个时钟周期后，取消本次请求。

（4）由于在寻址的阶段已经建立了传输通道，因此外设可以正常传输数据，当收到 SI_rdDAck 后，停止数据的读操作。

由于 PLB 总线访问外设的方式和读取存储器的方式类似，因此这类总线也被称为存储映射总线。

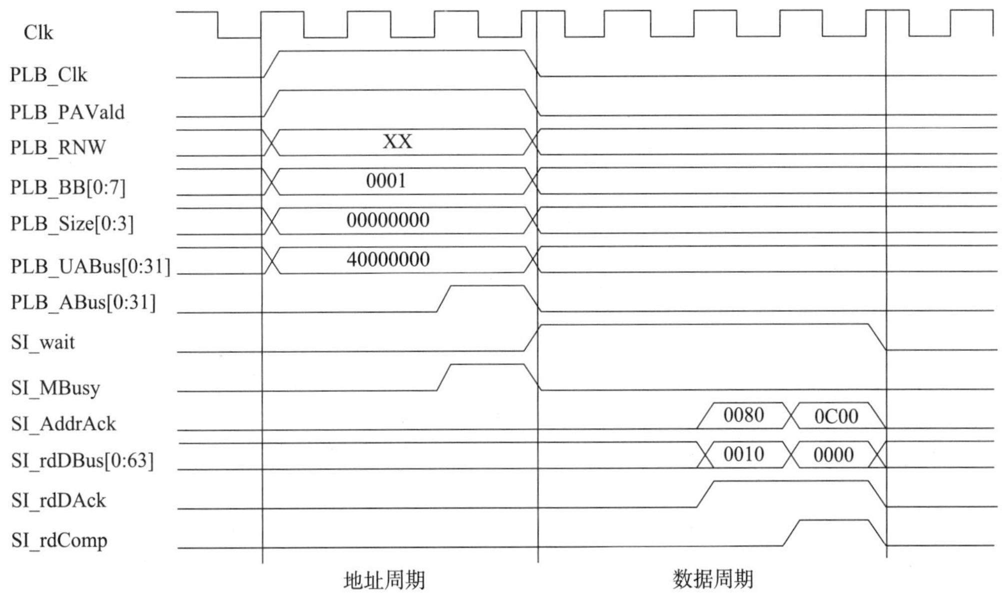

图 7－12　PLB 读时序

2. LMB 总线

LMB 是同步总线，主要用于访问片上块 RAM 资源。它使用最少数目的控制信号和一个简单协议来保证 RAM 块在一个时钟周期被访问。所有的 LMB 信号都是高电平有效。

图 7－13 和图 7－14 分别给出了 LMB 的读写时序图，当 AS 有效时，读写数据线、地址线才有效。在数据收发的过程中，地址只在第一个时钟周期有效。Ready 是处理器的输入信号，用于指示数据收发完毕，可以进行下一次的数据传输。

3. XCL 总线

XCL 是一个高性能的外部内存访问总线。MicroBlaze 的缓存接口（Cache Link）主要用于直接将存储控制器连接到 FSL 接口上，XCL 的内部结构如图 7－15 所示。只有在 MicroBlaze 缓存使能的情况下，XCL 接口才可以使用。

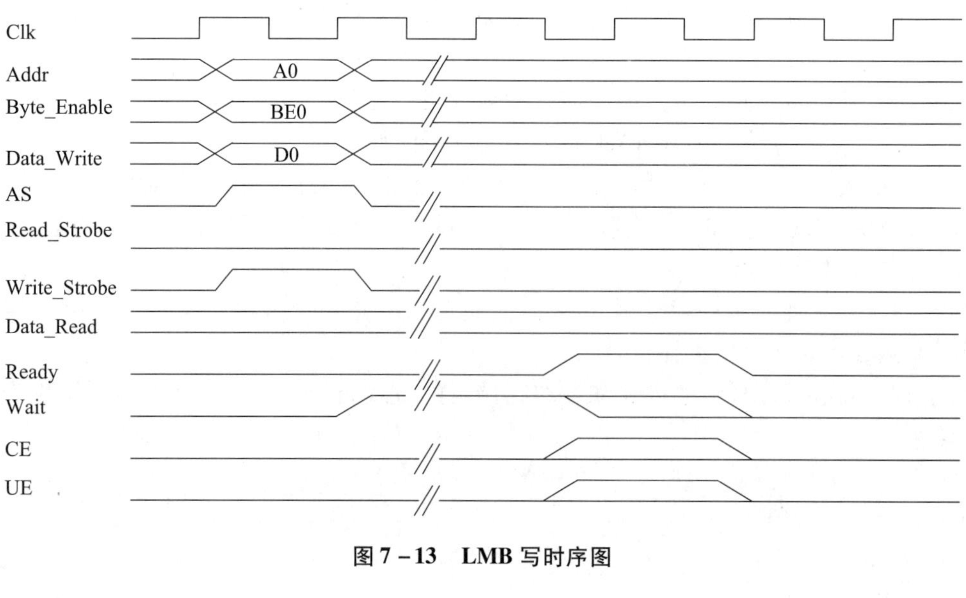

图 7－13　LMB 写时序图

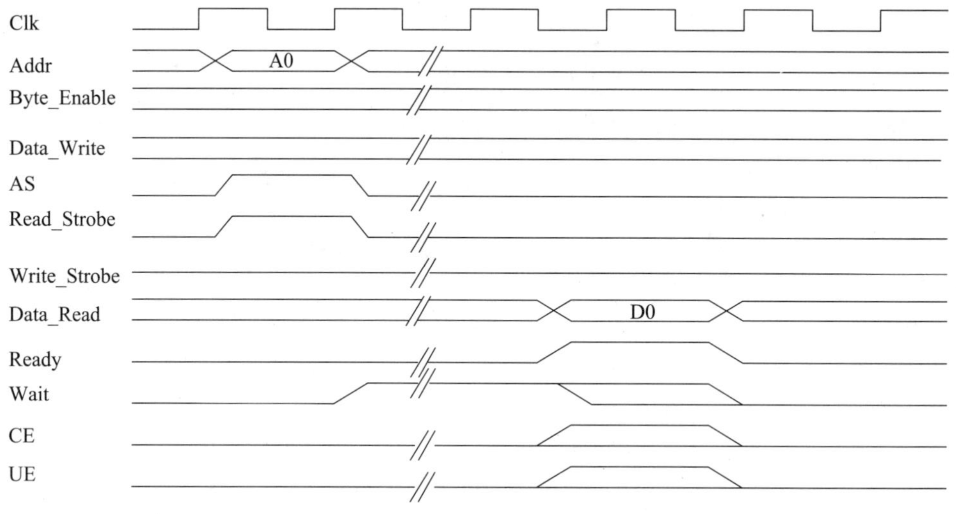

图 7－14　LMB 读时序图

MicroBlaze 内部的指令缓存和数据缓存可以分别使能，通过设置参数 C_ICACHE_ALWAYS_USED 来打开指令缓存，设置 C_DCACHE_ALWAYS_USED 来打开数据缓存。

Cache Link 的缓存控制是使用 4 或 8 字的缓存行、目标字先取的策略，具有专线专用的特点，同时 Cache Link 还可以节省 PLB 总线的带宽。

4. FSL 总线

MicroBlaze 的接口资源有限，最多支持 16 个 FSL 接口。FSL 接口主要用于实现点到点的单向数据传输，每个 FSL 接口都包含一个主设备和一个从设备，结构与 FIFO 类似，主设备端是 FIFO 的数据写入端，从设备端是 FIFO 的数据输出端。FSL 的总线框图如图 7－16 所示，FSL 的特点是效率高且占用的资源比较少。

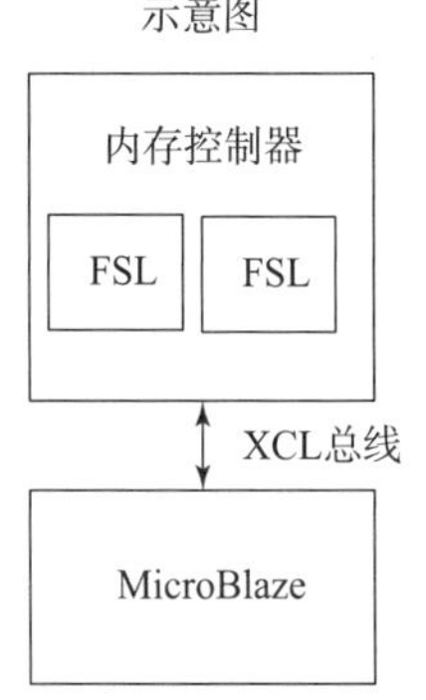

图 7－15　XCL 内部结构

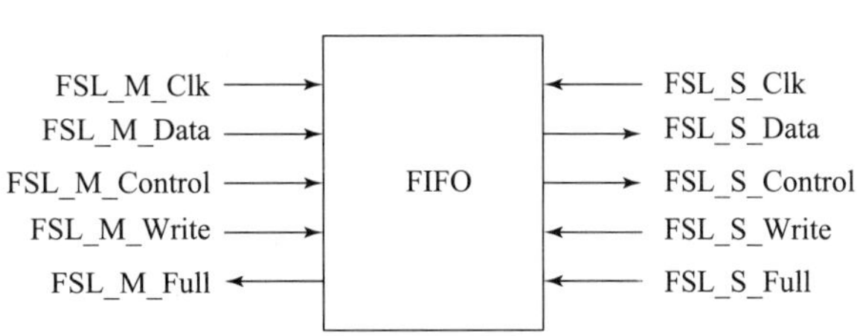

图 7－16　FSL 总线方框图

MicroBlaze 使用 put 或 putd 指令，执行写 FSL 的操作。写 FSL 操作时将寄存器的内容传送到输出 FSL 总线上。当 FSL 的 FIFO 非满状态时，在块传输模式下只需要一个时钟周期就能完成数据传输；如果 FSL 的 FIFO 为满状态，则处理器停下来等待，直到 FSL 的满标志无效。如果 FSL 为满时，写操作被禁止，且 MSR 的进位标志被置位。

MicroBlaze 使用 get 或 getd 指令，执行 FSL 的读操作。读 FSL 操作时将输入 FSL 总线的内容传输到通用寄存器中。当 FSL 的 FIFO 为非空状态时，在块传输模式下只需要 2 个时钟周期就能完成数据读传输；如果 FSL 的 FIFO 为空状态时，处理器停下来等待，直到 FSL 的满标志无效。如果 FSL 为空，则不产生读数据传输，且 MSR 的进位标志被置位。

在有些情况下可用直接 FSL 连接来代替 FSL 总线。比如在没有缓存的情况下，将两个 IP 核通过直接 FSL 的方式连接起来。直接 FSL 连接不使用 FSL 的 FIFO，这样可以减少延迟和使用的资源。

5. 调试和跟踪接口

MicroBlaze 提供调试接口来支持基于 JTAG 的软件调试工具（BDM 或后台调试模式调试器），比如 Xilinx Microprocessor Debug（XMD）工具。调试接口用于和 Xilinx Microprocessor Debug（XMD）连接，XMD 和 Xilinx 的 JTAG 端口连接。调试接口有以下几个方面的特点：

（1）可配置硬件断点数目、观察点和无限的软件断点。

（2）通过外部处理器控制调试工具停止、复位和单步运行。

（3）支持存储器、通用寄存器、特殊功能寄存器（EAR、EDR、ESR、BTR 和 PVR0 ~ PVR11 只读）的读写操作。

（4）支持多处理器。

（5）支持写指令和数据缓存。

MicroBlaze 跟踪接口输出大量的内部信号用于性能监测和分析。Xilinx 推荐用户通过 Xilinx 已经开发的核来使用跟踪接口。该接口不能保证与将来发布的 MicroBlaze 向后兼容。

7.2.2　AXI 总线系统结构

AXI 总线协议是 ARM 公司提出的 AMBA（Advanced Microcontroller Bus Architecture）协议中最重要的部分，是一种面向高性能、高带宽、低延迟的片内总线。它的地址/控制和数据是分离的，支持不对齐的数据传输，同时在突发数据的传输中，只需要首地址，读写数据通道分离且支持乱序访问，更加容易进行时序收敛。

Xilinx 支持 AMBA4.0 中的 AXI，Spartan－6、Virtex－6 及以后系列器件支持 AXI 总线协议，支持包含 AXI－Lite、AXI、AXI－Stream 这三种模式，其中 AXI－Lite 模式主要处理简单应用，通过简单协议可以实现基于地址映射的传输。因其一个地址只对应一个数据的读写，比较适用于控制寄存器和状态寄存器读写应用；AXI 模式可以处理需要数据吞吐量比较高的场合，它也是基于地址映射的传输，因其支持突发数据传输，最高支持一个地址 256 个数据的突发传输；AXI－Stream 模式是基于流数据的单向高速传输，由于不是基于地址映射的，因此并没有突发数据量大小限制。

AXI4 协议是基于流模式的突发传输机制，其原理和传统嵌入式总线（包括 PLB 总线）有着很大的不同，主要差异如图 7－17 所示，互连结构取代了共享总线，将系统架构由扁平的共享推向二维的交换。

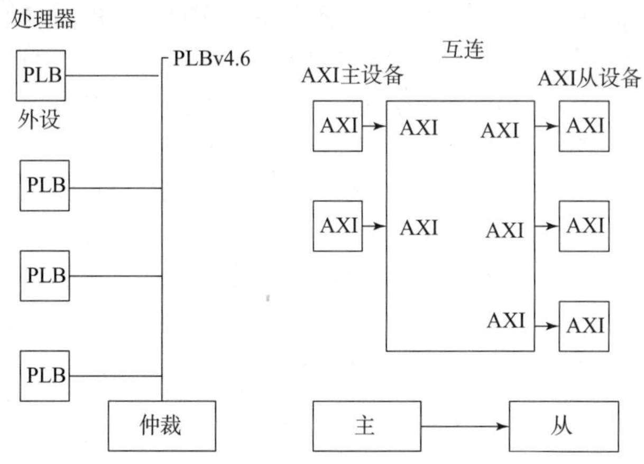

图 7－17　典型的 AXI 总线连接示意图

AXI 总线是单向通道体系结构。信息流只以单方向传输，简化了时钟域间的桥接，减少门数量。当信号经过复杂的片上系统时，减少延时。AXI 总线支持多项数据交换同时工作，通过并行执行操作，极大地提高了数据吞吐能力。AXI 总线可在更短的时间内完成任务，在满足高性能要求的同时，又减少了功耗。

AXI 总线具有独立的地址和数据通道。地址和数据通道分开，能对每一个通道进行单独优化，可以根据需要优化的时钟频率和时序关系，将延时降到最低。

AXI 总线共有 5 个通道，它们分别是：读地址通道、写地址通道、读数据通道、写数据通道、写响应通道。每一个 AXI 传输通道都是单方向的，每一个事务都有地址和控制信息在地址通道（Address Channel）中，用来描述被传输数据的性质。

在进行读写操作时，采取了一个双路的 VALID、READY 信号握手机制。信息源通过 VALID 信号来指示通道中的数据和控制信息什么时候有效。目地源用 READY 信号来表示何时能够接收数据，传输地址信息和数据都是在 VALID 和 READY 同时为高时有效。读数据和写数据通道都包括一个 LAST 信号，用来指明一个事物传输的最后一个数据。

1. 读操作

读操作的结构图如图 7－18 所示。

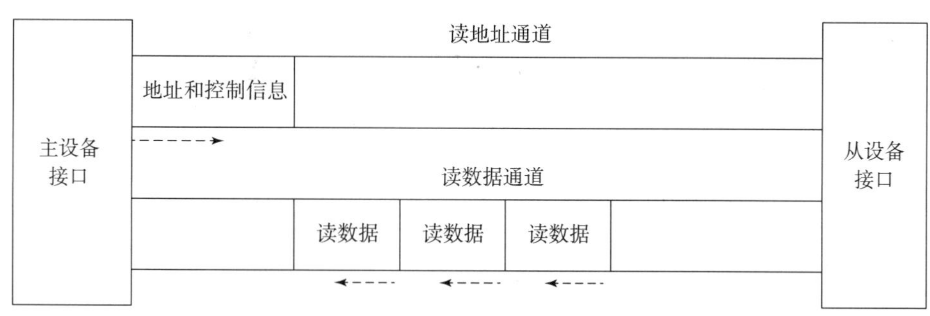

图 7－18　读操作的结构图

读数据通道传送着从设备到主设备的读数据和读响应信息。读响应信息指明读事务的完成状态。读地址通道包含了事务所必需的地址和信息。

突发式读时序图如图 7－19 所示：

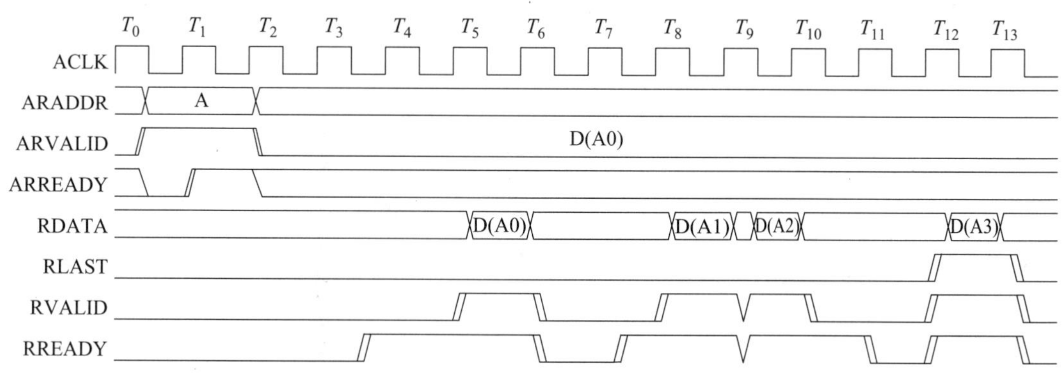

图 7－19　读操作的时序图

当地址出现在地址总线后，传输的数据将出现在读数据通道上。设备保持 VALID 为低直到读数据有效。为了表明一次突发式读写的完成，RLAST 信号表示最后一个被读的数据。

2. 写操作

写操作的结构图如图 7－20 所示。

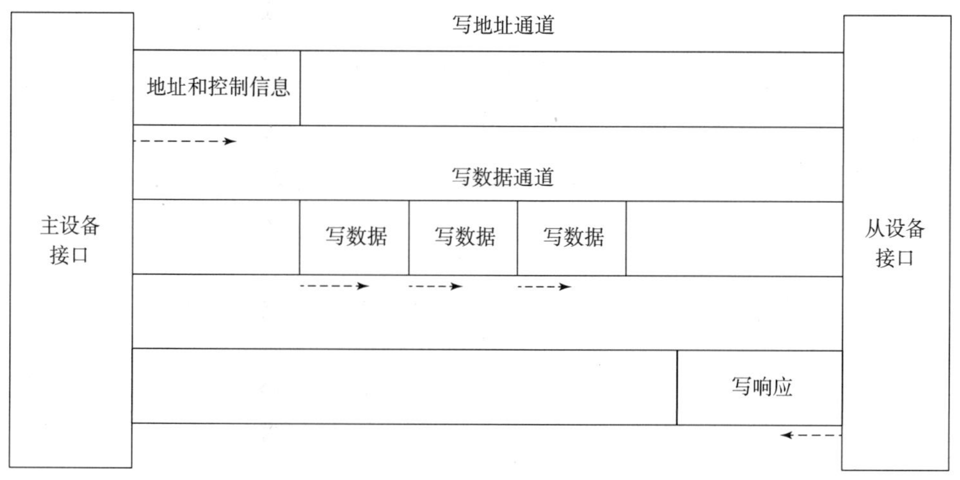

图 7－20　写操作的结构图

写数据通路传送着主设备向从设备的写数据，写地址通道携带着传输事务所必需的地址和信息。写响应通道提供了设备响应写事务的信息。

突发式写时序图如图 7－21 所示。

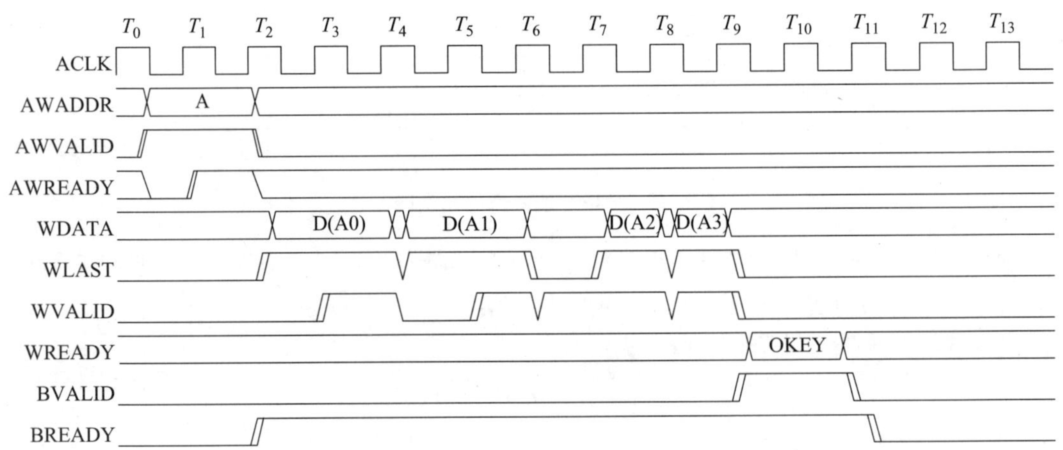

图 7－21　写操作的时序图

当写开始时，主设备先发送地址和控制信息到写地址通道中，然后主设备再将数据发送到写数据通道中。当主设备写完最后一个数据时，WLAST 信号就变为高。当从设备接收完所有数据之后，它将发送一个写响应给主机来表明写事务完成。

7.3　MicroBlaze 的 IP 核及设备驱动

为了便于用户方便地使用 MicroBlaze，节省研发周期，Xilinx 在 EDK 环境中提供了许多常用的 IP 核，主要分为以下两类。

（1）基础设备：微处理器调试模块、片上存储器总线、单精度浮点计算内核、处理器系统复位模块以及内部总线等。

（2）外围设备：外部存储控制器（EMC）、以太网控制器、GPIO 控制器、中断控制器、UART 控制器、IIC 总线接口、SPI 总线接口等。

下面基于 PLB 总线，分别从 UART 控制器、IIC 控制器和多端口存储控制器（MPMC）这 3 个常用外设来介绍其工作原理。

7.3.1　UART 控制器

1. UART 结构

UART（Universal Asynchronous Receiver Transmitter，通用异步收发接口）是 Xilinx 提供的用于串行数据收发的 IP 核。它的主要特点如下：

（1）支持 PLBv4.6 总线。

（2）面向用户支持 8 bit 的数据接口。

（3）包含一个发送通道和一个接收通道（全双工模式）。

（4）包含一个 16 字节的发送缓存 FIFO 和一个 16 字节的接收缓存 FIFO。

（5）字节位宽可配置为 5 ~ 8 bit。

（6）可配置奇偶校验功能。

（7）可配置数据比特率。

UART IP 核的内部结构框图如图 7 – 22 所示，包含发送端（TX 模块）和接收端（RX 模块）。发送端接收 PLB 总线送来的数据，并将其转换为串行数据流发送给串行端口，接收端接收从串行端口收到的串行数据，并将其转换为字节类型输出到 PLB 总线，数据收发可以独立进行。

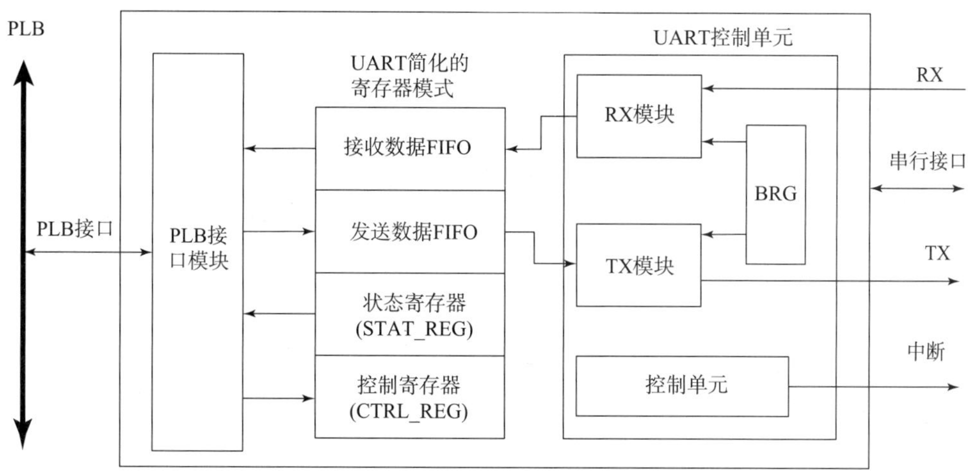

图 7 – 22　UART 的结构框图

UART 的中断可配置，在中断模式下，只有 UART 的中断被触发时，才开始进行数据的收发。

（1）接收端中断：当接收 FIFO 由空变为非空时产生中断，即当接收 FIFO 收到第一个字节时的中断。

（2）发送端中断：当发送 FIFO 由非空变为空时产生中断，即当发送 FIFO 中的最后一个字节被发送时的中断。

UART 的工作状态是由控制寄存器来配置的，表 7 – 5 列出了 UART 控制寄存器的定义。通过配置该寄存器可以控制 UART 的中断、收发 FIFO 的复位，该寄存器是一个只写寄存器。图 7 – 23（a）所示为 UART 控制寄存器的定义比特格式。

表 7 – 5　UART 控制寄存器的定义

比特位	变量名	访问方式	复位值	描述
0 ~ 26	保留	N/A	0	保留
27	中断使能	写	0	UART 的中断使能。 “0”：禁止中断 “1”：中断有效
28 ~ 29	保留	N/A	0	保留

续表

比特位	变量名	访问方式	复位值	描述
30	复位接收 FIFO	写	0	复位接收 FIFO。 向该比特位写“1”时，复位接收 FIFO。 “0”：不进行操作 “1”：复位接收 FIFO
31	复位发送 FIFO	写	0	复位发送 FIFO。 向该比特位写“1”时，复位发送 FIFO。 “ 0”：不进行操作 “1”：复位发送 FIFO

UART 的工作状态可以通过状态寄存器来观察，表 7－6 列出了 UART 状态寄存器的定义。图 7－23（b）所示为 UART 状态寄存器的定义比特格式。该寄存器是一个只读寄存器，不可以进行写操作。

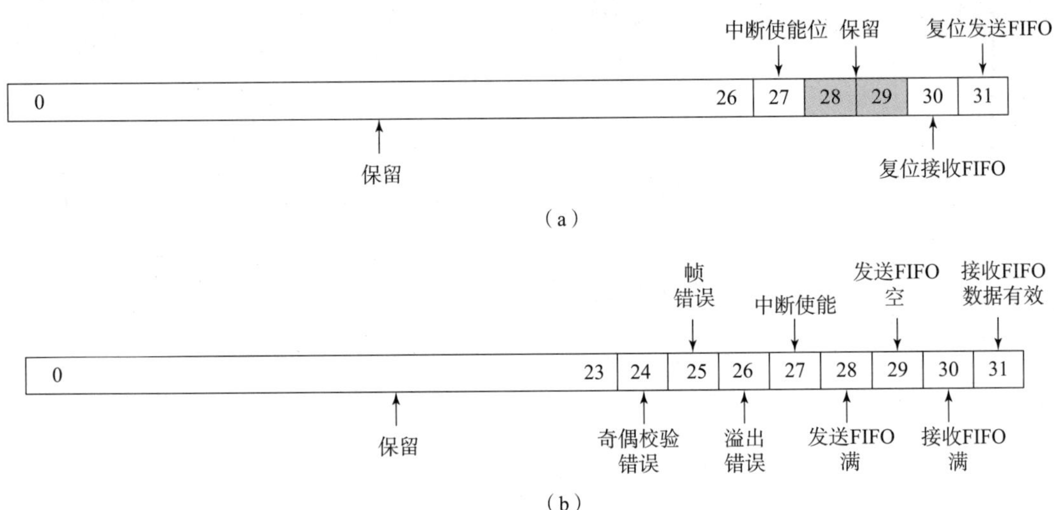

图 7－23　UART 控制寄存器和状态寄存器的定义比特格式

（a）UART 控制寄存器的定义比特格式；（b）UART 状态寄存器的定义比特格式

表 7－6　UART 状态寄存器的定义

比特位	变量名	访问方式	复位值	描述
0～23	保留	N/A	0	保留
24	奇偶校验错误	读		用于指示是否发生了奇偶校验错误，该比特位在读时会被复位。 “0”：无奇偶校验错误 “1”：有奇偶校验错误
25	帧错误	读		当发生帧错误时，收到的字节不会被写到接收 FIFO 中。该比特位在读时会被复位。 “0”：无帧错误 “1”：有帧错误

续表

比特位	变量名	访问方式	复位值	描述
26	溢出错误	读	0	当接收 FIFO 满，又收到新数据时，会发生溢出错误。该比特位在读时会被复位。 “0”：无溢出错误 “1”：有溢出错误
27	中断使能	读	0	用于指示中断使能是否有效。 “0”：中断无效 “1”：中断有效
28	发送 FIFO 满	读	0	用于指示发送 FIFO 已满。 “0”：发送 FIFO 不满 “1”：发送 FIFO 满
29	发送 FIFO 空	读	0	用于指示发送 FIFO 已空。 “0”：发送 FIFO 不空 “1”：发送 FIFO 空
30	接收 FIFO 满	读	0	用于指示接收 FIFO 已满。 “0”：接收 FIFO 不满 “1”：接收 FIFO 满
31	接收数据有效	读	0	用于指示接收数据有效。 “0”：接收 FIFO 空 “1”：接收 FIFO 数据有效

2. UART 驱动

与 UART 相关的驱动文件主要有 xuartlite. c、xuartlite. h、xuartlite_i. h、xuartlite_l. h 等，在 xuartlite. c 文件中定义了 UART 所有的驱动函数，故用户在调用 UART 时，需要包含以下的代码：

```
#include “xuartlite.h”
#include “xuartlite_i.h”
#include “xuartlite_l.h”
```

UART 的驱动函数包括 UART 的初始化、中断使能控制、串口数据收发等。

（1）初始化函数。

```
XUartLite_CfgInitialize(XUartLite *InstancePtr,XUartLite_Config
*Config,u32 EffectiveAddr);
```

XUartLite_CfgInitialize 为 UART 的初始化函数，将 UART 初始化为一个特定的设备。InstancePtr 为 XUartLite 结构体指针，Config 为一个包含指定 UART 设备基本信息的结构体，EffectiveAddr 为 UART 的基地址。

（2）中断控制函数。

```
XUartLite_EnableInterrupt(XUartLite *InstancePtr);
```

XUartLite_ EnableInterrupt 为开 UART 中断函数，InstancePtr 为 XUartLite 结构体指针，只有通过调用该函数打开中断，串口中断才有效。

```
XUartLite_DisableInterrupt(XUartLite *InstancePtr);
```

XUartLite_ DisableInterrupt 为关 UART 中断函数，InstancePtr 为 XUartLite 结构体指针，调用了该函数后串口中断被关闭。

（3）数据发送函数。

```
XUartLite_Send(XUartLite *InstancePtr,u8 *DataBufferPtr,unsigned
int NumBytes);
```

XUartLite_Send 为串口数据发送函数，InstancePtr 为 XUartLite 结构体指针，DataBufferPtr 为待发送的数据缓存区，NumBytes 表示待发送的数据大小，以字节为单位。

在中断模式下，当发生中断时，UART 开始发送数据，直到将待发送缓存区中的数据发送完毕为止。

（4）数据接收函数。

```
XUartLite_Recv(XUartLite *InstancePtr,u8 *DataBufferPtr,unsigned
int NumBytes);
```

XUartLite_ Recv 为 UART 数据接收函数，InstancePtr 为 XUartLite 结构体指针，DataBufferPtr 为接收数据缓存区，NumBytes 表示待接收的数据大小，以字节为单位。

在中断模式下，当发生中断时，UART 开始接收数据，直到将指定数目的数据接收完毕为止。

（5）复位 FIFO。

```
XUartLite_ResetFifos(XUartLite *InstancePtr);
```

XUartLite_ ResetFifos 为收发数据缓存 FIFO 的复位函数，InstancePtr 为 XUartLite 结构体指针，在收发数据之前对 FIFO 复位很有必要。

7.3.2 IIC 控制器

1. IIC 结构

IIC 总线是飞利浦公司推出的一种串行总线，它是具备多主机系统所需的总线裁决和高低速器件同步功能的高性能串行总线。IIC 总线只有两根双向信号线，一根是数据线 SDA，另一根是时钟线 SCL。

Xilinx 公司提供的 IIC 控制器就是使用 IIC 协议来进行串行数据的传输，其结构框图如图 7－24 所示。

IIC 控制器的主要特点如下：

（1）支持 PLBv4. 6 总线协议。

（2）支持主从设备的操作。

（3）支持多主机操作。

（4）采用动态的中断仲裁方式在主从设备之间切换。

（5）发送数据格式与 IIC 协议相同，包含起止位，以及响应位。

（6）支持 7～10 位的地址线。

（7）包含 16 字节的发送和接收缓存 FIFO。

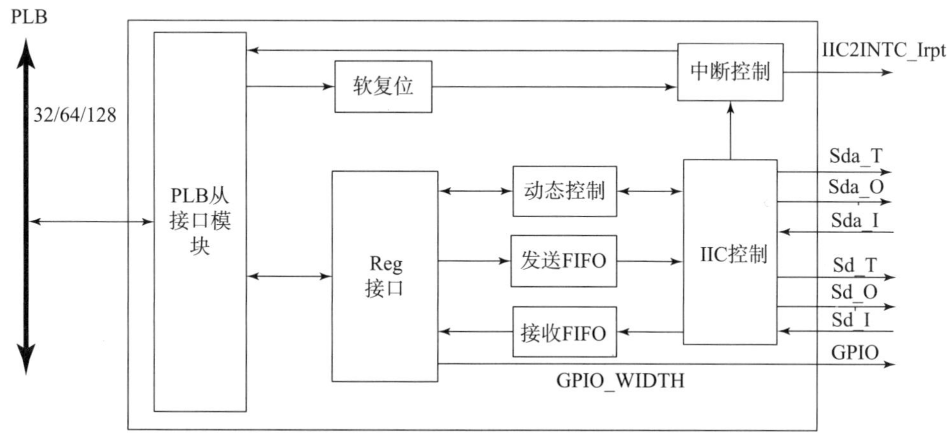

图 7－24　IIC 控制器的顶层结构框图

IIC 控制器数据发送的时序关系如图 7－25 所示。

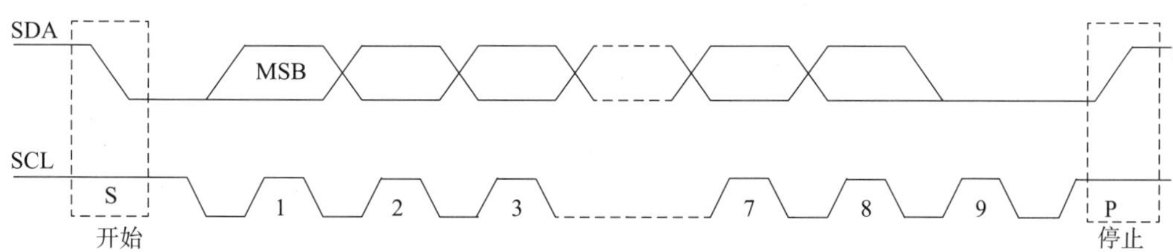

图 7－25　IIC 数据发送时序图

IIC 发送数据的特点如下：

（1）数据位的有效性规定。

时钟信号为高电平期间，数据线上的数据必须保持稳定，只有在时钟线上的信号为低电平期间，数据线上的高电平或低电平状态才允许变化。

（2）起始位和停止位。

SCL 线为高电平期间，SDA 线由高电平向低电平的变化表示起始信号；SCL 线为高电平期间，SDA 线由低电平向高电平的变化表示终止信号。

起始和终止信号都是由主机发出的，在起始信号产生后，总线就处于被占用的状态；在终止信号产生后，总线就处于空闲状态。连接到 IIC 总线上的器件，若具有 IIC 总线的硬件接口，则很容易检测到起始信号和终止信号。接收器件收到一个完整的数据字节后，有可能需要完成一些其他工作，如处理内部中断服务等，可能无法立刻接收下一个字节，这时接收器件可以将 SCL 线拉成低电平，从而使主机处于等待状态。直到接收器件准备好接收下一个字节时，再释放 SCL 线使之为高电平，从而使数据传送可以继续进行。

（3）数据传送格式。

每一个字节必须保证是 8 位长度。数据传送时，先传送最高位（MSB），每一个被传送的字节后面都必须跟随一位应答位（即一帧共有 9 位）。

2. IIC 驱动

在 EDK 中，与 IIC 有关的底层文件有：xiic. c、xiic. h、xiic_ i. h、xiic_ l. h。其中 xiic. c 中定义了 IIC 的所有驱动函数，用户的设计中需要包含以下的代码：

```
#include "xiic.h"
#include "xiic_i.h"
#include "xiic_l.h"
```

(1) 初始化函数。

```
XIic_CfgInitialize(XIic *InstancePtr,XIic_Config *Config,u32 EffectiveAddr);
```

XIic_ CfgInitialize 用于 IIC 设备的初始化。InstancePtr 是 XIic 结构体指针，Config 为一个包含指定 UART 设备基本信息的结构体，EffectiveAddr 为设备在内存中的基地址。

(2) 启动函数。

```
XIic_Start(XIic *InstancePtr);
```

XIic_ Start 用于启动 IIC 设备进行数据收发。在调用该函数之前，必须将中断控制器的 ISR 连接到中断处理程序上，这样才能保证数据收发正常进行。

(3) 停止函数。

```
XIic_Stop(XIic *InstancePtr);
```

XIic_ Stop 函数用于禁止 IIC 设备和驱动。当设备被禁止后，不再进行数据的收发。该函数是通过禁止中断的方式来停止 IIC 设备，但是如果当 IIC 正在收发数据时，调用该函数不起作用，将返回一个 XST_ IIC_ BUS_ BUSY 信号。

(4) 复位函数。

```
XIic_Reset(XIic *InstancePtr);
```

XIic_ Reset 用于对 IIC 设备进行复位。

(5) 地址设置函数。

```
XIic_SetAddress(XIic * InstancePtr,int AddressType,int Address);
```

XIic_ SetAddress 用于设置 IIC 设备在总线上的地址。AddressType 为设备的地址类型，分为主设备和从设备。Address 为 IIC 设备的地址值，地址范围为 7 ~ 10 bit。

7. 3. 3 MPMC 控制器

1. MPMC 结构

MPMC（Multi - Port Memory Controller，多端口存储控制器）用于对 MicroBlaze 的所有外接存储器进行管理控制，这些存储器包括 DDR、DDR2、DDR3、SDRAM、Flash 等。

MPMC 的 IP 结构如图 7 - 26 所示。特点如下：

(1) 支持软件直接内存访问（SDMA）；

(2) SDRM 内存支持双数据率（DDR/DDR2/DDR3/LPDDR）和单数据率（SDR）内存；

(3) 支持 DIMM；

(4) 支持 ECC（纠错码）、PM（性能检测）、调试寄存器；

(5) 可配置的参数：

①端口个数为 1 ~ 8 个；
②数据位宽：4 bit、8 bit、16 bit、32 bit、64 bit。

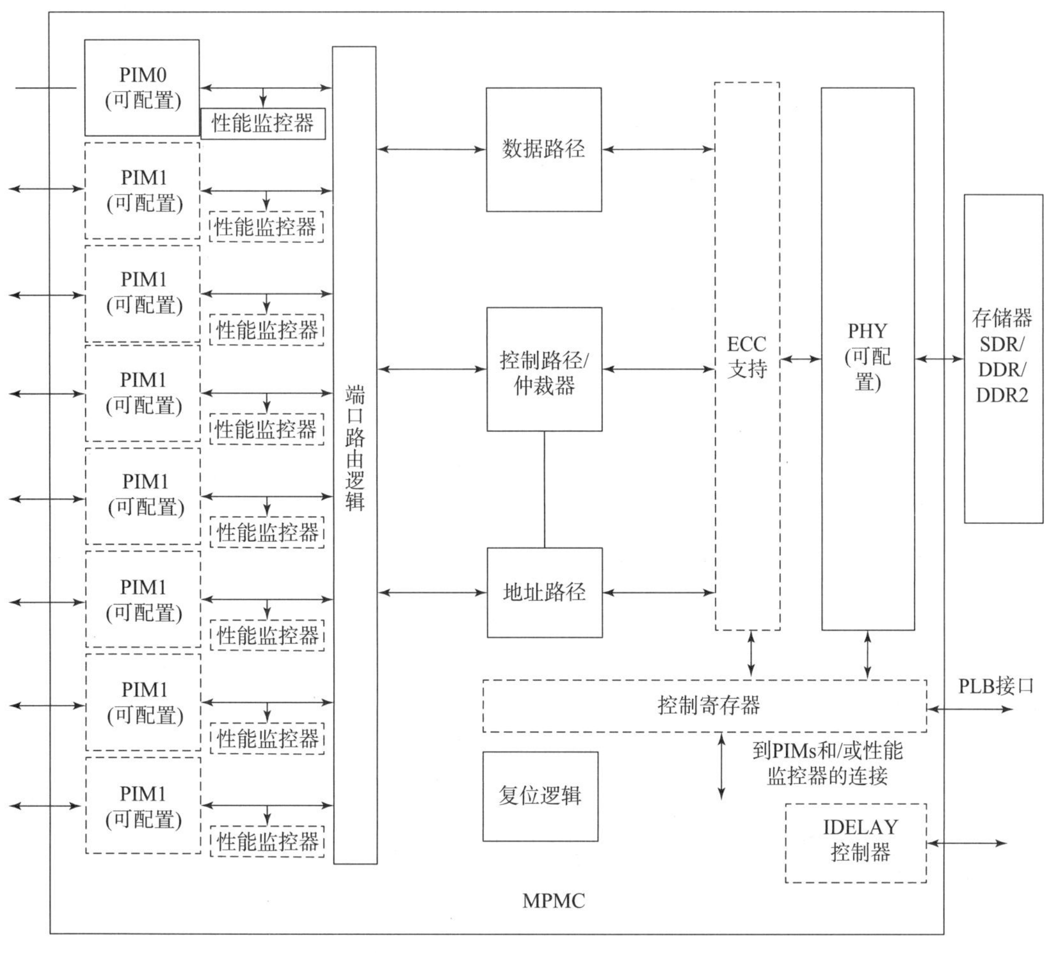

图 7－26 MPMC 内部结构图

MPMC 最多有 8 个端口，这些端口是相互独立的。可以随时通过任意一个端口来访问内存。MPMC 的工作就是管理多个外部存储器，如果有两个端口同时访问内存，MPMC 仲裁器会按一定的规则来仲裁外部端口的访问顺序。MPMC 的每个端口都带有缓存，所以在往一个端口写入数据的时候，数据是先写入缓存，等到这个端口取得内存写入权后再从缓存写入内存。对于用户而言，只需要将数据写入到 MPMC 的端口缓存中即可，不需要了解 MPMC 与内存之间的交互过程。但是在写入的过程中，需要判断缓存是否已满，防止数据丢失。使用缓存可以大大提高 MPMC 的吞吐效率，但是也会带来数据不同步的问题。

在多端口进行数据读写的时候要注意数据同步的问题。由于 MPMC 管理数据的过程是先把数据写入缓存后再写入内存，而读数据是直接从内存中读数据，故可能出现写入的数据还在缓存中而并没有被真正地写入内存，而读出的数据可能是上次写入的数据的问题。因此，在对同一个端口进行读写操作时，可以在读之前看一下写缓存是否空。对于读写不同端口的情况，可以把写的优先级设置得比读高。请注意，使用这两个方法会降低 MPMC 的效率，所以只有确定读写存在同步问题的时候才采用，以免影响效率。

图 7－27 所示为 MPMC 与 MicroBlaze 的连接关系。

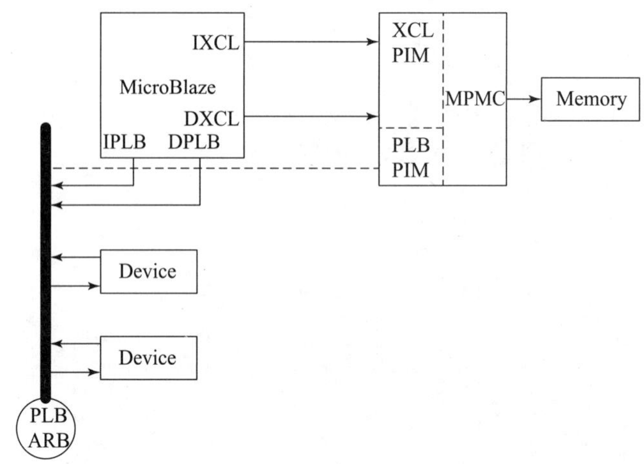

图 7－27　MPMC 与 MicroBlaze 的连接关系

MPMC 提供了 4 种接口：PLB、XCL、SDMA、NPI。

（1）XCL：主要用作处理器从内存读取数据时使用；

（2）SDMA：SDMA 是外部数据要用 DMA 方式写入内存的时候使用，在频繁的小批量数据操作时很有用；

（3）PLB：是一个通用的接口，主要用于通过 PLB 总线进行内存访问；

（4）NPI：NPI 接口是一种高性能的通用接口，NPI 接口有以下特性：

①提供一个简单的内存接口可以适应不同的协议。

②提供地址线、数据线和控制信号来进行内存操作。

③允许同时通过 FIFO 进行数据的读写。

④可以配置成 32 位或 64 位的数据宽度以适应不同的系统的需求。

⑤当使用 32 位 NPI 和 BRAM FIFOs 时，支持下列传输尺寸：字节、半字、字和 4 个字的 bursts、8 个字的 bursts、16 个字的 bursts、32 个字的 bursts 和 64 个字的 bursts。

⑥当使用 64 位 NPI 时，支持下列传输尺寸：字节、半字、字、双字、4 字 bursts、8 字 bursts、16 字 bursts、32 字 bursts 和 64 字 bursts。

2. MPMC 驱动

在 EDK 中，与 MPMC 有关的底层文件有：xmpmc. c、xmpmc. h、xmpmc_ hw. h。其中 xmpmc. c 中定义了 MPMC 的所有驱动函数，用户的设计中需要包含以下的代码：

```
#include "xmpmc.h"
#include "xmpmc_hw.h"
```

（1）纠错码控制函数。

```
XMpmc_EnableEcc(XMpmc *InstancePtr);
```

ECC（Error Correction Code）为纠错码，XMpmc_EnableEcc 函数将 MPMC 读写操作时的 ECC 模式打开，InstancePtr 为 XMpmc 结构体指针。

```
XMpmc_DisableEcc(XMpmc *InstancePtr);
```

XMpmc_ DisableEcc 函数将 MPMC 读写操作时的 ECC 模式关闭，InstancePtr 为 XMpmc 结构体指针。

（2）ECC 控制寄存器设置函数。

```
XMpmc_SetControlEcc(XMpmc *InstancePtr,u32 Control);
```

XMpmc_ SetControlEcc 将 MPMC 的 ECC 控制寄存器设置为特定的值。InstancePtr 为 XMpmc 结构体指针，Control 为指定的写入寄存器的值。

该函数可以独立使用，用于控制读写的 ECC，同时强制产生特定类型的 ECC 错误。

3. 存储器的访问

在嵌入式系统中，如 SDR、DDR 等存储器，对用户来说都是可以直接进行访问的。直接用 I/O 读写函数来读写相应存储空间即可，不需要进行初始化等操作。基本的读写函数在 xio. h 中有定义。

7.4　基于 MicroBlaze 处理器的开发实例

完整的嵌入式系统设计包括硬件设计和软件设计两大部分，我们使用 XPS（Xilinx Platform Studio）软件来进行嵌入式硬件系统的搭建，主要包括微处理器、外围设备的添加，以及设备之间的连接关系等，搭建出需要的硬件平台，最后生成硬件比特流文件，供软件程序设计使用。使用 SDK（Software Develop Kit）来进行软件开发，主要用于完成基于硬件平台的软件程序开发。图 7 – 28 给出了嵌入式设计的流程图。

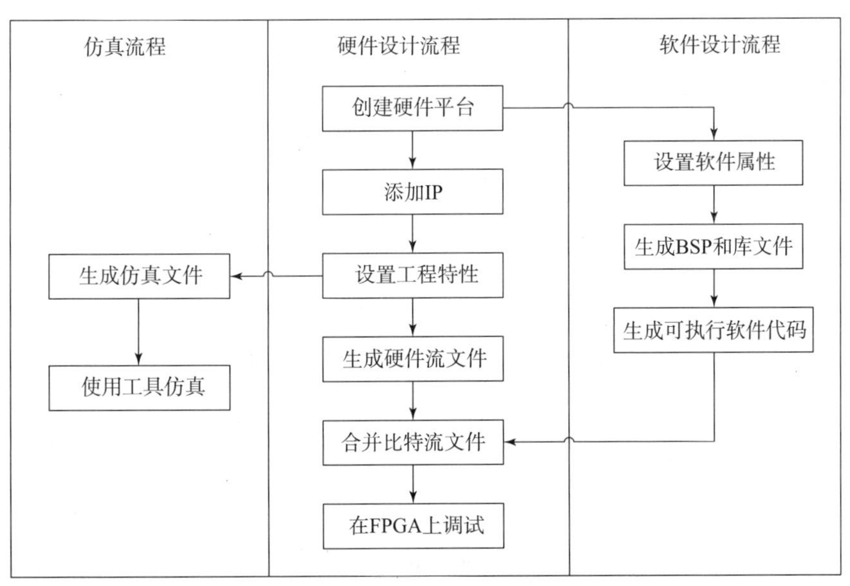

图 7 – 28　嵌入式设计的流程图

下面章节将结合一个由 GPIO 中断输入，控制 LED 闪烁的例子来详细说明 MicroBlaze 处理器系统的软硬件开发流程、EDK 文件管理架构，以及在开发设计过程中的注意事项等。

7.4.1 利用 XPS 软件构建硬件平台

XPS 软件是 Xilinx 嵌入式系统开发工具，能够实现系统的全部硬件开发。在进行软硬件开发之前，首先要明确设计中所选用的处理器类型、外围设备、系统工作频率等。本设计选用的处理器是 MicroBlaze 处理器，需要两个 GPIO 设备，一个作为中断输入，一个作为 LED 输出，时钟频率为 100 MHz。

1. 利用 BSB 创建新工程

（1）利用 XPS 软件的 BSB 向导构建硬件平台，新建工程，选择总线架构，本例程中选择的是 PLB 总线系统，如图 7－29 所示。

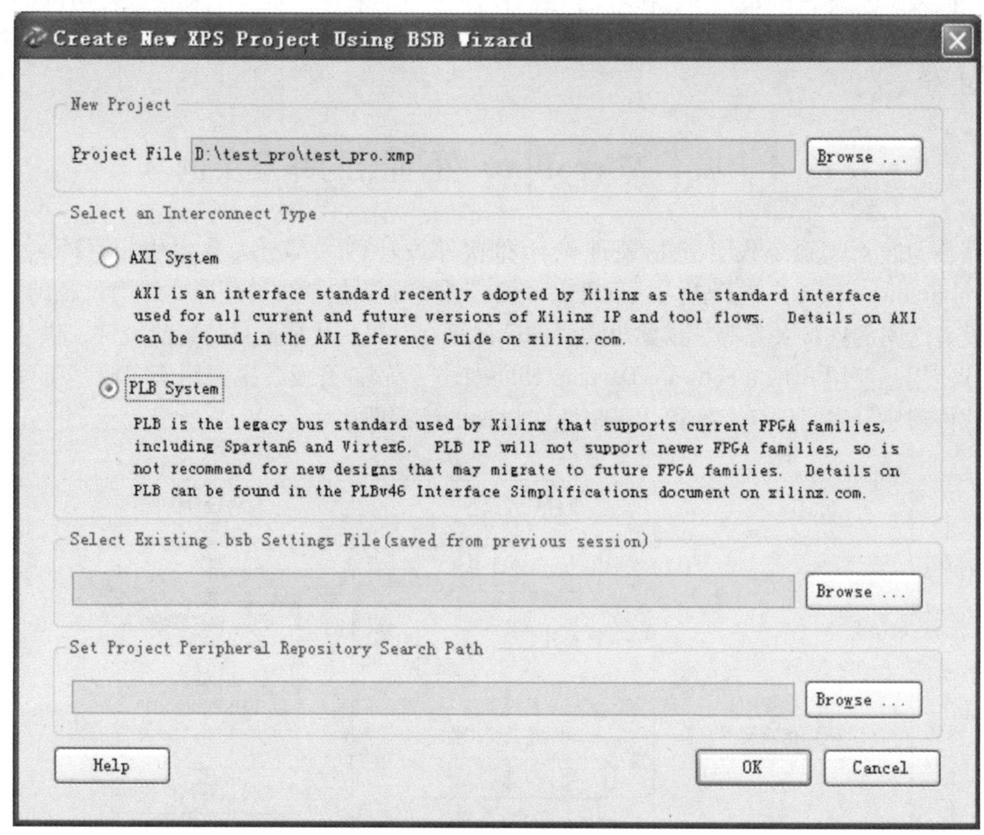

图 7－29 选择总线架构

（2）根据硬件平台选择芯片类型，注意复位信号的设置，本例程中设置为高复位，如图 7－30 所示。

（3）设置参考时钟频率和工作时钟频率，以及本地缓存的大小，MicroBlaze 的最大工作频率为 150 MHz。本例程中设置的时钟频率为 100 MHz，如图 7－31 所示。

（4）添加 GPIO 作为中断输入设备，将中断使能打开，如图 7－32 所示。

（5）添加 LED 作为输出设备，输出位宽为 8 位。如图 7－33 所示。

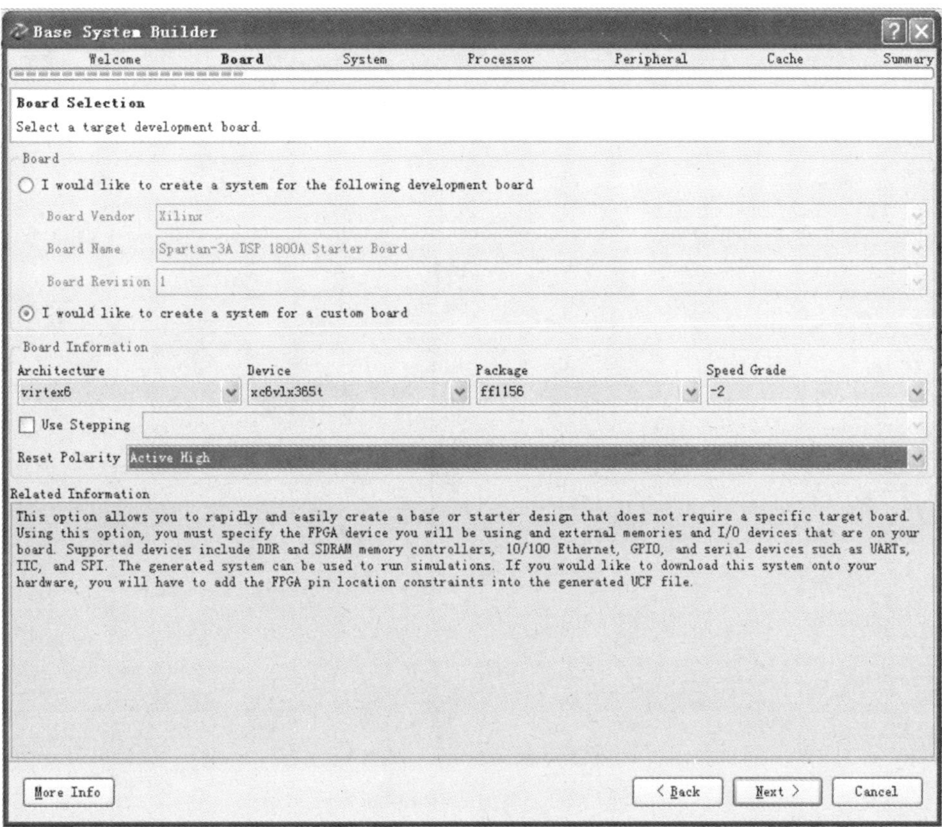

图 7－30　硬件设置

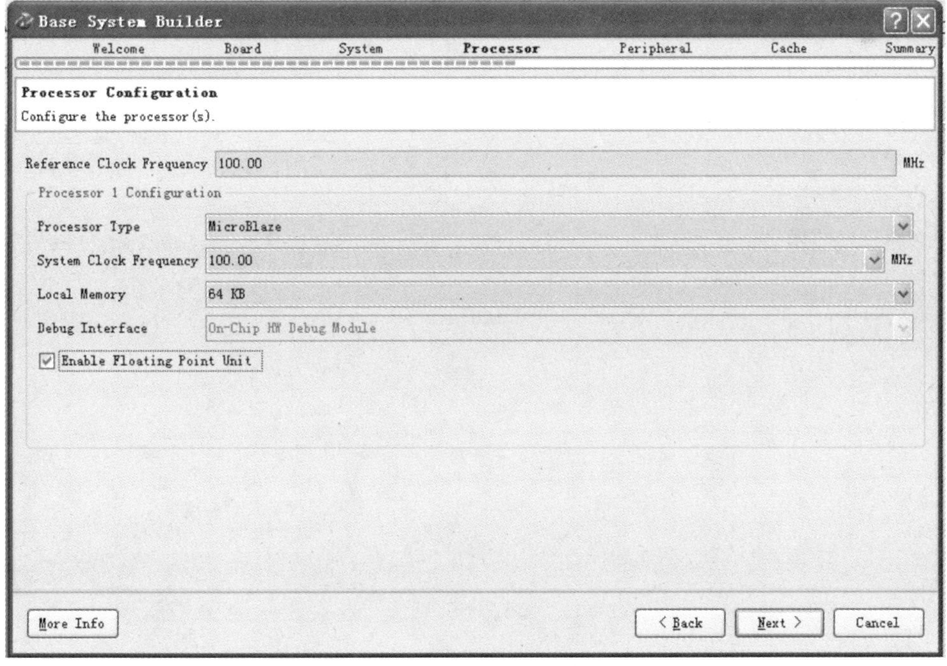

图 7－31　设置处理器的参数

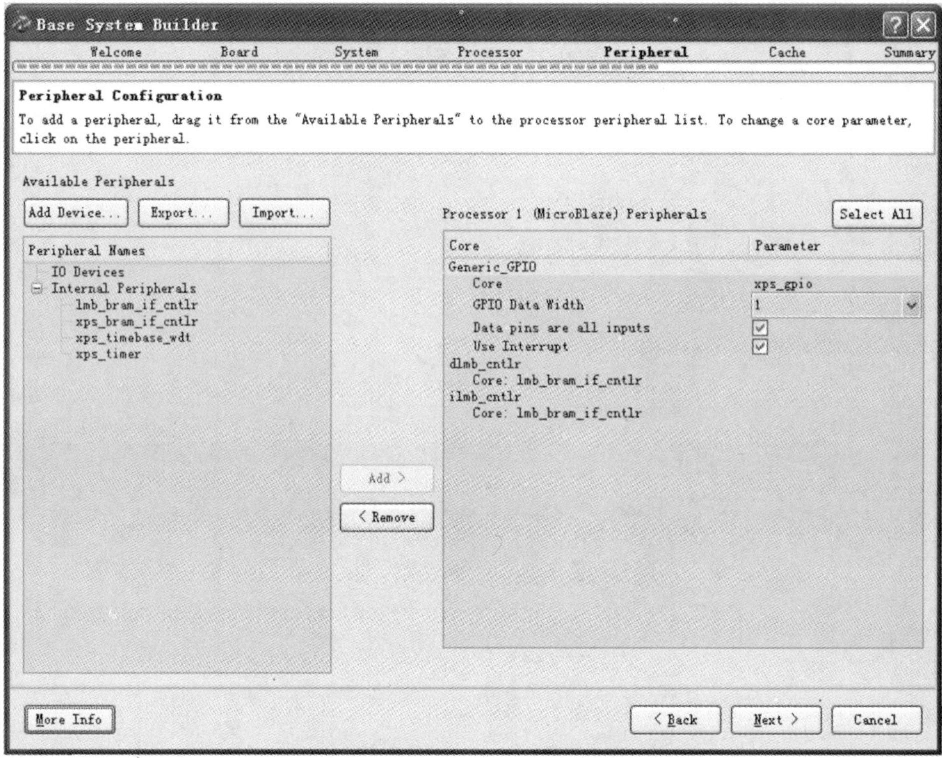

图 7-32　添加 GPIO 中断外设

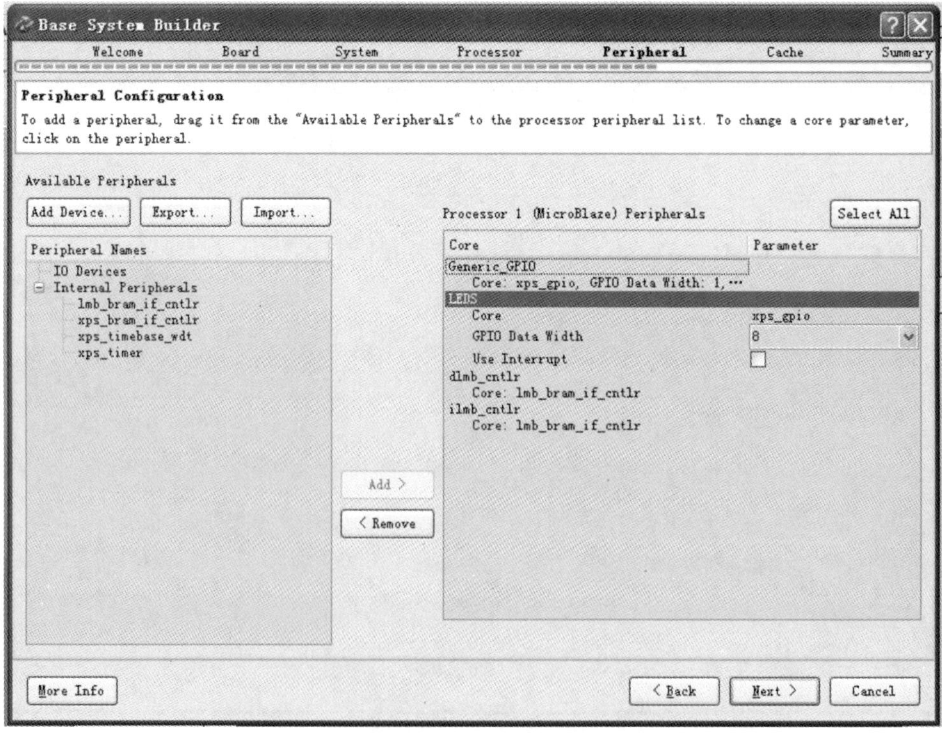

图 7-33　添加 LED 作为输出外设

（6）完成硬件架构的搭建，单击“Finish”按钮，生成工程，如图 7－34 所示。

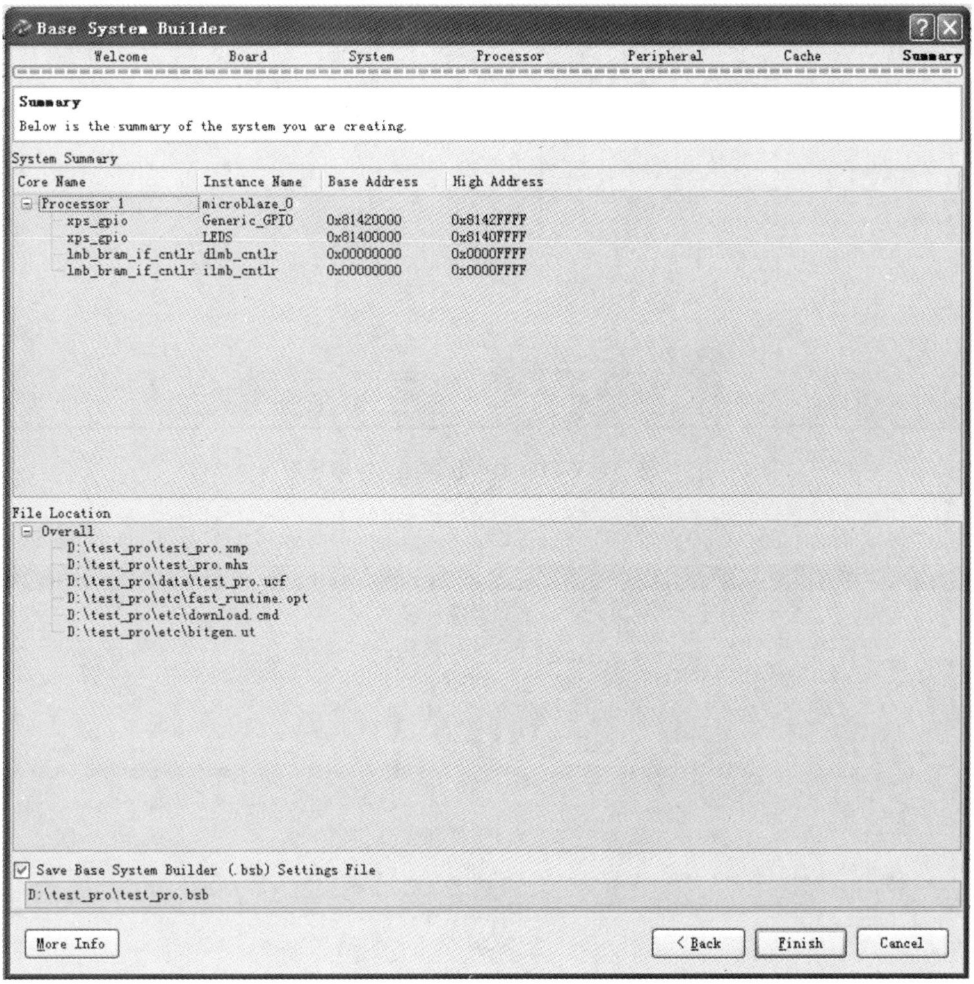

图 7－34　生成硬件工程

完成硬件平台的创建后，将生成顶层工程 .xmp 文件，它是嵌入式系统的顶层描述文件，会保存工程中的所有信息，包括微处理硬件规范（MHS）文件和微处理器软件规范（MSS）文件等。

2. 利用 XPS 用户界面修改工程

利用 BSB 建立工程后，可以在 XPS 的用户界面进行修改，在 XPS 用户界面中可以对硬件模块进行删减和添加，完成各 IP 与总线的连接、控制信号与端口的连接、中断的设置、地址分配等。

（1）将 GPIO 的中断连接到中断控制器上，如图 7－35 所示。

（2）将 GPIO、LED 与总线连接，如图 7－36 所示。

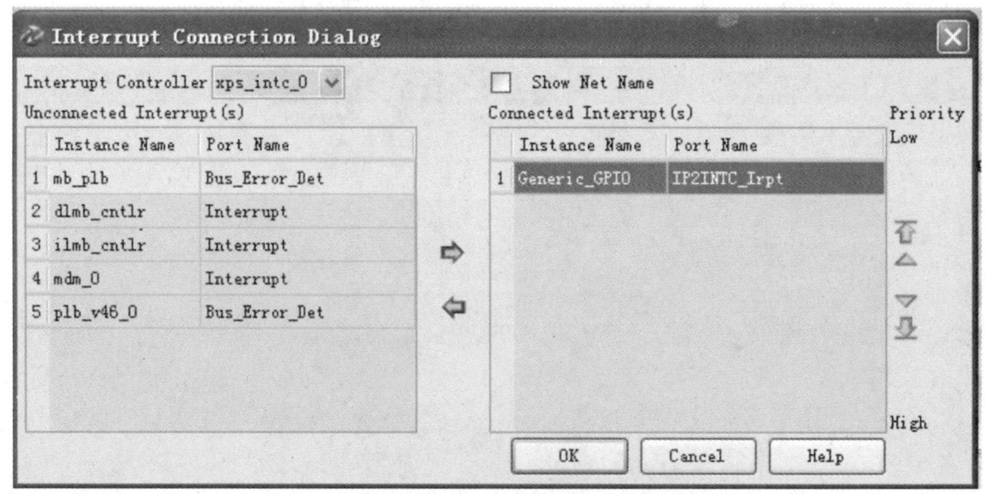

图 7-35　将 GPIO 的中断连接到中断控制器

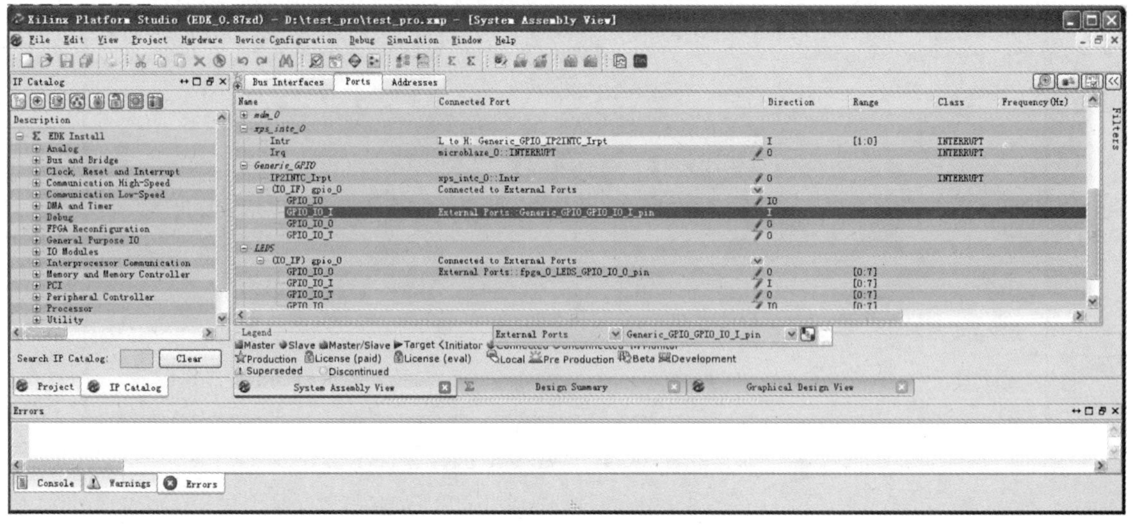

图 7-36　将外设连接到总线

（3）给外设分配地址空间，如图 7-37 所示。

（4）当硬件连接完毕后，选择菜单栏的“Hardware”→“Generate Netlist”命令生成硬件网表。至此，硬件环境已经搭建完毕，如图 7-38 所示。

3. 工程文件

查看工程目录，在建立硬件平台后，工程目录中包含的主要文件如下：

1）XMP 工程文件

该文件是 EDK 设计的工程文件，文件对 EDK 工具的版本、软硬件配置文件 MHS 和 MSS、目标器件的类型、软件的源码等做了详细说明。该文件是 XPS 软件自动生成的，用户不要自行修改，下面给出本工程对应的 XMP 文件。

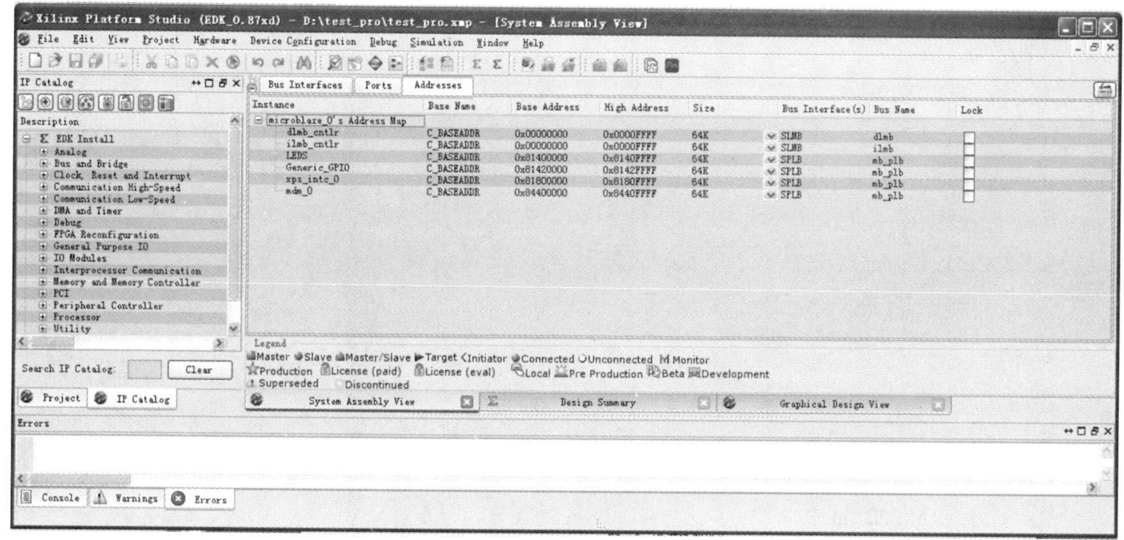

图 7－37　分配地址空间

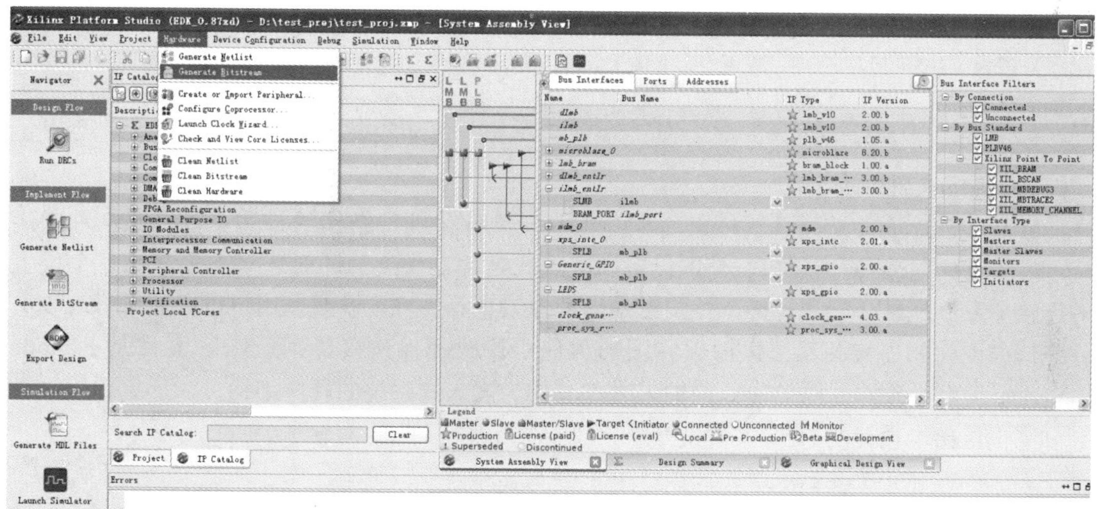

图 7－38　产生硬件网表

```
#Please do not modify this file by hand
XmpVersion:13.4                 #EDK 工具版本
VerMgmt:13.4
IntStyle:default
Flow:ise
MHS File:test_proj.mhs          #工程的 MHS 文件
Architecture:virtex6
Device:xc6vlx365t               #芯片名称
Package:ff1156                  #芯片封装类型
```

```
SpeedGrade:-2                #芯片速度
UserCmd1:
UserCmd1Type:0
UserCmd2:
UserCmd2Type:0
GenSimTB:0
SdkExportBmmBit:1
SdkExportDir:SDK/SDK_Export
InsertNoPads:0
WarnForEAArch:1
HdlLang:VHDL                 # HDL 语言类型
SimModel:BEHAVIORAL          #仿真工具
ExternalMemSim:0             #仿真模型
UcfFile:data/test_proj.ucf
EnableParTimingError:1
ShowLicenseDialog:1
Processor:microblaze_0
ElfImp:
ElfSim:
```

2）MHS 文件

MHS（Microprocessor Hardware Specification）文件是硬件结构的描述文件，该文件中定义了本设计的输入/输出端口、外围设备和嵌入式处理器类型，同时还对本系统中各个设置的连接关系、地址分配和对每个外围设备的配置信息等进行了说明。用户可以通过修改该文件来修改硬件的连接关系，也可以在图形界面中修改硬件连接关系。MHS 文件是 Platform Generator（系统硬件创建工具）的输入文件，作为嵌入式系统的硬件结构。

下面给出本设计的 MHS 文件：

```
PARAMETER VERSION =2.1.0        #参数集版本
 PORT fpga_0_LEDS_GPIO_IO_O_pin =fpga_0_LEDS_GPIO_IO_O_pin_vslice_0_7_concat,DIR =O,VEC =[0:7]
 PORT fpga_0_clk_1_sys_clk_pin = CLK_S,DIR = I,SIGIS = CLK,CLK_FREQ = 100000000
 #定义了系统时钟的大小为100M,方向为输入
 PORT fpga_0_rst_1_sys_rst_pin = sys_rst_s,DIR = I,SIGIS = RST,RST_POLARITY =1
 PORT Generic_GPIO_GPIO_IO_I_pin =net_Generic_GPIO_GPIO_IO_I_pin,DIR = I

 #中断控制器
 BEGIN xps_intc
  PARAMETER INSTANCE =xps_intc_0
```

```
 PARAMETER HW_VER = 2.01.a
 PARAMETER C_BASEADDR = 0x81800000
 PARAMETER C_HIGHADDR = 0x8180ffff
 BUS_INTERFACE SPLB = mb_plb
 PORT Intr = Generic_GPIO_IP2INTC_Irpt
 PORT Irq = microblaze_0_Interrupt
END
#复位
BEGIN proc_sys_reset
 PARAMETER INSTANCE = proc_sys_reset_0
 PARAMETER C_EXT_RESET_HIGH = 1
 PARAMETER HW_VER = 3.00.a
 PORT Slowest_sync_clk = clk_100_0000MHz
 PORT Ext_Reset_In = sys_rst_s
 PORT MB_Debug_Sys_Rst = Debug_SYS_Rst
 PORT Dcm_locked = Dcm_all_locked
 PORT MB_Reset = mb_reset
 PORT Bus_Struct_Reset = sys_bus_reset
 PORT Peripheral_Reset = sys_periph_reset
END

BEGIN microblaze
 PARAMETER INSTANCE = microblaze_0
 PARAMETER C_USE_BARREL = 1
 PARAMETER C_USE_FPU = 1
 PARAMETER C_DEBUG_ENABLED = 1
 PARAMETER HW_VER = 8.20.b
 BUS_INTERFACE DLMB = dlmb
 BUS_INTERFACE ILMB = ilmb
 BUS_INTERFACE DPLB = mb_plb
 BUS_INTERFACE IPLB = mb_plb
 BUS_INTERFACE DEBUG = microblaze_0_mdm_bus
 PORT MB_RESET = mb_reset
 PORT INTERRUPT = microblaze_0_Interrupt
END
#时钟
BEGIN clock_generator
 PARAMETER INSTANCE = clock_generator_0
 PARAMETER C_CLKIN_FREQ = 100000000
```

```
 PARAMETER C_CLKOUT0_FREQ = 100000000
 PARAMETER C_CLKOUT0_PHASE = 0
 PARAMETER C_CLKOUT0_GROUP = NONE
 PARAMETER C_CLKOUT0_BUF = TRUE
 PARAMETER C_EXT_RESET_HIGH = 1
 PARAMETER HW_VER = 4.03.a
 PORT CLKIN = CLK_S
 PORT CLKOUT0 = clk_100_0000MHz
 PORT RST = sys_rst_s
 PORT LOCKED = Dcm_all_locked
END
#子模块,定义 GPIO 的输出
BEGIN xps_gpio
 PARAMETER INSTANCE = LEDS
 PARAMETER C_ALL_INPUTS = 0
 PARAMETER C_GPIO_WIDTH = 8
 PARAMETER C_INTERRUPT_PRESENT = 0
 PARAMETER C_IS_DUAL = 0
 PARAMETER HW_VER = 2.00.a
 PARAMETER C_BASEADDR = 0x81400000
 PARAMETER C_HIGHADDR = 0x8140ffff
 BUS_INTERFACE SPLB = mb_plb
 PORT GPIO_IO_O = fpga_0_LEDS_GPIO_IO_O_pin_vslice_0_7_concat
END
#子模块,定义 GPIO 的中断输入
BEGIN xps_gpio
 PARAMETER INSTANCE = Generic_GPIO
 PARAMETER C_ALL_INPUTS = 1
 PARAMETER C_GPIO_WIDTH = 1
 PARAMETER C_INTERRUPT_PRESENT = 1
 PARAMETER C_IS_DUAL = 0
 PARAMETER HW_VER = 2.00.a
 PARAMETER C_BASEADDR = 0x81420000
 PARAMETER C_HIGHADDR = 0x8142ffff
 BUS_INTERFACE SPLB = mb_plb
 PORT IP2INTC_Irpt = Generic_GPIO_IP2INTC_Irpt
 PORT GPIO_IO_I = net_Generic_GPIO_GPIO_IO_I_pin
END
```

7.4.2　利用 SDK 软件开发嵌入式软件

SDK 为软件设计提供了完备的软件开发环境，其典型的开发流程如下：

（1）打开或者创建 SDK 工作空间，指定硬件平台。

（2）创建 BSP 工程。

（3）创建软件应用工程。

（4）编写软件代码，修改存储器映射。

（5）将硬件比特流下载到 FPGA 中进行调试。

1. 从 XPS 导入硬件平台

在进行软件程序的设计之前，需要将 XPS 的工程文件导入到软件环境中，这样才能将设计的软硬件关联起来，该硬件系统就是软件程序运行的平台，导入的方法有以下两种。

1）手动导入

直接打开 SDK 软件，通过向导选择已经建立的 . xmp 工程文件的路径，即完成导入，如图 7 – 39 所示。

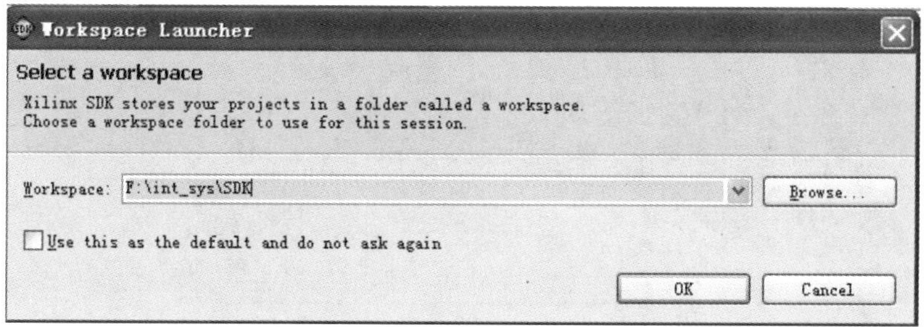

图 7 – 39　手动导入路径选择

2）自动导入

在 XPS 中完成硬件平台搭建以后，单击 “Project”→“Export Hardware Design to SDK” 命令，即可直接进入 SDK 环境，完成导入，如图 7 – 40 所示。

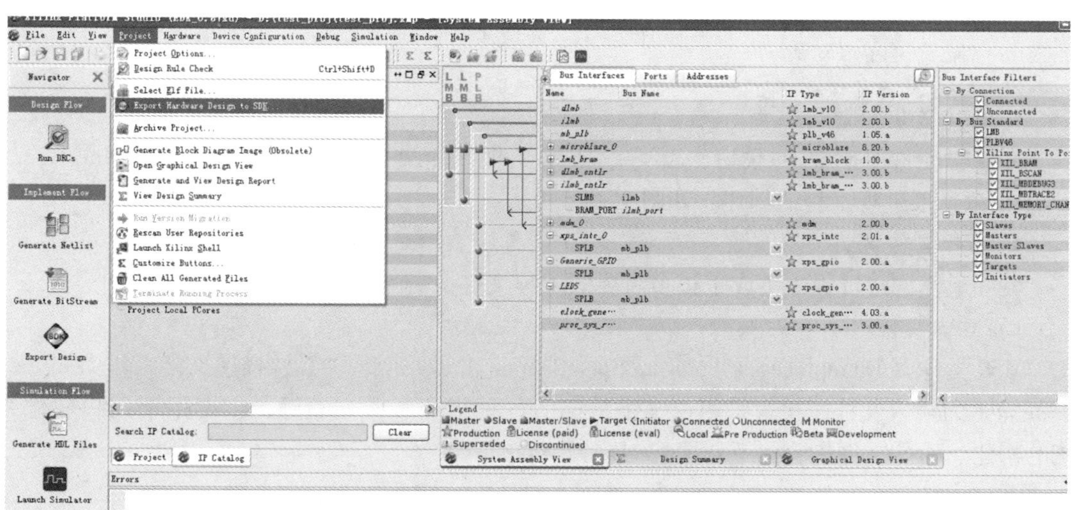

图 7 – 40　XPS 自动导入 SDK 操作

2. 创建 BSP 包

BSP 包是介于底层硬件和上层软件之间的中间件，主要功能是提供操作系统的驱动，主要功能包括：

（1）硬件初始化；

（2）为操作系统提供设备驱动和中断服务程序；

（3）初始化操作系统。

在 SDK 中，新建 BSP 工程，从菜单中选择“File”→“New”→“Xilinx Board Sopport Package”项，新建 BSP 包，如图 7－41 所示。

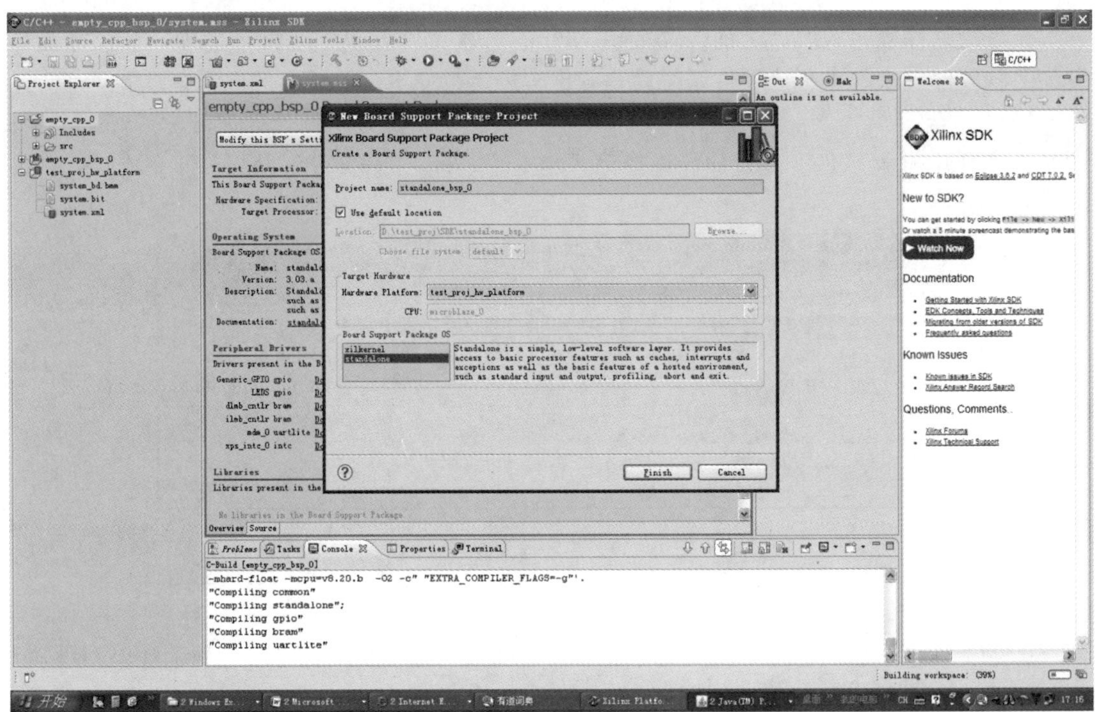

图 7－41　新建 BSP 包

3. 新建 Xilinx C ++ 工程

完成软硬件平台的关联后，就可以新建工程，通过“File”→“New”→“Xilinx C ++ Project”命令来进行工程的创建，如图 7－42 所示。

4. 工程文件说明

软件工程构建过程中生成了很多重要的工程文件，各主要文件说明如下。

1）MSS 文件

MSS 文件（Microprocessor Software Specification）是一个软件系统描述文件，作为 Library Generator 的输入文件，包含了用户操作系统的各种指令、库和驱动，主要用于用户软件系统的构建。MSS 文件内容如下：

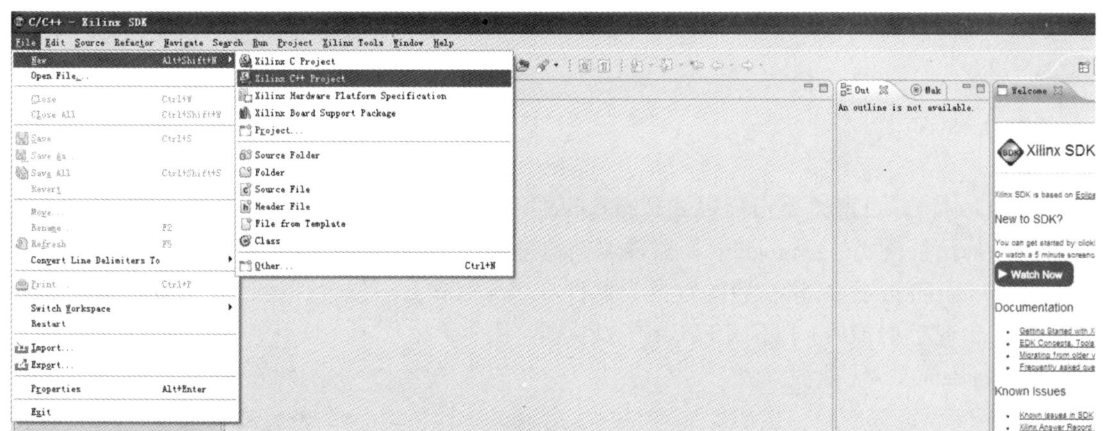

图 7-42　新建 Xilinx C++工程

```
PARAMETER VERSION =2.2.0                      #参数版本
BEGIN OS                                      #定义操作系统
  PARAMETER OS_NAME =standalone
  PARAMETER OS_VER =3.01.a
  PARAMETER PROC_INSTANCE =microblaze_0
  PARAMETER STDIN =mdm_0
  PARAMETER STDOUT =mdm_0
END
BEGIN PROCESSOR                               #定义处理器类型
  PARAMETER DRIVER_NAME =cpu
  PARAMETER DRIVER_VER =1.13.a
  PARAMETER HW_INSTANCE =microblaze_0
END
BEGIN DRIVER                                  #定义设备驱动
  PARAMETER DRIVER_NAME =gpio
  PARAMETER DRIVER_VER =3.00.a
PARAMETER HW_INSTANCE =Generic_GPIO
END
```

2）UCF 文件

与 ISE 工具一样，EDK 也使用 UCF 文件来添加信号的引脚约束与时序约束，该文件可以自己编辑修改，相关语法和 ISE 中一致。

3）CMD 文件

EDK 在配置 FPGA 时，没有相应的图形化界面，而是通过命令行的方式来实现的，EDK 工具将需要的命令都写入一个文本中，采用批处理的方式实现，文件格式为.CMD。文件的基本内容如下：

```
setMode-bscan
```

```
setCable-p auto
identify
assignfile-p 1-file implementation/download.bit
program-p 1
quit
```

其中 setMode 设定边界扫描模式；setCable 用于设置编程电缆类型；assignfile 用于指定编程使用的比特流文件；program 为器件编程的指令。

assignfile 和 program 指令后的数据为器件在 JTAG 链上的位置，设计人员可以通过修改该数字来实现对 JTAG 链上不同 FPGA 的操作。

4）xparameters.h 文件

在 MHS 设定完毕后，生成的库文件中，xparameters.h 是一个很重要的文件，该文件包含了硬件系统的相关常量定义，如硬件单元的基地址、配置参数、中断信号的一些属性等，同时定义一些比较重要的宏。

```
/*Definitions for peripheral GENERIC_GPIO*/
#define XPAR_GENERIC_GPIO_BASEADDR 0x81420000      #指定 GPIO 的基地址
#define XPAR_GENERIC_GPIO_HIGHADDR 0x8142FFFF
#define XPAR_GENERIC_GPIO_DEVICE_ID 0
#define XPAR_GENERIC_GPIO_INTERRUPT_PRESENT 1
#define XPAR_GENERIC_GPIO_IS_DUAL 0
```

7.4.3 GPIO 中断实例软件开发

前面两节已经完成了系统硬件的搭建和软件环境的搭建，这一章节主要进行软件程序的设计，通过外部中断源，控制 LED 闪烁。

1. 中断控制器

本设计中，使用了 GPIO 作为外部中断输入，故需要用到中断控制器。在 MHS 文件中，可以看到 MicroBlaze 有一个中断端口，连接一个中断源，如图 7－43 所示。

```
BEGIN microblaze
PARAMETER INSTANCE = microblaze_0
  PARAMETER HW_VER = 4.00.a
  BUS_INTERFACE DLMB = dlmb
  BUS_INTERFACE ILMB = ilmb
  BUS_INTERFACE DOPB = mb_opb
  BUS_INTERFACE IOPB = mb_opb
  PORT CLK = sys_clk_s
  PORT Interrupt = Interrupt_Source
END
```

MicroBlaze 的中断源可以分为以下几类：

（1）中断控制器：MicroBlaze 有一个中断控制器，用于设置中断优先级，屏蔽低级中断等功能，如果只用了一个中断，中断控制器是可以不用的，如果有多个中断，那么中断控制

图 7－43　MicroBlaze 与中断源

器是必需的。

（2）有中断端口的外部设备：比如定时器中断，在计数器溢出后产生的中断，可以连接到 MicroBlaze 的中断输入端口。GPIO 也有一个中断端口，当输入发生变化的时候，会引发中断。

（3）外部中断：可以直接将外部的中断与 MicroBlaze 的中断端口连接，这样做是最简单的，适用于只有一个中断的情形。

当系统中有中断的时候，MicroBlaze 就会跳转到地址 0x10H，它会提供一个中断向量表，包含中断服务程序（ISR）的入口地址。

中断控制器的工作原理如图 7－44 所示。

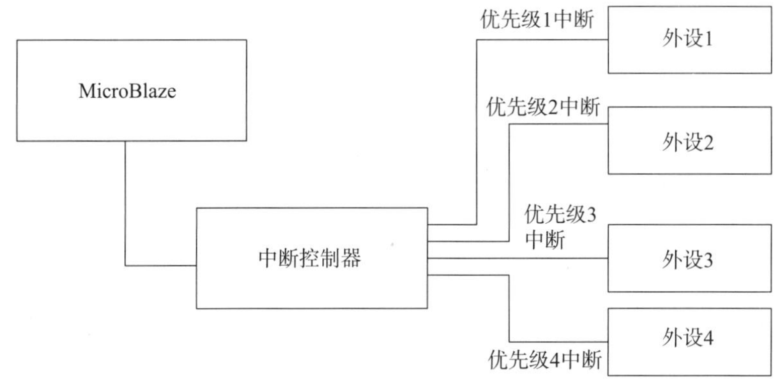

图 7－44　中断控制器与外设中断

很多中断都连接到 Intc 的 Intr 端口，然后从它的 Irq 端口连接到 MicroBlaze 的中断输入端口，中断控制器根据各外设的中断优先级选择需要响应的中断，并送给 MicroBlaze 进行处理。

中断控制器包含了 3 个外部中断，MHS 文件描述如下：

```
BEGIN opb_intc
parameter INSTANCE = myintc
parameter HW_VER = 1.00.b
parameter C_BASEADDR = 0xFFFF1000
parameter C_HIGHADDR = 0xFFFF10ff
bus_interface SOPB = opb_bus
port Irq = interrupt
port Intr = uart_int & ext_int & gpio_int
END
BEGIN microblaze
```

```
parameter INSTANCE = mblaze
parameter HW_VER = 1.00.c
bus_interface DOPB = opb_bus
bus_interface DLMB = d_lmb
bus_interface ILMB = i_lmb
port INTERRUPT = interrupt
END
```

其中，port Intr = uart_ int & ext_ int & gpio_ int 含义如下：

①定义了中断输入的个数为 3，分别为串口中断、外部中断、GPIO 中断；

②定义了各个输入中断的优先级。右边最高，左边最低。其中 gpio_int 的优先级是最高的，uart_int 最低。

2. GPIO 相关说明

在 EDK 中为所有支持的外设提供了 API 函数，程序设计时可以合理调用，减少开发难度。下面以 GPIO 为例，详细说明函数的调用方法。

在软件工程目录“\microblaze_0\libsrc\gpio_v3_00_a\src”下，包含了与 GPIO 相关的所有底层文件，主要有 xgpio. c、xgpio. h、xgpio_i. h、xgpio_l. h 等。xgpio. c 中定义了 GPIO 所有的驱动函数，xgpio. c 中定义的驱动函数主要包含 GPIO 的初始化、配置、方向的设定、读取和赋值操作等。

GPIO 中断控制的过程主要包含以下几步：

(1) 选通 GPIO 的中断使能；

(2) 设置 GPIO 方向：输入；

(3) 设置 GIE 和 IER 寄存器；

(4) 在中断子程序里清除 ISR，即往 ISR 里面写 1。

3. 软件设计

本例子将 GPIO 作为中断输入，用于控制 LED 间隔 1 s 闪烁，源程序如下所示。

(1) 头文件调用。

在用户代码中需要添加以下语句：

```
// ----------------------------------------
// 头文件调用
#include "xparameters.h"
#include "mb_interface.h"
#include "xintc.h"
#include "xgpio.h"
```

以上引用的头文件中，分别对 GPIO 的外设函数和中断的相关函数进行了声明，方便后续的函数调用。

(2) 中断处理函数。

```
// ---------------------------------------------------
// 函数名:handle_interrupts.c
// 功  能:中断处理函数
void state_handler(void *bassaddr_p)
  {
  XGpio_WriteReg(XPAR_LEDS_BASEADDR,0,1)     //点灯
  //清除 GPIO 的中断
  XGpio_WriteReg(XPAR_XPS_GPIO_O_BASEADDR,XGPIO_ISR_OFFSET,XGPIO_
  IR_CH1_MAS)
  XGpio_WriteReg(XPAR_LEDS_BASEADDR,0,0)     //关灯
}
```

在中断处理函数中，实现以下功能：当发生 GPIO 中断时，对 GPIO 进行写 1 和写 0 的操作，用于控制 LED 闪烁。

（3）GPIO 初始化。

```
// ---------------------------------------------------
// 函数名:gpio_init.c
// 功  能:GPIO 初始化
void gpio_init(void)
{
  Status = XGpio_Initialize(XPAR_INTC_O_BASEADDR,
  XPAR_XPS_INTC_O_DEVICE_ID);
  if (Status! = XST_SUCCESS)
  {
    return XST_FAILURE;
  }
}
```

（4）主函数。

```
//---------------------------------------------------
//函数名:main.c
//功  能:主函数
int main(void)
{
  int Status;
  // Enable all interrupts
  microblaze_enable_interrupts();
  gpio_init();//GPIO 初始化
```

```
    //中断处理程序
    XIntc_RegisterHandler(XPAR_INTC_O_BASEADDR,XPAR_INTC_O_GPIO_O_VEC
    _ID,(XInterruptHandler) state_handler,(void* ) XPAR_XPS_GPIO_O_
    BASEADDR);
    //开 GPIO 中断
    XGpio_WriteReg(XPAR_XPS_GPIO_O_BASEADDR,XGPIO_IER_OFFSET,XGPIO_
    IR_CH1_MASK)
    XGpio_WriteReg (XPAR_XPS_GPIO_O_BASEADDR, XGPIO_GIE_OFFSET,
    0x80000000);
    //开中断控制器
    XIntc_MasterEnable(XPAR_XPS_INTC_O_BASEADDR);
    //开 GPIO 的中断
    XIntc_EnableIntr (XPAR_XPS_INTC_O_BASEADDR, XPAR_XPS_GPIO_O_
    IP2INTC_IRPT_MASR)
    //等待中断
}
```

主函数通过调用 GPIO 初始化函数和中断处理函数，实现控制 LED 闪烁的功能。

4. 编译工程

右击“工程”，选择菜单命令 Build Project 编译整个工程。

5. 板级调试

工程编译完毕后，即可进行板级调试，选择菜单“Run”→“Run Configuration”命令，页面设置如图 7－45 所示。

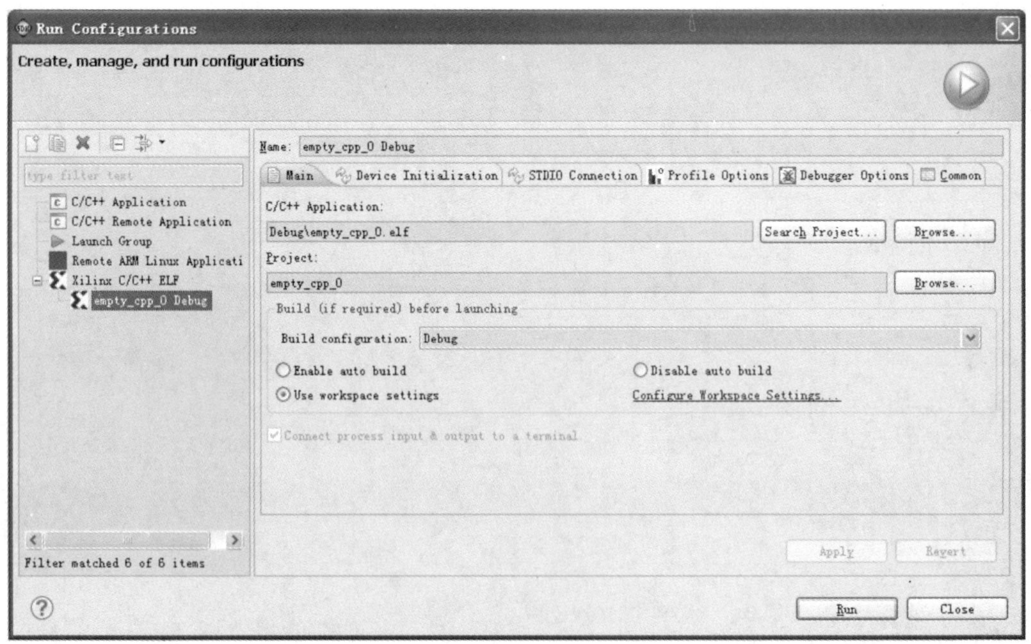

图 7－45　软核编译参数配置

将工程指定为已建立的工程，选择工程对应的处理器，将程序下载到选用的硬件平台上，运行工程，即可看见 LED 间隔闪烁的效果。至此，整个实验开发完毕。

7.5 思考题

1. 简述 MicroBlaze 内核的特点。

2. 设 Ra =4H，Rb =20H，写出下列两条指令执行后 Rd 寄存器中的内容。

（1）ADD Rd，Ra，Rb；

（2）MUL Rd，Ra，Rb；

（3）RSUB Rd，Ra，Rb；

（4）IDIV Rd，Ra，Rb。

3. MicroBlaze 常用的指令流水线模式有几种？各包含什么阶段？画出它们的结构示意图。

4. MicroBlaze 在运行过程中常见的异常状态有哪 5 种？

5. MicroBlaze 支持的中断触发方式有几种？简要说明各种触发方式的特点。

6. MMU（Memory Management Unit）存储器管理单元的功能有哪些？

7. 请简述 MicroBlaze 处理器两种访问地址空间模式的区别。

8. 简述 PLB 总线的特点。

9. 请简述 AXI 总线的特点。

10. 判断下列描述是否正确。

（1）MicroBlaze 支持的部分指令都是 16 位的。（　　）

（2）MicroBlaze 处理器内有 32 个 32 位的通用寄存器和 16 个 32 位的特殊功能寄存器。（　　）

（3）MicroBlaze 内部的通用寄存器为 R0 ~ R31，它们只在重新加载程序时会被复位为 0x00000000，支持外部复位。（　　）

（4）MicroBlaze 中包含两种断点类型，即硬件断点和软件断点。（　　）

（5）发生中断时，处于执行和编译阶段的指令会继续执行，通用寄存器 R14 会自动存入中断返回地址。（　　）

（6）MicroBlaze 处理器采用哈佛内存结构，即指令和数据使用独立的地址空间。（　　）

（7）用户异常存储在地址 0x8H 中，在软件流中如果插入了非法指令则会引起用户异常。（　　）

（8）PLB 总线和 AXI4 总线是完全不同的总线架构，其工作原理不同，能同时存在。（　　）

（9）AXI4 协议是基于流模式的突发传输机制，互连结构取代了共享总线。（　　）

11. 在用户构建的 MicroBlaze 硬件平台下 MHS 文件主要包含哪些内容？

12. 系统的 MHS 文件的部分内容如下，若想让系统工作在 150 MHz 的频率下，应该如何修改？

下面给出本设计的 MHS 文件：

```
PARAMETER VERSION =2.1.0            #参数集版本
```

```
PORT fpga_0_LEDS_GPIO_IO_O_pin = fpga_0_LEDS_GPIO_IO_O_pin_vslice_
0_7_concat,DIR = O,VEC = [0:7]
PORT fpga_0_clk_1_sys_clk_pin = CLK_S,DIR = I,SIGIS = CLK,CLK_FREQ =
100000000
```

13. 利用 SDK 进行软件开发，典型的开发流程包含哪些步骤?

14. 工程目录下 CMD 文件的内容如下，若想加载 JTAG 链上的第二片设备，应该如何修改?

```
setMode-b scan
setCable-p auto
identify
assignfile-p 1-file implementation/download.bit
program-p 1
quit
```

15. MicroBlaze 的中断源可以分为几类?

16. 利用 MicroBlaze 进行 GPIO 中断实例的程序开发。

第 8 章

NiosⅡ处理器的结构与应用

NiosⅡ嵌入式处理器是 Altera 公司推出的第二代片上可编程的软核处理器。它采用哈佛结构、具有 32 位指令集，其最大优势和特点是其模块化的结构，以及由此带来的灵活性。相对于传统的处理器，NiosⅡ处理器可以在设计阶段根据实际的需求来增减外设的数量和种类。

8.1 NiosⅡ处理器系统

8.1.1 NiosⅡ体系架构

NiosⅡ嵌入式处理器是 Altera 公司针对自己的 FPGA 器件而设计的微处理器，它是一种软核处理器。所谓软核，是指未被固化到硅片上，使用时需要借助 EDA 软件对其进行配置并下载到可编程芯片中的 IP 核上，用户可以按需要进行灵活配置。

NiosⅡ处理器由三个不同的内核组成，用户可以根据实际情况选择。这样可以灵活地控制处理器成本和系统性能，从而拥有广泛的应用空间。

NiosⅡ处理器分为：NiosⅡ/e（经济型）、NiosⅡ/s（标准型）、NiosⅡ/f（快速型）。不同处理器的特点如表 8－1 所示，开发人员可以根据实际需求选择。

表 8－1　Altera 嵌入式处理器概述

类型	特点
NiosⅡ/e（经济型）	通过定制指令、紧耦合存储器等方式使内核占用的逻辑资源最少，没有流水线结构，没有缓存，拥有最优的尺寸，但性能最低
NiosⅡ/s（标准型）	在定制指令和优化时考虑了性能和尺寸的平衡。包含 5 级流水线结构，包含指令，占用的资源较少
NiosⅡ/f（快速型）	通过使用简单的配置设计了一个性能最优的处理器，包含 6 级流水线结构，包含指令和数据缓存，但占用的逻辑资源最多

NiosⅡ处理器与外设之间的连接框图如图 8－1 所示。

NiosⅡ处理器通过 Avalon 互连结构与 FPGA 的片上资源相连，片上资源包括：SDRAM 控制器、片上 ROM/RAM、UART、定时器、通用 I/O 等。NiosⅡ处理器通过 JTAG 调试模块与软件调试器相连，完成软件调试。

NiosⅡ处理器的内核结构如图 8－2 所示。

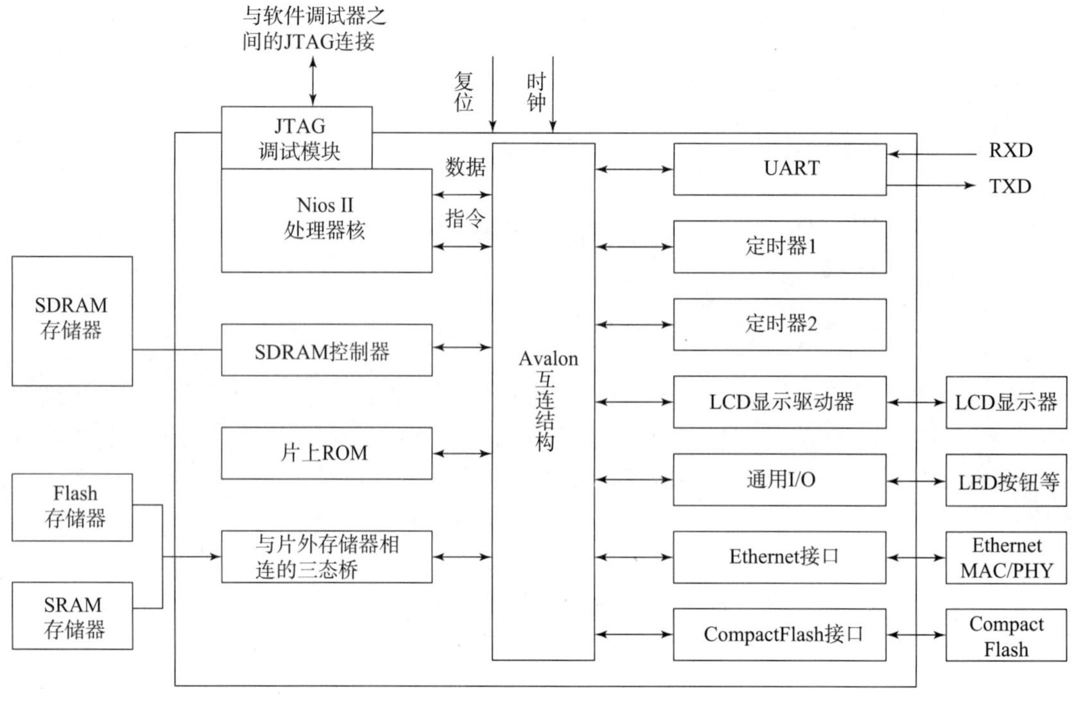

图 8－1　Nios Ⅱ 处理器与外设的连接框图

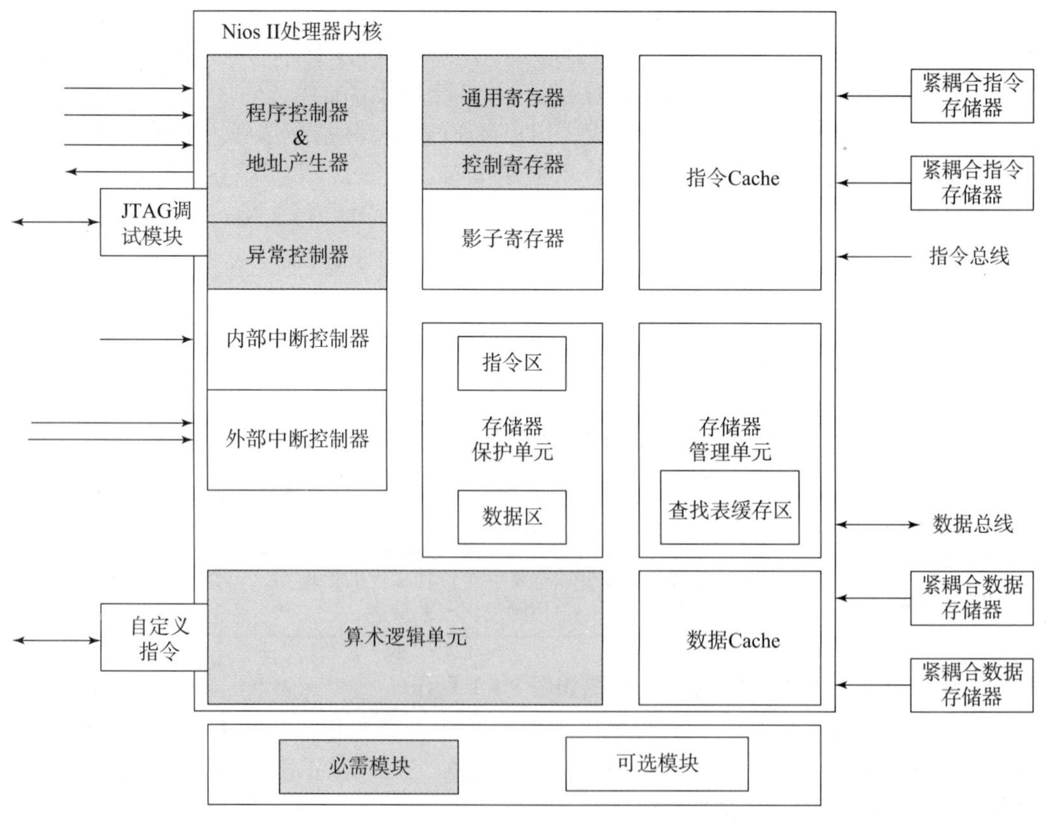

图 8－2　Nios Ⅱ 处理器的内核结构

NiosⅡ处理器遵循 RISC（精简指令集计算机）的基本设计原则，其主要特点如下：

（1）NiosⅡ采用哈佛结构，拥有独立的数据总线和指令总线。

（2）支持 JTAG 调试模块。

（3）为了提高系统的整体性能，NiosⅡ内核不仅可以集成数据 Cache 和指令 Cache，还带有紧耦合存储器 TCM 接口。TCM 既可以提高处理器的性能，又可以获得可预测的实时响应。

（4）中断控制器：处理 NiosⅡ的中断事件。

（5）异常控制器：处理 NiosⅡ的内核异常事件。

（6）寄存器组：NiosⅡ的寄存器包括 32 个通用寄存器和多个控制寄存器。

（7）ALU 算术逻辑单元：数据处理主要由算术逻辑单元完成，NiosⅡ内核中暂时没有协处理器。

1. 寄存器

NiosⅡ的寄存器组提供了 32 个 32 位的通用寄存器 r0 ~ r31 和多个（最多 32 个）32 位的控制寄存器，如表 8 – 2 和表 8 – 3 所示。

表 8 – 2　NiosⅡ通用目的寄存器

寄存器	助记符	功能	寄存器	助记符	功能
r0	zero	清零	r16		子程序要保存的寄存器
r1	at	汇编中的临时变量	r17		子程序要保存的寄存器
r2		函数返回值（低 32 位）	r18		子程序要保存的寄存器
r3		函数返回值（高 32 位）	r19		子程序要保存的寄存器
r4		传递给函数的参数	r20		子程序要保存的寄存器
r5		传递给函数的参数	r21		子程序要保存的寄存器
r6		传递给函数的参数	r22		子程序要保存的寄存器
r7		传递给函数的参数	r23		子程序要保存的寄存器
r8		调用者要保存的寄存器	r24	et	为异常处理保留
r9		调用者要保存的寄存器	r25	bt	为程序断点保留
r10		调用者要保存的寄存器	r26	gp	全局指针
r11		调用者要保存的寄存器	r27	sp	堆栈指针
r12		调用者要保存的寄存器	r28	fp	帧指针
r13		调用者要保存的寄存器	r29	ea	异常返回地址
r14		调用者要保存的寄存器	r30	ba	断点返回地址
r15		调用者要保存的寄存器	r31	ra	函数返回地址

表 8－3　NiosⅡ控制寄存器

寄存器	名称	功能描述（31～0）		
		31～2	1	0
ctl0	status	保留	1：表示处于用户态（User－mode）； 0：表示处于超级用户态（Supervisor Mode）	1：表示允许外设中断 0：表示禁止外设中断
ctl1	estatus	保留	EU	EPIE
ctl2	bstatus	保留	BU	BPIE
ctl3	ienable	中断使能位，每一位控制一个中断通道		
ctl4	ipending	中断发生标志位，假设 bit0 有效，则： 1：表示第 0 号中断发生； 0：表示第 0 号中断未发生		
ctl5	cpuid	处理器的 ID 号寄存器： cpuid 寄存器中存储着 NiosⅡ系统生成时的唯一 ID 号。ID 号在多处理器系统中可以作为分辨 CPU 的标识		

控制寄存器的访问不同于通用寄存器，它只能在超级用户模式（Supervisor Mode）下，且需采用专门的控制寄存器读/写指令来对控制寄存器进行读/写操作。

（1）状态寄存器 status

状态寄存器只有第 1 位和第 0 位有意义。其中第 1 位反映处理器当前状态，第 0 位 PIE 是外设中断允许位。

（2）影子寄存器

estatus、bstatus 都是 status 寄存器的影子寄存器，用于暂存 status 寄存器的值。estatus 用于异常处理时，bstatus 用于断点调试时。

①发生断点或者异常时：保存 status 寄存器的值。

②断点或异常处理返回时：恢复 status 寄存器的值。

2. 算术逻辑单元（ALU）

NiosⅡ处理器主要由算术逻辑单元（ALU）来完成数据处理，暂时不支持协处理器。ALU 对存入通用寄存器中的数据进行操作时包含两个步骤：

（1）ALU 从寄存器中读取 1 个或 2 个输入数据进行处理；

（2）将运算结果存回到寄存器。

ALU 支持的数据操作如表 8－4 所示。

表 8－4　NiosⅡ处理器中 ALU 支持的操作

种类	描述
算术运算	ALU 支持有（无）符号数的加、减、乘和除法
关系运算	支持有（无）符号数的 ==、!=、>=、<关系运算
逻辑运算	支持 AND、OR、NOR、XOR 逻辑运算操作
移位运算	支持移位和循环操作，ALU 支持算数右移/左移，支持左/右移循环

某些 Nios Ⅱ 核（如 Nios Ⅱ/e）可能不支持所有的指令。当处理器运行未支持的指令时，可能会引起未实现指令异常。当发生指令异常时，异常处理程序将调用一个子程序来用软件模拟实现该功能。对于编程者而言，未实现指令与用硬件实现的指令的使用完全一样。这些用软件模拟实现的指令有：mul、muli、mulxss、mulxsu、mulxuu、div、divu；其余指令均由硬件实现。此外，Nios Ⅱ 处理器支持用户定制指令。

3. 复位

Nios Ⅱ 处理器支持两种复位信号：reset 和 cpu_resetrequest。

（1）reset：全局硬件复位。当该信号有效时，处理器核立即进入复位状态。

（2）cpu_resetrequest：局部复位信号。当该信号有效时，只复位 CPU，不影响 Nios Ⅱ 系统的其他外设。

CPU 复位后，Nios Ⅱ 处理器将执行下列操作：

（1）清除状态寄存器 status，使之为 0x0H；

（2）指令 Cache 与程序存储器的关联被置为无效，处理器从固态程序存储器（比如 Flash）中的 reset 地址处取得第一条指令。

（3）从复位地址处开始执行程序。

4. 紧耦合存储器

为了提高系统性能，Nios Ⅱ 内核内集成了数据 Cache 和指令 Cache。Cache 虽然改善了系统的整体性能，但也使程序的执行时间变得不可预测。对于实时系统来说，代码执行的确定性——装载和存储指令或数据的时间必须是可预测的，这一点至关重要。

因此 Nios Ⅱ 内核又集成了紧耦合存储器 TCM（Tightly Coupled Memory）接口。紧耦合存储器是一种紧挨着内核的快速 SRAM，它不仅能改善系统性能，而且保证了装载和存储指令或数据的时间是确定的。紧耦合存储器可以使 Nios Ⅱ 处理器既提高性能，又能获得可预测的实时响应。

5. JTAG 调试模块

Nios Ⅱ 体系结构支持远端的 PC 设备通过 JTAG 端口来控制处理器的工作过程，主机可以通过 JTAG 端口与调试模块通信，执行一系列的调试操作，例如：

（1）下载程序到存储器；

（2）启动和停止异常；

（3）设置断点；

（4）查看寄存器和存储器；

（5）分析实时数据等。

调试模块在产品的研制过程中有很重要的作用，方便了对过程开发的检测。

6. 工作模式

操作模式决定了处理器内存管理和外设访问的方式。按照权限的优先级由低到高，Nios Ⅱ 处理器的工作模式主要分为以下 3 类。

（1）用户模式（User Mode）：当 Nios Ⅱ 处理器的硬件设计中包含 MMU 或 MPU 时，用户模式才可用，用户模式的访问权限只是超级用户模式的一个子集，它不能访问控制寄存器和一些通用寄存器。

（2）超级用户模式（Supervisor Mode）：除了不能访问与调试有关的寄存器（bt、ba 和

bstatus）外，无其他访问限制；当系统中无 MMU 或 MPU 时，所有程序都工作在超级用户模式下。

（3）调试模式（Debug Mode）：拥有最大的访问权限，可以无限制地访问所有的功能模块；通常系统程序代码运行在超级用户模式。V6.0 版本以前的 Nios Ⅱ 处理器都不支持用户模式，永远都运行在超级用户模式。

三种工作模式的转换关系如图 8－3 所示。

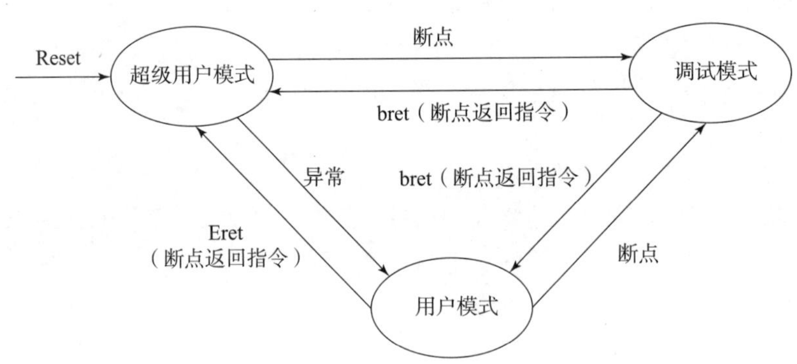

图 8－3　处理器工作模式之间的切换

8.1.2　Nios Ⅱ 指令系统

1. 数据传送指令

Nios Ⅱ 结构是一个 load－Store 结构。Load 和 Store 指令处理所有寄存器、存储器和外设之间的数据传送。存储器和外设共享地址空间，统一编址。Nios Ⅱ 也提供访问缓存和非缓存的指令。

常用的数据传送指令如表 8－5 所示。

表 8－5　数据传送指令

指　令	描
ldw、stw	ldw 和 stw 指令实现对存储器的 32 位数据的存/取操作。有效地址由寄存器的内容和指令中的有符号立即数组成。可通过缓存或缓冲来提高程序的性能。I/O 外围设备的数据传送使用 ldwio 和 stwio
ldwio、stwio	ldwio 和 stwio 指令实现对没有缓存和缓冲的外围设备的存/取操作。 ldwio 和 stwio 指令的存取周期按照指令存放顺序进行，且永远不会被抑制
ldb、ldbu stb、ldh ldhu、sth	ldb、ldbu、ldh 和 ldhu 从存储器中取一个字节或半字到寄存器。在对数据进行扩位操作时，ldb 和 ldh 采用符号扩位，而 ldbu 和 ldhu 采用补零扩位。 stb 和 sth 分别存储字节和半字数据。存储器存取可以通过缓存或缓冲来提高执行效率。传送数据到 I/O 外围设备，要使用下面带“io”的指令

续表

指 令	描
ldbio、ldbuio stbio、ldhio ldhuio、sthio	这些操作对外围设备进行字节和半字数据的存/取操作
mov、movhi、 movi、movui、movia	mov 指令将一个寄存器里的值拷贝到另一个寄存器中。movi 传送一个 16 位有符号立即数到一个寄存器，并且将符号位扩展到 32 位。 movui 和 movhi 传送一个 16 位立即数到一个寄存器的低或高 16 位，在剩余位置添 0。 movia 表示取一个地址到寄存器

例：mov A，B

该指令实现的功能是将寄存器 B 中的值移到寄存器 A 中。

2. 算术和逻辑运算指令

逻辑指令支持与、或、异或和非操作。算术运算指令支持加、减、乘和除操作。如表 8－6 所示。

表 8－6　算术和逻辑运算指令

指令	描述
and、or、xor、nor	这些是标准的 32 位逻辑操作。将两个寄存器的值按位进行逻辑运算，结果存入第 3 个寄存器
andi、ori、xori	这些操作是采用立即数寻址的 and、or 和 xor 指令。将 16 位立即数扩展到 32 位，之后与寄存器中的内容按位进行逻辑运算，得到最后的结果
andhi、orhi、xorhi	这些指令首先将 16 位立即数逻辑左移 16 位形成一个 32 位操作数，左移时从右边补 0
add、sub、mul、 div、divu	这些是标准的 32 位算术操作指令。将两个寄存器作为输入，将结果存入第 3 个寄存器中
addi、subi、muli	这些指令是采用立即数寻址的 add、sub 和 mul 指令。指令字包含一个 16 位有符号数
mulxss、mulxuu	这些指令能够读取一个 32×32 位乘法操作的高 32 位。根据操作数是有符号数还是无符号数来选择适当的指令。在这些指令前不一定非要有一个 mul
mulxsu	该指令被用来计算一个 64×64 位有符号乘法得到一个 128 位的结果

例：

1）and C，A，B

该指令实现的功能是将寄存器 A 和寄存器 B 进行按位与，并将相与的结果存储到寄存器 C 中。

2）add C，A，B

该指令实现的功能是将寄存器 A 和寄存器 B 进行加法操作，并将相加的结果存储到寄存器 C 中。

3. 比较指令

比较指令用于比较两个寄存器或者一个寄存器和一个立即数，并将比较结果1（若为真）或0写到结果寄存器中。这类指令完成所有C语言中的相等和关系运算。如表8－7所示为常用的算术和逻辑运算指令。

表8－7　算术和逻辑运算指令

指令	描述
cmpeq	==
cmpne	!=
cmpge	有符号 >=
cmpgeu	无符号 >=
cmpgtu	无符号数 >
cmple	有符号数 <=
cmpleu	无符号数 <=
cmplt	有符号数 <
cmpltu	无符号数 <
cmpeqi、cmpnei、cmpgei、cmpgeui、cmpgti、cmpgtui、cmplei、cmpleui、cmplti、cmpltui	这些指令是采用立即数寻址的比较指令。它们用于比较一个寄存器和一个16位立即数的值

例：

1）cmple C，A，B

如果有符号数A小于等于B，则C＝1，否则C＝0。

2）cmpeqi C，A，14

如果A等于14，则C＝1，否则C＝0。

8.1.3　Nios Ⅱ事件处理

Nios Ⅱ体系结构提供了一个简单的、非向量异常控制器处理所有异常，同时还包含外部中断控制器接口（EIC）。故用户可以通过使用外接的中断控制器来加速管理异常状态。

1. 异常的分类

异常是指程序没有按照正常流程执行的一种状态，它会导致处理器将异常的处理结果传送到异常地址中。异常处理是指响应异常所进行的处理，并且返回到异常产生之前程序的状态。

异常处理地址在系统创建时已经指定。程序运行时，该地址是固定的，且不能由软件改变。因为软件编程人员不直接访问异常处理地址，故编写程序时不需要知道该地址。

Nios Ⅱ异常状态主要分为以下几类：

（1）硬件中断：处理器支持32个外部中断源。

（2）软件陷阱：当程序执行过程中遇到软件陷阱指令时，将产生软件陷阱异常。异常处理程序判断产生软件陷阱的原因，然后执行相应任务。

（3）未定义指令异常：当处理器执行未定义指令时产生未定义指令异常。异常处理可以判断哪个指令产生异常。

2. 中断管理

Nios Ⅱ体系结构支持 32 个外部硬件中断，处理器有 32 个 irq 输入 irq0 ~ irq31。irq 的优先级由软件决定，该结构支持中断嵌套。

软件通过控制寄存器中的使能位允许或禁止每个中断，利用控制寄存器中的 PIE 位可允许和禁止所有中断。当且仅当：

（1）状态寄存器的 PIE 位为 1；

（2）中断请求输入 irq$n$ 有效；

（3）中断使能寄存器中的相应位 n 为 1；

这三个条件同时满足时，硬件中断才能产生。当中断产生时，处理器将 PIE 寄存器清零，然后屏蔽其他中断，开始执行中断处理程序。

3. 异常管理

当异常发生时，处理器的异常响应工作流程包括以下几个步骤：

（1）把 status 寄存器内容复制到 estatus 寄存器中，保存当前处理器状态；

（2）清除 status 寄存器的 U 位为 0，强制处理器进入超级用户状态；

（3）清除 status 寄存器的 PIE 位为 0，禁止所有的硬件中断；

（4）把异常返回地址写入 ea 寄存器（r29）；

（5）跳转到异常处理地址。

当处理器跳转到异常处理地址后，开始执行一段由 HAL 插入的代码，判断异常源和异常状态的优先级，然后再跳转到对应的用户异常服务子程序中（ISR）。异常状态判断的工作流程如图 8－4 所示。

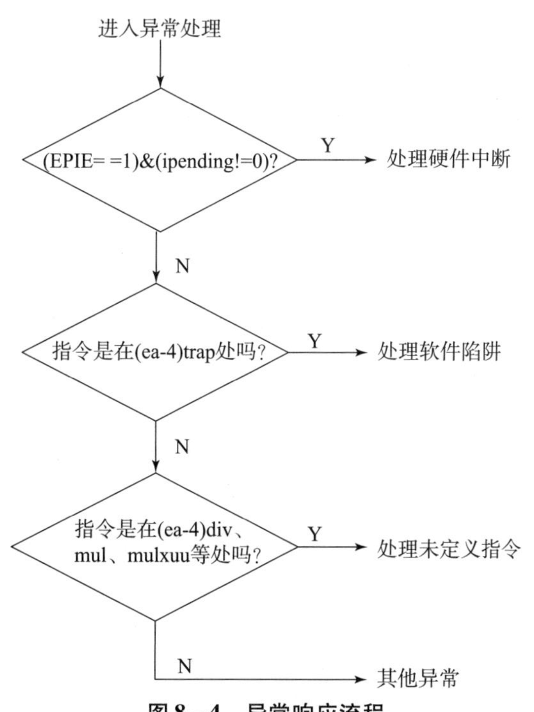

图 8－4　异常响应流程

（1）进入异常处理后，异常处理代码首先检测 estatus 寄存器的 EPIE 位是否使能。如果 EPIE 位使能，再检测 ipending 寄存器中的异常来源信息，如果 ipending 寄存器的某位为 1，则说明发生了该位对应的硬件中断，直接跳转到硬件中断处理程序即可。

（2）如果 EPIE 不等于 1 或 ipending 寄存器每一位都是 0，则可能发生了软件陷阱异常、未定义指令异常或其他异常。

（3）判断是否是软件陷阱异常。从地址 ea－4 处读取指令，看是否是 trap。如果地址 ea－4 处的指令是 trap，则表明发生了软件陷阱异常。

（4）判断是否为未定义指令异常。如果地址 ea－4 处的指令是一条可以被软件仿真执行的指令，则发生未定义指令异常。

（5）如果上述条件都不满足，则发生其他异常，异常处理程序应该做出相应报告。

Nios Ⅱ的异常控制器是没有区分优先级的，但是由于 HAL 插入的代码是从 ipending 寄存器的低 0 位开始检测中断源的，即假设有 0、1 号中断同时发生，代码检测到 0 号中断发生后即调用 0 号中断的 ISR，执行完 0 号中断的 ISR 后发现还有 1 号中断，再调用 1 号中断的 ISR。所以从这个意义上说，Nios Ⅱ的外部中断优先级是 0～31。中断号在系统生成时由用户设置。

由此可知，Nios Ⅱ异常优先级依次是：硬件中断、软件陷阱、未实现指令和其他情况；而外部硬件中断中，又以 0 号中断的优先级最高。

4. 复位处理

Nios Ⅱ处理器复位后进行如下操作：

（1）设置寄存器 status 的 RSIE 位为 1，同时将 status 寄存器的其他位清零，使处理器处于管理模式并禁止硬件中断。

（2）使与复位地址相关的指令缓存行无效，保证复位代码的取指令操作来自非缓存。

（3）从复位地址开始执行中断处理程序。

在复位处理过程中，除了处理与复位地址相关的指令缓存行以外，其他缓存的内容在复位后是不确定的。为了确保复位后的一致性，复位子程序必须立即初始化指令缓存，并运行复位程序，或者调用一个子程序来初始化数据缓存。

8.1.4 Nios Ⅱ存储器系统

Nios Ⅱ存储器和 I/O 组织灵活配置的特点是 Nios Ⅱ处理器区别于传统的微控制器的重要特点。因为 Nios Ⅱ处理器的可配置性，对于不同的系统，其存储器和外设可能不同，所以不同的 Nios Ⅱ处理器系统其存储器和外设也会不同。

Nios Ⅱ处理器使用下列端口对存储器和 I/O 进行访问：

（1）指令主端口——指令存储器通过系统互连结构连接到 Avalon 主端口（Avalon－MM）。

（2）指令 Cache——Nios Ⅱ核内部的高速缓存。

（3）数据主端口——数据存储器和外设通过系统互连结构连接到 Avalon 主端口（Avalon－MM）。

（4）数据 Cache——Nios Ⅱ核内部的高速缓存。

（5）紧耦合指令或数据存储器端口——Nios Ⅱ外部的高速片上存储器接口。

Nios Ⅱ的体系结构对编程人员隐藏了硬件细节，所以软件开发人员可以在不了解硬件实现的情况下开发 Nios Ⅱ 应用程序。Nios Ⅱ 处理器内核的存储器和 I/O 结构框图如图 8 – 5 所示。

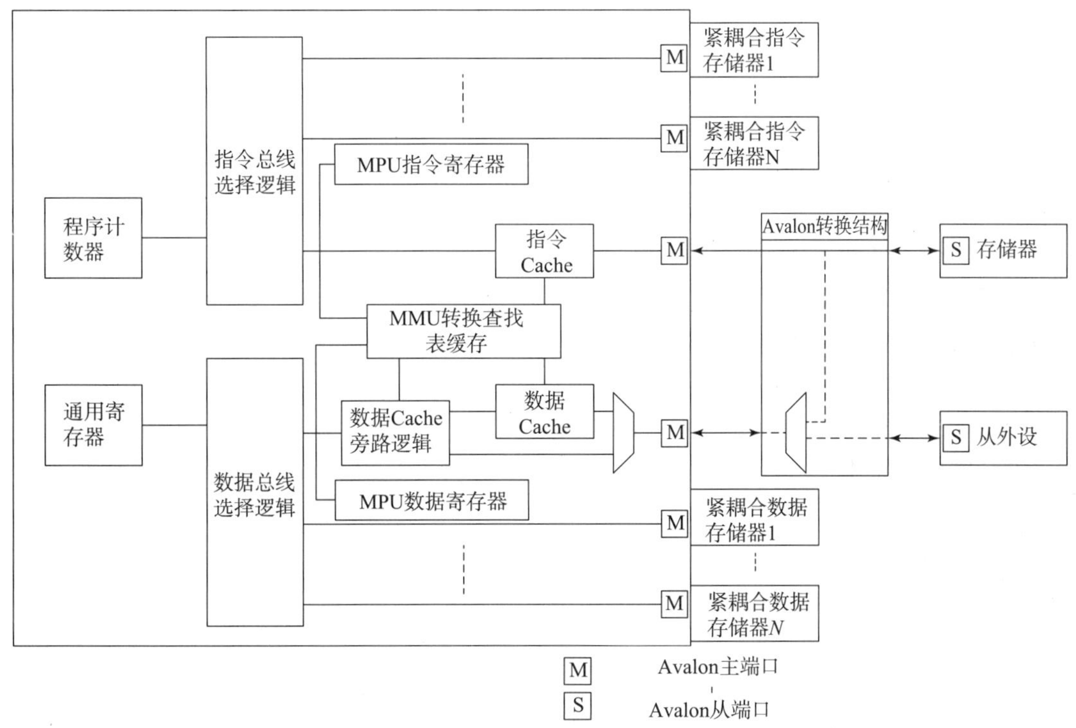

图 8 – 5　Nios Ⅱ 存储器和 I/O 结构

1. 指令和数据总线

Nios Ⅱ 采用了经典的哈佛结构，指令和数据总线分开设计，指令和数据总线采用了 Avalon – MM 主端口总线。数据主端口与存储器和外设组件相连，而指令主端口只与存储器组件连接。

2. 内存和外设访问

Nios Ⅱ 结构提供存储器映射的 I/O 访问，数据存储器和外设均被映射到数据主端口地址空间，Nios Ⅱ 存储器采用小端模式。字和半字存储时，采用高字节存储在高地址的方式。

Nios Ⅱ 存储器没有对存储器和外设的数量、类型等进行约定，它们可由系统自己决定。在典型应用中，Nios Ⅱ 处理器既可以包含片上高速存储器，又可以包含低速的片外存储器。

3. 指令主端口

Nios Ⅱ 指令总线是一个 32 位 Avalon 主端口，指令主端口只执行取指令操作，不能进行任何写操作。

指令主端口是具有流水线属性的 Avalon 主端口。这使具有流水延迟的同步存储器对系统的影响达到最小，能在整体上提高系统的最高频率。指令主端口可在上一条指令返回之前，发出新的取指令要求。Nios Ⅱ 处理器能实现预取顺序指令并进行分支预测的操作。

指令总线主端口总是读取 32 位数据，指令主端口依赖 Avalon 交换结构中的动态总线对齐逻辑始终能接收 32 位数据，故应用程序无须知道存储器的总线宽度。

Nios Ⅱ 结构还支持紧耦合存储器，对紧耦合存储器的访问能实现低延迟。支持片内高速缓存，用于改善访问较慢存储器时的平均指令取指性能。

4. 数据主端口

NiosⅡ数据总线是32位的Avalon主端口，数据主端口有以下两种功能：

（1）当CPU执行数据加载指令时，从存储器或外设中读数据。

（2）当CPU执行数据存储指令时，向存储器或外设中写入数据。

对于数据主端口，它具有如下特点：

（1）在存储操作阶段，主端口的字节使能信号用于指定4字节的哪一字节写到存储器中。

（2）当NiosⅡ数据总线缓存宽度大于32位时，数据主端口支持流水的Avalon传送。

（3）当NiosⅡ数据总线缓存宽度等于32位时，所有存储器流水延时被数据主端口识别为等待状态，当数据主端口连到零等待状态存储器时，存取操作可在一个单周期内完成。

（4）支持片内高速缓存，用以改善平均数据传输性能。

（5）支持紧耦合存储器以实现低延迟。

为获得最高的性能，对于指令和数据主端口共享的存储器，数据主端口被指定为更高的优先级。

5. 高速缓存

NiosⅡ CPU的指令主端口和数据主端口都支持高速缓存，高速缓存是处理器的一部分。当使用外部低速存储器，比如SDRAM时，高速缓存能改善NiosⅡ处理器的平均存储访问时间，提高系统效率。NiosⅡ指令集提供管理高速缓存的指令，缓存管理和协调由软件处理。

高速缓存是可选的，这取决于用户对系统存储性能以及FPGA资源的使用要求，在高性能存储器访问与最小处理器核之间进行平衡。NiosⅡ处理器是否包含指令和数据缓存，以及缓存容量大小均由用户配置。有无缓存并不影响程序的功能，但影响处理器取指令和存数据的速度。

高速缓存能有效改善性能是基于以下前提的：

（1）常规存储器位于片外，访问时间比片内存储器要长。

（2）循环执行的、最大的、关键性能的指令序列长度小于指令高速缓存。

（3）高速缓存的最佳配置取决于具体应用，例如在以下的情况下高速缓存将无法改善执行速度。

①NiosⅡ处理器系统只含有快速的片内存储器（即从不访问较慢的片外存储器）。

②程序的关键循环是2 KB，而指令高速缓存的大小为1 KB。

Cache虽然改善了系统的整体性能，但使程序的执行时间变得不可预测，对于实时系统来说这一点至关重要。

NiosⅡ结构和指令集可以管理数据高速缓存和指令高速缓存。高速缓存管理使用高速缓存指令在软件中实现。指令集可对高速缓存实现初始化、刷新及旁路数据高速缓存的指令操作。

6. 紧耦合存储器（TCM）

紧耦合存储器是一种紧挨着内核的快速SRAM，可向对性能要求严格的应用提供低延迟访问，与高速缓存相比，紧耦合存储器有以下优点：

（1）性能与高速缓存相似。

（2）软件可保证关键代码和数据存入紧耦合存储器中。

（3）代码执行的确定性——装载和存储指令或数据的时间是可预测的。

实际上，紧耦合存储器是 Nios Ⅱ 处理器内核上的一个独立的主端口，与指令或数据主端口类似。Nios Ⅱ 核可以不包含紧耦合存储器，也可以包含 1 个或多个。每个紧耦合存储器端口直接与具有固定的低延迟的存储器相连，该存储器在 Nios Ⅱ 内核的外部，通常使用 FPGA 片内存储器。

紧耦合存储器可以与其他存储器一样占据标准的地址空间，其地址范围在系统创建时指定。软件使用通常的装载和存储指令访问紧耦合存储器，与访问其他存储器一样。

系统在访问指定的代码或数据时，使用紧耦合存储器可获得最高性能。例如，对有中断请求的系统，把中断处理程序存入紧耦合存储器可使中断延时最小化。类似地，DSP 应用系统中，把数据缓冲区放在紧耦合存储器中可获得最高的数据访问速度。如果应用系统存储容量要求够小，则完全使用紧耦合存储器存放代码和数据是可能的。对于复杂的应用系统，必须有选择性地将指令或数据存放在紧耦合存储器中，以获得最高的性价比。

7. 寻址方式

Nios Ⅱ 处理器系统支持以下寻址方式：

（1）立即数寻址：指令直接给出操作数。

（2）寄存器寻址：所有的操作数都是寄存器，结果保存在寄存器中。

（3）移位寻址：将寄存器和带符号的 16 位立即数相加的结果作为地址。

（4）寄存器间接寻址：使用了移位寻址，只是移位值是常量 0。

（5）绝对寻址：范围有限制的绝对寻址方式，通过使用带有寄存器 r0（它的值始终是 0x00H）的移位寻址来实现。

8. 地址映射

在 Nios Ⅱ 处理器系统中，存储器和外设的地址映射是由设计决定的，设计人员在系统生成时需要指定以下 3 种地址：复位地址、异常地址和断点处理地址。

程序员通过使用宏和驱动程序来访问存储器和外设，灵活的地址映射并不会影响应用程序开发人员。

9. 存储器与外设的访问

Nios Ⅱ 地址是 32 位的，允许访问 4 GB 的地址空间，但许多 Nios Ⅱ 核在实现时允许使用的地址位为 31 位或更少。外设、数据存储器和程序存储器被映射到同一地址空间。存储器和外设地址在系统创建时指定。若对未映射的存储器或外设地址进行读写操作，可能产生不可预知的结果，如图 8－6 所示。

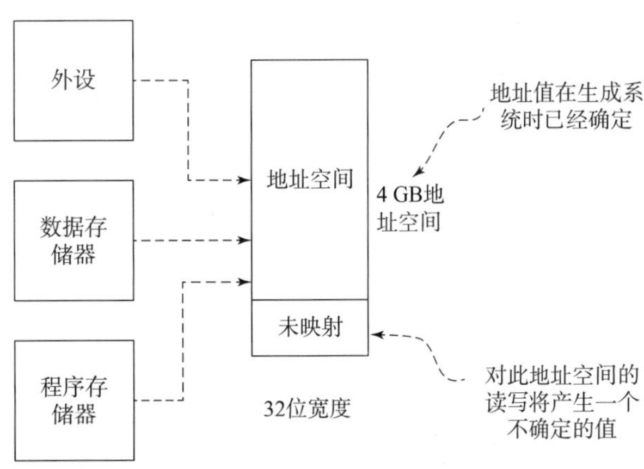

图 8－6　Nios Ⅱ 存储空间分配

8.2 Nios Ⅱ总线结构

总线，是处理器各功能组件之间传送信息的通信线路，它对整个处理器系统的正常工作起着非常关键的作用。目前流行的总线有 ARM7 的 AMBA 总线、IBM 的 CoreConnect 总线、Intel 总线等。Avalon 总线是 Altera 公司应用在其软核处理器 Nios Ⅱ 上的总线结构。

8.2.1 Avalon 总线

Avalon 总线是一种用于实现处理器和外设交互的内联总线。它由 Qsys 系统自动生成，利用最少的 FPGA 资源，产生最佳的 Avalon 交换能力。Avalon 接口的一些显著特性如下：

（1）使用独立的地址、数据、控制线，提供与片上逻辑的简单接口。因使用相互独立的地址和数据通路，Avalon 外设不需要识别数据和地址周期。

（2）设备分为主设备和从设备。

（3）最高支持 128 位的数据宽度，支持不是 2 的偶数幂的数据宽度。

（4）采用同步操作机制，简化了接口的时序。

（5）支持动态地址对齐，可处理具有不同数据宽度的外设之间的数据传输。

（6）协议简单，占用资源少，接口性能高，可达到每个时钟传输 1 次。

1. 主从设备

Avalon 总线与一般总线不同之处在于其可配置性，它可以用少量信号支持简单的传输；用更多的信号支持复杂的传输类型。它所提供的信号是其他总线的超集。Avalon 接口主要分为 Avalon 主端口和 Avalon 从端口，它们的特点如下：

（1）Avalon 主端口：是可以初始化传输的信号集合。

（2）Avalon 从端口：是响应传输请求的信号集合。

（3）主端口和从端口并不直接相连，而是都连接到系统互连结构上，系统互连结构完成主、从端口之间的信号转换。

（4）主端口与系统互连结构之间的传输与系统互连结构与从端口之间的传输可能有非常大的区别，因此，在后续研究中，要清晰区分主端口和从端口。每个 Avalon 的外围设备可能具有一个主端口、一个从端口或多个主端口、多个从端口。

（5）传输：是指 Avalon 端口与系统互连结构之间的数据传输，一次传输最多可传送 1024 bit 数据，需要一个或多个时钟周期。

（6）传输可以分为主传输和从传输。主端口发起与系统互连结构之间的传输，从端口响应来自系统互连结构的传输请求。

（7）主端口执行主传输，从端口执行从传输。

（8）主 - 从传输对：指在传输过程中，主、从端口通过系统互连结构相互连接。

（9）Avalon 总线信号根据是在主端口还是从端口分为主端口信号和从端口信号。

2. 总线时序

Avalon 总线是一个同步总线接口，由一个 Avalon 总线主时钟定时，所有总线传输的信号都与 Avalon 总线时钟同步。同步总线接口并不意味着所有的 Avalon 总线信号都是锁存的。比如，Avalon 的 chipselect 信号便是由组合逻辑产生的，其输入是同步于 Avalon 总线时钟的寄存器的输出。因此，外设不能使用 Avalon 信号的边沿，因为 Avalon 信号在达到稳定前会变化多次。就像所有同步设计一样，Avalon 总线外设只能在时钟上升沿对稳定的信号做出响应，且必须在时钟上升沿输出稳定的信号时才可用。

3. 总线信号

由于 Avalon 总线是一个由 HDL 文件综合而来的，所以在连接 Avalon 总线模块和 Avalon 外设时需要一些特别的考虑。对于传统的片外总线结构，所有外设都共享一组固定的、预先设计的金属线路，而 Avalon 总线与此不同。Qsys 必须准确地了解每个外设提供了哪些 Avalon 端口，以便连接外设与 Avalon 总线模块。

4. 总线仲裁

Avalon 总线允许多个端口连接到 Avalon 总线模块。而且实现 Avalon 总线的并发多主端口功能时，Avalon 总线模块不需要额外的特殊信号。当多个主外设试图同时访问同一个外设时，Avalon 总线模块内部的从端口仲裁逻辑会被用来解决冲突。仲裁机制对于 Avalon 总线外设完全是透明的。因而，无论是否使用了仲裁，应用于主端口和从端口的 Avalon 总线传输协议都是相同的。

Avalon 主要包含 Avalon - MM（Avalon Memory Mapped Interface）总线和 Avalon - Stream（Avalon Streaming Interface）总线两类。Avalon - MM 总线是一种基于地址读写的主从互连的机制，主要用于 Nios II 处理器和各外设之间的传输；Avalon - Stream 总线用于数据流的单向传输，可实现点到点的大数据量吞吐，主要完成外设之间的点到点数据传输。

8.2.2　Avalon - MM 总线

1. 接口特性

Avalon - MM 总线将 Nios II 系统中的各个主机或从机连接在一起，Avalon - MM 总线就像一条主干道，而各个主机或从机都是通过一条分支小路连接到主干道上。主机有访问各个从机的主动权，一个系统中的主机可以不止一个，CPU 可以是主机，DMA 也可以是，而且二者可以同时通过 Avalon - MM 总线访问同一个从设备。Avalon - MM 总线针对的是主从连接，可以通过地址进行访问，这种访问方式与常规的嵌入式总线传输方式相同。

大多数用户只关心从传输，因为他们设计的用户自定义外设一般都是从外设。这时，用户只需考虑 Avalon 总线模块和用户自定义外设之间的信号。只有当用户创建主外设时才涉及主传输。

2. 从设备接口信号

表 8 - 8 列举了外设的从端口与 Avalon 总线间接口的部分信号类型。信号的方向是以外设的角度定义的。外设提供的信号由外设的设计定义决定，不需要提供全部的信号类型。

表 8 - 8　Altera 从接口信号描述

信号类型	宽度/bit	方向	必需	描述
clk	1	输入	no	系统模块和 Avalon 总线模块的全局时钟信号，所有总线传输都同步于 clk
reset	1	输入	no	全局复位信号，如何使用取决于外设
chipselect	1	输入	yes	从端口的片选信号。当 chipselect 信号无效时，从端口必须忽略所有的 Avalon 信号输入

续表

信号类型	宽度/bit	方向	必需	描述
address	1～32	输入	no	来自 Avalon 总线模块的地址线
byteenable	0，2，4	输入	no	字节使能信号，在访问宽度超过 8 位的存储时选择待定的字节段，如何使用该信号取决于外设
read	1	输入	no	从端口读请求信号。当从端口不输出数据时不需要该信号
readdata	1～32	输出	no	读传输中输出到 Avalon 总线的数据线，当从端口不输出数据时，不需要该信号
write	1	输入	no	从端口写请求信号。当从端口不接收数据时不需要该信号
writedata	1～32	输入	no	写传输中输出到 Avalon 总线的数据线，当从端口不接收数据时，不需要该信号

上述信号如果不加说明都是高电平有效。此外，Avalon 总线也提供上述信号的低电平有效版本，在信号名称后加”_ n”表示低电平有效，如 read 信号为高电平有效，而 read_n 为低电平有效。

3. 从设备传输时序

Avalon 总线在数据传输过程中，支持以下几种传输模式：

（1）固定的或可变的等待周期（只用于从端口）传输。

（2）固定或可变延迟流水线传输。

（3）建立和保持时间（只用于从端口）。

（4）突发传输。

（5）三态传输。

本节以具有固定等待周期的读操作作为例来详细说明 Avalon 总线从设备的读操作时序关系。具有固定等待周期从端口传输使用的信号与基本读传输使用的相同，不同点只是信号的时序。具有等待周期的从端口读传输适用于不能在一个时钟周期内提供数据的外设。例如，若指定了一个等待周期，Avalon 总线模块在提供了有效的地址和控制信号后，会等待一个时钟周期再捕获外设的数据。Avalon 总线模块在每次读传输时都会等待固定数量的总线周期。

图 8－7 显示了具有单个等待周期的从端口读传输的时序。Avalon 总线模块在第一个总线周期提供 address、byteenable、read_ n 和 chipselect 信号。由于具有等待周期，外设不必在第一个总线内提供 readdata。第一个总线周期是第一个（也是唯一一个）等待周期。从端口可以随时捕获地址和控制信号，片上的同步外设通常在第二个总线周期开始（等待周期结束）时的 clk 上升沿捕获地址和控制信号。在第二个总线周期内，目标外设向 Avalon 总线模块提供 readdata。在第三个也是最后一个时钟上升沿，Avalon 总线模块由从端口捕获 readdata。在第三个也是最后一个时钟上升沿，Avalon 总线模块从总端口模块取得数据并结束总线传输。时序说明：

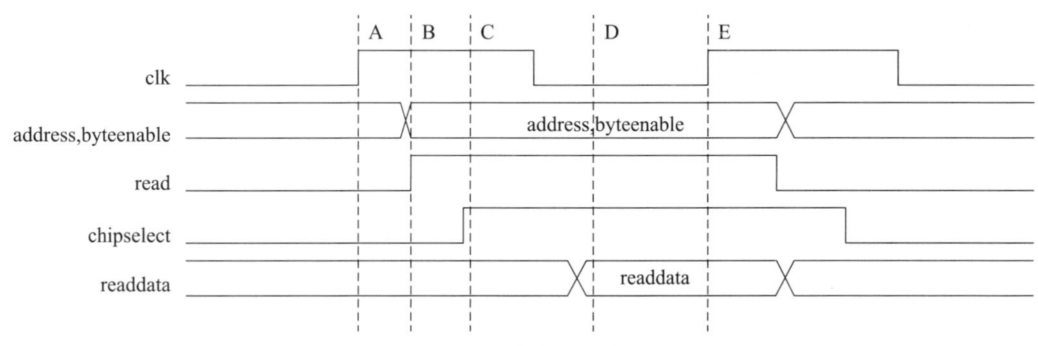

图 8－7　固定等待周期的读时序

（1）第一个总线周期开始于 clk 上升沿。

（2）address 和 read 信号有效。

（3）Avalon 总线对 address 译码，输出有效的 chipselect。

（4）clk 上升沿标志着第一个且是唯一的一个等待周期结束。如果从端口是同步的，它可以在 clk 上升沿捕获 address、read_ n 和 chipselect。

（5）从端口在第二个总线周期内返回有效数据。

（6）Avalon 总线在下一个 clk 上升沿捕获 readdata，读传输到此结束。另一个总线传输可以在下一个时钟上升沿开始传输。

8.2.3　Avalon－Stream 总线

1. 接口特性

Avalon－Stream 接口可实现点到点的大数据量传输，可用作外设备组件间的数据通信接口。该接口具有高带宽、低延时和非双向的特点。相对于 Avalon－MM 总线基于地址映射的访问方式，Avalon－Stream 总线更适合于高带宽、低时延的单项数据传输。例如图 8－8 所示的一个简单的图像采集显示系统，在衔接一些高数据吞吐量的接口上就可以采用 Avalon－Stream 总线接口。假设该系统中 Nios Ⅱ 处理器负责前端采集的图像进行解码或是其他变换处理，然后再送给显示终端，那么在图像采集的前端就会产生大量的数据吞吐量，而在图像显示刷新的后端也会有大量数据传输的工作，那么这些任务交给 Avalon－Stream 并配合 DAM 操作将十分高效。

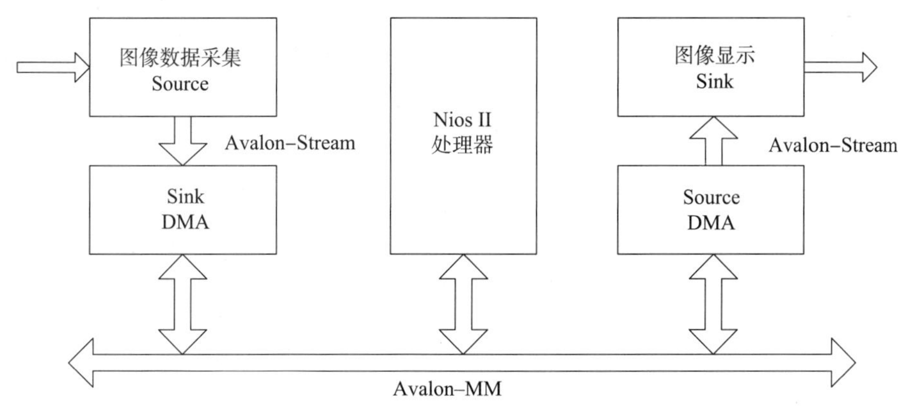

图 8－8　数据采集显示系统

Avalon – Stream 接口也支持更加复杂的协议，包括突发传输、数据包在多个通道间交错传输等功能，它的一些突出性能如下：

（1）低延迟、高吞吐量的点到点数据传输。

（2）支持多通道传输和灵活地在多个通道间交错传输。

（3）单边的信号传输信道，提供数据包错误、数据包开始和结束的标志。

（4）支持数据突发传输。

（5）自适应接口。

2. Avalon – Stream 接口信号

在 Avalon – Stream 总线的源端口和目标端口的每个接口信号对应一个 Avalon – Stream 的信号类型。Avalon – Stream 的接口可能只包含一个实例模块的信号。所有 Avalon – Stream 的信号类型在源端口和目标端口的含义都是相同的。表 8 – 9 列出了构成一个 Avalon – Stream 的数据接口的信号类型。

表 8 – 9　Avalon – Stream 接口信号

信号类型	宽度/bit	方向	必需	描述
基本信号：				
ready	1	目标→源	否	ready 被拉高时，表明目标端口可以接收数据。目标端口在周期 < *n* > 拉高 ready 信号，表示周期 < *n* + readyLatency > 为准备完成的周期。在此期间，源端口可以使 valid 有效并传输数据。 源端口在没有 ready 信号输入时不能被反馈。同样地，目标端口在没有 ready 信号输出时不能发送反馈
valid	1	源→目标	否	valid 信号置高表示源端到目标端的信号有效。在 vaild 刚被置高后的准备周期，目标端可以采集数据总线和其他源端到目标端的信号，而在其他周期时这些信号将会被忽略
data	1 ~ 256	源→目标	否	数据信号从源端口发送到目标端口，一般的数据包通过 data 信号发送。
channel	0 ~ 8	源→目标	否	定义了本周期发送数据的通道数。如果一个接口支持 channel 信号，则必须定义 maxChannel 参数
error	1 ~ 255	源→目标	否	用来标记本周期正在传输的数据中的错误。error 中的单个位对应的错误由模块的 errorDescriptor 属性定义
包传输信号：				
startofpacket	1	源→目标	否	源端口置高表明数据包的开始
endofpacket	1	源→目标	否	源端口置高表明数据包的结束
empty	1	源→目标	否	数据包发送结束的周期指示本数据包中的空符号的数目。在一次传输中如果只有一个符号，empty 信号是无用的。如果 endofpacket 没有置高，本信号无效

3. 信号时序

Avalon - Stream 连接的所有传输均在时钟的上升沿发生。从源端口输出到目标端口的所有信号必须在时钟的上升沿从寄存器输出，包括 data、channel 和 error 信号等。输入到目标端口的信号不需要寄存器锁存。

Avalon - Stream 组件通常不包括时钟使能输入，因为 Avalon - Stream 本身的接口信号就可以决定本组件是否正在被使能。配合 Avalon - Stream 总线的组件可能包括一个供内部逻辑使用的时钟使能输入，但是必须小心设计，保证接口控制信号的时序仍然符合协议的要求。

4. 数据传输时序

Avalon - Stream 接口原理框图如图 8 - 9 所示，在这个 Avalon - Stream 的源端（Source）和宿端（Sink）之间只用 2 个控制信号 valid 和 ready，即可完成单向数据流 data 传输。ready 信号用于指示数据宿端是否准备就绪，是否可以接收数据源端传输过来的数据信号 data，而数据源端在需要发送数据的时候也会先检查 ready 信号是否处于有效状态，若有效，则拉高 valid 使之有效，同时将需要传输的数据赋给数据信号 data。数据宿端根据 valid 信号的有效与否决定是否接收当前的数据，当然此处省略了时钟信号，每次数据传输通常都是按照时钟信号一个节拍一个节拍地工作。

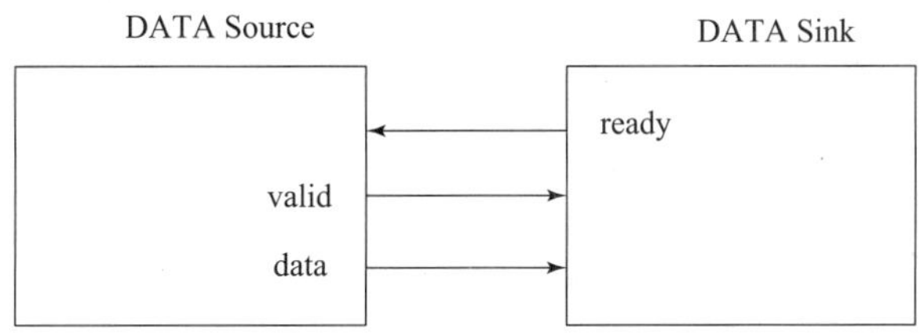

图 8 - 9　Avalon - Stream 接口框图

Avalon - Stream 总线传输时序如图 8 - 10 所示，对于简单的 Avalon - Stream 总线传输而言，在宿端拉高 ready 信号以后源端发送过来的数据才被接收。图中的 clk0 时刻 valid 信号有效，但是 ready 信号无效，所以此时传输的数据无效（Invalid）；clk1 时刻 valid 信号和 ready 同时有效，那么数据 DATA1 就能被宿端接收；clk2 时刻 valid 无效则不锁存任何数据；clk3 时刻 DATA2 被锁存；clk4 时刻由于 ready 信号无效则传输数据无效。以此类推即可理解 Avalon - Stream 总线传输方式。

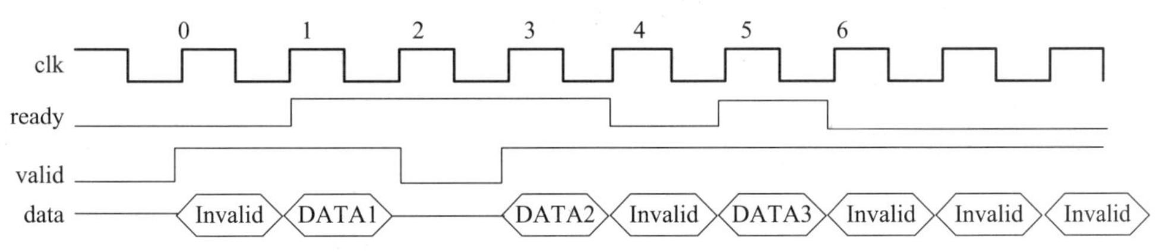

图 8 - 10　Avalon - Stream 总线传输时序

8.3　Nios Ⅱ 的 IP 核及设备驱动

Nios Ⅱ 处理器系统支持的外设主要包含两类：标准外设和定制外设。

（1）标准外设：由 Altera 公司提供的标准外围设备库，比如定时器、串口通信接口、通用 I/O、SDRAM 控制器以及其他存储器接口等。Altera 提供这些外围设备的 Verilog HDL 或者 VHDL 源代码以及所有系统综合需要的软件程序。

（2）定制外设：由设计者采用 HAL 创建并将其集成到 Nios Ⅱ 处理器系统。对于那些花费 CPU 大部分时间执行一段特殊代码的系统，一般地，可创造一个定制外设，用硬件实现同样的功能。该方法有 2 个优点：硬件实现速度比较快；定制外设对数据操作的同时，处理器可并行执行其他操作。

在 Altera 提供的 Qsys 系统中提供了 60 余种标准外设 IP 核的资源，开发者可以很方便地将 Nios Ⅱ CPU、片上 ROM/RAM、三态桥、UART、Timer、通用 I/O、以太网接口、LCD 显示驱动电路等集成在一个系统中，Qsys 系统能够自动完成基地址和中断优先级分配并编译生成供逻辑开发的网表文件和供软件开发人员使用的硬件系统描述文件，这个硬件系统描述文件包含了整个 Nios Ⅱ 系统的全部硬件信息。本节主要介绍 Nios Ⅱ 处理器系统的标准外设，包括定时器、PIO 核以及 JTAG UART 核。

8.3.1 定时器

1. 功能

Nios Ⅱ 的内部定时器组件是一个间隔定时器，它能够产生周期性脉冲，可用于多种有定时需要的场合。具有如下特性：

（1）支持 32 位或者 64 位计数。

（2）可控制定时器的启动、停止和复位。

（3）2 种计数模式：减 1 计数和加 1 计数。

（4）计数值为 0 时可屏蔽中断请求（IRQ）。

（5）包含可选择的看门狗定时器，当计数值为 0 时复位系统。

（6）当定时器为 0 时，可选择定时器周期脉冲发生器输出一个脉冲。

（7）与 32 位和 16 位处理器兼容。

定时器的功能和接口方框图如图 8－11 所示。

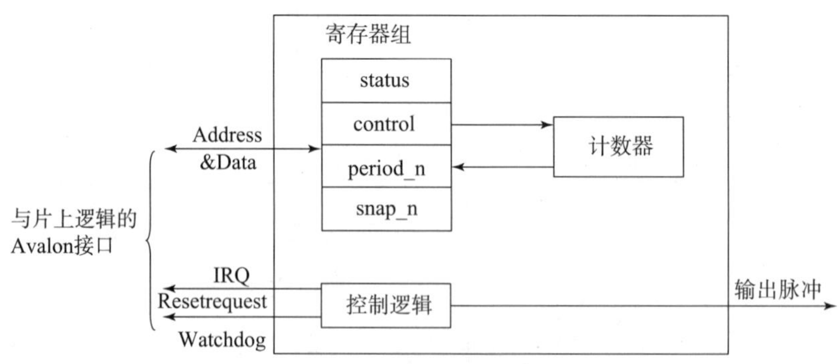

图 8－11　定时器结构框图

定时器为用户提供了 2 个可见的功能部件：6 个 16 位的读写寄存器和一个可选的用作周期脉冲发生器的脉冲输出。用户可通过这些接口实现如下操作：

（1）通过对控制寄存器进行写操作，可以启动、停止定时器，允许/禁止 IRQ 等。

（2）通过读状态寄存器，获取当前定时器的状态信息。

（3）通过对周期寄存器进行写操作，可设定定时器的周期。

（4）当内部计数器计数减到 0 时，立即会从周期寄存器中重新装载计数值。

（5）通过先写 snap 寄存器来请求计数器的同步信息，用户可以读取当前定时器的实时 32 位计数值。

（6）当减 1 计数器减到 0 时。

①如果 IRQ 被允许，将产生一个 IRQ。

②产生一个时钟周期的输出脉冲。

③看门狗产生系统复位信号。

2. 寄存器

用于控制定时器工作模式的寄存器有 6 类，它们的定义如表 8 - 10 所示。

表 8 - 10　定时器的寄存器定义

地址偏移	寄存器名称	读/写	功能描述
0	status	读写	bit15 ~ bit 2：保留。 bit1：运行指示位。当计数寄存器工作时，该位置 1。 bit0：定时结束指示位。当计数器回零时，该位置 1
1	control	读写	bit15 ~ bit 4：保留。 Bit3：停止位。该位写 1 表示停止当前计数功能。 Bit2：启动位。该位写 1 表示启动计数功能。 bit1：持续运行位。该位置 1 后，计数器清零后继续计数。 bit0：中断标志位。该位拉高后，当 status 的 bit0 被置 1，将产生 IRQ 中断
2	period0	读写	定时计数周期值 - 1（[15：0]）
3	period1	读写	定时计数周期值 - 1（[31：16]）
4	period2	读写	定时计数周期值 - 1（[47：32]）
5	period3	读写	定时计数周期值 - 1（[63：48]）
6	snap0	读写	当前计数值（[15：0]）
7	snap 1	读写	当前计数值（[31：16]）
8	snap 2	读写	当前计数值（[47：32]）
9	snap 3	读写	当前计数值（[63：48]）

3. 配置

设计者在使用 Qsys 配置定时器特性时，可以根据自己的实际情况配置参数，定时器的参数配置页面如图 8 - 12 所示。

（1）Timeout period。

该选项的设定决定了定时器的输出频率，即决定了定时器周期的初值。周期可为 μs、ms、s 或 clocks（周期的时钟数）等单位。实际的周期取决于系统时钟，如果用 μs、ms 或 s 等单位指定周期，则实际的周期将大于或等于指定的 Timeout period 的最小时钟周期数。

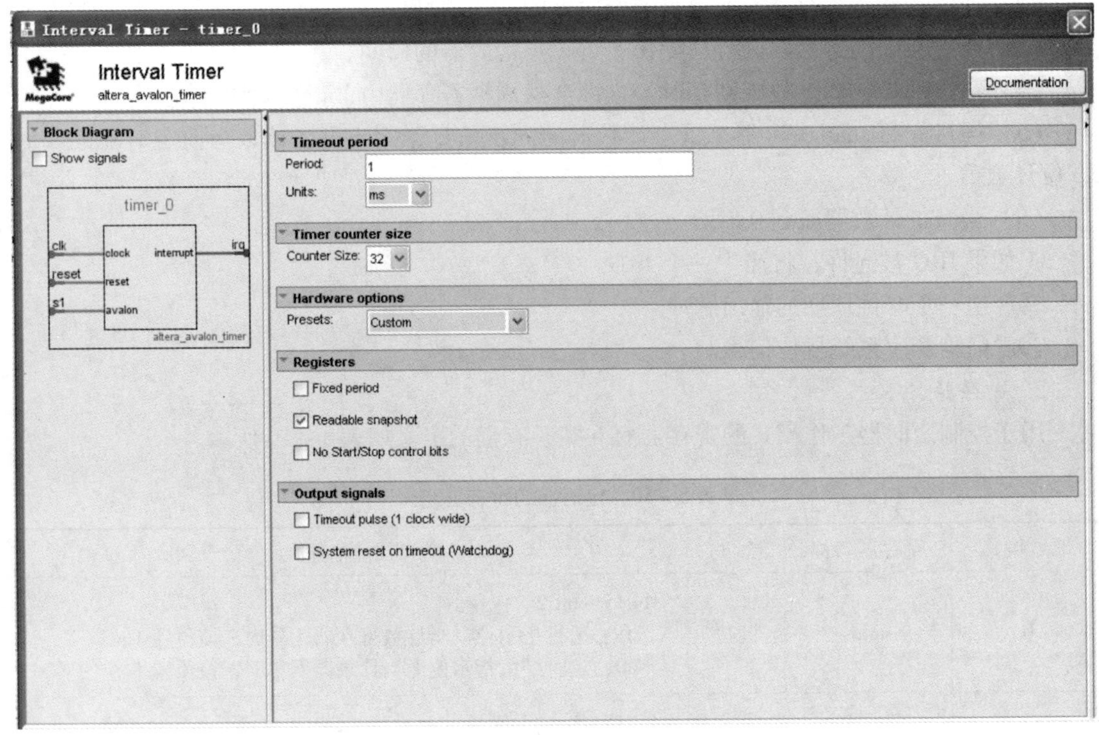

图 8-12　定时器参数配置

（2）Timer counter size。

该字段决定计数器的位数，可以是 32 位，也可以是 64 位，它将影响计数器的最大值。

（3）Hardware options。

硬件选项。该选项将影响定时器核的硬件结构。预置配置（Preset Configurations）表提供了几个预定义的硬件配置，它们是：

①周期中断：适用于仅需要周期性地产生 IRQ 信号的系统，固定周期由前面选项设定，定时器不能停止，但 IRQ 可被禁止。

②全功能：适用于需要一个变周期定时器的嵌入式处理器系统，处理器可控制定时器的启动和停止。

③看门狗：适用于当系统停止响应时，需要看门狗定时器复位系统的情况。

④自定义：用户可以通过配置寄存器和输出选项来自定义定时器。

（4）Registers。

用于指定是否可以更新定时器周期，是否可以读取当前的计数值，是否允许处理器暂停或者重新开始计数，具体说明如表 8-11 所示。

表 8-11　Registers 的设置定义

选项	描述
Fixed period	当允许时：递减周期为指定的超时周期，定时器周期不可更改； 当禁止时：主外设通过对 periodl 和 periodh 写操作改变递减计数周期

续表

选项	描述
Readable snap	当允许时：主外设可读取当前递减计数的快照； 当禁止时：计数器的状态只能通过其他标志来检测
No Start/Stop control bits	当允许时：定时器连续运行，不可被停止； 当禁止时：主外设通过写控制寄存器中的 Start 和 Stop 位来启动和停止定时器

（5）Output signals。

该选项用于指定是否选择超时脉冲输出和系统的看门狗复位信号，如表 8 – 12 所示。

表 8 – 12　输出信号的定义

选项	描述
Timeout pulse	当允许时：定时器输出 timeout_ pulse 信号。当定时器计数到 0 时，输出一个时钟的高电平信号。 当禁止时：timeout_ pulse 信号不存在
System reset on timeout	当允许时：定时器核的 Avalon 从端口包括 resetrequest 信号，只要计数器计到 0，就输出一个时钟的高电平复位信号。 当禁止时：resetrequest 信号不存在

4. 驱动

Altera 提供了 HAL 系统库驱动程序，用户可以通过 HAL API 函数直接访问定时器，不需要直接访问定时器寄存器。对于提供的 HAL 驱动程序，应用程序开发者不能修改。

（1）altera_avalon_timer_regs. h：定义了定时器的寄存器映像，提供了访问底层硬件的符号常量。

（2）altera_avalon_timer. h、altera_avalon_timer_sc、altera_avalon_timer_ts. c、altera_avalon_timer_vars. c：用于实现定时器设备访问的驱动程序。

8. 3. 2　PIO 核

1. 功能

PIO（并行输入/输出）核为 Avalon 从端口和通用 I/O 端口提供了一个存储器映像接口。这些 I/O 端口可以直接与片上用户逻辑相连，也可以直接连接到 FPGA 的片外设备上。

PIO 组件适用于多种应用场合，如控制 LED、获取开关数据、控制显示设备、片外设备的配置与通信等。

每个 PIO 可提供 32 个 I/O 端口，处理器可通过读/写寄存器映像的 Avalon 接口控制器控制 PIO 端口。在 Nios Ⅱ 控制下，PIO 获取输入端口的数据，传送数据到输出端口。当 PIO 端口直接与 I/O 引脚相连时，处理器通过写 PIO 控制寄存器可对 I/O 引脚进行三态控制。图 8 – 13 所示为多个 PIO 的应用实例。其中，一个作为输出用于控制 LED；一个作为输入用于捕获片上复位请求控制逻辑；一个作为双端口控制片外 LCD 显示。

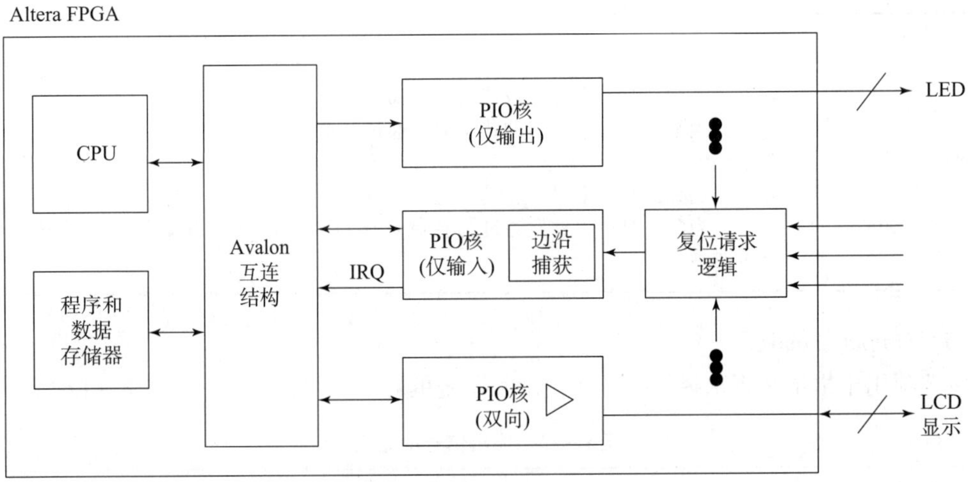

图 8-13　PIO 功能框图

2. 寄存器

PIO 核的 I/O 端口可连接片上逻辑或片外逻辑，PIO 核可配置为输入、输出或双向。用于控制 PIO 工作模式的寄存器有 4 个，它们的定义如表 8-13 所示。

表 8-13　PIO 核的寄存器定义

偏移	寄存器名称	读/写	功能描述
0	data（数据寄存器）	读写	作为输入时：通过读操作获取当前 PIO 输入端的数据值； 作为输出时：通过写操作将数据输出到 PIO 上
1	direction（方向寄存器）	读写	每个 I/O 端口的数据方向控制。 0：设置方向为输入； 1：设置方向为输出
2	interruptmask（中断屏蔽寄存器）	读写	每个输入端口 IRQ 中断使能。 0：禁止中断； 1：中断使能
3	edgecapture（边沿检测寄存器）	读写	每个输入端口的边沿检测

3. 配置

设计者在使用 Qsys 配置 PIO 特性时，可以根据自己的实际情况，配置参数，PIO 参数配置页面如图 8-14 所示。

（1）Basic Settings。

①位宽：指定 I/O 端口的位宽，宽度设定为 1～32 之间的任意整数值。

②方向：指定端口信号流的方向，包含 4 种模式，如表 8-14 所示。

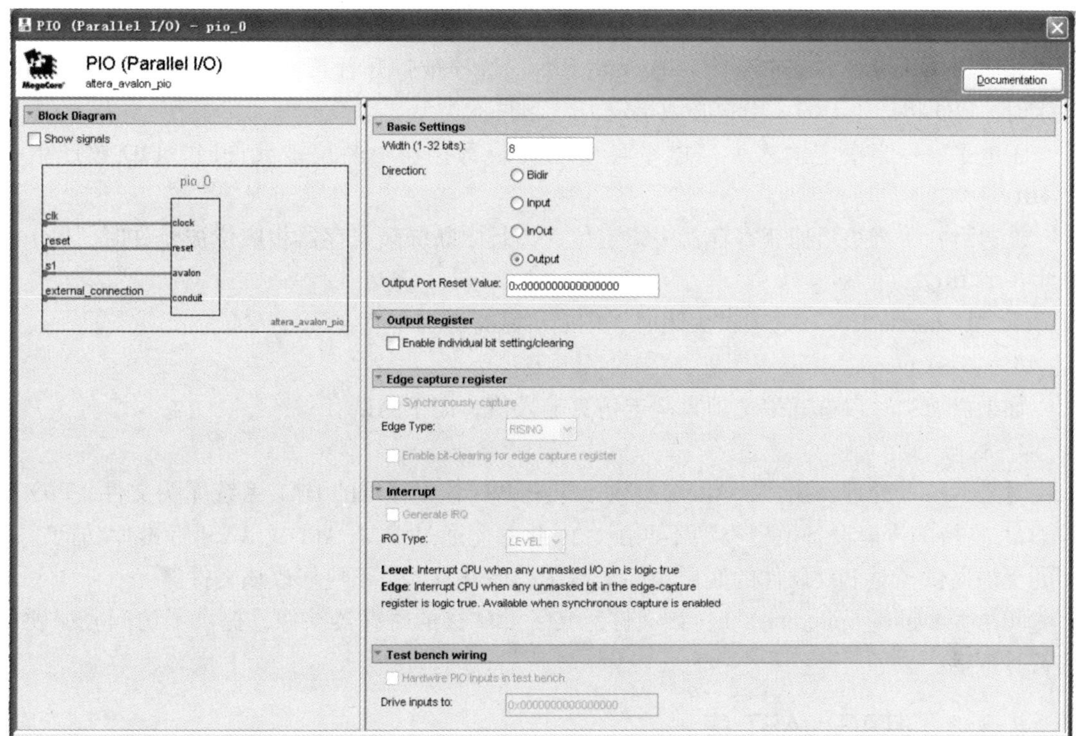

图 8-14　PIO 参数设置

表 8-14　PIO 数据方向配置

设定	描述
双向（三态）端口	每个 PIO 位共享一个引脚驱动和捕捉数据。每个引脚的方向可单独选择，为了使 FPGA 的引脚为三态，应设置方向为输入
输入端口	PIO 端口仅能捕捉输入
输出端口	PIO 端口仅能驱动输出
输入/输出端口	输入和输出端口总线是独立的、单向的总线，其宽度为 n

③输出端口复位值：指定输出端口在复位状态下的输出值。

（2）Output Register。

若上面选择的模式包含输出端口，则可以通过选定该选项来设置或清零输出端口的个别位。

（3）Edge captureregister。

该标签允许设计者指定边沿捕捉和产生 IRQ。若在基本设定标签中只选择了输出端口，则输入选项标签不可用。

①当同步捕获（Synchronously capture）选项被打开后，PIO 包含边沿捕获寄存器 edgecapture。用户必须进一步指定边沿触发类型，包含：上升沿、下降沿、上升沿和下降沿。

②指定类型的边沿在输入端口出现时，边沿捕获寄存器允许 PIO 核检测并产生一个中断请求；当同步捕获选项关闭时，edgecapture 寄存器不存在。

（4）Interrupt。

该选项用于设置 I/O 中断。“Generate IRQ”选项被打开且某一指定的事件在输入端口发生时，PIO 将产生 IRQ。用户必须指定 IRQ 事件的类型。

①电平——当指定输入为高电平且中断屏蔽寄存器中断位被允许时，PIO 核产生一个 IRQ。

②边沿——当边沿捕获寄存器中指定位为高且中断屏蔽寄存器相应位被允许时，PIO 核产生一个 IRQ。

当“Generate IRQ”选项被关闭时，中断屏蔽寄存器不存在。

（5）Test bench wiring。

如果需要，可以选通该选项来制定仿真输入值，用于测试。

4. 驱动

对于 Nios Ⅱ处理器用户，Altera 提供了定义 PIO 核寄存器的 HAL 系统库头文件，PIO 核与 HAL 支持的一般设备模型类型不匹配，因此不能通过 HAL API 或 ANSI 标准库访问，下面的文件提供了对 PIO 硬件的底层访问，应用程序开发人员不应修改该文件。

altera_ avalon_ pio_ regs. h：该文件定义了 PIO 核的寄存器映像，提供了访问底层硬件的符号常量。

8. 3. 3 JTAG UART 核

1. 功能

具有 Avalon 接口的 JTAG UART（通用异步收发器）核类似于常规的串口，它包含两个串口线：一个用于接收，一个用于发送。JTAG UART 核在许多设计中用来代替 RS－232 完成 FPGA 上的 Qsys 系统与 PC 主机间的串行通信。

JTAG UART 核使用 FPGA 内嵌的 JTAG 电路，PC 机通过 FPGA 上的 JTAG 专用引脚对核进行访问，且通过 JTAG 下载电缆与 FPGA 连接。图 8－15 是 JTAG UART 与 FPGA 内部 JTAG 电路的连接框图。

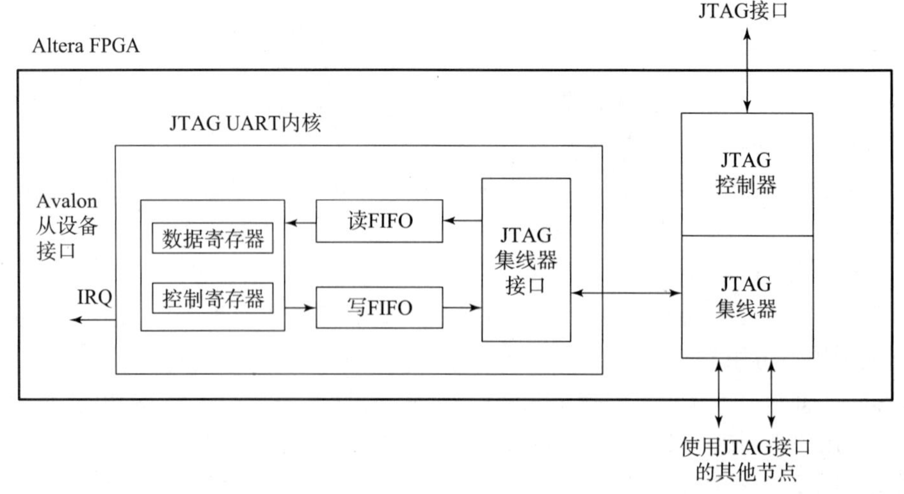

图 8－15　JTAG UART 功能框图

（1）Avalon 从接口。

JTAG UART 核为 FPGA 上的 JTAG 电路提供了一个 Avalon 从接口。该接口为用户提供了两个 32 位的数据和控制寄存器，CPU 通过从接口可以对它们进行访问；作为 Avalon 主端口，例如 NiosⅡ处理器，可以通过访问寄存器来控制 JTAG UART 和通过 JTAG UART 传输数据。JTAG 核每次传送 8 位，数据寄存器将 8 位作为一个字符进行传输。当读数据已准备好或写 FIFO 准备好时，JTAG UART 核可以输出一个高有效的中断请求信号。

（2）双向 FIFO。

JTAG UART 核提供了一对 FIFO 用以提高 JTAG 的带宽，FIFO 大小可设置。FIFO 可由存储器块或寄存器组成，且允许设计者在逻辑资源和存储器之间进行折中。

（3）JTAG 接口。

Altera FPGA 在 JTAG 引脚和内部逻辑电路之间搭建了 JTAG 控制电路。由于可能有多个节点需要通过 JTAG 接口与 PC 机通信，故需要一个 JTAG Hub（即多路开关）。在逻辑综合和测试时，Quartus II 自动产生 JTAG Hub 逻辑电路，不需要对 JTAG 电路做任何手动连接。

FPGA 上的 JTAG 控制器和位于 PC 主机上的下载电缆驱动程序实现了主机和目标系统间的一个简单的数据连接。在 FPGA 内的所有 JTAG 节点通过一个 JTAG 连接被多路转接。PC 主机上的 JTAG 服务器软件对 JTAG 数据流进行控制和解码，实现不同节点间的连接。

2. 寄存器

用于控制 JTAG UART 核工作模式的寄存器有 2 个，它们的定义如表 8－15 所示。

表 8－15　JTAG UART 核寄存器定义

<table>
<tr><th rowspan="2">偏移量</th><th rowspan="2">寄存器名</th><th rowspan="2">读/写</th><th colspan="12">位描述</th></tr>
<tr><th>31</th><th></th><th>16</th><th>15</th><th></th><th>10</th><th>9</th><th>8</th><th></th><th>2</th><th>1</th><th>0</th></tr>
<tr><td>0</td><td>data</td><td>RW</td><td colspan="3">RAVAIL</td><td>RVALID</td><td colspan="4"></td><td colspan="4">DATA</td></tr>
<tr><td>1</td><td>control</td><td>RW</td><td colspan="3">WSPACE</td><td colspan="2">*</td><td>AC</td><td>WI</td><td>RI</td><td colspan="2">*</td><td>WE</td><td>RE</td></tr>
</table>

嵌入式软件通过数据寄存器访问读/写 FIFO。表 8－16 描述了每位的功能。

表 8－16　JTAG UART 数据寄存器定义

位号	位/域名称	读/写/清除	描述
0～7	DATA	RW	与 JTAG 核通信的数据。对于写操作，DATA 是一个写入 FIFO 中的字符；对于读操作，DATA 是一个从 FIFO 中读出的字符
15	RVALID	R	指示 DATA 域是否有效。若 RVALID＝1，则 DATA 域有效；否则，DATA 未定义
16～32	RAVAIL	R	本次读操作后读 FIFO 中剩下的字符数

软件通过控制寄存器控制 JTAG UART 核的中断请求并读取状态信息。表 8－17 描述了每位的功能。

表 8-17 JTAG UART 核控制寄存器定义

位号	位/域名称	读/写/清除	描述
0	RE	RW	读中断的中断允许位
1	WE	RW	写中断的中断允许位
8	RI	R	指示读中断正在待决
9	WI	R	指示写中断正在待决
10	AC	RC	指示该位清除后，已有 JTAG 操作。写 1 到 AC 把它清为 0
16~32	WSPACE	R	写 FIFO 中剩下的空闲字节数

（1）RE 和 WE 位分别允许读/写 FIFO 中断请求。WI 和 RI 指示中断源的状态。软件可通过检测 RI 和 WI 来决定产生 IRQ 的条件。

（2）AC 位指示 PC 主机上应用程序已经查询了 JTAG UART 核。AC 位一旦置 1，将保持为 1 直到被清除。程序通过检测 AC 位来确定与 PC 主机的某个连接是否存在。如果没有连接存在，则程序可选择忽略 JTAG 数据流。

3. 配置

设计者在使用 Qsys 配置 JTAG UART 硬件特性时，可以根据自己的实际情况配置参数，JTAG UART 参数配置页面如图 8-16 所示。

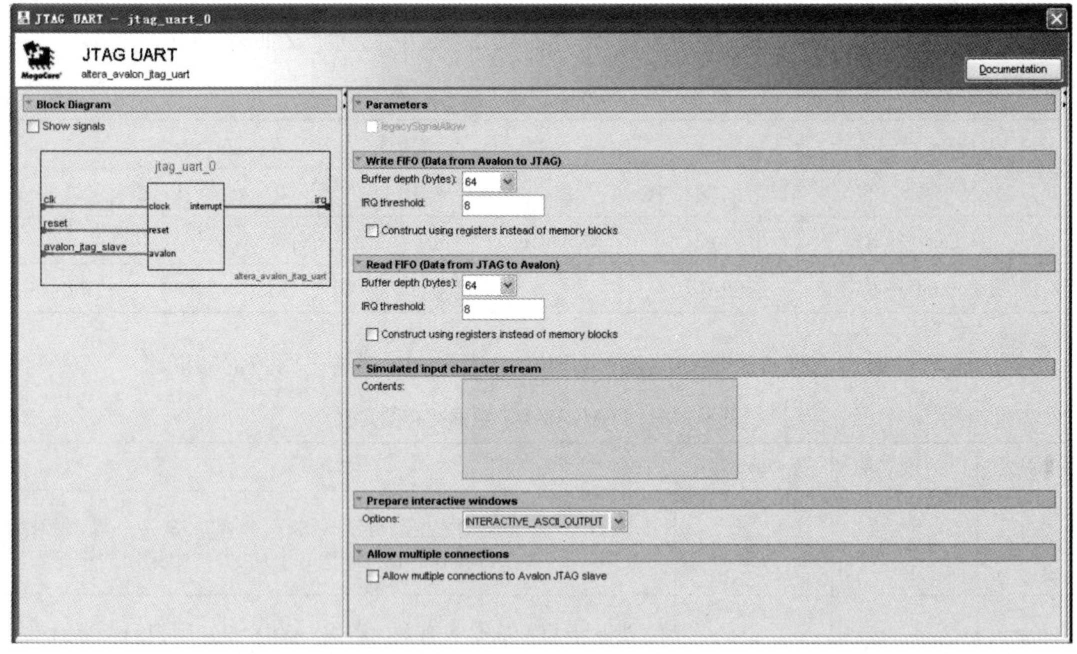

图 8-16 JTAG UART 参数设置

在这个标签中的选项控制 JTAG UART 核的硬件配置。缺省设置是预定义的，它可使设备驱动程序和 JTAG 中断软件性能优化。缺省值一般不用改变，选项“Construct using registers instead of memory blocks”除外。

（1） Write FIFO。

Write FIFO 用于缓存从 Avalon 接口传输到主机的数据，主要包含下列参数：

①深度：Write FIFO 的深度可设置为 8 ~ 32 768 字节，且设置值必须为 2 的幂。深度越深，占用的片上存储器资源越多。推荐的缓存深度值为 64。

②IRQ 门限值：该值控制 JTAG 核何时输出 IRQ 信号。当 FIFO 中剩余的字符数与该门限值相同时，JTAG 核发出中断请求。门限值的推荐值为 8。

③Construct using registers instead of memory blocks：若选中该选项，FIFO 由片上逻辑资源构建。当存储器资源有限时，该选项非常有用。

（2） Read FIFO。

Read FIFO 用于缓存从主机传输到 Avalon 接口的数据，主要包含下列参数：

①深度：Read FIFO 深度设置值为 8 ~ 32 768 字节，且必须为 2 的幂。推荐的缓存深度值为 64。

②IRQ 门限值：该值控制 JTAG 核何时输出 IRQ 信号。当 FIFO 中剩余的空间与门限值相同时，JTAG 核发出中断请求。门限值的推荐值为 8。

③Construct using registers instead of memory blocks：若选中该选项，FIFO 由片上逻辑资源构建。

（3） Simulate input character stream。

当 Qsys 创建 JTAG UART 核的逻辑时，也会同时创建一个仿真模型。仿真设置不影响核的硬件功能，只影响其功能仿真。

（4） Prepare interactive windows。

在系统创建时，JTAG UART 发生器能够创建一个 ModelSim 宏，用来在仿真期间打开交互窗口。这些窗口允许用户通过一个控制台发送和接收 ASCII 码字符，就如同在硬件系统实现的一样。可提供的选项如下：

①NO_ INTERACTIVE_ WINDOWS：不为字符 I/O 创建任何 ModelSim 宏。

②INTERACTIVE_ ASCII_ OUTPUT：创建一个 ModelSim 宏，打开一个控制台窗口，通过 Avalon 接口写到 FIFO 的值在控制台以 ASCII 字符形式显示。

③INTERACTIVE_ INPUT_ OUTPUT：创建一个 ModelSim 宏，打开一个控制台窗口，允许 JTAG UART 核的输入/输出。

4. 驱动

对于 Nios Ⅱ 处理器用户，Altera 提供了集成到 HAL 系统库中的 HAL 字符设备驱动程序。用户可通过 HAL API 和 ANSI C 标准库来访问 JTAG UART 核。对 JTAG UART 核的操作与下列文件有关。这些文件定义了硬件底层接口，应用程序开发人员不应修改它们。

①altera_ avalon_ jtag_ uart_ regs. h：定义了核的寄存器映像，提供了访问底层硬件的符号常量。文件中的符号只被设备驱动程序使用。

②altera_ avalon_ jtag_ uart. h、altera_ avalon_ jtag_ uart. c：实现 HAL 系统设备驱动程序。

8.4　基于 Nios Ⅱ 处理器的开发实例

Altera 公司在 Quartus II 11. 0 之后推出了 Qsys 系统集成开发工具，用于替换之前的 SoPC

Builder。Qsys 与 SoPC Builder 在开发流程上没有太大区别，但是在开发中有很多不同点。Qsys 系统集成工具自动生成互连逻辑，与 SoPC Builder 相比，节省了系统的开发时间，提高了系统的集成性能，增强了设计的重用性。设计者采用 Qsys 系统集成工具，能够在一个工具内定义一个从硬件到软件的完整系统，花费的时间也大大降低。

如图 8－17 所示，基于 Nios Ⅱ处理器的开发流程主要包含 4 个阶段。

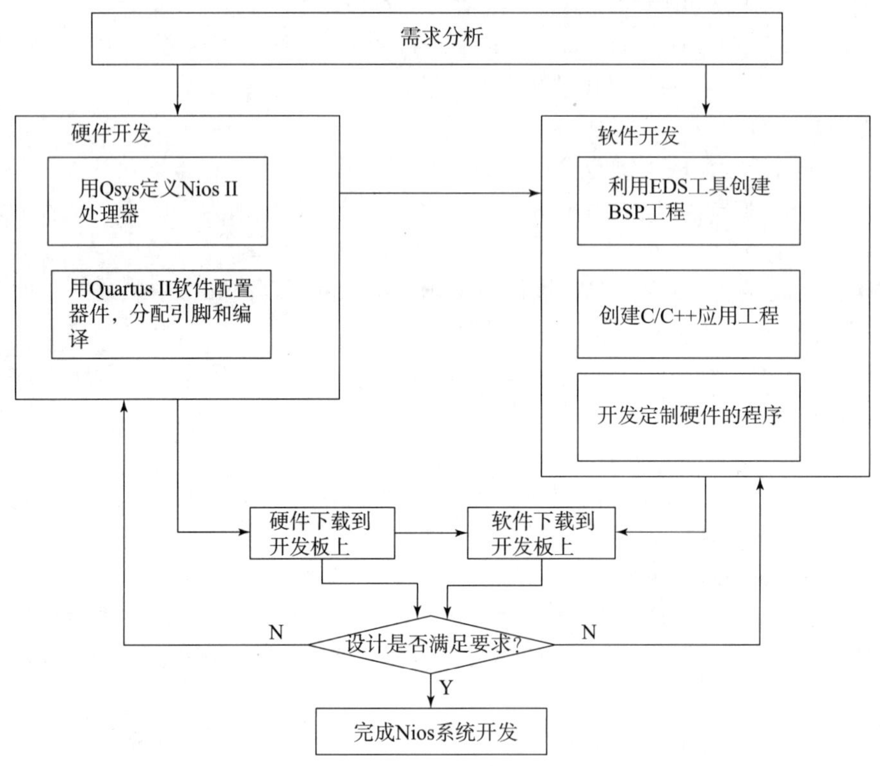

图 8－17　Nios Ⅱ处理器的开发流程

（1）需求分析阶段。

分析系统的功能和性能需求，包括器件选型、外设类型、软件功能和存储系统等。

（2）硬件设计阶段。

①创建 Quartus II 工程。

②用 Qsys 软件搭建系统，选取合适的 CPU、存储器、集成通用的外设，自定义接口等，最后生成 HDL 设计文件。

③利用 Quartus II 工程软件选择目标 Altera FPGA 器件，对 Nios Ⅱ处理器的接口分配引脚，进行硬件编译，生成 FPGA 配置文件。

（3）软件设计阶段。

①利用 EDS 软件创建 BSP 工程，将软件工程与硬件平台相关联。

②创建基于 BSP 工程的应用工程。

③开发定制硬件平台的程序。

（4）调试阶段。

①将硬件配置文件和软件程序下载到硬件平台上进行调试。

②若设计结果与需求相符合，则表示完成了整个 Nios Ⅱ 系统的开发。

下面的章节将通过搭建一个实现控制 LED 间隔 1s 闪烁的实例，来详细说明一个完整的 Nios Ⅱ 处理器开发流程。

8.4.1　利用 Quartus Ⅱ 和 Qsys 构建硬件平台

本系统中硬件平台需要的组件有：Nios Ⅱ 处理器、时钟、system ID、JTAG UART、RAM、PIO、Timer，下面将详细介绍整个硬件平台的搭建过程。

1. 用 Quartus Ⅱ 创建工程

(1) 双击 Quartus Ⅱ 12.0 图标，打开 Quartus Ⅱ 软件，新建一个工程，单击菜单 "File"→"New project Wizard…"命令，启动新建工程向导，如图 8－18 所示。注意工程目录的路径名只能包含字母、数字和下划线，不能包含中文和其他字符。

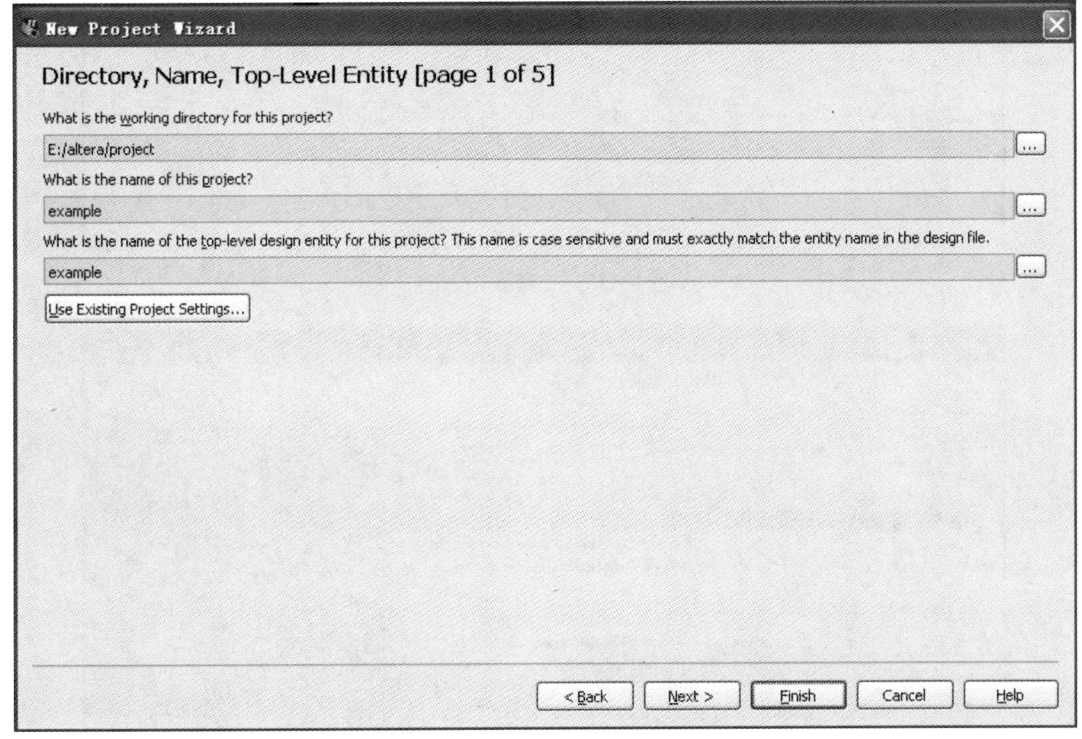

图 8－18　Nios Ⅱ 处理器的开发流程

(2) 在新建工程向导中选择工作芯片型号、综合和仿真工具，建立工程文件，如图 8－19所示。本设计中选用 Stratix Ⅲ 系列的 EP3SL340F1517I4 芯片。在 EDA tool Settings 页面中，仿真工具选用 ModelSim－Altera，Format 选用 Verilog HDL，其他为默认状态。

2. 创建 Qsys 系统

(1) 选择 Quartus Ⅱ 菜单栏的"Tools"→"Qsys"项，打开 Qsys 的编辑界面，如图 8－20 所示。

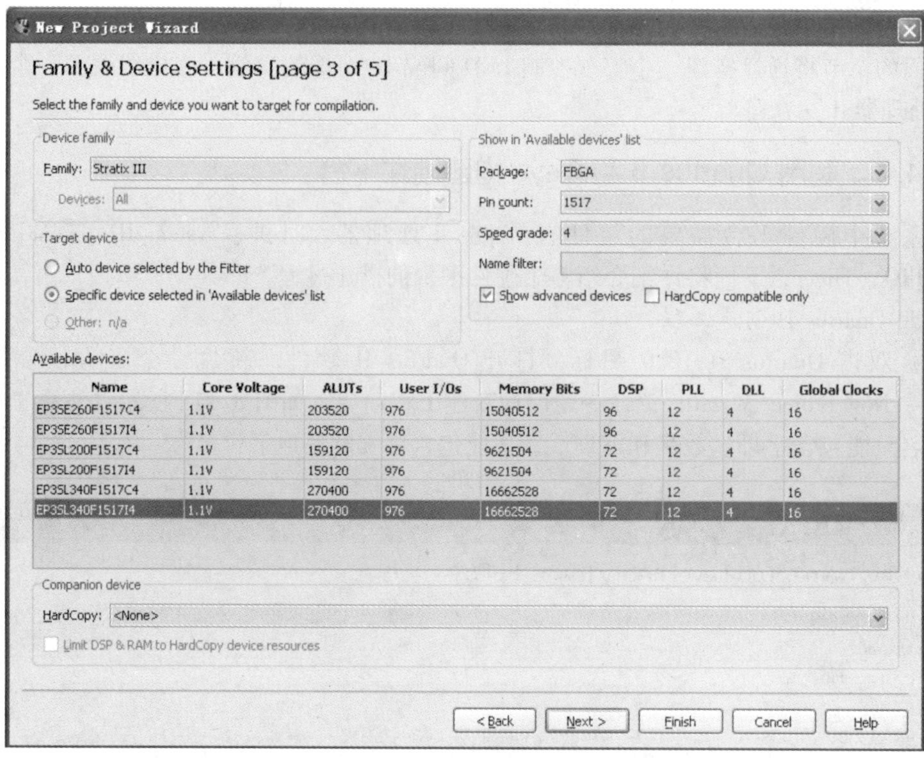

图 8－19　工程器件选择

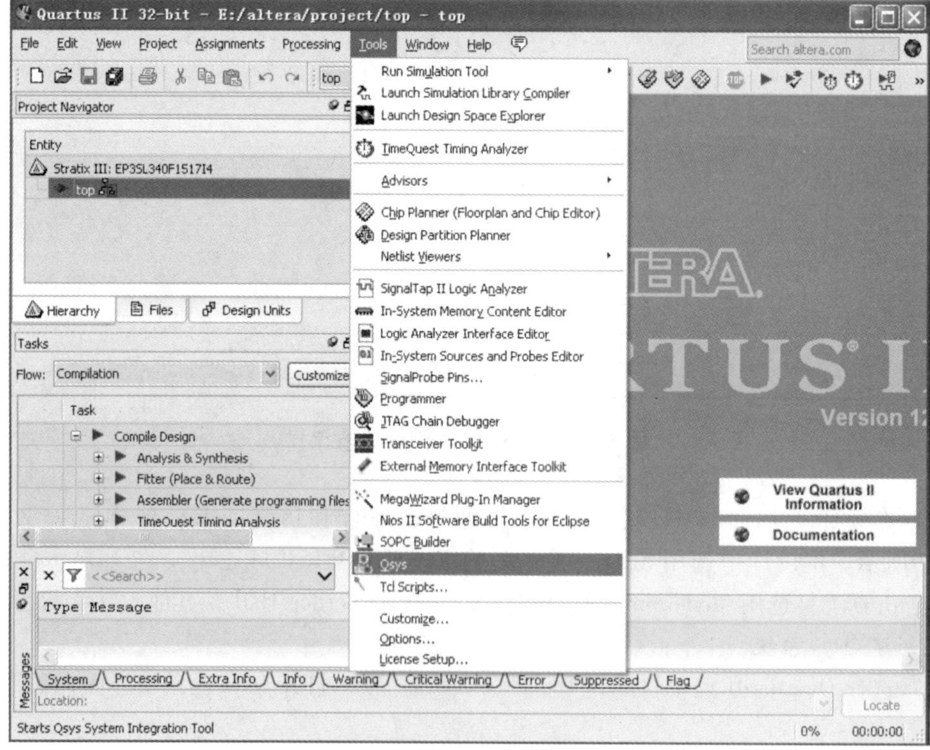

图 8－20　Qsys 启动

（2）初次打开 Qsys 的界面如图 8－21 所示，从“Componet Library”中可以查找各种自己需要的组件，搭建出需要的嵌入式系统。

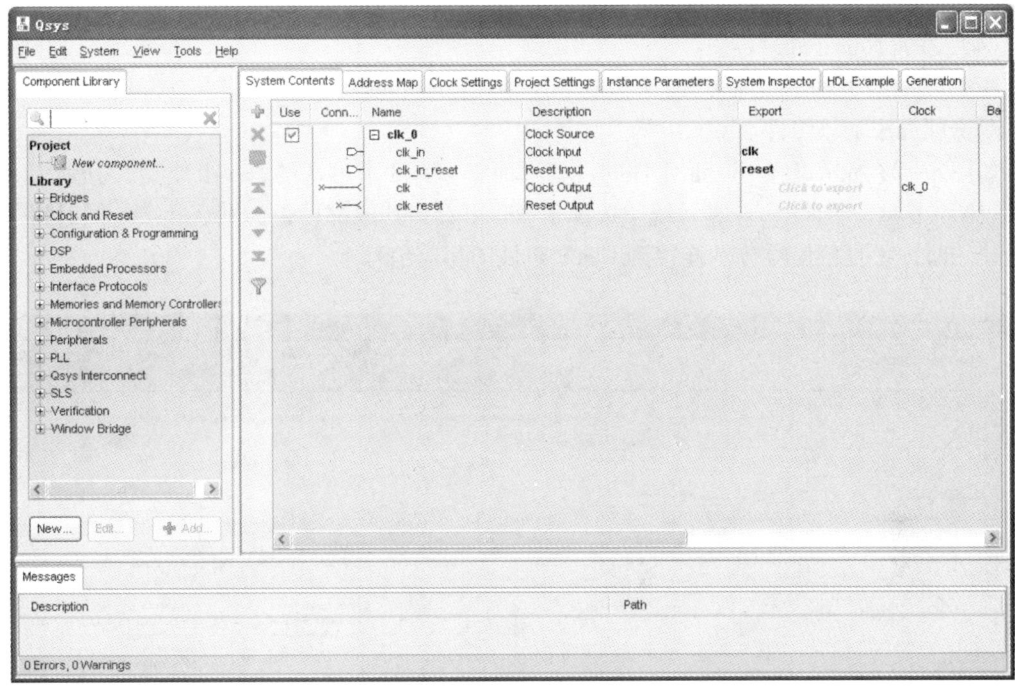

图 8－21　Qsys 主界面

为了便于后续工程管理，建议在工程目录下新建一个文件夹来保存 Qsys 系统，方便后续维护。

（3）添加时钟组件。

双击 System Contents 选项卡中的 Clock 组件，进入设置界面，如图 8－22 所示。

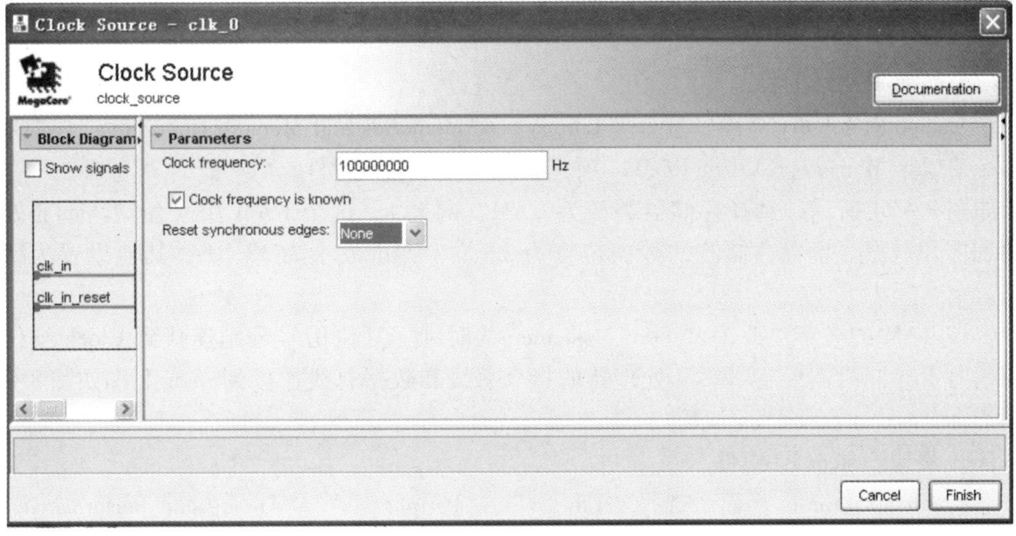

图 8－22　Qsys 时钟组件参数设置

时钟频率根据实际情况设置，本例中设置的时钟频率为100 MHz。则FPGA送给Qsys的时钟就必须为100 MHz。复位同步状态也可以由该页面设置，如果没有特殊需求，就不需要设置。参数设置完毕后，将Clock组件重命名为“clk_ 100m”。

（4）添加Nios Ⅱ处理器。

在Componet Library界面，选择“Library”→“Embedded Processors”→“Nios Ⅱ Processor”项，双击即可添加该组件。

如图8－23所示，在Nios Ⅱ组件的设置页面中，有3个可选的Nios Ⅱ类型，分别为Nios Ⅱ/e、Nios Ⅱ/s、Nios Ⅱ/f。本系统中选择了Nios Ⅱ/s，其他都设置为默认状态。同时将Nios Ⅱ组建的时钟、复位信号分别连接到Clock组件的相应信号上。

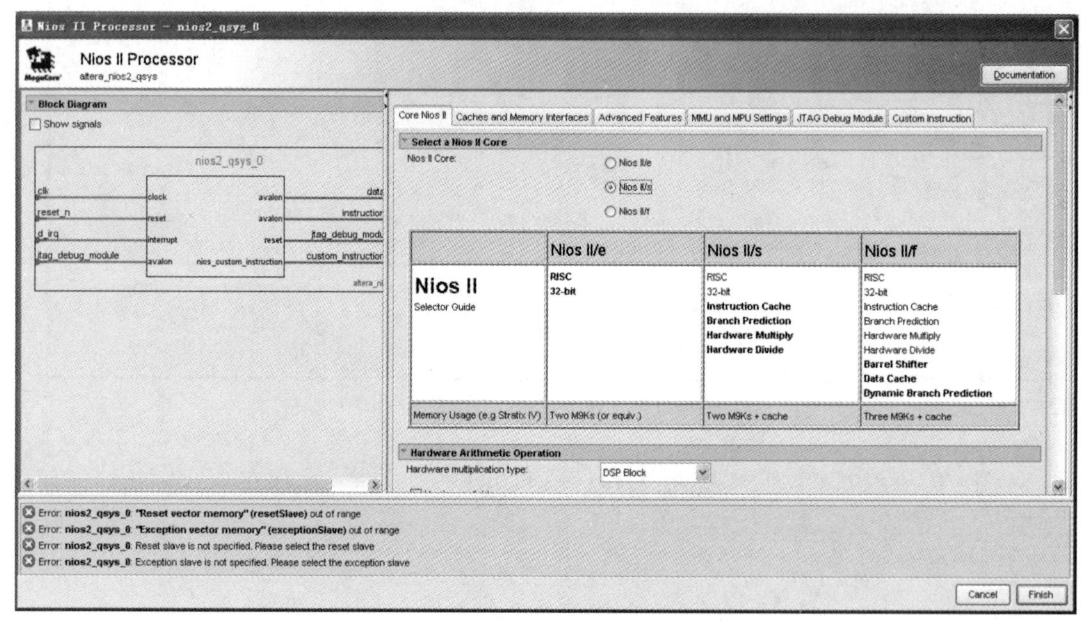

图8－23 Nios Ⅱ处理器组件参数设置

（5）添加RAM组件。

在Componet Library界面，选择“Library”→“Memories and Memory Controllers”→“On－Chip”→“Chip Memory(RAM or ROM)”项，双击即可添加该组件。

如图8－24所示，选择存储器类型为RAM（只写），这个RAM用来存储Nios Ⅱ处理器的程序和数据。设置存储器的数据位宽为32位，容量大小为32 KB，其他设置为默认状态。

将该RAM的名字更改为“men”。将men的时钟、复位信号分别连接到Clock组件的相应信号上，同时需要将Nios Ⅱ处理器的指令总线和数据总线连接到men上，如图8－25所示。

（6）添加System ID组件。

在Componet Library界面，选择“Library”→“Peripherals”→“Debug and Performance”→“System ID Peripheral”项，双击即可添加该组件。

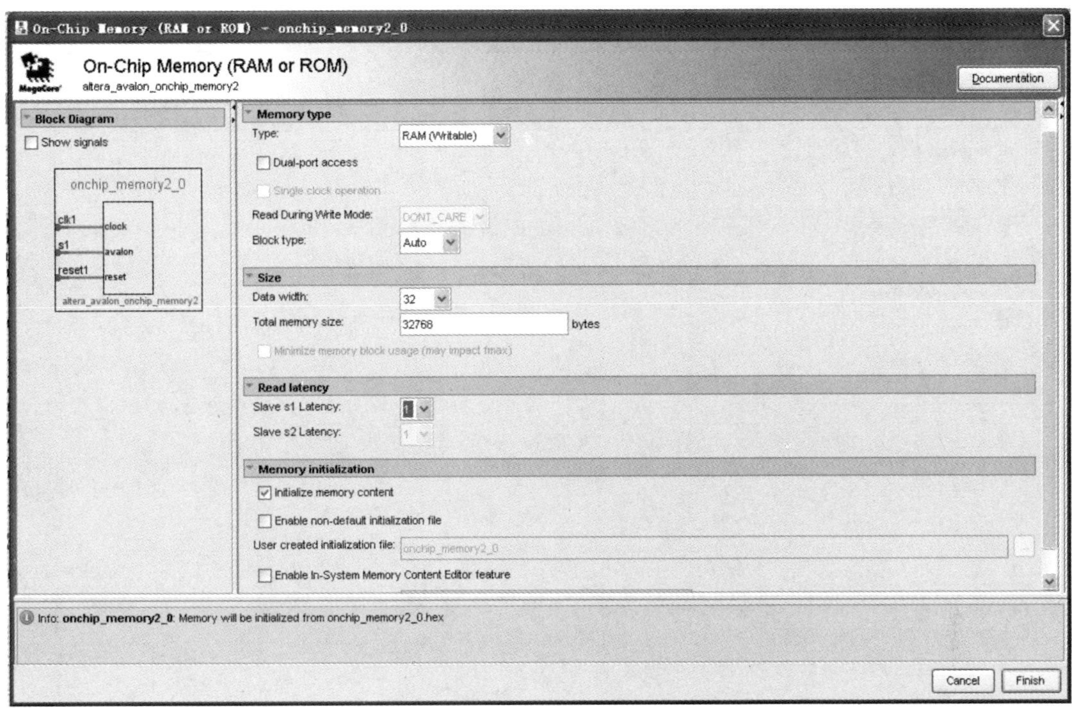

图 8 – 24　RAM 组件参数设置

Use	Connections	Name	Description	Export	Clock
☑		⊟ **clk_100m**	Clock Source		
		clk_in	Clock Input	**clk**	
		clk_in_reset	Reset Input	**reset**	
		clk	Clock Output	Click to export	clk_100m
		clk_reset	Reset Output	Click to export	
☑		⊟ **nios2**	Nios II Processor		
		clk	Clock Input	Click to export	**clk_100m**
		reset_n	Reset Input	Click to export	[clk]
		data_master	Avalon Memory Mapped Master	Click to export	[clk]
		instruction_master	Avalon Memory Mapped Master	Click to export	[clk]
		jtag_debug_module_re...	Reset Output	Click to export	[clk]
		jtag_debug_module	Avalon Memory Mapped Slave	Click to export	[clk]
		custom_instruction_m...	Custom Instruction Master	Click to export	
☑		⊟ **mem**	On-Chip Memory (RAM or ROM)		
		clk1	Clock Input	Click to export	**clk_100m**
		s1	Avalon Memory Mapped Slave	Click to export	[clk1]
		reset1	Reset Input	Click to export	[clk1]

图 8 – 25　将 RAM 组件时钟和 Nios II 处理器相连

如图 8 – 26 所示，System ID 是处理器的唯一识别号，用于确认当前运行的程序和 FPGA 中内嵌的 Nios II 处理器是否匹配，本例中设置 System ID 为“0x12345678”。同时需要将 System ID 组件的时钟、复位连接到系统中。此外还需要将 Nios II 处理器的数据总线连接到 System ID 组件上，如图 8 – 27 所示。

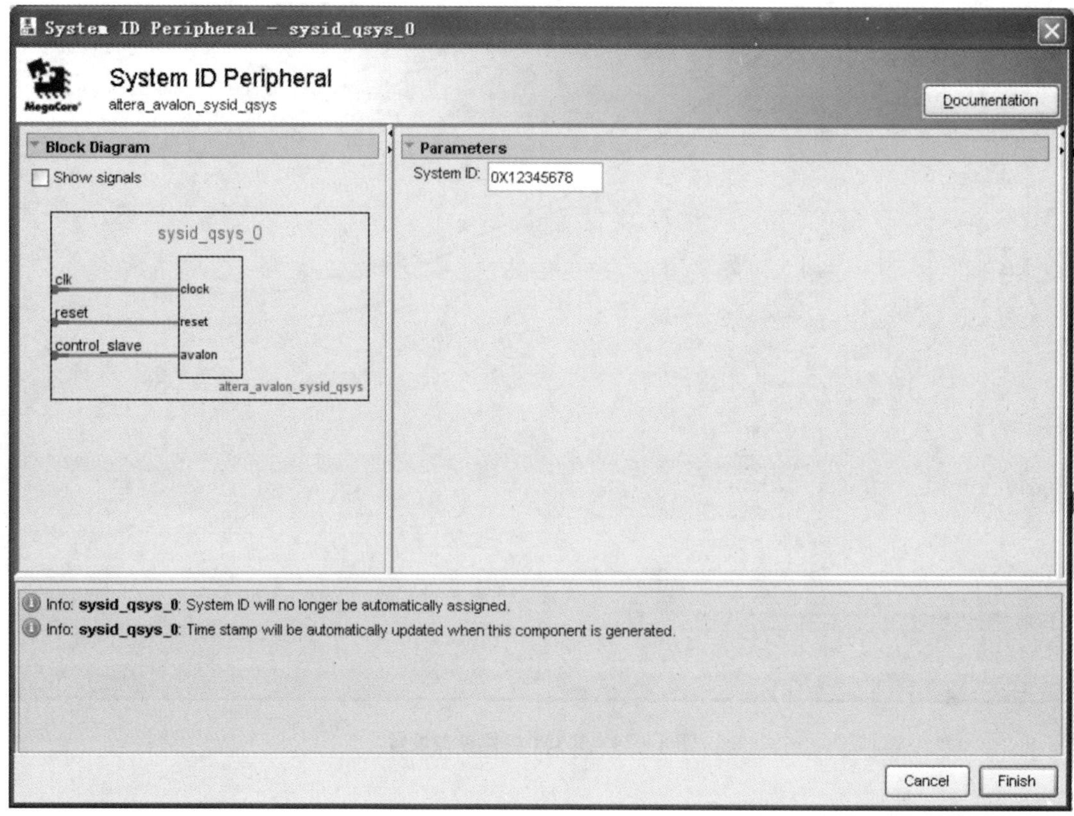

图 8－26　System ID 组件参数设置

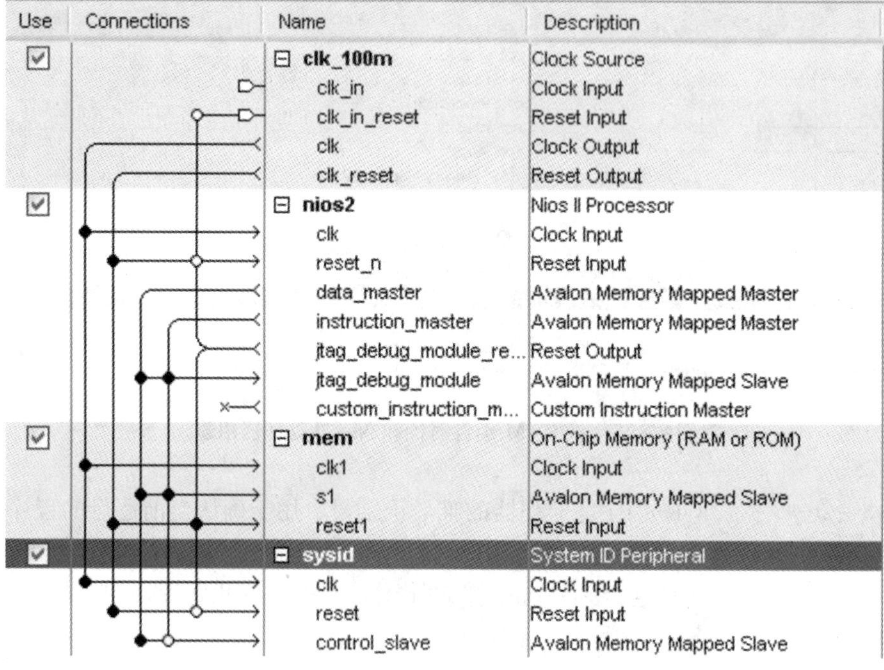

图 8－27　System ID 组件与时钟和 Nios II 处理器相连

（7）添加 JTAG UART 组件。

在 Componet Library 界面，选择“Library”→“Interface Protocols”→“Serial”→“JTAG UART”项，双击即可添加该组件。

JTAG UART 组件用于实现 PC 和 FPGA 内部 Nios Ⅱ 处理器之间的串行数据交互，JTAG UART 的参数设置如图 8-28 所示，用 FPGA 内部的逻辑资源来实现 FIFO。同时需要将 JTAG UART 组件的时钟、复位连接到系统中。此外还需要将 Nios Ⅱ 处理器的数据总线连接到 JTAG UART 组件上。

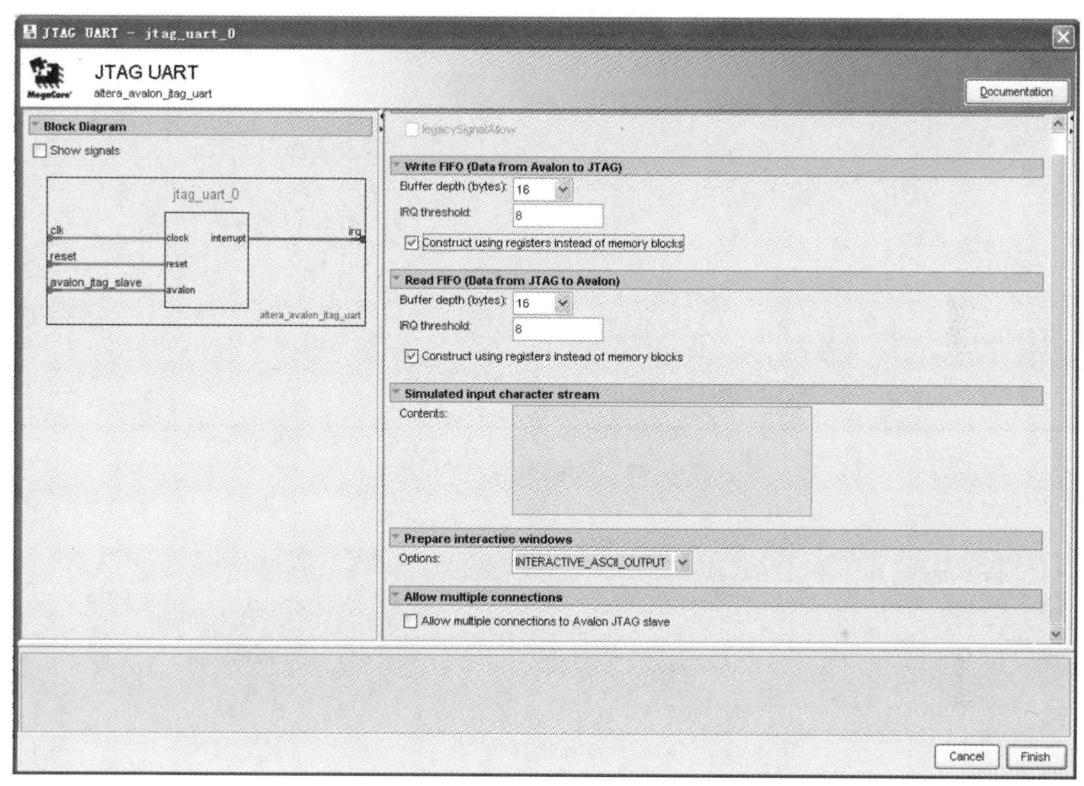

图 8-28　JTAG UART 组件参数设置

（8）添加 Timer 组件。

在 Componet Library 界面，选择“Library”→“Peripherals”→“Microcontroller Peripherals”→“Interval Timer”项，双击即可添加该组件。

Timer 组件的参数设置如图 8-29 所示，设定定时周期为 1 s。同时需要将 Timer 组件的时钟、复位连接到系统中。此外还需要将 Nios Ⅱ 处理器的数据总线连接到 Timer 组件上。

（9）添加 PIO 组件。

在 Componet Library 界面，选择“Library”→“Peripherals”→“Microcontroller Peripherals”→“PIO(Parallel I/O)”项，双击即可添加该组件。

PIO 组件的参数设置如图 8-30 所示，设置位宽为 1，方向为输出。同时需要将 PIO 组件的时钟、复位连接到系统中，将 Nios Ⅱ 处理器的数据总线连接到 PIO 组件上。

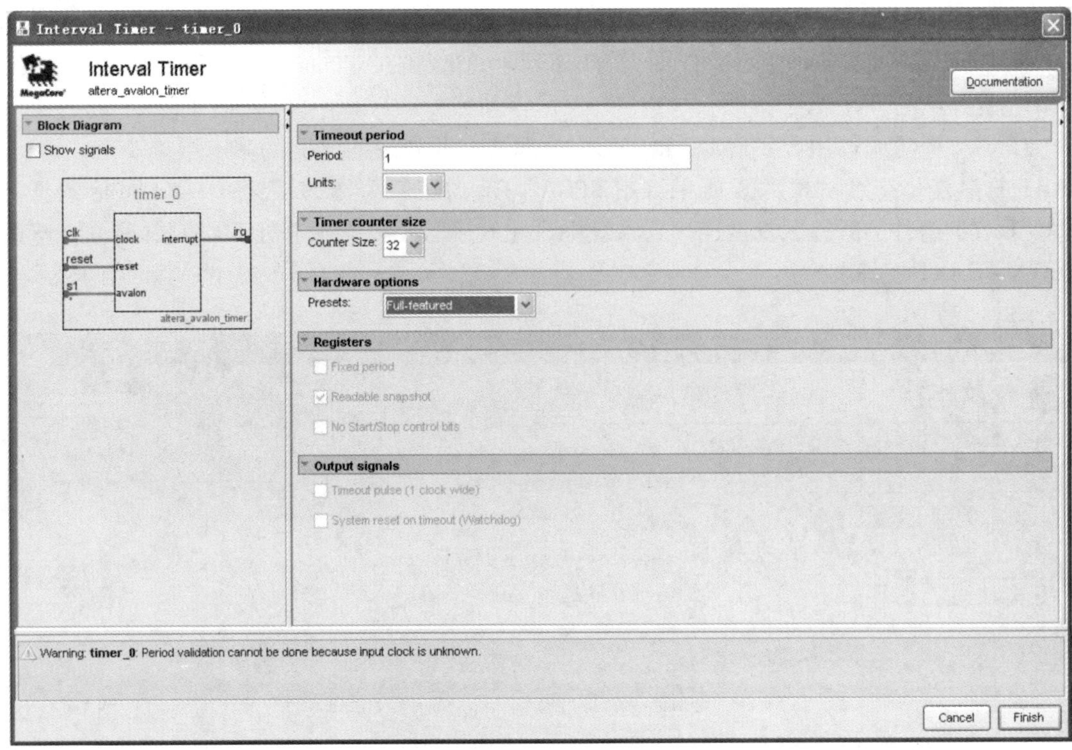

图 8－29　Timer 组件参数设置

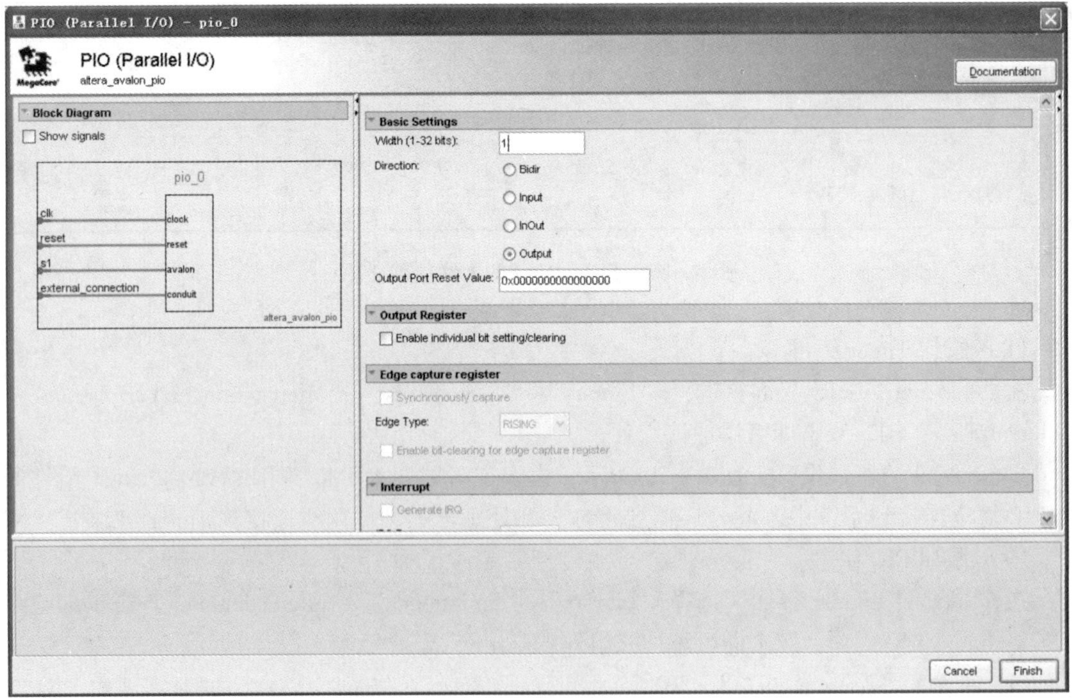

图 8－30　Timer 组件参数设置

PIO 组件的接口需要引出到 Qsys 的外部，最终连接到 FPGA 引脚上，双击 PIO 外设 external_ connection 一行的 Click to export 处，即出现了接口符号，说明该组件的接口已经引出，系统各组件的连接关系如图 8 – 31 所示。

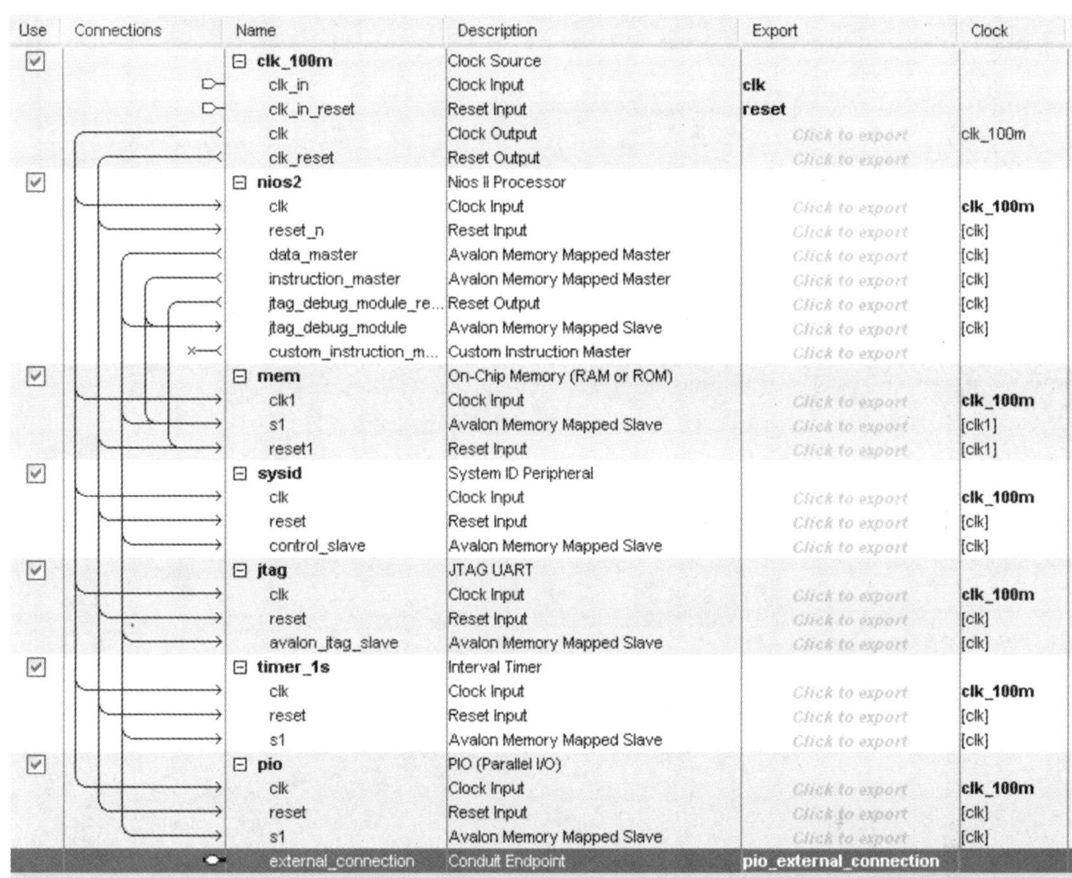

图 8 – 31　Qsys 系统各组件的连接关系

（10）中断分配。

前面的步骤已经完成了本系统中需要的所有组件的添加和配置，下面需要对 Timer、JTAG UART 组件的中断信号进行优先级分配和连接。

单击 Timer 组件所在行对应 IRQ 列的空心圆，如图 8 – 32 所示，出现了数字“0”，表示连接成功。数字“0”表示 Timer 组件的中断号，这个号码越低优先级越高。同理完成 JTAG UART 组件中断信号的连接。

（11）地址分配。

在 Address Map 页面，这里列出了所有外设的地址范围，因为各外设没有重新分配地址，所以提示地址冲突。在菜单栏中选择“System”→“Assign Base Address”项让工具自动分配地址，重新分配地址后如图 8 – 33 所示。

在实际应用中，数据总线为 32 位宽，但是地址是以字节为单位寻址的。

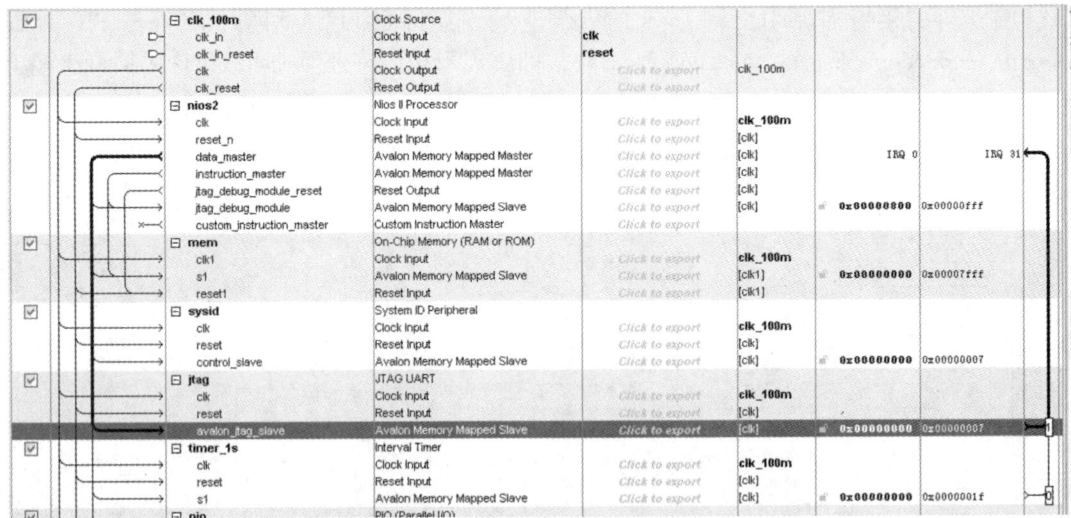

图 8－32　Qsys 系统各组件的中断连接关系

System Contents | Address Map | Clock Settings | Project Settings | Instance Parameters | System Inspector | HDL Example | Generation

	nios2.data_master	nios2.instruction_master
nios2.jtag_debug_module	0x00010800 - 0x00010fff	0x00010800 - 0x00010fff
mem.s1	0x00008000 - 0x0000ffff	0x00008000 - 0x0000ffff
sysid.control_slave	0x00011030 - 0x00011037	
jtag.avalon_jtag_slave	0x00011038 - 0x0001103f	
timer_1s.s1	0x00011000 - 0x0001101f	
pio.s1	0x00011020 - 0x0001102f	

图 8－33　Qsys 系统地址分配

（12）系统生成。

将页面切换到 Generation 页面，设置保存路径，单击“Generate”按钮生成系统，如图 8－34 所示。

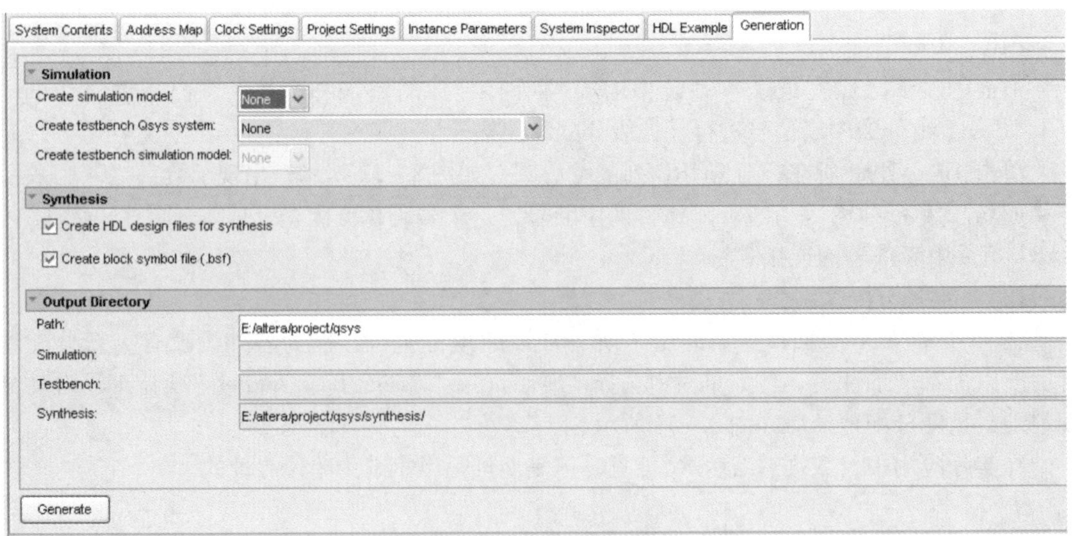

图 8－34　Qsys 系统生成

系统生成后，切换到 HDL Example 页面，可将生成的代码模板粘贴到 Quartus 工程源代码中，进行映射编辑。代码模块如图 8－35 所示。

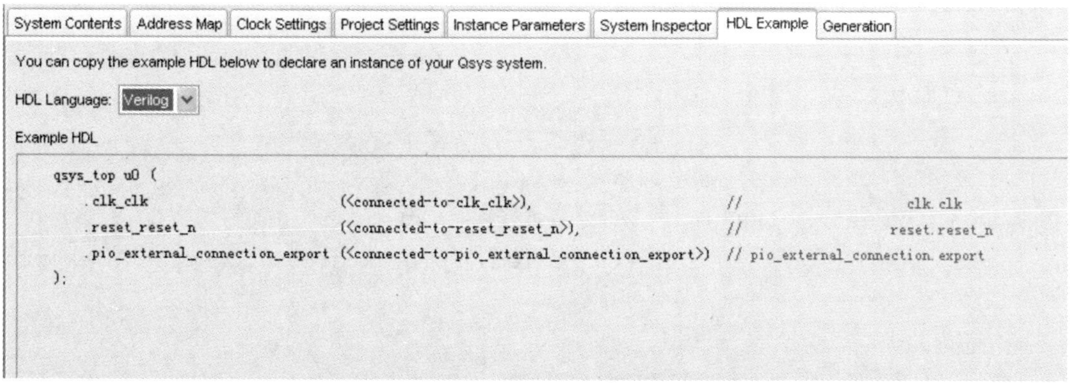

System Contents | Address Map | Clock Settings | Project Settings | Instance Parameters | System Inspector | HDL Example | Generation

You can copy the example HDL below to declare an instance of your Qsys system.

HDL Language: Verilog

Example HDL

```
qsys_top u0 (
    .clk_clk                            (<connected-to-clk_clk>),                             //                       clk.clk
    .reset_reset_n                      (<connected-to-reset_reset_n>),                       //                     reset.reset_n
    .pio_external_connection_export     (<connected-to-pio_external_connection_export>)      // pio_external_connection.export
);
```

图 8－35　Qsys 系统代码模块

（13）Quartus 工程设计实现。

在 Quartus II 中创建的 top. v 文件，作为工程的顶层文件，在该文件中产生 Qsys 系统需要的时钟和复位信号，同时例化 Qsys 系统。

```
module top
(
input clk,
output led
);
// ----------------------------------------------------------------------
//100MHz 时钟
wire clk_100M;
wire locked;
pll pll_t
(
.areset(1'd0),
.inclk0(clk),
.c0(clk_100M),
.locked(locked)
);
// ----------------------------------------------------------------------
//复位
reg rst =1;
reg[9:0] cnt =0;
always @(posedge clk_100M)
begin
 cnt <=cnt[9]? cnt:(cnt +10'd1);
```

```
    rst <=cnt[9]? 1'd0:1'd1;
    end
    // -------------------------------------------------------------
    //Qsys 系统
    qsys_top u0
   (
    .clk_clk(clk_100M),   //clk.clk
    .reset_reset_n(!rst),     //reset.reset_n
    .pio_external_connection_export(led)//pio_external_connection.export
      );
   endmodule
```

将与外界通信的 PIO 组建连接到 FPGA 引脚上，编译工程，生成工程文件，至此，基于 Qsys 的 Quartus II 工程已经完成设计工作。下一节将开始 Nios Ⅱ 处理器软件的开发。

8.4.2 利用 Nios Ⅱ EDS 开发嵌入式软件

搭建好 Nios Ⅱ 系统的硬件平台后，本节将开始进行嵌入式软件开发，在进行软件程序的设计之前，需要将 Qsys 生成的硬件信息文件（.sopcinfo）导入到 Nios Ⅱ EDS 中，这样才能将设计的软硬件关联起来，为软件程序开发和运行提供一个完整的硬件平台。

1. 创建 BSP 工程

在 NiosⅡ EDS 工作界面选择 "File"→"New"→"NiosⅡ Application and BSP from Template" 项，打开新工程创建向导，如图 8-36 所示。在工程创建页面中，"SoPC Information File

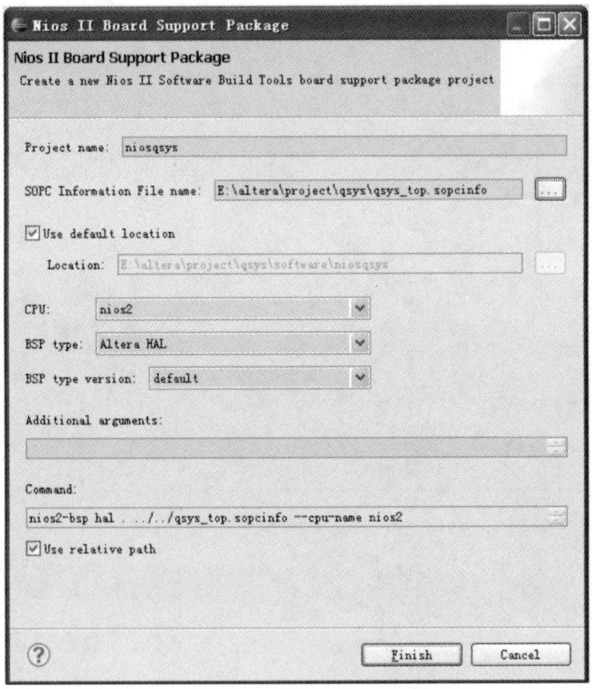

Nios II Board Support Package

Nios II Board Support Package

Create a new Nios II Software Build Tools board support package project

Project name: niosqsys

SOPC Information File name: E:\altera\project\qsys\qsys_top.sopcinfo

Use default location

Location: E:\altera\project\qsys\software\niosqsys

CPU: nios2

BSP type: Altera HAL

BSP type version: default

Additional arguments:

Command:

nios2-bsp hal . ../../qsys_top.sopcinfo --cpu-name nios2

Use relative path

Finish Cancel

图 8-36　BSP 工程创建向导

name”指定为已经搭建完毕的 Qsys 系统 qsys_top. sopcinfo。qsys_top. sopcinfo 文件中包含了 NiosⅡ处理器和所有调用组件的硬件信息，包括地址分配、中断等硬件信息，通过它可以将 BSP 工程与 Qsys 系统关联起来。

工程创建完毕后，软件会自动生成 nios2qsys 文件夹，文件目录下包含的文件如图 8－37 左边区域所示。其中 system. h 为头文件，它对系统中的硬件信息进行宏定义，帮助软件设计者处理硬件潜在的变化，软件设计者可以使用这些宏定义而不是具体的硬件信息（如地址信息、中断号等）来控制处理器工作。创建新工程时，NiosⅡ EDS 自动生成该文件。

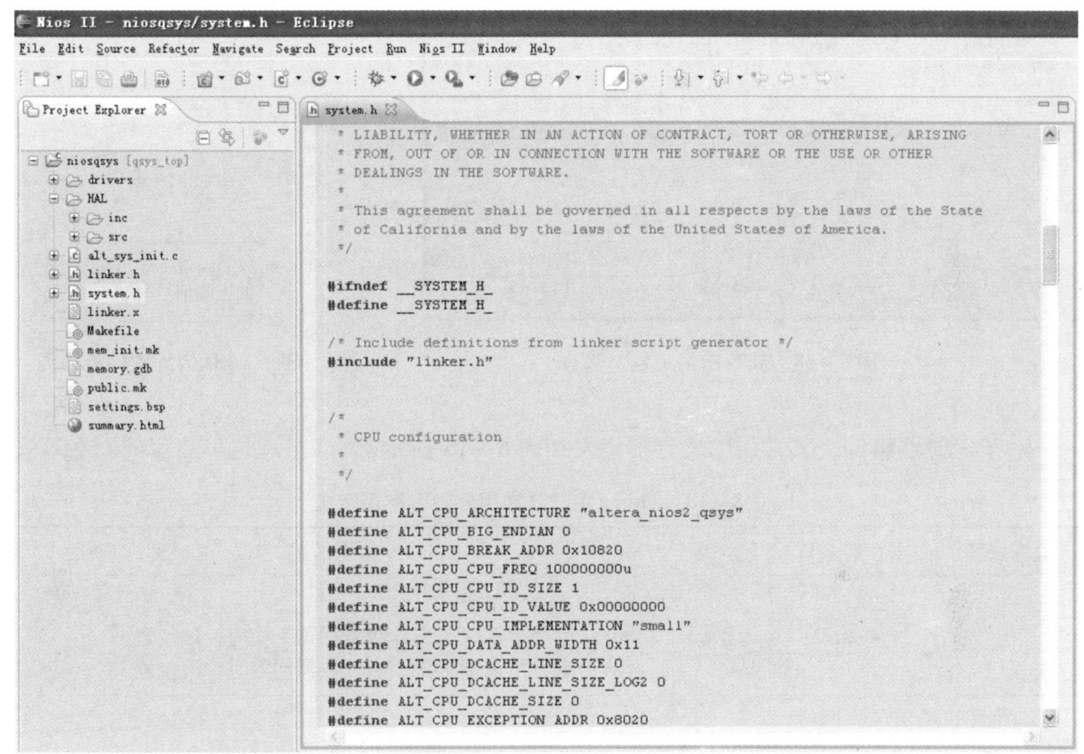

图 8－37　niosqsys 工程目录

2. 创建应用工程

在 NiosⅡ EDS 工作界面选择“File”→“New”→“NiosⅡ Application”项，打开应用工程创建向导，如图 8－38 所示。在工程创建页面中，设置应用工程名为 nios2exp，并将 BSP 路径指定为已创建的 BSP 工程 niosqsys，生成应用工程。

8.4.3　定时器中断实例软件开发

本节将实现定时器中断的程序开发，Timer 作为中断源产生 1 s 的中断信号，中断信号驱动 LED 闪烁。其软件流程图如图 8－39 所示。

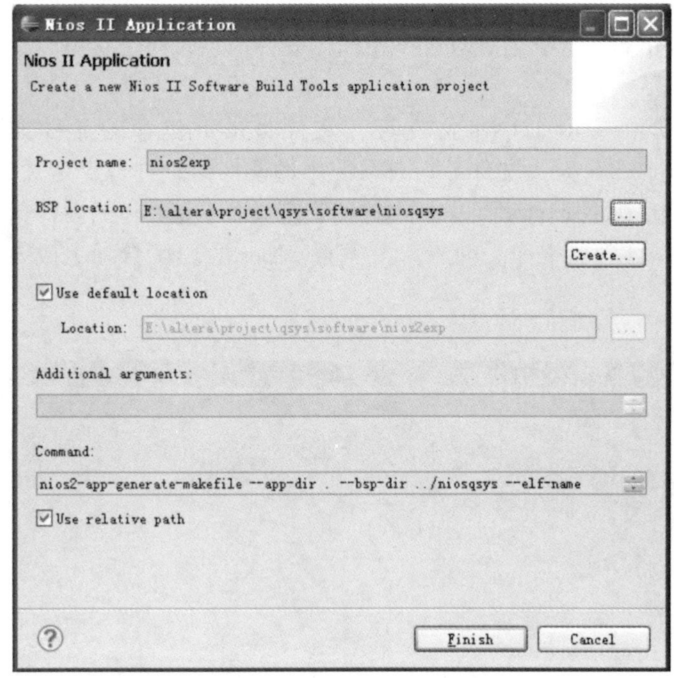

图 8-38　新建应用工程

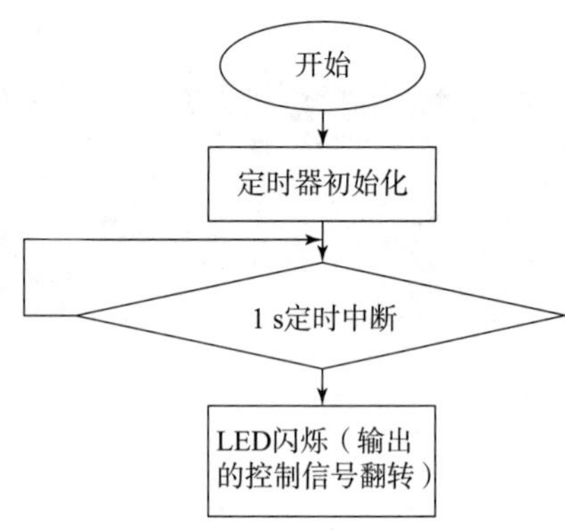

图 8-39　LED 闪烁软件流程图

对于定时器组件，其常用的寄存器定义如表 8-18 所示。

表 8-18　Timer 定时器常用外设寄存器定义

地址偏移	寄存器名称	读/写	功能描述
0	status	读写	bit15 ~ bit2：保留。 bit1：运行指示位。当计数寄存器工作时，该位置 1。 bit0：定时结束指示位。当计数器回零时，该位置 1
1	control	读写	bit15 ~ bit4：保留。 bit3：停止位。该位写 1 表示停止当前计数功能。 bit2：启动位。该位写 1 表示启动计数功能。 bit1：持续运行位。该位置 1 后，计数器清零后继续计数。 bit0：中断标志位。该位拉高后，当 status 的 bit0 被置 1 时，将产生 IRQ 中断

1. 软件设计

本实例设计的代码如下所示：

（1）头文件调用。

```
// ---------------------------------------------
// 头文件调用
#include "system.h"
#include "alt_bypes.h"
```

```
#include "altera_avalon_pio_regs.h"
#include "altera_avalon_timer_regs.h"
#include "sys-alt_irq.h"
```

以上引用的头文件中，分别对 PIO 的外设函数、定时器的外设函数和中断的相关函数进行了声明，方便后续的函数调用。

（2）中断处理函数。

```
//-----------------------------------------
// 函数名:handle interrupts.c
static void handle_interrupts(void)
{
 IOWR_ALTERA_AVALON_TIMER_STATUS(TIMER_1S_BASE,0);//消除标志位
 flag_t =1;
 cnt++;
}
```

在中断处理函数中，实现以下功能：当发生定时器中断时，对定时器的 status 寄存器做清零操作，同时标志位置 1。

（3）定时器初始化。

```
//-----------------------------------------
// 函数名:timer init.c
// 功   能:定时器初始化
void timer_init(void)
{
 // 注册定时器中断函数
 alt_irq_register(TIMER_1S_IRQ,TIMER_1S_BASE,handle_interrupts);
 // 启动定时器中断
 IOWR_ALTERA_AVALON_TIMER_CONTROL(TIMER_1S_BASE,7);
 // 消除标志位
 flag_t =0;
}
```

定时器初始化函数实现的功能包括：注册中断函数、启动定时器计数和定时器中断。

（4）主函数。

```
//-----------------------------------------
// 函数名:main.c
// 功   能:主函数
{
 IOWR ALTERA AVALON_PIO_DATA(PIO_BASE,0);//熄灭 LED;
```

```
timer_init();//定时器初始化
while(1)
{
  if(flag_t)
  {
   flag_t=0;
   if(cnt&0x1)
    IOWR_ALTEAR_AVALON_PIO_DATA(PIO_BASE,0);//点亮灭 LED
   else
    IOWR_ALTEAR_AVALON_PIO_DATA(PIO_BASE,0);//熄灭 LED
   }
 }
 return 0;
}
```

主函数通过调用定时器初始化函数，实现控制 LED 闪烁的功能。

2. 编译工程

右击工程 nios2exp，选择菜单 Build Project 编译整个工程。

3. 板级调试

工程编译完毕后，即可进行板级调试，选择菜单“Run”→“Run Configuration”命令，页面设置如图 8 - 40 所示。

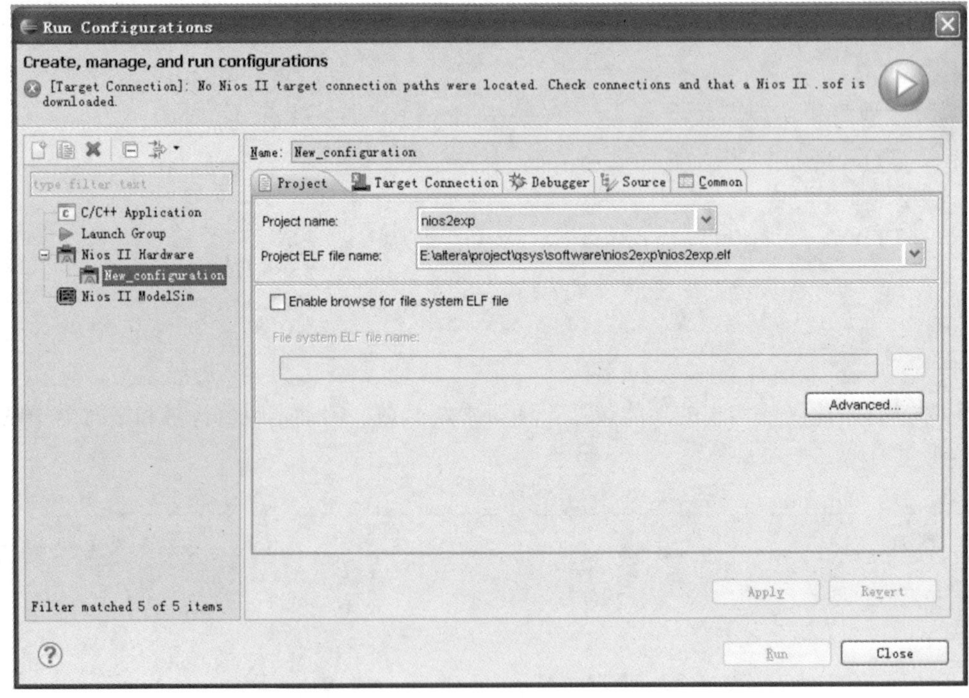

图 8 - 40　Nios Ⅱ 软核编译参数配置

将工程指定为已建立的工程，选择工程对应的处理器，将程序下载到选用的硬件平台上，运行工程，即可看见 LED 间隔 1 s 闪烁的效果。至此，整个实验开发完毕。

8.5　思　考　题

1. Nios Ⅱ处理器包含哪 3 类？简述他们的特点。
2. 简述处理器内核的特点。
3. Nios Ⅱ处理器支持几种复位？每种复位状态下支持什么操作？
4. Nios Ⅱ处理器的工作模式主要分为哪 3 类？
5. 请简述硬件中断产生的条件。
6. Nios Ⅱ异常状态主要分为几类？
7. 系统复位后的处理流程包含哪些？
8. Nios Ⅱ处理器访问存储器和 I/O 的端口主要有哪些？
9. 高速缓存能有效改善性能的前提是什么？
10. 什么是紧耦合存储器？它有哪些优点？
11. 请判断下列说法是否正确。

（1）Nios Ⅱ处理器内部的控制寄存器可以在用户模式下被访问。（　　）

（2）Nios Ⅱ处理器内有 32 个 32 位的通用寄存器和 16 个 32 位的特殊功能寄存器。（　　）

（3）数据 Cache 和指令 Cache 虽然改善了系统的整体性能，但也使程序的执行时间变得不可预测。（　　）

（4）异常处理地址在系统创建时已经指定，程序运行时，该地址不是固定的，能由软件改变。（　　）

（5）Nios Ⅱ异常优先级依次是：硬件中断、软件陷阱、未实现指令和其他情况；而外部硬件中断中，又以 0 号中断的优先级最高。（　　）

（6）Nios Ⅱ存储器采用小端模式。字和半字存储时，采用高字节存储在高地址的方式。（　　）

（7）Avalon - Stream 总线用于数据流的单向传输，可实现点到点的大数据量吞吐，主要完成外设之间的点到点数据传输。（　　）

12. Nios Ⅱ处理器系统支持哪些寻址方式？
13. 请简述 Avalon 接口的特点。
14. 请简述 Avalon - MM 总线的特点和应用场景。
15. 基于 Nios Ⅱ处理器的开发流程主要包含几个阶段？
16. 利用 Nios Ⅱ处理器进行 GPIO 中断和 LED 控制的程序开发。

附录 A　Verilog HDL（IEEE 1364—2005）关键字列表

always
and
assign
automatic
begin
buf
bufif0
bufif1
case
casex
casez
cell
cmos
config
deassign
default
defparam
design
disable
edge
else
end
endcase
endconfig
endfunction
event
for
force
forever
fork
function
generate
genvar
highz0
highz1
if
ifnone
incdir
include
initial
inout
input
instance
integer
join
large
liblist
library
localparam
macromodule
noshowcancelled
not
notif0
notif1
or
output
parameter
pmos
posedge
primitive
pull0
pull1
pullup
pulldown
pulsestyle_ onevent
pulsestyle_ ondetect
rcmos
real
realtime
reg
release
repeat
rnmos
rpmos
rtran
specify
sprcparam
strong0
strong1
supply0
supply1
table
task
time
tran
tranif0
tranif1
tri
tri0
tri1
triand
trior
trireg
unsigned
use
uwire
vectored
wait
wand
weak0

endgenerate	medium	rtranif0	weak1
endmodule	module	rtranif1	while
endprimitive	nand	scalared	wire
endspecify	negedge	showcanceled	wor
endtable	nmos	signed	xnor
endtask	nor	small	xor

参 考 文 献

[1] 李广军，阎波，林水生．微处理器系统结构与嵌入式系统设计［M］. 北京：电子工业出版社，2011.

[2] John F. Wakerly. 数字设计原理与实践［M］. 第4版．林生，等，译．北京：机械工业出版社，2012.

[3] 王新梅，肖国振．纠错码——原理与方法［M］. 西安：西安电子科技大学出版社，2001.

[4] 何宾．Xilinx 可编程逻辑器件设计技术详解［M］. 北京：清华大学出版社，2010.

[5] Ronald J. Tocci. 数字系统原理与应用［M］. 第九版．林涛，等，译．北京：电子工业出版社，2005.

[6] 葛亚明，彭永丰，薛冰，等．零基础学 FPGA［M］. 北京：机械工业出版社，2010.

[7] 田耕，等．无线通信 FPGA 设计［M］. 北京：电子工业出版社，2008.

[8] 夏宇闻，等．Verilog 数字系统设计教程［M］. 第2版．北京：北京航空航天大学出版社，2008.

[9] J. Bhasker. Verilog HDL 入门［M］. 夏宇闻，等，译．北京：北京航空航天大学出版社，2008.

[10] 王诚．Altera FPGA/CPLD 设计（基础篇）［M］. 北京：人民邮电出版社，2005.

[11] J. Bhasker. Verilog HDL 综合实用教程［M］. 孙海平，等，译．北京：清华大学出版社，2004.

[12] 华清远见嵌入式培训中心．FPGA 应用开发入门与典型实例［M］. 北京：人民邮电出版社，2008.

[13] 阎石．数字电子技术基础［M］. 北京：高等教育出版社，1998.

[14] 夏宇闻．Verilog 数字系统设计教程［M］. 北京：北京航空航天大学出版社，2003.

[15] 王钿，卓兴旺．基于 Verilog HDL 的数字系统应用设计［M］. 北京：国防工业出版社，2007.

[16] 吴继华，蔡海宁，王诚．Altera FPGA/CPLD 设计（高级篇）［M］. 第二版．北京：人民邮电出版社，2011.

[17] 何宾．Xilinx FPGA 数字设计（从门级到行为级双重 HDL 描述）［M］. 北京：清华大学出版社，2014.

[18] Steve Kilts. 高级 FPGA 设计结构、实现和优化［M］. 孟宪元，译．北京：机械工业出

版社，2009.
[19] 邹德财，吴海涛，李云 . Xilinx 的 FPGA 芯片架构剖析［J］. 航空计算技术，2007，37 (2).
[20] 张国斌 . FPGA 开发全攻略 – 电子工程师创新设计必备宝典［M］. 电子书 . 2009.
[21] 王诚 . Altera FPGA/CPLD 设计（基础篇）［M］. 北京：人民邮电出版社，2005.
[22] 张安安，杜勇，韩方景，等 . 全数字 COSTAS 环在 FPGA 上的设计与实现［J］. 电子工程师，2006，32（1）：18 –20.
[23] 陈杰 . MATLAB 宝典［M］. 北京：电子工业出版社，2007.
[24] Sean Caffee. Continuously Variable Fractional Rate Decimator［R］. Xilinx，Inc. 2007.
[25] 李继灿 . 新编 16/32 位微型计算机原理及应用［M］. 第三版 . 北京：清华大学出版社，2004.
[26] Zainalabedin Navabi. Verilog Digital System Design——Register Transfer Level Synthesis，Testbench，and Verification（Secnond Edition）［M］. America，2007.
[27] 蒋本珊 . 计算机组成原理［M］. 北京：清华大学出版社，2008.
[28] 李广军，阎波，林水生，等 . 微处理器系统结构与嵌入式系统设计［M］. 第二版 . 成都：电子工业出版社，2011.
[29] 唐宁九 . 8086//8088 汇编语言程序设计［M］. 成都：四川大学出版社，2008.
[30] 易建勋 . 微处理器（CPU）的结构与性能［M］. 北京：清华大学出版社，2003.
[31] 汤伟，李俊峰 . 基于总线监听的 Cache 一致性协议分析［J］. 福建电脑，2009，7（07）.
[32] Barry B. Brey. The Intel Microprocessors：8086/8088，80186/80188，80286，80386，80486，Pentium，Pentium Pro Processor，Pentium II，Pentium III，Pentium 4，and Core2 with 64 – bit Extensions：Architecture，Programming，and Interfacing，English Edition［J］. America：Pearson Education，2009.
[33] 许金纲，王维维 . 微处理器体系结构［M］. 北京：科学出版社，2008.
[34] 徐文波，田耕 . Xilinx FPGA 开发实用教程［M］. 北京：清华大学出版社，2012.
[35] 张亮，沈沛意，肖潇，刘春红 . 基于 Xilinx FPGA 的多核嵌入式系统设计基础［M］. 西安：西安电子科技大学出版社，2011.
[36] 李兰英 . NiosII 嵌入式软核 SoPC 设计原理及应用［M］. 2006.
[37] 周立功，等 . SoPC 嵌入式系统基础教程［M］. 北京：北京航空航天大学出版社，2006.
[38] 周立功，等 . SoPC 嵌入式系统实验教程［M］. 北京：北京航空航天大学出版社，2006.
[39] 彭澄廉，周博，邱卫东，等 . 挑战 SoC［M］. 北京：清华大学出版社，2004.
[40] EDA 先锋工作室 . Altera FPGA/CPLD 设计（基础篇）［M］. 北京：人民邮电出版，2005.

[41] EDA 先锋工作室 . Altera FPGA/CPLD 设计（高级篇）[M]. 北京：人民邮电出版，2005.

[42] 吴厚航 . 勇敢的芯伴你玩转 NIOS Ⅱ [M]. 北京：清华大学出版社，2016.

[43]〔美〕曲邦平（P. P. Chu）. 基于 Nios Ⅱ的嵌入式 SoPC 系统设计与 Verilog 开发实例 [M]. 金明录，门宏志，译 . 北京：电子工业出版社，2015.

[44] 任爱锋，等 . 基于 FPGA 的嵌入式系统设计：Altera SoC FPGA [M]. 西安：西安电子科技大学出版社，2015.